建筑设备类专业系列教材

U0203097

通风空调管道工程

主编　申欢迎　张丽娟　夏如杰

江苏大学出版社
JIANGSU UNIVERSITY PRESS

镇　江

图书在版编目(CIP)数据

通风空调管道工程 / 申欢迎,张丽娟,夏如杰主编
. —镇江:江苏大学出版社,2021.1(2023.8 重印)
ISBN 978-7-5684-1455-5

Ⅰ.①通… Ⅱ.①申… ②张… ③夏… Ⅲ.①通风设
备-管道施工②空气调节设备-管道施工 Ⅳ.①TU83

中国版本图书馆 CIP 数据核字(2020)第 207707 号

通风空调管道工程
Tongfeng Kongtiao Guandao Gongcheng

主　　编/申欢迎　张丽娟　夏如杰
责任编辑/徐　婷
出版发行/江苏大学出版社
地　　址/江苏省镇江市京口区学府路 301 号(邮编:212013)
电　　话/0511-84446464(传真)
网　　址/http://press.ujs.edu.cn
排　　版/镇江文苑制版印刷有限责任公司
印　　刷/镇江文苑制版印刷有限责任公司
开　　本/787 mm×1 092 mm　1/16
印　　张/21.25
字　　数/507 千字
版　　次/2021 年 1 月第 1 版
印　　次/2023 年 8 月第 2 次印刷
书　　号/ISBN 978-7-5684-1455-5
定　　价/55.00 元

如有印装质量问题请与本社营销部联系(电话:0511-84440882)

前 言
Preface

本教材是由高等职业技术学院专任教师、现场兼职教师等共同参与编写而成的一本工学结合立体化教材。

本教材以设计、施工质量验收规范、行业标准为依据,内容上体现"以能力培养为核心"的指导思想。全书分为 7 个教学单元,共 31 个学习任务。根据供热通风与空调工程技术专业施工技术员的岗位能力要素,围绕熟读施工图,进行图纸会审和施工技术交底;掌握通风方式、防烟排烟方式、气流组织形式、风系统、水系统形式、风机、消声隔振等内容的选择与设计计算;熟悉风管制作与安装、风口安装、风机安装、空调水系统管道与附件安装等施工工序及施工方法,有效地进行质量自查和验收评定等方面组织教材的编写。

本教材紧紧围绕高等职业教育的特点,适应高等职业课程改革的需要,以能力培养为目标、以学生为主体、以教师为主导、以项目为载体,组织编写内容。为了适应当前信息化技术的高速发展,进一步发挥数字化资源对人才培养的积极作用,丰富教学资源,依托超星平台进行了在线课程建设(https://mooc1.chaoxing.com/course/99024184.html),同时在教材中通过嵌入二维码的形式,提供部分相关内容的视频、图纸和案例等资源,实现以纸质化教材为载体,以信息化技术为支撑,两者相辅相成,使得多渠道、多选择、碎片化、自主性、终身性学习成为可能。

该书除可作为高等职业技术学院供热通风与空调工程技术专业选用教材外,还可供建筑设备工程技术专业、建筑工程技术、建筑装饰工程技术专业、工程造价专业等从事相关工作的工程技术人员参考。

本教材由江苏建筑职业技术学院申欢迎、张丽娟、夏如杰主编。申欢迎负责编写了单元 2、4,并对全书进行了统筹;张丽娟负责编写了单元 1;夏如杰负责编写了单元 5、7;张艳宇负责编写了单元 3、6。此外,万智华参与了微课视频的录制工作,江苏原土建筑设计有限公司戴永峰负责编写了技能训练的内容,还参考了许多其他相关资料和书籍,在此表示衷心感谢。

由于编者水平有限,书中难免有疏漏之处,敬请广大读者批评指正。

编 者
2020 年 9 月

目 录
Contents

▶ **单元 1　建筑通风** 1

1.1　有害物浓度、卫生标准和排放标准 1

1.2　通风方式 20

1.3　局部通风 21

1.4　全面通风 30

1.5　自然通风 38

1.6　机械通风 47

1.7　事故通风 56

思考题与习题 57

技能训练 57

▶ **单元 2　建筑防排烟** 59

2.1　防烟排烟概述 59

2.2　防烟系统设计 72

2.3　排烟系统设计 82

2.4　汽车库排烟设计 102

思考题与习题 104

技能训练 105

▶ **单元 3　风口的布置选型与安装** 109

3.1　送风口的气流流动规律 110

3.2　空调送回风口 113

3.3　气流组织的形式 119

3.4　气流组织的设计计算 124

3.5　风口安装 138

思考题与习题 142

技能训练 142

▶ **单元 4　风管系统设计与风管制作安装** ································· 144

　4.1　风管系统设计 ·· 144

　4.2　金属风管制作安装 ·· 163

　4.3　风管保温 ··· 199

　思考题与习题 ··· 203

　技能训练 ··· 204

▶ **单元 5　消声隔振** ·· 205

　5.1　噪声的物理量度与评价标准 ································ 206

　5.2　通风空调系统的噪声源与噪声衰减 ························ 215

　5.3　消声设计 ··· 224

　5.4　隔振设计 ··· 234

　思考题与习题 ··· 240

　技能训练 ··· 240

▶ **单元 6　风机的选择与安装** ···································· 241

　6.1　风机的分类及性能参数 ···································· 241

　6.2　风机的选择 ··· 247

　6.3　风机的安装 ··· 253

　思考题与习题 ··· 263

　技能训练 ··· 263

▶ **单元 7　空调水管路系统设计与安装** ···························· 264

　7.1　空调冷（热）水系统设计原则 ······························ 265

　7.2　空调冷冻水系统设计 ······································ 269

　7.3　冷却水系统设计 ··· 289

　7.4　冷凝水管的设计 ··· 297

　7.5　空调水系统管道与附件安装 ································ 298

　思考题与习题 ··· 304

　技能训练 ··· 304

▶ **参考文献** ·· 305

▶ **附录 1　钢板圆形风管单位长度沿程压力损失计算表** ··············· 306

▶ **附录 2　钢板矩形风管单位长度沿程压力损失计算表** ··············· 308

▶ **附录 3　通风空调风管系统常用配件的局部阻力系数** ··············· 317

建 筑 通 风

学习目标

（1）认知室内污染物的来源及危害。

（2）了解几个标准中规定的有害物浓度限值和最高允许排放浓度。

（3）掌握各通风方式的原理及通风量计算方法。

（4）掌握局部送风、排风系统的组成。

（5）熟悉外部吸气罩的排风量计算方法。

（6）了解规范对热空气幕的设置要求。

（7）掌握全面通风量的确定方法。

（8）掌握全面通风的空气平衡与热平衡。

（9）掌握自然通风的作用原理和设计计算。

能力目标

（1）能正确进行各种场所通风方式的选择及通风量的计算。

（2）能根据空气平衡与热平衡方程，计算送风量与送风温度。

（3）能根据一些已知条件，计算确定窗孔的位置和面积。

工作任务

（1）某通风工程施工图的识读。

（2）某建筑各房间通风方式的选择及通风量的计算。

1.1 有害物浓度、卫生标准和排放标准

随着人们生活水平的提高，与生活环境美化程度的要求相应的室内装饰、装修的范围越来越广，然而根据调查统计，世界上 30％的新建和重建的建筑物中所发现的有害于健康的污染，其中有些新型的装饰材料会散发大量的有害物质，是造成室内环境污染的最主要因素之一，已被

室内污染物及控制课件

列入对公众健康危害最大的五种环境因素之一。

1.1.1 污染物的分类

按污染物性质，可分为化学污染物、物理污染物和生物污染物。化学污染物分无机污染物、有机污染物；物理污染物分为噪声、微波辐射和放射性污染物；生物污染物分为微生物和病毒污染。按污染物在空气中的状态，可分为气体污染物和颗粒状污染物。

1.1.1.1 气体污染物

气体污染物无论是气体分子还是蒸气分子，它们的扩散情况与自身的相对密度有关系，相对密度小者向上飘浮，相对密度大者向下沉降，如 SO_2、CO、CH_4、NO_x、HF、O_3 等，并受气象条件的影响，可随气流扩散到很远的地方。

1.1.1.2 颗粒状污染物

颗粒状污染物是分散在大气中的微小液体和固体颗粒，粒子在空气中的悬浮状态与粒径、密度有关。粒径大于 $100\ \mu m$ 的颗粒物可较快地沉降到地面上，称为降尘；粒径小于 $10\ \mu m$ 的颗粒物可长期漂浮在大气中，称为飘尘。飘尘具有胶体性质，故称为气溶胶。它易随呼吸进入人体肺脏，在肺泡内沉积，并可进入血液，对人体健康危害极大。因为它们可以被人体吸收，所以也称为可吸入粒子。

通常飘尘以烟、雾、灰尘等形式存在于大气中。① 某些固体物质在高温下由于蒸发或升华作用变成气体散发于大气中，遇冷后凝聚成微小的固体颗粒悬浮于大气中形成烟（smoke），粒径范围为 $0.01\sim1\ \mu m$，一般在 $0.5\ \mu m$ 以下。② 雾（mist）是由悬浮在大气中微小液滴构成的气溶胶，粒径一般在 $10\ \mu m$ 以下。通常说的烟雾（smog）是烟和雾同时构成的固、液混合态气溶胶，如硫酸烟雾、光化学烟雾等。③ 灰尘是分散在大气中的固体微粒，如粉碎固体时所产生的粉尘、燃煤烟气中含碳颗粒物等。

1.1.2 室内污染物的来源

根据建筑使用功能的不同，不同建筑中污染物的来源也不同。

室内污染物及控制

1.1.2.1 工业建筑中污染物的来源

工业有害物主要是指工业生产中散发的粉尘（dust）、有害蒸气和气体（harmful gas and vapour）、余热、余湿。工业建筑中的主要污染物是伴随生产工艺过程产生的，来源于工业生产中所使用或生产的原料、辅助原料、半成品、成品、副产品以及废气、废水、废渣和废热。不同的生产过程有着不同的污染物，能够通过人的呼吸进入人体内部危害人体，又能通过人体外部器官的接触伤害人体，对人体健康有极大的危害和影响。污染物的种类和发生量必须通过对工艺过程详细了解后获得，通常应咨询工艺工程师和查阅有关的工艺手册得到。

1.1.2.2 民用建筑中污染物的来源

民用建筑中的空气污染不像工业建筑那么严重，但却存在多种污染源，导致空气品质下降。民用建筑中的各种污染物的来源主要有以下几个方面：

（1）室内装饰材料及家具的污染。它们是造成室内空气污染的主要因素，如油漆、胶合板、刨花板、内墙涂料、塑料贴面、黏合剂等物品均会挥发甲醛、苯、甲苯、氯仿

等有毒气体，且具有相当的致癌性。

（2）无机材料的污染。例如，由地下土壤和建筑物墙体材料和装饰石材、地砖、瓷砖中的放射性物质释放的氡气污染。氡气是无色无味的天然放射性气体，对人体危害极大。

（3）室外污染物的污染。室外大气环境的严重污染加剧了室内空气的污染程度。由室外空气带入的污染物有固体颗粒、SO_2、花粉等。

（4）燃烧产物造成的室内空气污染。做饭与吸烟是室内燃烧的主要途径，厨房中的油烟和烟气中的烟雾成分极其复杂，其中含有多种致癌物质。

（5）人体产生的污染。人体自身的新陈代谢及各种生活废弃物的挥发也是室内空气污染的一种途径。人体本身通过呼吸道、皮肤、汗腺可排出大量的污染物；另外，如化妆、洗涤、灭虫等也会造成室内空气污染。

（6）设备产生的污染。如复印机，甚至空气处理设备本身。

1.1.2.3 常见室内污染物

工业建筑中的污染物大部分只在特定工艺过程中产生。下面介绍在一般民用建筑中经常遇到的污染物的成分及危害性。

（1）甲醛

甲醛（Formaldehyde）是无色、具有强烈气味的刺激性气体，略重于空气，易溶于水，其35％～40％的水溶液通称福尔马林。甲醛是一种挥发性有机化合物，是原浆毒物，能与蛋白质结合，污染源很多，污染浓度也较高，是室内环境的主要污染物之一。吸入高浓度甲醛后，出现呼吸道的严重刺激和水肿、眼刺痛、头痛，也可发生支气管哮喘。皮肤直接接触甲醛，可引起皮炎、色斑、坏死。经常吸入少量甲醛，能引起慢性中毒，出现粘膜充血、皮肤刺激征、过敏性皮炎、指甲角化和脆弱、指端疼痛等。全身症状有头痛、乏力、胃纳差、心悸、失眠、体重减轻以及植物神经紊乱等现象。通常，人的甲醛嗅觉阈为 $0.06 \sim 0.07$ mg/m³，但个体差异很大，有的人嗅觉阈可高达 2.68 mg/m³。

各种人造板（刨花板、纤维板、胶合板等）中由于使用了胶粘剂，因而含有甲醛。某些化纤地毯、塑料地板砖、油漆涂料等也含有一定量的甲醛。此外，甲醛还可来自化妆品、清洁剂、杀虫剂、消毒剂、防腐剂等多种化工轻工产品等。由此可见，甲醛的来源很多，容易造成室内污染。甲醛在室内的浓度变化主要与污染源的释放量和释放规律有关，也与使用期限、室内温度、湿度以及通风程度等因素有关，其中温度和通风的影响最重要。

（2）苯

苯（Benzene）是一种无色、具有特殊芳香气味的液体，并且具有易挥发、易燃、蒸气有爆炸性的特点，沸点为 80.1 ℃，能与醇、醚、丙酮和四氯化碳互溶，微溶于水，苯的嗅觉阈值为 $4.8 \sim 15.0$ mg/m³，苯化合物已经被世界卫生组织确定为强致癌物质。苯主要来自建筑装饰中使用的大量化工原材料，目前室内装饰中多用甲苯、二甲苯代替纯苯作各种涂料、胶粘剂和防水材料的溶剂或稀释剂。人在短时间内吸入高浓度的甲苯、二甲苯时，可出现中枢神经系统麻醉作用，轻者有头晕、头痛、恶心、胸闷、乏力、意识模糊等症状，严重者可致昏迷以致呼吸、循环衰竭而死亡。如果长期接触一定浓度的甲苯、二甲苯会引起慢性中毒，可出现头痛、失眠、精神萎靡、记忆力减退、神经衰弱等病症。长期吸入苯还会导致再生障碍性贫血。

（3）二氧化碳（CO_2）

CO_2本身无毒，但空气中含量增多也会导致人体不适，产生中毒症状，甚至死亡。当CO_2浓度在0.03%～0.04%时，人感觉正常；当浓度达到0.5%时，呼吸略有加深；浓度在1%～3%时，呼吸加深、急促；浓度>3%时，会产生不适感、头痛；浓度≥5%时，会产生中毒症状，精神忧郁；浓度≥10%时，会使人失去知觉，甚至死亡。二氧化碳（CO_2）主要由燃烧、人的呼吸、吸烟等产生。

（4）一氧化碳（CO）

人吸入CO后，它比氧更易被血液所吸收而形成碳氧血红蛋白，导致人缺氧，严重者窒息而死。CO的浓度一般在50 ppm时，人无症状发生；在2000 ppm时，1小时内致人死亡。目前一般规定空气中CO的允许浓度为40 mg/m^3（35 ppm）。CO主要在燃烧设备的燃烧、停车场的汽车排气、抽烟等情况下产生。

（5）挥发性有机化合物（VOC）

挥发性有机化合物（Volatile Organic Compound，VOC）气体主要来自建筑的围护结构、装饰材料、油漆、地毯、清洁剂、香料、办公设备（如复印机等）、烹饪、香烟的烟气等。据研究结果表明，在室内发现的VOC气体有50～300种之多，归纳起来主要是醛类、烷类和酮类气体，它们对人体都有害。当T_{VOC}（即VOC气体的总量）<0.2 mg/m^3时，对人无影响；当T_{VOC}在0.2～3 mg/m^3时，对人有刺激或引起不适；当T_{VOC}在3～25 mg/m^3时，对人有刺激和引起头痛；当T_{VOC}>25 mg/m^3时，引起头痛，对神经有毒害影响。

（6）氨

氨对人体的眼、鼻、喉等有刺激作用，吸入大量氨气能造成短时间鼻塞，并造成窒息感，眼部接触易造成流泪，接触时应小心。如果不慎接触过多的氨而出现病症，要及时吸入新鲜空气和水，并用大量水冲洗眼睛。氨的密度小，氨气的密度在标准状况下为0.771 g/L。氨的沸点较高，很容易液化，在常压下冷却至-33.5 ℃或在常温下加压至700～800 kPa，气态氨就液化成无色液体，同时放出大量的热。液态氨汽化时要吸收大量的热，使周围物质的温度急剧下降，所以氨常作为制冷剂。冷库通常采用氨气作制冷剂。氨气极易溶于水，在常温、常压下，1体积水能溶解约700体积的氨。

（7）氮氧化物（NO_x）

氮氧化物包括二氧化氮（NO_2）、一氧化氮（NO）和四氧化二氮（N_2O_4）。NO_2和NO较为常见。NO_2是高度活泼的氧化剂，因此通常用NO_2代表氮氧化物。NO_2浓度≥100 ppm时，可引起人发生化学性肺炎或肺水肿。民用建筑中氮氧化物的散发源主要是燃气灶、汽车排气、燃气热水器等。

（8）氡（Rn）

氡是一种放射性惰性气体，由镭衰变而成，无色无味。它易扩散，能溶于水和脂肪，在体温条件下极易进入人体组织。室内的氡主要来自两方面：一是由于房屋的地基土壤内含有镭，一旦衰变成氡，即可通过地基或建筑物的缝隙、管道引入室内部位等处逸入室内，也可从下水道的破损处进入管内再逸入室内；二是从含镭的建筑材料中衰变而来，如石块、花岗岩、水泥等材料中含有镭。氡的射线会致癌，其潜伏期为 15～40 年，氡为 WTO 认定的 19 种致癌因素中之一，仅次于吸烟。

（9）可吸入粒子

粒径在 5～30 μm 的粒子可沉附于气管和支气管壁上，而小于 1 μm 的粒子在扩散的作用下沉附在肺泡壁上。吸入肺部的粒子如果是属于可溶性的物质，则会引起炎症或全身中毒。难溶性的粒子则被巨噬细胞吞食，通过气管上纤维运动被清理出来的（咳嗽咳出）速度很慢，需 2～4 个月；也有一部分进入淋巴结。因此，有毒性的难溶性粒子会破坏肺细胞。人长期吸入难溶性粒子，可以使肺组织及淋巴组织纤维化，即所谓的硅肺、石棉肺、棉肺等。

（10）烟卷的烟气

烟卷的烟气由粒子和多种气体组成。粒子几乎全部是可吸入粒子。烟气中已被分析出的物质已超过 2000 多种，例如：颗粒状的尼古丁、焦油等，以及气体状的 CO、CO_2、氮氧化物、甲烷、乙烷、丙烷、甲苯、苯、甲醛、丙烯醛等。尼古丁是高毒化学物质，成人致死量为 40～60 mg，儿童约为 10 mg，并能引起支气管粘膜上皮细胞增生和变异，含有 10 多种致癌物质。一般认为吸烟是肺癌最广泛、作用最强的致癌因素。

（11）病原微生物

病原微生物有细菌、病毒（比细菌小）、真菌（比细菌大，又称霉菌）、螺旋体（比细菌大，细长螺旋形）、立克次体（大小形态与细菌相似，由昆虫传播）等。病原微生物进入人体的途径很多，如通过呼吸道、伤口、消化器官、昆虫（蚊、虱等）传播或者与感染者直接接触。病原微生物进入身体后引起组织变形和坏死，继而局部出现毛细管充血，血浆成分渗出，稀释和中和毒素；白细胞渗出，不断向炎症区集中，吞噬和消灭病原微生物。

1.1.3 有害物浓度

有害物对人体的危害，不但取决于有害物的性质，还取决于有害物在空气中的含量。单位体积空气中的有害物含量称为浓度。一般来说，有害物浓度愈大，有害物的危害也愈大。

有害蒸气或气体的浓度有两种表示方法，一种是质量浓度，另一种是体积浓度。质量浓度即每立方米空气中所含有害蒸气或气体的毫克数，以 mg/m³ 表示；体积浓度即每立方米空气中所含有害蒸气或气体的毫升数，以 mL/m³ 表示。因为 1 m³＝10^{-6} mL，常采用百万分率符号 ppm 表示，即 1 mL/m³＝1 ppm，1 ppm 表示空气中某种有害蒸气或气体的体积浓度为百万分之一。例如，通风系统中，若二氧化硫的浓度为 10 ppm，就相当于每立方米空气中含有二氧化硫 10 mL。

在标准状况下，质量浓度和体积浓度可以按式（1-1）进行换算：

$$Y = \frac{M \times 10^3}{22.4 \times 10^3} \cdot C = \frac{M}{22.4} \cdot C \tag{1-1}$$

式中：Y ——有害气体的质量浓度，mg/m³；

M——有害气体的摩尔质量，g/mol；

C——有害气体的体积浓度，ppm 或 mL/m³。

粉尘在空气中的含量即含尘浓度也有两种表示方法：一种是质量浓度；另一种是颗粒浓度，即每立方米空气中所含有粉尘的颗粒数。在工业通风与空气调节技术中，一般采用质量浓度，颗粒浓度主要用于要求超净的车间。

1.1.4 卫生标准和排放标准

1.1.4.1 《工作场所有害因素职业接触限值 第1部分：化学有害因素》(GBZ 2.1—2019)的有关规定

本标准规定了工作场所化学有害因素的职业接触限值，适用于工业企业卫生设计及存在或产生化学有害因素的各类工作场所，如工作场所卫生状况、劳动条件、劳动者接触化学因素的程度、生产装置泄露、防护措施效果的监测、评价、管理及职业卫生监督检查等。

职业接触限值（OELs）是指职业性有害因素的接触限制量值，指劳动者在职业活动过程中长期反复接触，对绝大多数接触者的健康不引起有害作用的容许接触水平。化学有害因素的职业接触限值包括时间加权平均容许浓度、短时间接触容许浓度和最高容许浓度三类。时间加权平均容许浓度（PC—TWA）是指以时间为权数规定的8 h 工作日、40 h 工作周的平均容许接触浓度。短时间接触容许浓度（PC—STEL）是指在遵守PC—TWA 前提下容许短时间（15 min）接触的浓度。最高容许浓度（MAC）工作地点、在一个工作日内、任何时间有毒化学物质均不应超过的浓度。超限倍数是指对未制定PC—STEL 的化学有害因素，在符合8 h 时间加权平均容许浓度的情况下，任何一次短时间（15 min）接触的浓度均不应超过的PC—TWA 的倍数值。

工作场所空气中化学因素职业接触限值见表1-1，工作场所空气中粉尘职业接触限值见表1-2，工作场所空气中生物因素职业接触限值见表1-3，对未制定PC—STEL 的化学物质和粉尘，采用超限倍数控制其短时间接触水平的过高波动。在符合PC—TWA 的前提下，粉尘的超限倍数是PC—TWA 的2倍；化学物质的超限倍数（视PC—TWA 限值大小）是PC—TWA 的1.5～3倍（见表1-4）。

表 1-1　工作场所空气中化学因素职业接触限值

序号	化学物质名称	OELs/（mg/m³）		
		MAC	PC—TWA	PC—STEL
1	甲醛	0.5	—	—
2	氨	—	20	30
3	苯	—	6	10
4	甲苯	—	50	100
5	苯胺	—	3	—
6	苯基醚（二苯醚）	—	7	14

续表

序号	化学物质名称			OELs/（mg/m³）		
				MAC	PC−TWA	PC−STEL
7	苯硫磷			—	0.5	—
8	苯乙烯			—	50	100
9	二氧化氮			—	5	10
10	氧化物（一氧化氮和二氧化硫）			—	5	10
11	二氧化碳			—	9000	18000
12	碳酸钠			—	3	6
13	一氧化碳	非高原		—	20	20
		高原	海拔 2000～3000 m	20	—	—
			海拔＞3000 m	15	—	—
14	氟化氢（按 F 计）			—	—	—
15	氟化物（不含氟化氢）（按 F 计）			2	2	—
16	氰化氢（按 CN 计）			1	—	—
17	氰及其化合物（按 CN 计）			1	—	—
18	硫化氢			10	—	—
19	氯			1	—	—
20	三氯乙烯			—	30	—
21	溴			—	0.6	2
22	碘			1	—	—
23	臭氧			0.3	—	—
24	光气（碳酰氯）			0.5	—	—
25	萘			—	50	75
26	草酸			—	1	2
27	尿素			—	5	10
28	四氢呋喃			—	300	—
29	己内酰胺			—	5	—
30	乙酸甲酯			—	200	500
31	乙酸乙酯			—	200	300
32	乙酸丙酯			—	200	300
33	乙酸丁酯			—	200	300
34	松节油			—	300	—

表 1-2　工作场所空气中粉尘职业接触限值

序号	粉尘名称	PC—TWA/（mg/m³）	
		总尘	呼尘
1	白云石粉尘	8	4
2	玻璃钢粉尘	3	—
3	沉淀 SiO_2（白炭黑）	5	—
4	大理石粉尘（碳酸钙）	8	4
5	电焊烟尘	4	—
6	谷物粉尘（游离 SiO_2 含量＜10％）	4	—
7	滑石粉尘（游离 SiO_2 含量＜10％）	3	1
8	活性炭粉尘	5	—
9	煤尘（游离 SiO_2 含量＜10％）	4	2.5
10	棉尘	1	—
11	石膏粉尘	8	4
12	石墨粉尘	4	2
13	水泥粉尘（游离 SiO_2 含量＜10％）	4	1.5
14	石灰石粉尘	8	4
15	洗衣粉混合尘	1	—
16	烟草尘	2	—
17	云母粉尘	2	15
18	珍珠岩粉尘	8	4
19	蛭石粉尘	3	—
20	矽尘 10％≤游离 SiO_2 含量≤50％	1	0.7
	50％＜游离 SiO_2 含量≤80％	0.7	0.3
	游离 SiO_2 含量＞80％	0.5	0.2

　　注：表中列出的各种粉尘（石棉纤维尘除外），凡游离 SiO_2 高于10％者，均按矽尘容许浓度对待。

表 1-3　工作场所空气中生物因素职业接触限值

序号	化学物质名称	OELs		
		MAC	PC—TWA	PC—STEL
1	白僵蚕孢子	6×10^7（孢子数/m³）	—	
2	枯草杆菌蛋白酶	—	15 ng/m³	30 ng/m³
3	工业酶	—	1.5 mg/m³	3 mg/m³

表 1-4　化学物质超限倍数与 PC－TWA 的关系

PC－TWA/（mg/m³）	最大超限倍数	PC－TWA/（mg/m³）	最大超限倍数
<1	3	10～100	2.0
1～10	2.5	≥100	1.5

工作场所有害因素职业接触限值是用人单位监测工作场所环境污染情况，评价工作场所卫生状况和劳动条件，以及劳动者接触化学因素的程度的重要技术依据，也可用于评估生产装置泄漏情况、评价防护措施效果等。工作场所有害因素职业接触限值也是职业卫生监督管理部门实施职业卫生监督检查、职业卫生技术服务机构开展职业病危害评价的重要技术法规依据。

在实施职业卫生监督检查，评价工作场所职业卫生状况或个人接触状况时，应正确运用时间加权平均容许浓度、短时间接触容许浓度或最高容许浓度的职业接触限值，并按照有关标准的规定进行空气采样、监测，以期正确评价工作场所有害因素的污染状况和劳动者接触水平。

（1）PC－TWA 的应用

8 h 时间加权平均容许浓度（PC－TWA）是评价工作场所环境卫生状况和劳动者接触水平的主要指标。职业病危害控制效果评价，如建设项目竣工验收、定期危害评价、系统接触评估、因生产工艺、原材料、设备等发生改变需要对工作环境影响重新进行评价时，尤应着重进行 TWA 的检测、评价。个体检测是测定 TWA 比较理想的方法，尤其适用于评价劳动者实际接触状况，是工作场所有害因素职业接触限值的主体性限值。定点检测也是测定 TWA 的一种方法，要求采集一个工作日内某一工作地点各时段的样品，按各时段的持续接触时间与其相应浓度乘积之和除以 8，得出 8 h 工作日的时间加权平均浓度（TWA）。定点检测除了反映个体接触水平外，也适用评价工作场所环境的卫生状况。

定点检测可按式（1-2）计算出时间加权平均浓度：

$$C_{TWA} = (C_1 T_1 + C_2 T_2 + \cdots + C_n T_n)/8 \tag{1-2}$$

式中：C_{TWA}——8 h 工作日接触化学有害因素的时间加权平均浓度，mg/m³；

　　　8——一个工作日的工作时间（工作时间不足 8 h 者，仍以 8 h 计），h；

　　　C_1，C_2，…，C_n——T_1，T_2，…，T_n 时间段接触的相应浓度；

　　　T_1，T_2，…，T_n——C_1，C_2，…，C_n 浓度下相应的持续接触时间。

【例 1-1】　乙酸乙酯的 PC－TWA 为 200 mg/m³，若劳动者接触状况为：400 mg/m³，接触 3 h；160 mg/m³，接触 2 h；120 mg/m³，接触 3 h。请判断是否超过该物质的 PC－TWA。

【解】　将已知条件代入式（1-2）有：

$$C_{TWA} = (400 \times 3 + 160 \times 2 + \cdots + 120 \times 3)/8 = 235 \text{ mg/m}^3$$

此结果大于 200 mg/m³，超过该物质的 PC－TWA。

【例 1-2】　同样是乙酸乙酯，若劳动者接触状况：300 mg/m³，接触 2 h；

$200 \ mg/m^3$，接触 2 h；$180 \ mg/m^3$，接触 2 h；不接触，2 h。请判断是否超过该物质的 PC－TWA。

【解】 将已知条件代入式（1-2）有：

$$C_{TWA} = (300 \times 2 + 200 \times 2 + \cdots + 180 \times 2 + 0 \times 2)/8 = 170 \ mg/m^3$$

结果小于 $200 \ mg/m^3$，未超过该物质的 PC－TWA。

（2）PC－STEL 的应用

PC－STEL 是与 PC－TWA 相配套的短时间接触限值，可视为对 PC－TWA 的补充。它只用于短时间接触较高浓度可导致刺激、窒息、中枢神经抑制等急性作用及其慢性不可逆性组织损伤的化学物质。

在遵守 PC－TWA 的前提下，PC－STEL 水平的短时间接触不引起：① 刺激作用；② 慢性或不可逆性损伤；③ 存在剂量—接触次数依赖关系的毒性效应；④ 麻醉程度足以导致事故率升高、影响逃生和降低工作效率。即使当日的 TWA 符合要求时，短时间接触浓度也不应超过 PC－STEL。当接触浓度超过 PC－TWA，达到 PC－STEL 水平时，一次持续接触时间不应超过 15 min，每个工作日接触次数不应超过 4 次，相继接触的间隔时间不应短于 60 min。

对制定有 PC－STEL 的化学物质进行监测和评价时，应了解现场浓度波动情况，在浓度最高的时段按采样规范和标准检测方法进行采样和检测。

（3）MAC 的应用

MAC 主要是针对具有明显刺激、窒息或中枢神经系统抑制作用，可导致严重急性损害的化学物质而制定的不应超过的最高容许接触限值，即任何情况都不容许超过的限值。最高浓度的检测应在了解生产工艺过程的基础上，根据不同工种和操作地点采集能够代表最高瞬间浓度的空气样品再进行检测。

（4）超限倍数的应用

许多有 PC－TWA 的物质尚未制定 PC－STEL。对于这些未制定 PC－STEL 的化学物质和粉尘，即使其 8 h 没有超过 PC－TWA，也应控制其漂移上限。因此，可采用超限倍数控制其短时间接触水平的过高波动。超限倍数所对应的浓度是短时间接触浓度，采样和检测方法同 PC－STEL。

例如：① 三氯乙烯的 PC－TWA 为 $30 \ mg/m^3$，查表 1-4，其超限倍数为 2。测得短时间（15 min）接触浓度为 $100 \ mg/m^3$，是 PC－TWA 的 3.3 倍，大于超限倍数 2，不符合超限倍数要求。② 己内酰胺的 PC－TWA 为 $5 \ mg/m^3$，查表 1-4，其超限倍数为 2.5。测得短时间（15 min）接触浓度为 $12 \ mg/m^3$，是 PC－TWA 的 2.4 倍，小于超限倍数 2.5，符合超限倍数要求。③ 石墨粉尘的 PC－TWA 为 $4 \ mg/m^3$（总尘）和 $2 \ mg/m^3$（呼尘），其超限倍数为 2。测得总尘和呼尘的短时间（15 min）接触浓度分别为 $19 \ mg/m^3$ 和 $9 \ mg/m^3$，分别是 PC－TWA 的 2.375 倍和 2.25 倍，均大于超限倍数 2，不符合超限倍数要求。④ 煤尘的 PC－TWA 为 $4 \ mg/m^3$（总尘）和 $2.5 \ mg/m^3$（呼尘），其超限倍数为 2。测得总尘和呼尘的短时间（15 min）接触浓度分别为 $8 \ mg/m^3$ 和 $5 \ mg/m^3$。分别是相应 PC－TWA 的 2 倍，均小于等于 2 倍的 PC－TWA，符合超限倍数要求。

1.1.4.2 《民用建筑工程室内环境污染控制规范》（GB 50325—2010）的有关规定

本规范适用于新建、扩建和改建的民用建筑工程室内环境污染控制。本规范控制的室内环境污染物有氡（简称 Rn－222）、甲醛、氨、苯和总挥发性有机化合物（简称 T_{VOC}）。

民用建筑工程根据控制室内环境污染的不同要求，划分为以下两类：① Ⅰ类民用建筑工程，如住宅、医院、老年建筑、幼儿园、学校教室等；② Ⅱ类民用建筑工程，如办公楼、商店、旅馆、文化娱乐场所、书店、图书馆、展览馆、体育馆、公共交通等候室、餐厅、理发店等。

表面氡析出率是指单位面积、单位时间土壤或材料表面析出的氡的放射性活度。内照射指数（I_{Ra}）是指建筑材料中天然放射性核素镭－226 的放射性比活度，除以比活度限量值 200 而得的商。外照射指数（I_γ）是指建筑材料中天然放射性核素镭－226、钍－232 和钾－40 的放射性比活度，分别除以比活度限量值 370、260、4200 而得的商之和。氡浓度是指单位体积空气中氡的放射性活度。

民用建筑工程所使用的砂、石、砖、砌块、水泥、混凝土、混凝土预制构件等无机非金属建筑主体材料，其放射性限量应符合表 1-5 的规定。

表 1-5 无机非金属建筑主体材料放射性限量

测定项目	限量
内照射指数（I_{Ra}）	≤1.0
外照射指数（I_γ）	≤1.0

民用建筑工程所使用的无机非金属装修材料，包括石材、建筑卫生陶瓷、石膏板、吊顶材料、无机瓷质砖黏结材料等，进行分类时，其放射性限量应符合表 1-6 的规定。

表 1-6 无机非金属装修材料放射性限量

测定项目	限 量	
	A	B
内照射指数（I_{Ra}）	≤1.0	≤1.3
外照射指数（I_γ）	≤1.3	≤1.9

民用建筑工程所使用的加气混凝土和空心率（孔洞率）大于 25％的空心砖、空心砌块等建筑主体材料，其放射性限量应符合表 1-7 的规定。

表 1-7 加气混凝土和空心率（孔洞率）大于 25％的建筑主体材料放射性限量

测定项目	限 量
表面氡析出率/（Bq/m² · s）	≤0.015
内照射指数（I_{Ra}）	≤1.0
外照射指数（I_γ）	≤1.0

民用建筑工程室内用人造木板及饰面人造木板，必须测定游离甲醛含量或游离甲醛

释放量。当采用环境测试舱法测定游离甲醛释放量，并依此对人造木板进行分级时，其限量应符合表1-8的规定。

表1-8 环境测试舱法测定游离甲醛释放量限量

级 别	限量/（mg/m³）
E₁	≤0.12

民用建筑工程室内用水性涂料和水性腻子，应测定游离甲醛的含量，其限量应符合表1-9的规定。

表1-9 室内用水性涂料和水性腻子中游离甲醛限量

测定项目	限 量	
	水性涂料	水性腻子
游离甲醛/（mg/kg）	≤100	

民用建筑工程室内用溶剂型涂料和木器用溶剂型腻子，应按其规定的最大稀释比例混合后，测定VOC和苯、甲苯＋二甲苯＋乙苯的含量，其限量应符合表1-10的规定。

表1-10 室内用溶剂型涂料和木器用溶剂型腻子中挥发性
有机化合物（VOC）、苯、甲苯＋二甲苯＋乙苯限量

涂料类别	VOC/（g/L）	苯/%	甲苯＋二甲苯＋乙苯/%
醇酸类涂料	≤500	≤0.3	≤5
硝基类涂料	≤720	≤0.3	≤30
聚氨酯类涂料	≤670	≤0.3	≤30
酚醛防锈漆	≤270	≤0.3	—
其他溶剂型涂料	≤600	≤0.3	≤30
木器用溶剂型腻子	≤550	≤0.3	≤30

民用建筑工程室内用水性胶粘剂，应测定VOC和游离甲醛的含量，其限量应符合表1-11的规定。

表1-11 室内用水性胶粘剂中挥发性有机化合物（VOC）和游离甲醛限量

测定项目	限量			
	聚乙酸乙烯酯胶粘剂	橡胶类胶粘剂	聚氨酯类胶粘剂	其他胶粘剂
挥发性有机化合物（VOC）/（g/L）	≤110	≤250	≤100	≤350
游离甲醛/（g/kg）	≤1.0	≤1.0	—	≤1.0

民用建筑工程室内用溶剂型胶粘剂，应测定VOC、苯、甲苯＋二甲苯的含量，其限量应符合表1-12的规定。

表 1-12　室内用溶剂型胶粘剂中挥发性有机化合物（VOC）、苯、甲苯十二甲苯限量

项目	限量			
	氯丁橡胶胶粘剂	SBS 胶粘剂	聚氨酯类胶粘剂	其他胶粘剂
苯/（g/kg）	≤5.0			
甲苯＋二甲苯/（g/kg）	≤200	≤150	≤150	≤150
挥发性有机物/（g/L）	≤700	≤650	≤700	≤700

民用建筑工程验收时，必须进行室内环境污染物浓度检测，其限量应符合表 1-13 的规定。

表 1-13　民用建筑工程室内环境污染物浓度限量

污染物	Ⅰ类民用建筑工程	Ⅱ类民用建筑工程
氡/（Bq/m³）	≤200	≤400
甲醛/（mg/m³）	≤0.08	≤0.10
苯/（mg/m³）	≤0.09	≤0.09
氨/（mg/m³）	≤0.2	≤0.2
T_{VOC}/（mg/m³）	≤0.5	≤0.6

注：① 表中污染物浓度测量值，除氡外均指室内测量值扣除同步测定的室外上风向空气测量值（本底值）后的测量值。
② 表中污染物浓度测量值的极限值判定，采用全数值比较法。

1.1.4.3　《室内空气质量标准》（GB/T 18883—2002）的有关规定

本标准适用于住宅和办公建筑物，其他室内环境可参照本标准执行。室内空气应无毒、无害、无异常嗅味。室内空气质量标准见表 1-14。

表 1-14　室内空气质量标准

序号	参数类别	参数	单位	标准值	备注
1	物理性	温度	℃	22～28	夏季空调
				16～24	冬季采暖
2		相对湿度	%	40～80	夏季空调
				30～60	冬季采暖
3		空气流速	m/s	0.3	夏季空调
				0.2	冬季采暖
4		新风量	m³/（h·人）	30	

续表

序号	参数类别	参数	单位	标准值	备注
5		二氧化硫	mg/m³	0.5	1 h 均值
6		二氧化氮	mg/m³	0.24	1 h 均值
7		一氧化碳	mg/m³	10	1 h 均值
8		二氧化碳	%	0.10	日均值
9		氨	mg/m³	0.20	1 h 均值
10		臭氧	mg/m³	0.16	1 h 均值
11	化学性	甲醛	mg/m³	0.10	1 h 均值
12		苯	mg/m³	0.11	1 h 均值
13		甲苯	mg/m³	0.20	1 h 均值
14		二甲苯	mg/m³	0.20	1 h 均值
15		苯并[a]芘 B(a)P	mg/m³	1.0	日均值
16		可吸入颗粒	mg/m³	0.15	日均值
17		总挥发性有机物	mg/m³	0.60	8 h 均值
18	生物性	细菌总数	Cfu/m³	2500	依据仪器定
19	放射性	氡	Bq/m³	400	年平均值（行动水平）

1.1.4.4 《大气污染物综合排放标准》（GB 16297—1996）的有关规定

本标准适用于现有污染源大气污染物排放管理，以及建设项目的环境影响评价、设计、环境保护设施竣工验收及其投产后的大气污染物排放管理。

最高允许排放浓度是指处理设施后排气筒中污染物任何 1 h 浓度平均值不得超过的限值；或指无处理设施排气筒中污染物任何 1 h 浓度平均值不得超过的限值。最高允许排放速率是指一定高度的排气筒任何 1 h 排放污染物的质量不得超过的限值。无组织排放是指大气污染物不经过排气筒的无规则排放。低矮排气筒的排放属有组织排放，但在一定条件下也可造成与无组织排放相同的后果。因此，在执行"无组织排放监控浓度限值"指标时，由低矮排气筒造成的监控点污染物浓度增加不予扣除。

本标准设置下列三项指标：① 通过排气筒排放废气的最高允许排放浓度。② 通过排气筒排放的废气，按排气筒高度规定的最高允许排放速率。任何一个排气筒必须同时遵守上述两项指标，超过其中任何一项均为超标排放。③ 以无组织方式排放的废气，规定无组织排放的监控点及相应的监控浓度限值。该指标由省、自治区、直辖市人民政府环境保护行政主管部门决定是否在本地区实施，并报国务院环境保护行政主管部门备案。

本标准规定的最高允许排放速率，现有污染源分一、二、三级，新污染源分为二、三级。按污染源所在的环境空气质量功能区类别，执行相应级别的排放速率标准，即：① 位于一类区的污染源执行一级标准（一类区禁止新、扩建污染源，一类区现有污

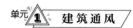

源改建执行现有污染源的一级标准）；② 位于二类区的污染源执行二级标准；③ 位于三类区的污染源执行三级标准。

现有污染源大气污染物排放限值见表 1-15，新污染源大气污染物排放限值见表 1-16。

表 1-15 现有污染源大气污染物排放限值

序号	污染物	最高允许排放浓度/(mg/m³)	最高允许排放速率/(kg/h)				无组织排放监控浓度限值	
			排气筒/m	一级	二级	三级	监控点	浓度/(mg/m³)
1	二氧化硫	1200 （硫、二氧化硫、硫酸和其他含硫化合物生产） 700 （硫、二氧化硫、硫酸和其他含硫化合物使用）	15 20 30 40 50 60 70 80 90 100	1.6 2.6 8.8 15 23 33 47 63 82 100	3.0 5.1 17 30 45 64 91 120 160 200	4.1 7.7 26 45 69 98 140 190 240 310	无组织排放源上风向设参照点，下风向设监控点	0.50 （监控点与参照点浓度差值）
2	氮氧化物	1700 （硝酸、氮肥和火炸药生产） 420 （硝酸使用和其他）	15 20 30 40 50 60 70 80 90 100	0.47 0.77 2.6 4.6 7.0 9.9 14 19 24 31	0.91 1.5 5.1 8.9 14 19 27 37 47 61	1.4 2.3 7.7 14 21 29 41 56 72 92	无组织排放源上风向设参照点，下风向设监控点	0.15 （监控点与参照点浓度差值）
3	颗粒物	22 （碳黑尘、染料尘）	15 20 30 40	禁排	0.60 1.0 4.0 6.8	0.87 1.5 5.9 10	周界外浓度最高点	肉眼不可见
		80 （玻璃棉尘、石英粉尘、矿渣棉尘）	15 20 30 40	禁排	2.2 3.7 14 25	3.1 5.3 21 37	无组织排放源上风向设参照点，下风向设监控点	2.0 （监控点与参照点浓度差值）
		150 （其他）	15 20 30 40 50 60	2.1 3.5 14 24 36 51	4.1 6.9 27 46 70 100	5.9 10 40 69 110 150	无组织排放源上风向设参照点，下风向设监控点	5.0 （监控点与参照点浓度差值）

续表

序号	污染物	最高允许排放浓度/(mg/m³)	最高允许排放速率/(kg/h)				无组织排放监控浓度限值	
			排气筒/m	一级	二级	三级	监控点	浓度/(mg/m³)
4	氟化氢	150	15 20 30 40 50 60 70 80	禁排	0.30 0.51 1.7 3.0 4.5 6.4 9.1 12	0.46 0.77 2.6 4.5 6.9 9.8 14 19	周界外浓度最高点	0.25
5	氯气	85	25 30 40 50 60 70 80	禁排	0.60 1.0 3.4 5.9 9.1 13 18	0.90 1.5 5.2 9.0 14 20 28	周界外浓度最高点	0.50
6	苯	17	15 20 30 40	禁排	0.60 1.0 3.3 6.0	0.90 1.5 5.2 9.0	周界外浓度最高点	0.50
7	甲苯	60	15 20 30 40	禁排	3.6 6.1 21 36	5.5 9.3 31 54	周界外浓度最高点	0.30
8	甲醛	30	15 20 30 40 50 60	禁排	0.30 0.51 1.7 3.0 4.5 6.4	0.46 0.77 2.6 4.5 6.9 9.8	周界外浓度最高点	0.25
9	氯化氢	2.3	25 30 40 50 60 70 80	禁排	0.18 0.31 1.0 1.8 2.7 3.9 5.5	0.28 0.46 1.6 2.7 4.1 5.9 8.3	周界外浓度最高点	0.030

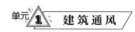

表 1-16 新污染源大气污染物排放限值

序号	污染物	最高允许排放浓度/(mg/m³)	最高允许排放速率/(kg/h)			无组织排放监控浓度限值	
			排气筒/m	二级	三级	监控点	浓度/(mg/m³)
1	二氧化硫	960（硫、二氧化硫、硫酸和其他含硫化合物生产）	15	2.6	3.5	周界外浓度最高点	0.40
			20	4.3	6.6		
			30	15	22		
		550（硫、二氧化硫、硫酸和其他含硫化合物使用）	40	25	38		
			50	39	58		
			60	55	83		
			70	77	120		
			80	110	160		
			90	130	200		
			100	170	270		
2	氮氧化物	1400（硝酸、氮肥和火炸药生产）	15	0.77	1.2	周界外浓度最高点	0.12
			20	1.3	2.0		
			30	4.4	6.6		
		240（硝酸使用和其他）	40	7.5	11		
			50	12	18		
			60	16	25		
			70	23	35		
			80	31	47		
			90	40	61		
			100	52	78		
3	颗粒物	18（碳黑尘、染料尘）	15	0.15	0.74	周界外浓度最高点	肉眼不可见
			20	0.85	1.3		
			30	3.4	5.0		
			40	5.8	8.5		
		60*（玻璃棉尘、石英粉尘、矿渣棉尘）	15	1.9	2.6	周界外浓度最高点	1.0
			20	3.1	4.5		
			30	12	18		
			40	21	31		
		120（其他）	15	3.5	5.0	周界外浓度最高点	1.0
			20	5.9	8.5		
			30	23	34		
			40	39	59		
			50	60	94		
			60	85	130		
4	氟化氢	100	15	0.26	0.39	周界外浓度最高点	0.20
			20	0.43	0.65		
			30	1.4	2.2		
			40	2.6	3.8		
			50	3.8	5.9		
			60	5.4	8.3		
			70	7.7	12		
			80	10	16		

序号	污染物	最高允许排放浓度/(mg/m³)	最高允许排放速率/(kg/h)			无组织排放监控浓度限值	
			排气筒/m	二级	三级	监控点	浓度/(mg/m³)
5	氯气	65	25 30 40 50 60 70 80	0.52 0.87 2.9 5.0 7.7 11 15	0.78 1.3 4.4 7.6 12 17 23	周界外浓度最高点	0.40
6	苯	12	15 20 30 40	0.50 0.90 2.9 5.6	0.80 1.3 4.4 7.6	周界外浓度最高点	0.40
7	甲苯	40	15 20 30 40	3.1 5.2 18 30	4.7 7.9 27 46	周界外浓度最高点	2.4
8	甲醛	25	15 20 30 40 50 60	0.26 0.43 1.4 2.6 3.8 5.4	0.39 0.65 2.2 3.8 5.9 8.3	周界外浓度最高点	0.20
9	氯化氢	1.9	25 30 40 50 60 70 80	0.15 0.26 0.88 1.5 2.3 3.3 4.6	0.24 0.39 1.3 2.3 3.5 5.0 7.0	周界外浓度最高点	0.024

在使用表 1-15 和表 1-16 时注意以下几点：

① 排气筒高度除须遵守表 1-15 和表 1-16 列出的排放速率标准值外，还应高出周围 200 m 半径范围的建筑 5 m 以上。不能达到该要求的排气筒，应按其高度对应的表列排放速率标准值严格 50% 执行。

② 两个排放相同污染物（不论其是否由同一生产工艺过程产生）的排气筒，若其距离小于其几何高度之和，应合并视为一根等效排气筒。若有三根以上的近距排气筒且排放同一种污染物时，应以前两根的等效排气筒依次与第三、四根排气筒取等效值。

等效排气筒污染物排放速率按式（1-3）计算：

$$Q = Q_1 + Q_2 \tag{1-3}$$

式中：Q——等效排气筒某污染物排放速率；

Q_1、Q_2——排气筒 1、排气筒 2 的某污染物排放速率。

等效排气筒高度按式（1-4）计算：

$$h = \sqrt{\frac{1}{2}(h_1^2 + h_2^2)} \tag{1-4}$$

式中：h——等效排气筒高度；

h_1、h_2——排气筒 1、排气筒 2 的高度。

等效排气筒的位置，应于排气筒 1 和排气筒 2 的连线上，若以排气筒 1 为原点，则等效排气筒的位置距原点的距离应按式（1-5）计算：

$$x = \frac{a(Q - Q_1)}{Q} = \frac{aQ_2}{Q} \tag{1-5}$$

式中：x——等效排气筒距排气筒 1 距离；

a——排气筒 1 至排气筒 2 的距离。

③ 若某排气筒的高度处于表 1-15 和表 1-16 列出的两个值之间，其执行的最高允许排放速率以内插法计算；当某排气筒的高度大于或小于表 1-15 和表 1-16 列出的最大或最小值时，以外推法计算其最高允许排放速率。

某排气筒高度处于表 1-15 和表 1-16 列两高度之间，用内插法计算其最高允许排放速率，按式（1-6）计算：

$$Q = Q_a + (Q_{a+1} - Q_a)\frac{h - h_a}{h_{a+1} - h_a} \tag{1-6}$$

式中：Q——某排气筒最高允许排放速率；

Q_a——比某气筒低的表 1-15 和表 1-16 所列限值中的最大值；

Q_{a+1}——比某排气筒高的表 1-15 和表 1-16 所列限值中的最小值；

h——某排气筒的几何高度；

h_a——比某排气筒低的表 1-15 和表 1-16 所列高度中的最大值；

h_{a+1}——比某排气筒高的表 1-15 和表 1-16 所列高度中的最小值。

某排气筒高度高于表 1-15 和表 1-16 列出的排气筒高度的最高值，用外推法计算其最高允许排放速率。按式（1-7）计算：

$$Q = Q_b (h/h_b)^2 \tag{1-7}$$

式中：Q——某排气筒的最高允许排放速率；

Q_b——表 1-15 和表 1-16 列出的排气筒最高高度对应的最高允许排放速率；

h——某排气筒的高度；

h_b——表 1-15 和表 1-16 列出的排气筒的最高高度。

④ 新污染源的排气筒一般不应低于 15 m。若新污染源的排气筒必须低于 15 m 时，其排放速率标准值外推计算结果再严格 50% 执行。

1.2　通风方式

通风（Ventilation）是指为改善生产和生活条件，采用自然或机械的方法，对某一空间进行换气，以造成安全、卫生等适宜空气环境技术。即采用自然或机械的方法向某一房间或空间送入室外空气和由某一房间或空间排出空气的过程，送入的空气可以是处理过的，也可以是不经处理的。换句话说，通风是利用室外空气（称新鲜空气或新风）来置换建筑物内的空气（简称室内空气），以改善室内空气品质。

通风的功能主要是提供人呼吸所需要的氧气；稀释室内污染物或气味；排除室内工艺过程产生的污染物；除去室内多余的热量（称余热）或湿量（称余湿）；提供室内燃烧设备燃烧所需的空气。建筑中通风系统可能只完成其中的一项或几项任务，其中利用通风除去室内余热和余湿的功能是有限的，它受室外空气状态的限制。

通风系统的通风方式可从通风系统的服务对象、气流方向、控制空间区域范围和动力等角度进行分类。

（1）按通风系统的服务对象分类

根据通风系统服务对象的不同，可分为民用建筑通风和工业建筑通风。民用建筑通风是对民用建筑中人员及活动所产生的污染物进行治理而进行的通风；工业建筑通风是对生产过程中的余热、余湿、粉尘和有害气体等进行控制和治理而进行的通风。

（2）按通风系统的气流方向分类

根据通风系统气流方向的不同，可分为排风和进风。排风是在局部地点或整个房间内，把不符合卫生标准的污浊空气排至室外；进风是把新鲜空气或经过净化符合卫生要求的空气送入室内。

（3）按通风系统的控制空间区域范围分类

根据通风系统控制空间区域范围的不同，可分为局部通风和全面通风。局部通风是指为改善室内局部空间的空气环境，向该空间送入或从该空间排出空气的通风方式；全面通风也称稀释通风，它是对整个车间或房间进行通风换气，将新鲜的空气送入室内，以改变室内的温、湿度和稀释有害物的浓度，同时把污浊空气不断排至室外，使工作地带的空气环境符合卫生标准的要求。

防止室内有害物污染空气的最有效方法是采用局部通风，局部通风系统所需要的风量小、效果好，设计时应优先考虑。如果由于条件限制、有害物源不固定等原因，不能采用局部通风，或者采用局部通风后，室内有害物浓度仍达不到卫生要求时，可采用全面通风。全面通风所需要的风量大大超过局部通风，相应的设备也比较庞大。

（4）按通风系统的动力分类

根据通风系统动力的不同，可分为机械通风和自然通风。机械通风是依靠风机造成的压力作用使空气流动的通风方式；自然通风是依靠室外风力造成的风压以及由室内外温差和高度差产生的热压使空气流动的通风方式。自然通风不需要专门的动力，在某些热车间是一种经济有效的通风方式。

1.3 局部通风

局部通风（Local Ventilation）是指为改善室内局部空间的空气环境，向该空间送入或从该空间排出空气的通风方式。局部通风系统分为局部送风和局部排风两类，它们都是利用局部气流，使工作地点不受有害物污染，从而改善工作地点空气环境。

1.3.1 局部送风

局部送风是以一定的速度将空气直接送到指定地点的通风方式。对于面积较大、工作地点比较固定、操作人员较少的生产车间，用全面通风的方式改善整个车间的空气环境是困难的，而且也不经济。通常在这种情况下可以采用局部送风，形成适合工作人员的局部空气环境。局部送风分为系统式和分散式两种。

根据我国现行暖通设计规范的规定：较长时间操作的工作地点，当其温度达不到卫生要求或辐射照度大于 $350 \ W/m^2$ 时，应设置局部送风。局部送风目的是增加局部工作地点的风速或同时降低局部工作地点的空气温度，以改善局部工作地点的环境。

1.3.1.1 系统式局部送风系统

系统式局部送风系统，可以通过送风管道对送入的空气进行加热或冷却处理，适用于工作地点较为固定、辐射强度高、空气温度高，而工艺过程又不允许有水滴，或工作地点散发有害气体或粉尘，不允许采用再循环空气的情况。这种系统通常也称为空气淋浴或岗位吹风，即将室外新风以一定风速直接送入工人的操作岗位，使局部地区空气品质和热环境得到改善。当有若干个岗位需要局部送风时，可合为一个系统，集中对新风进行处理，因为送风造成的正压会使多余的空气由窗孔排出。图1-1所示为铸造车间局部送风系统。在组成上，系统式局部送风与一般送风系统基本相同，只是送风口用"喷头"而不是常用送风口，将空气经过处理，由风道送至工作地点附近，再经过"喷头"送出，使工作人员包围在符合要求的空气中，如同"空气淋浴"一样。

最简单的"喷头"是渐扩管，只能向固定地点送风。图1-2所示为旋转式喷头，喷头出口设活动的导流叶片，喷头和风管之间是可转动的活动连接，因而可以向任意方向送风，且在一定的送风距离范围内可调，这种喷头适用于地点不固定或设计时工作地点难以确定的场合。另一种是广泛应用于车、船、飞机和生产车间的球形可调式风口，可以调节气流的喷射方向。喷头吹风气流应从人体前侧上方倾斜吹向人体上部，使人体上部处于新鲜空气的包围中，必要时可由上至下垂直送风。送到人体的有效气流宽度宜采用 $1 \ m$，对室内散热量小于 $23 \ W/m^2$ 的轻度作业可采用 $0.6 \ m$ 的有效气流宽度。

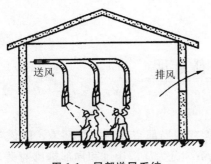

图 1-1 局部送风系统

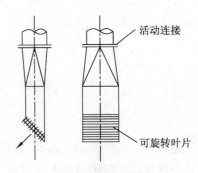

图 1-2 旋转式喷头

1.3.1.2 分散式送风

（1）风扇送风

采用轴流风扇或喷雾风扇在高温车间内部进行局部送风，适用于对空气处理要求不高，可采用室内再循环空气的地方，如有普通风扇、喷雾风扇、行车司机室等。

（2）空气幕

空气幕是一种局部送风装置。它是利用特制的空气分布器喷出一定温度和速度的幕状气流，用来封堵门洞，减少或隔绝外界气流的侵入，以保证室内或某一工作区的温度环境。

1）空气幕的作用

一是防止室外冷、热气流侵入。主要用于运输工具、材料出入的工业厂房或商店、剧场等公共建筑需经常开启的大门。例如，在冬季由于大门的开启将有大量的冷风侵入而使室内气温骤然下降，为防止冷空气的侵入可设空气幕；炎热的夏季为防止室外热气流对室内温度的影响，可设置喷射冷风的空气幕。

二是防止余热和有害气体的扩散。为防止余热和有害气体向室外或其他车间扩散蔓延，可设置空气幕进行阻隔。

2）空气幕的组成

主要由空气处理设备、风机、风管系统及风口组成。现在常将空气处理设备、风机、风口三者组合起来称为空气幕，如图 1-3 所示。

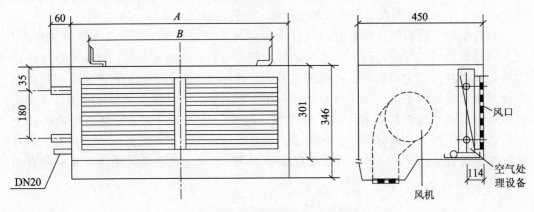

图 1-3 空气幕构造示意图

3）空气幕的种类

空气幕按空气分布器的安装位置可分为侧送式、上送式和下送式。

① 侧送式空气幕有单侧和双侧两种，如图 1-4 所示。单侧空气幕适用于宽度小于 3 m 的门洞和物体通过大门时间较短的场合。当门宽超过 3 m 时可采用双侧空气幕。侧送式空气幕喷出的气流比较卫生，为了不阻挡气流，侧送式空气幕的大门不向内开。

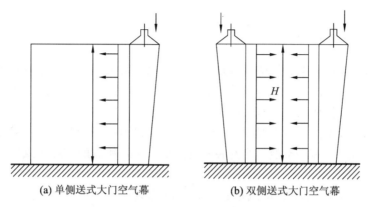

(a) 单侧送式大门空气幕　　　　　(b) 双侧送式大门空气幕

图 1-4　侧送式大门空气幕

② 上送式空气幕。它适用于一般公共建筑，如剧院、百货公司等。它的挡风效果不如下送式空气幕，也存在着车辆通过时阻碍空气幕的气流问题。但这种送风方法的卫生条件比下送式空气幕好。

③ 下送式空气幕。这种空气幕的气流由门洞下部的风道吹出，所需空气量较少，运行费用较低。由于射流最强作用段处于大门的下部，所以阻挡效果最好，但下送式空气幕容易被脏物堵塞和送风易受污染，另外在物体通过时由于空气幕气流被阻碍因而容易影响送风效果。

从当前实际应用的情况来看，采用较广泛的是侧送式空气幕以及上送式空气幕。

4）热空气幕的设置原则

《民用建筑供暖通风与空气调节设计规范》（GB 50736—2012）中对设置热空气幕的有关规定：

① 对严寒地区公共建筑经常开启的外门，应采取热空气幕等减少冷风渗透的措施。

② 对寒冷地区公共建筑经常开启的外门，当不设门斗和前室时，宜设置热空气幕。

③ 公共建筑热空气幕送风方式宜采用由上向下送风。

④ 热空气幕的送风温度应根据计算确定。对于公共建筑的外门，不宜高于 50 ℃；对高大外门，不宜高于 70 ℃。

⑤ 热空气幕的出口风速应通过计算确定。对于公共建筑的外门，不宜大于 6 m/s；对于高大外门，不宜大于 25 m/s。

《工业建筑供暖通风与空气调节设计规范》（GB 50019—2015）中对设置热空气幕的有关规定：

① 位于严寒地区、寒冷地区，经常开启，且不设门斗和前室时；当生产工艺要求不允许降低室内温度时或经技术经济比较设置热空气幕合理时。

② 大门宽度小于 3 m 时，宜采用单侧送风；大门宽度为 3～18 m 时，可采用单侧、双侧或顶部送风；大门宽度超过 18 m 时，宜采用顶部送风。

③ 热空气幕的送风温度应根据计算确定。对于公共建筑的外门，不宜高于 50 ℃；对于高大的外门，不应高于 70 ℃。

④ 热空气幕的出口风速应通过计算确定。对于公共建筑的外门，不宜大于 8 m/s；对于高大的外门，不宜大于 25 m/s。

1.3.2　局部排风

局部排风是在散发有害物的局部地点设置排风罩捕集有害物，并将其排至室外的通风方式，以防止有害物与工作人员接触或扩散到整个车间。与全面通风相比，局部排风具有排风量小、控制效果好、有害物不进入工作区等优点，因此在局部地点产生大量有害物或污染源比较集中的建筑物内，应首先考虑采用局部排风（如果采用全面通风方式，反而使有害物在室内扩散；当有害物发生量大时，所需的稀释通风量则过大，甚至难以实现）。

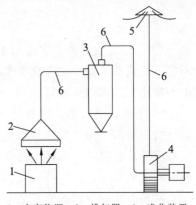

局部排风系统是由局部排风罩、风管、净化设备和风机等组成。如图 1-4 所示，被污染的空气通过排风罩，经风道输送至净化装置，在净化装置内空气被净化至符合排放标准的要求后，用风机通过排气立管、风帽排入大气当中。

局部排风罩是用于捕集有害物的装置，它是局部排风系统的关键环节，其性能对局部排风系统的技术经济性能具有十分重要的影响，设计完善的排风罩用较小的风量即可获得最佳的控制效果。排风罩的种类很多，一定要根据有害物的性质、散发规律和工艺设备的结构和操作情况，选择排风罩的形式。

1—有害物源；2—排气罩；3—净化装置；
4—排风机；5—风帽；6—风道

图 1-5　机械局部排风系统

1.3.2.1　柜式排风罩

柜式排风罩俗称通风柜，实际上是密闭罩的特殊形式，应用最普遍的是靠墙单面操作的台上式通风柜，柜的一侧设有可启闭的操作孔和观察孔，将产生有害物的工艺设备完全密封，使有害物被限制在一个密闭的空间里，工作人员站在柜外，通过工作口对柜内进行生产操作。工作口可根据需要尽量开小，这样在敞口的断面上造成较大排风速度，从而有效地防止有害物逸出。

常用通风柜的形式：上部排风通风柜（见图 1-6），用于通风柜内产生的有害气体密度比空气小，或者当通风柜内有发热体时，需注意的是，当罩内发热量大，采用自然排风时，其中和面高度应不低于排风柜上的工作孔上缘；下部排风通风柜（见图 1-7），用于通风柜内没有发热体，而且产生有害气体密度比空气大时，该柜内气流下降，可有效防止有害气体从操作口下部逸出；上下联合排风通风柜（见图 1-8），对于发热不稳定过程，可在上、下均设排风口，随柜内发热量变化，调节上、下排风量比例，使工作孔速度分布均匀；送风式通风柜（见图1-9），若通风柜放在空调、净化或采暖房间内，为节约采暖、空调能耗，从工作孔上部送入取自室外或邻室空气，风量为70%～75%，既可防止室内横向气流干扰，又可节省室内排风量。

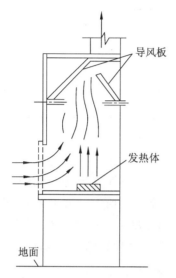

图1-6　上部排风通风柜

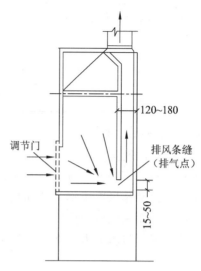

图1-7　下部排风通风柜

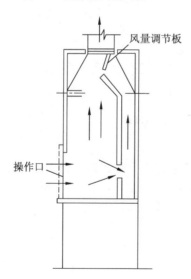

图1-8　上下联合排风通风柜

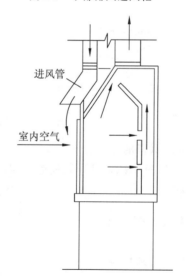

图1-9　送风式通风柜

通风柜的排风量可按式（1-8）计算：

$$L = L_1 + vF\beta \tag{1-8}$$

式中：L——通风柜的排风量，m^3/s；

　　　L_1——通风柜内的有害气体发生量，m^3/s；

　　　v——工作孔上的控制风速，m/s；

　　　F——操作口或缝隙的面积，m^2；

　　　β——安全系数，$\beta = 1.1 \sim 1.2$。

通风量计算

对化学实验室用的通风柜，工作孔上的控制风速可按表1-17确定。对某些特定的工艺过程，其控制风速可参考相关设计手册确定。

表 1-17　通风柜的控制风速

污染物性质	控制风速/（m/s）
无毒污染物	0.25～0.375
有毒或有危险的污染物	0.4～0.5
剧毒或少量放射性污染物	0.5～0.6

1.3.2.2　外部吸气罩

由于工艺条件限制生产设备不能密闭时，可把排风罩设在有害物源附近，利用机械排风造成负压，在有害物发生地点（控制点）造成一定的气流运动，将有害物吸入罩内，加以捕集，这类排风罩统称为外部吸气罩，如图1-10所示。为了保证有害物全部吸入罩内，必须在距吸气口最远控制点上形成的气流速度称为控制风速。要防止有害物的扩散，需要研究罩口风量 L、罩口至控制点的距离 x 与控制风速 v_x 之间的关系。

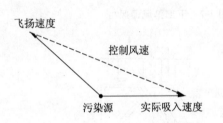
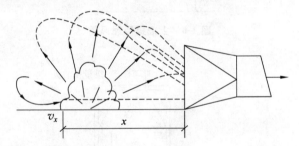

图 1-10　外部吸气罩的控制风速

（1）排风罩口的流场分布

图1-11和图1-12，是通过实验求得的四周无法兰边和四周有法兰边的圆形排风口上的速度分布图。

四周无边的圆形排风口：
$$\frac{v_0}{v_x} = \frac{10x^2 + F}{F} \tag{1-9}$$

四周有边的圆形排风口：
$$\frac{v_0}{v_x} = 0.75\frac{10x^2 + F}{F} \tag{1-10}$$

式中：v_0——罩口的风速，m/s；

$\qquad v_x$——距罩口 x m处的控制风速，m/s；

$\qquad F$——罩口面积，m²；

$\qquad x$——控制点至吸气口之间的距离，m。

式（1-9）和式（1-10）仅适于 $x \leq 1.5d$（d 为罩口直径）的场合，当 $x > 1.5d$ 时，实际衰减要比计算值大。

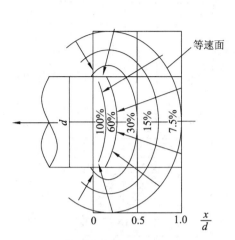

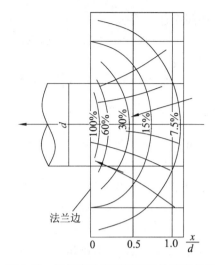

图 1-11　四周无边圆形排风口的速度分布　　　图 1-12　四周有边圆形排风口的速度分布

控制风速 v_x 的值与工艺操作过程、有害物毒性和室内气流运动情况有关，一般通过实测求得。若缺乏现场实测的数据，设计时可参考表 1-18 确定。表 1-19 列出了控制风速 v_x 上、下限的取值条件。

表 1-18　控制点的控制风速 vv_x

污染物放散情况	最小控制风速/（m/s）	举例
以轻微的速度放散到相当平静的空气中	0.25～0.5	槽内液体的蒸发；气体或烟从敞口容器中外逸
以较低的初速度放散到尚属平静的空气中	0.5～1.0	喷漆室内喷漆；断续地倾倒有尘屑的干物料到容器中；焊接
以相当大的速度放散出来，或是放散到空气运动迅速的区域	1.0～2.5	在小喷漆室内用高力喷漆；快速装袋或装桶；往运输器上给料
以高速放散出来，或是放散到空气运动很迅速的区域	2.5～10.0	磨削；重破碎；滚筒清理

表 1-19　控制风速 v_x 上、下限的取值条件

范围下限	范围上限
室内空气流动小或有利于捕集	室内有扰动气流
有害物毒性低	有害物毒性高
间歇生产产量低	连续生产产量高
大罩子大风量	小罩子局部控制

（2）外部吸气罩的排风量

① 圆形排风罩

根据式（1-9）和式（1-10）可知，前面无障碍四周无边和有边的圆形排风罩的排风量按式（1-11）、式（1-12）计算。

四周无边：
$$L = (10x^2 + F)v_x \quad (1\text{-}11)$$

四周有边：
$$L = 0.75(10x^2 + F)v_x \quad (1\text{-}12)$$

式中：L——罩口排风量，$\mathrm{m^3/s}$。

从上式可以看出，在罩口设置法兰边，可以阻挡四周无效气流，在同样条件下，其排风量可减少 25%。

② 方形或矩形排风罩

对不同长宽比的矩形排风罩口的气流流谱进行分析对比后发现，它们的速度衰减要比圆形排风罩口的小。矩形排风口的速度衰减是随 b/a 的增大而增大的，其中 a 是罩口的长边尺寸，b 是罩口的短边尺寸。图 1-13 所示为根据气流流谱得出的计算图，根据 x/b，由该图求得 v_x/v_0，即可算出排风量。

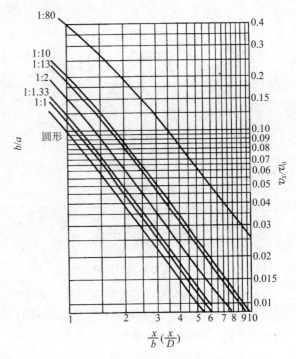

图 1-13 矩形排风口的速度计算图

③ 设在工作台上的侧吸罩

设在工作台上的侧吸罩（见图 1-14）可以看成是一个假想大排风罩的一半，其排风量按式（1-13）计算：

$$L = \frac{1}{2}(10x^2 + 2F)v_x = (5x^2 + F)v_x \quad (1\text{-}13)$$

④ 上吸式排风罩

排风罩如果设在工艺设备上方，由于设备的限制，气流只能从侧面流入罩内。上吸式排风罩的尺寸及安装位置的确定，如图 1-15 所示。为了避免横向气流的影响，要求 H 尽可能小于或等于 $0.3a$（a 为罩口尺寸）。

前面有障碍的罩口尺寸可按式（1-14）、式（1-15）计算：

$$A = A_1 + 0.8H \quad (1\text{-}14)$$

$$B = B_1 + 0.8H \quad (1\text{-}15)$$

式中：A、B——罩口长、短边尺寸，m；

$\quad\quad A_1$、B_1——污染源长、短边尺寸，m；

$\quad\quad H$——罩口至有害物源的距离，m。

排风量按式（1-16）计算：

$$L = KPHv_x \quad (1\text{-}16)$$

式中：K——考虑沿高度分布不均匀的安全系数，通常 $K = 1.4$；

$\quad\quad P$——风罩开口的周长，m；

$\quad\quad v_x$——边缘控制点的控制风速，$\mathrm{m/s}$。

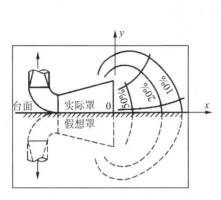

图 1-14　工作台上侧吸罩

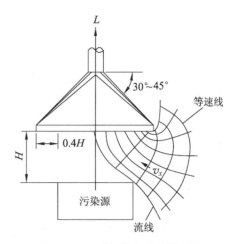

图 1-15　冷过程的上吸式排风罩

（3）设计外部吸气罩时在结构上应注意的问题

在排风罩口四周增设法兰边，可使排风量减少 25%
左右。在一般情况下，法兰边宽度为 150～200 mm。为
了减少横向气流的影响和罩口的吸气范围，工艺条件允
许时应在罩口四周设固定式活动挡板，如图 1-16 所示。
排风罩的扩张角 α 对罩口的速度分布及排风罩的压力损
失有较大影响。根据测试，罩的扩张角 $\alpha = 30° \sim 60°$ 时，
压力损失最小。综合罩的结构、速度分布、压力损失三
方面的因素，设计外部吸气罩时，其扩张角 α 应小于或
等于 60°。当罩口尺寸较大时，可以采用的措施有：把

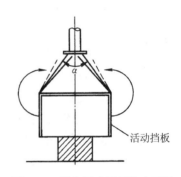

图 1-16　设有活动挡板的伞形罩

一个大排风罩分隔成若干个小排风罩，如图 1-17a 所示；在罩内设挡板，如图 1-17b 所
示；在罩口上设条缝口，要求条缝口处风速在 10 m/s 以上，如图 1-17c 所示；在罩口
设气流分布板，如图 1-17d 所示。

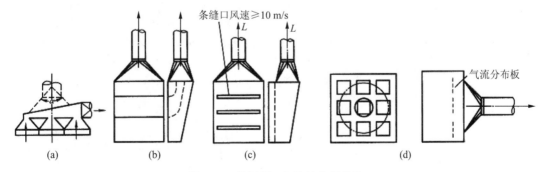

图 1-17　保证罩口气流均匀的措施

1.4 全 面 通 风

　　全面通风也称稀释通风,它是对整个车间或房间进行通风换气,是将新鲜的空气送入室内以改变室内的温、湿度和稀释有害物的浓度,同时把污浊空气不断排至室外,使工作地带的空气环境符合卫生标准的要求。在放散热、蒸气或有害物的建筑内,当不能采用局部排风,或采用局部排风仍达不到卫生要求时,可采用全面通风。

1.4.1 全面通风的分类

1.4.1.1 按照系统形式分类

　　(1) 全面送风(又称机械送风、自然排风),是指向整个车间全面均匀地进行送风的方式。图 1-18 所示为全面机械送风系统,它利用风机把室外大量新鲜空气经过风道、风口不断送入室内,将室内空气中的有害物浓度稀释到国家卫生标准的允许范围内,以满足卫生要求,这时室内处于正压,室内空气通过门、窗压至室外。例如:向一般空调房间送新风,一般属于机械送风、自然排风方式。

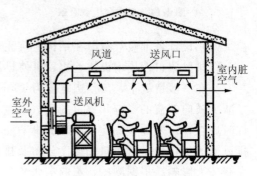

图 1-18　全面送风系统

　　(2) 全面排风(又称机械排风、自然送风),是指既可以利用自然排风,也可以利用机械排风。图 1-19 所示为在生产有害物的房间设置全面机械排风系统,它利用全面排风将室内的有害气体排出,而进风来自不产生有害物的邻室和本房间的自然进风。这样,通过机械排风造成一定的负压,可以防止有害物向卫生条件好的邻室扩散。例如:卫生间通风、住宅厨房通风一般都属于机械排风、自然送风方式。

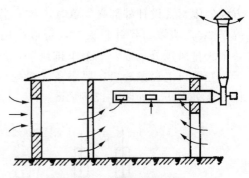

图 1-19　全面排风系统

　　(3) 全面送、排风(又称机械送风、机械排风),是指很多情况下,一个车间可同时采用全面送风系统和全面排风系统相结合的全面送、排风系统,如门窗密闭、自然排风和进风比较困难的场所。图 1-20 所示为全面送、排风系统,可以通过

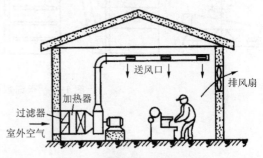

图 1-20　全面送、排风系统

调整送风量和排风量的大小，使房间保持一定的正压或负压。例如：向人员密集空调房间送新风，通常还需排风才能满足房间的正压要求，这属于机械送风、机械排风方式；地下汽车库有时也需采用机械送风、机械排风方式。

1.4.1.2 按照通风动力不同分类

全面通风根据通风动力不同又可分为自然通风、机械通风和自然与机械联合通风等多种方式。设计时一般应从节约投资和能源角度出发尽量采用自然通风，若自然通风不能满足生产需要或卫生标准时，再考虑机械通风方式。在某些情况下二者联合通风方式可以达到较好的效果。

1.4.1.3 按照对有害物控制机理不同分类

（1）稀释通风。该方法是对整个房间或车间进行通风换气，用新鲜空气把整个车间的有害物浓度稀释到允许浓度以下。该方法所需的全面通风量大，控制效果差。

（2）单向流通风。图 1-21 和图 1-22 为单向流通风的示意图。它通过有组织的气流运动，控制有害物的要求。这种方法具有通风量小、控制效果好等优点。

（3）均匀流通风。速度和方向完全一致的宽大气流称为均匀流，用它进行的通风称为均匀流通风。其工作原理是利用送风气流构成均匀流把室内污染空气全部压出和置换，如图 1-23 所示。

（5）置换通风。基于空气的密度差而形成的热气流上升、冷气流下降的原理，从而在室内形成近似活塞流的流动状态，如图 1-24 所示。

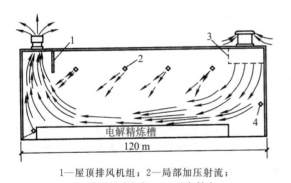

1—屋顶排风机组；2—局部加压射流；
3—屋顶送风小室；4—基本射流

图 1-21　单向流通风示意图

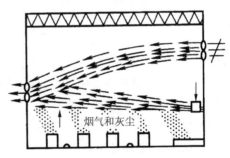

图 1-22　用单向流通风控制铸造车间污染物

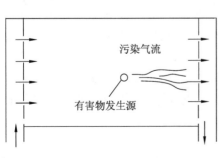

图 1-23　均匀流示意图

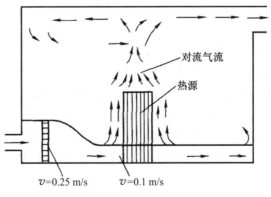

图 1-24　置换通风示意图

1.4.2 置换通风

置换通风系统最初始于北欧，自 20 世纪 70 年代瑞典巴科（Bacho）公司开发出置换通风系统以来，该系统逐渐占据了北欧国家 50％的工业空调市场和 25％的民用空调市场，在新建的办公楼中 50％～70％采用置换通风系统。随着 21 世纪的到来，人类的生活水平和生活要求日益得到提高，特别是随着对节约能源、保护环境以及居住于舒适、健康的室内空间的日益重视，置换通风以其通风效率高、节省能量，并在总的热舒适要求上易于满足国际标准（ISO 1984）和美国 ASHRAE 标准的优点而被广泛应用。

1.4.2.1 置换通风的原理

置换通风的原理与传统送风的原理有很大的不同。从理论上说，在送风过程中，室内新旧空气间的扰动及掺混愈少，且愈能较快、较好、较省地改善空气品质，则通风效果愈好。在置换通风系统中，新鲜的冷空气由房间的底部以极低的速度送入，送风速度为 0.2～0.5 m/s，送风温差不大，为 2～4 ℃。送入的低温、低速的新鲜空气，由于动量很低以致对室内主导气流无任何实际的影响，在重力作用下先是下沉，随后慢慢扩散，在地面上形成一层薄薄的空气湖，这样新鲜的空气得以直接进入呼吸区。与此同时，室内热源产生的热对流气流由于浮力作用而上升，并在上升过程中不断卷吸周围空气，形成一股蘑菇状的热浊气流。由于热浊气流上升过程中的"卷吸"作用和后继新鲜空气的"推动"作用，以及排风口的"抽吸"作用，覆盖在地板上方的新鲜空气也缓慢上升，形成类似活塞流的向上单向流动。这样工作区的污浊空气不断地被后继的新风所取代，也就形成所说的"置换通风"，如图 1-24 所示。

从气流组织的循环中可以看出，当系统达到稳定时，室内空气在流态上便形成了三个区域：上部混合区，下部单向流动的清洁区，以及在两个区域中间的层流区域。进风在房间的下部进入，则在下部工作区的始终是清凉、新鲜的空气，由向上的热气流区和周围清洁空气区组成。排风则在房间的上部进行，尽可能只排除最热的、有害物含量最高的部分空气。中间的层流区是单向流动的。置换通风的进入气流的停留时间和热气流的转移时间都是短的，于是通风效率高。当然，对置换通风的气流组织的影响因素很多。

1.4.2.2 置换通风的特点

（1）传统通风方式特点

传统的空调方式均是以"稀释"室内空气为基本原理，通过送入一定量的新风与室内污染气体进行充分混合，以求室内空气在最短的时间内被稀释来降低有害物的浓度，满足所需要的卫生标准和排放标准要求。其特点是高速和紊流送风，系统驱动力为送风的动量，利用射流方式送风，带动室内空气循环使二者充分混合，工作区相当于排风环境，以致工作区内新鲜空气的可能性为零，在整个空间内空气温度和污染物的浓度几乎是完全相同的。同时由于高速和紊流，对工作人员来说，还会引起一定的吹风感，特别是在室内负荷增大情况下，气流速度将进一步的增大。此外，送入气流的循环掺混加长了有害气体在室内的停留时间，使换气效率降低。

（2）置换通风特点

首先，置换通风热力分层。在置换通风房间内气流上升过程中，在室内便形成了三个区域：上部紊流混合区、下部单向流动的清洁区以及在两个区域中间的层流区域。上区烟羽沿程不断卷吸周围空气并流向上部，存在气流返回混合，使得一部分热浊气流下降返回，由流体的连续性方程，上区任一高度的平面上气流流量等于送风量和返回气流风量之和，因此顶部烟羽流量大于送风量，同时温度与浓度较高。下区空气温度较低而清洁，在下区和中间过渡的层流区域内，烟羽流量等于送风量。无论工作区是侧送风还是地板送风，当风速过大，进入工作区的空气分布很不均匀时，都有可能将上部热浊空气卷吸到工作区，以致破坏中间的层流层和上下的分界面，减弱送风在工作区的置换作用。

其次，置换通风室内温度和污染物浓度呈现层状分布。底层为低温空气区（即下部单向流动清洁区），是人的停留区，污染物浓度最低，空气的品质最好；顶部为高温区（即上部紊流混合区），余热和污染物主要集中在此区域内，温度最高，污染物的浓度也最高；中间层流部分是温度和污染物浓度变化的过渡区域，也称界面。无论是在低温区还是在高温区，温度梯度和污染物浓度梯度均很小，整个区内变化均匀平和，而过渡区的风速虽小，但温度梯度和污染物浓度梯度却很大，空气的主要温升过程在此区内实现，因此有时此层也被称为温跃层。由于置换通风的特殊送风条件和流态，流形自下而上近似活塞流，室内污染物主要集中在房间的上部，沿垂直方向，随高度的增加，其浓度逐渐增加，温度也逐渐升高，形成垂直方向的温度梯度和浓度梯度。

再次，置换通风的送风既是动量源，又是浮力源，而传统通风的送风仅作为动量源，由此产生卷吸周围空气的射流。置换通风室内空气的流动速度低，速度场平稳，呈层流或低紊流状态，同时由于低速避免了工作区内工作人员的吹风感。

最后，置换通风是要在工作区创造一个近于新鲜的送风条件，用新风置换工作区的污染空气，并将新风直接送到呼吸区。同时，由于室内无大的空气流动，污染源不会横向扩散，污染物在人的工作停留区不扩散，而被上升的气流直接携带到上部的非人活动区。这与传统通风方式是完全不同的。

1.4.2.3 置换通风的规定

《在用建筑供暖通风与空气调节设计规范》（GB 50736—2012）中提到：采用置换通风时，应符合下列规定：

① 房间净高宜大于 2.7 m；
② 送风温度不宜低于 18 ℃；
③ 空调区的单位面积冷负荷不宜大于 120 W/m²；
④ 污染源宜为热源，且污染气体密度较小；
⑤ 室内人员活动区 0.1～1.1 m 高度的空气垂直温差不宜大于 3 ℃；
⑥ 空调区内不宜有其他气流组织。

1.4.3 全面通风量的确定

全面通风量是指为了使房间工作区的空气环境符合规范允许的卫生标准，用于排除通风房间的余热、余湿，或稀释通风房间的有害物质浓度所需的通风换气量。

1.4.3.1　稀释有害物所需通风量

为稀释有害物所需的通风量，可按式（1-17）计算：

$$L = \frac{kx}{y_p - y_s} \tag{1-17}$$

式中：L——全面通风量，m^3/s；

　　　k——安全系数，一般在 3～10 范围内选用；

　　　x——有害物散发量，g/s；

　　　y_p——室内空气中有害物的最高允许浓度，g/m^3；

　　　y_s——送风中含有该种有害物浓度，g/m^3。

1.4.3.2　消除余热所需通风量

为消除余热所需的通风量，可按式（1-18）计算：

$$G = \frac{Q}{c_p(t_p - t_s)} \quad 或 \quad L = \frac{Q}{c_p \rho(t_p - t_s)} \tag{1-18}$$

式中：G——全面通风量，kg/s；

　　　Q——室内余热（指显热）量，kJ/s；

　　　c_p——空气的定压比热容，可取 $1.01 [kJ/(kg \cdot ℃)]$；

　　　ρ——空气的密度，kg/m^3，可由式（1-19）近似确定：

$$\rho = \frac{1.293}{1 + \frac{1}{273}t} \approx \frac{353}{T} \tag{1-19}$$

　　　t——空气的摄氏温度，$℃$；

　　　T——空气的绝对温度，K；

　　　t_p——排风温度，$℃$；

　　　t_s——送风温度，$℃$；

　　　1.293——0 $℃$时干空气的密度，kg/m^3。

1.4.3.3　消除余湿所需通风量

为消除余湿所需的通风量，可按式（1-20）计算：

$$G = \frac{W}{d_p - d_s} \quad 或 \quad L = \frac{W}{\rho(d_p - d_s)} \tag{1-20}$$

式中：W——余湿量，g/s；

　　　d_p——排风含湿量，g/kg；

　　　d_s——送风含湿量，g/kg。

需要注意的是，当通风房间同时存在多种有害物时，一般情况下应分别计算，然后取其中的最大值作为房间的全面换气量。但是，当房间内同时散发数种溶剂（苯及其同系物，醇、醋酸酯类）的蒸气，或数种刺激性气体（三氧化硫、二氧化硫、氯化氢、氟化氢、氮氧化合物及一氧化碳）时，由于这些有害物对人体的危害在性质上是相同的，在计算全面通风量时，应把它们看成是一种有害物质，房间所需的全面换气量应当是分别排除每一种有害气体所需的全面换气量之和。

当房间内有害物质的散发量无法具体计算时，全面通风量可根据经验数据或通风房

间的换气次数估算，通风房间的换气次数 n 定义为通风量 L 与通风房间体积 V 的比值，即

$$n = \frac{L}{V} \tag{1-21}$$

式中：n——通风房间的换气次数（可从有关的设计规范或手册中查取），次/h；

L——房间的全面通风量，m^3/h；

V——通风房间的体积，m^3。

各种房间的换气次数可从有关的资料中查取，表 1-20 给出了住宅建筑最小换气次数。

表 1-20　住宅建筑最小换气次数

人均居住面积 F_P/m^2	换气次数/（次/h）
$F_P \leqslant 10$	0.70
$10 < F_P \leqslant 20$	0.60
$20 < F_P \leqslant 50$	0.50
$F_P > 50$	0.45

【例 1-3】 某车间内同时散发苯和醋酸乙酯，散发量分别为 80 mg/s 和 100 mg/s，求所需的全面通风量。

【解】 查相关设计手册可得，最高允许浓度为：苯 $y_{p1} = 40$ mg/m^3，醋酸乙酯 $y_{p2} = 300$ mg/m^2。送风中不含有这两种有机溶剂蒸气，故 $y_{s1} = y_{s2} = 0$，取安全系数 $k = 6$，则

苯：$L_1 = \dfrac{kx_1}{y_{p1} - y_{s1}} = \dfrac{6 \times 80}{40 - 0} = 12$ m^3/s

醋酸乙酯：$L_2 = \dfrac{kx_2}{y_{p2} - y_{s2}} = \dfrac{6 \times 100}{300 - 0} = 2$ m^3/s

数种有机溶剂的蒸气混合存在，全面通风量为各自所需之和，即

$$L = L_1 + L_2 = 12 + 2 = 14 \ m^3/s$$

1.4.4　通风系统的空气平衡与热平衡

1.4.4.1　空气平衡

在通风房间中，无论采用何种通风方式，都必须保证室内空气质量的平衡，即在单位时间内送入室内的空气质量等于同一时间从室内排出的空气质量。空气平衡可以用式 (1-22) 表示：

$$G_{zj} + G_{jj} = G_{zp} + G_{jp} \tag{1-22}$$

式中：G_{zj}——自然进风量，kg/s；

G_{jj}——机械进风量，kg/s；

G_{zp}——自然排风量，kg/s；

G_{jp}——机械排风量，kg/s。

在通风房间不设有组织自然通风时,当机械进、排风量相等($G_{jj} = G_{zp}$)时,室内外压力相等,压差为零;当机械进风量大于机械排风量($G_{jj} > G_{zp}$)时,室内压力升高,处于正压状态,反之室内压力降低,处于负压状态。由于通风房间不是非常严密的,当处于正压状态时,室内的部分空气会通过房间不严密的缝隙或窗户、门洞等渗到室外,我们把渗到室外的空气称为无组织排风。当室内处于负压状态时,会有室外空气通过缝隙、门洞等渗入室内,我们把渗入室内的空气称为无组织进风。

在工程设计中,为了满足通风房间或邻室的卫生条件要求,通过使机械送风量略大于机械排风量(通常取 5%~10%),让一部分机械送风量从门窗缝隙自然渗出的方法,使洁净度要求较高的房间保持正压,以防止污染空气进入室内;或通过使机械送风量略小于机械排风量(通常取 10%~20%),使一部分室外空气通过从门窗缝隙自然渗入室内补充多余的排风量的方法,使污染程度较严重的房间保持负压,以防止污染空气向邻室扩散。但是处于负压的房间,其负压不应过大,否则会导致不良后果,见表 1-21。

表 1-21　室内负压引起的危害

负压/Pa	风速/(m/s)	危害
2.45~4.9	2~2.9	使操作者有吹风感
2.45~12.25	2~4.5	自然通风的抽力下降
4.9~12.25	2.9~4.5	燃烧炉出现逆火
7.35~12.25	3.5~6.4	轴流式排风扇工作困难
12.25~49	4.5~9	大门难以启闭
12.25~61.25	6.4~10	局部排风扇系统能力下降

1.4.4.2　热平衡

通风房间的空气热平衡,是指为了使室内温度保持不变,通风房间总的得热量等于总的失热量,即

$$\sum Q_d = \sum Q_s \tag{1-23}$$

式中:$\sum Q_d$ ——总得热量,kW;

$\sum Q_s$ ——总失热量,kW。

热平衡方程式为

$$\sum Q_h + cL_p \rho_n t_n = \sum Q_f + cL_{jj} \rho_{jj} t_{jj} + cL_{zj} \rho_w t_w + cL_{hx} \rho_n (t_s - t_n) \tag{1-24}$$

式中:$\sum Q_h$ ——围护结构、材料吸热的总失热量,kW。

$\sum Q_f$ ——生产设备、产品及采暖散热设备的总放热量,kW。

L_p ——局部和全面排风风量,m^3/s。

L_{jj} ——机械进风量,m^3/s。

L_{zj} ——自然进风量,m^3/s。

L_{hx} ——再循环空气量,m^3/s。

ρ_n ——室内空气密度，kg/m^3。

ρ_w ——室外空气密度，kg/m^3。

t_n ——室内排出空气温度，℃。

t_w ——室外空气计算温度，℃。在冬季，对于局部排风及稀释有害气体的全通风，采用冬季采暖室外计算温度；对于消除余热、余湿及稀释低毒性有害物质的全面通风，采用冬季通风室外计算温度。冬季通风室外计算温度是指历年最冷月平均温度的平均值。

t_{jj} ——机械进风温度，℃。

t_s ——再循环送风温度，℃。

c ——空气的质量比热，其值为 $1.01\ kJ/(kg\cdot℃)$。

在不同的工业厂房，由于生产设备和通风方式等因素的不同，其车间得、失热量也存在着较大的差异。设计时不仅要考虑生产设备、产品、采暖设备及送风系统的得热量，还要考虑围护结构、低于室温的生产材料及排风系统等的失热量。在对全面通风系统进行设计计算时，应将空气质量平衡和热平衡统一考虑，来满足通风量和热量平衡的要求。

【例 1-4】 已知某车间排除有害气体的局部排风量 $G_p=0.5\ kg/s$，冬季工作区的温度 $t_n=15\ ℃$，建筑物围护结构热损失 $Q=5.8\ kW$，当地冬季采暖室外计算温度 $t_w=-25\ ℃$，试确定需要设置的机械送风量和送风温度。

【解】 Ⅰ. 确定机械送风量和自然进风量

为了防止室内有害气体向室外扩散，取机械送风量等于机械排风量的 90%，不足的部分由室外空气通过门窗缝隙自然渗入室内来补充。此时所需机械送风量为

$$G_{jj}=0.9G_{jp}=0.9\times0.5=0.45\ kg/s$$

自然进风量为

$$G_{zj}=G-G_{jj}=0.5-0.45=0.05\ kg/s$$

Ⅱ. 确定送风温度

根据热平衡方程

$$cG_{jj}t_{jj}+cG_{zj}t_w=cG_{jp}t_n+Q$$

可得

$$\begin{aligned}t_{jj}&=(cG_{jp}t_n+Q-cG_{zj}t_w)/cG_{jj}\\&=(0.5\times1.01\times15+5.8-0.05\times1.01\times(-25))/(0.45\times1.01)\\&=32.2\ ℃\end{aligned}$$

(1) 要保持室内的温度和压力一定，就应保持热平衡和空气平衡。在实际生产中，通风形式比较复杂，有的情况要根据排风量确定送风量；有的情况要根据热平衡的条件来确定空气参数。通风系统的平衡问题非常复杂，是一个动态平衡过程，室内温度、送风温度、送风量等各种因素都会影响这个平衡。如果上述条件发生变化，可以按照下列方法进行相应的调整：

① 如冬季根据平衡求得送风温度低于规范的规定，可直接将送风温度提高至规定的数值；

② 如冬季根据平衡求得送风温度高于规范的规定，应将送风温度降低至规定的数

值，相应提高机械进风量；

③ 如夏季根据平衡求得送风温度高于规范的规定，可直接降低送风温度进行送风，使室内温度有所降低。

（2）在保证室内卫生条件的前提下，为节省能量进行车间通风系统设计时，可采取以下措施：

① 计算局部排风系统风量时（尤其是局部排风量大的车间）要有全局观念，不能片面追求大风量，应改进局部排风系统的设计，在保证效果的前提下尽量减少局部排风量，以减少车间的进风量和排风热损失，这一点在严寒地区非常重要。

② 机械进风系统在冬季应采用较高的送风温度。直接吹向工作地点的空气温度不应低于人体的表面温度（34 ℃左右），最好在 37～50 ℃。这样可避免工人有吹冷风的感觉，同时还能在保持热平衡的前提下，利用部分无组织进风，减少机械进风量。

③ 净化后的空气再循环使用。对于含尘浓度不太高的局部排风系统，排出的空气除尘净化后，如达到卫生标准，可再循环使用。

④ 室外空气直接送到局部排风罩或排风罩的排风口附近，补充局部排风系统排出的风量。

⑤ 为了充分利用排风余热，节约能源，在可能的条件下应设置热回收装置。

1.5 自 然 通 风

自然通风是以热压和风压作用的不消耗机械动力的、经济的通风方式。由于自然通风易受室外气象条件的影响，特别是风力的作用很不稳定，所以自然通风主要在热车间排除余热的全面通风中采用。某些热设备的局部排风也可以采用自然通风。当工艺要求进风需经过滤和净化处理时，或进风能引起雾或凝结水时，不得采用自然通风。

采用自然通风时，应从通风设计、总图布置、建筑形式、工艺配置等几方面综合考虑，才能达到良好地有组织自然通风，改善环境空气的卫生条件。

1.5.1 自然通风的设计原则

（1）根据《工业企业设计卫生标准》（GB Z1—2002）和当地气象条件，按表 1-22 确定室内作业地带温度，并应符合表 1-23 的规定。夏季工作地点温度与室外温度差值，不得超过表 1-23 的规定。

表 1-22 夏季通风车间内作业地带空气温度

散热量〔W/（m³h）〕	不得超过室外温度值/℃
< 23	3
23～116	5
116	7

表 1-23　夏季通风车间内工作地点空气温度

夏季通风室外计算温度/℃	22 及以下	23	24	25	26	27	28	29～32	33 及以上
工作地点与室外温度的差值/℃	10	9	8	7	6	5	4	3	2

（2）以自然进风为主的建筑物的主进风面宜布置在夏季主导风向侧。当放散粉尘或有害气体时，在其背风侧的空气动力阴影区内的外墙上，应避免设置进风口。屋顶处于正压区时应避免设排风天窗。

（3）利用穿堂风进行自然通风的建筑物，其迎风面与夏季主导风向宜成 $60°\sim90°$ 角，且不应小于 $45°$。

（4）夏季自然通风用的室外进风口，其下缘距室内地面的高度不应大于 1.2 m，还应避开室内热源和有害气体污染源，以防止进风被污染。当进风口高于 2.0 m 时，应考虑对进风效率的影响，进风效率可查有关手册。

（5）在严寒地区或寒冷地区的用于冬季自然通风的进风口，其下缘距室内地面不宜低于 4 m，如低于 4 m 时，应采取防止冷风吹向工作地点的措施。

（6）民用建筑的厨房、厕所、盥洗室和浴室等，宜采用自然通风。当利用自然通风不能满足室内卫生要求时，应采用机械通风。普通民用建筑的卧室、起居室（厅）以及办公室等，宜采用自然通风。

（7）散发热量的工业建筑物的自然通风量应根据热压作用进行计算。当自然通风不能满足人员活动区的温度要求时，宜辅以机械通风。当室内设有机械通风设备时，应考虑它对自然通风的影响。

（8）夏季自然通风应采用流量系数大、易于操作和维修的进、排风口或窗扇。

（9）除天窗能稳定排风或夏季室外平均风速小于或等于 1 m/s 的地区可采用一般天窗外，对夏热冬冷和夏热冬暖地区的室内散热量大于 23 W/m³ 和其他地区的室内散热量大于 35 W/m³ 以及不允许天窗孔口气流倒灌时，均应采用避风天窗。

（10）利用天窗排风的工业建筑，选用的避风天窗应便于开关和清扫。

1.5.2　自然通风原理

自然通风产生的动力来源于热压和风压。热压主要产生在室内外温度存在差异的建筑环境空间；风压主要是指室外风作用在建筑物外围护结构，造成室内外静压差。如果建筑物外墙上的窗孔两侧存在压力差 Δp，就会有空气流过该窗孔，空气流过窗孔时的阻力就等于 $\Delta p = \zeta \rho v^2 / 2$。这里 ζ 是窗孔的局部阻力系数；v 是空气流过窗孔时的流速，m/s；ρ 是空气的密度，kg/m³。由此引起的通风换气量为

$$L = vF = \mu F \sqrt{\frac{2\Delta p}{\rho}} \quad (\text{m}^3/\text{s}) \tag{1-25}$$

写为质量流量 G 的形式，则有

$$G = L\rho = \mu F \sqrt{2\Delta p \rho} \quad (\text{kg/s}) \tag{1-26}$$

式中：μ——窗孔的流量系数；$\mu = \sqrt{1/\zeta}$，该系数的大小与窗孔的构造有关，一般小于 1。

Δp——窗孔两侧的压力差，Pa。

F——窗孔的面积，m^2。

由上式可以看出，只要已知窗孔两侧的压力差 Δp 和窗孔的面积就可以求得通过该窗孔的空气量 G。要实现自然通风，窗孔两侧必须存在压力差。

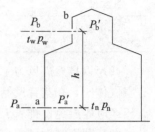

图 1-25　自然通风中的热压作用原理

1.5.2.1　热压作用下的自然通风

如图 1-25 所示，设房间外围结构的不同高度上有两个窗孔 a 和 b，两者的高差为 h。假设窗孔外的静压分别为 p_a 和 p_b，窗孔内的静压分别为 p_a'、p_b'，用 Δp_a 和 Δp_b 分别表示窗孔的内外压差；室内外的空气温度和密度分别为 t_n、ρ_n 和 t_w、ρ_w。

按流体静力学原理的要求，窗孔 b 的内外压差为

$$\begin{aligned}\Delta p_b = p_b' - p_b &= (p_a' - gh\rho_n) - (p_a - gh\rho_w)\\ &= (p_a' - p_a) + gh(\rho_w - \rho_n)\\ &= \Delta p_a + gh(\rho_w - \rho_n)\end{aligned} \qquad (1\text{-}27)$$

式中：Δp_a、Δp_b——窗孔的内、外压差，Pa；

g——重力加速度，m/s^2。

可见，即便在 $\Delta p_a = 0$ 的情况下，也有 $\Delta p_b > 0$。因此，如果开启窗孔 b，空气将从孔 b 流出。随着室内空气的向外流动，室内静压逐渐降低，$p_a' - p_a$ 由等于零变为小于零。这时室外空气就由窗孔 a 流入室内，一直到窗孔 a 的进风量等于窗孔 b 的排风量时，室内静压才保持稳定。由于窗孔 a 进风，$\Delta p_a < 0$；窗孔 b 排风，$\Delta p_b > 0$。

根据公式（1-27），有

$$\Delta p_b + (-\Delta p_a) = \Delta p_b + |\Delta p_a| = (\rho_w - \rho_n)gh \qquad (1\text{-}28)$$

由上式可以看出，进风窗孔和排风窗孔两侧压差的绝对值之和与两窗孔的高度差 h 和室内外的空气密度差 $\Delta \rho = (\rho_w - \rho_n)$ 有关，把 $(\rho_w - \rho_n)gh$ 称为热压。如果室内外没有空气温度差，或者窗孔之间没有高度差，就不会产生热压作用下的自然通风。实际如果只有一个窗孔也仍然会形成自然通风，这时窗孔的上部排风、下部进风，相当于两个窗孔在一起，这时自然通风只在窗口附近有效果。

1.5.2.2　余压

通常把建筑物同标高处某一窗孔位置的室内外静压差称为该点的余压。余压为正，该窗孔排风；余压为负，则该窗孔进风。

为了计算，还需要掌握两个概念：余压和中和面。通常把建筑物同标高处某一窗孔位置的室内外静压差称为该点的余压。对于仅有热压作用的情况，窗孔内的余压就等于窗孔内外的空气压力差。余压为零的平面称为中和面。

在热压作用下，余压沿车间高度的变化如图 1-26 所示。余压值从进风窗孔 a 的负值逐渐增大到排风窗孔 b 的

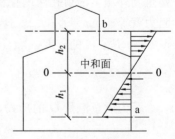

图 1-26　余压分布规律

正值。在 0—0 平面上，余压等于零，空气没有流动，这个平面即为中和面（或中和界）。如果将中和面作为基准面，考虑到中和面上的余压 $p_{y0}=0$，则各窗孔的余压为

窗孔 a：$\qquad p_{ya}=p_{y0}-(\rho_w-\rho_n)gh_1=-(\rho_w-\rho_n)gh_1$ （1-29）

窗孔 b：$\qquad p_{yb}=p_{y0}+(\rho_w-\rho_n)gh_2=(\rho_w-\rho_n)gh_2$ （1-30）

式中：p_{ya}、p_{yb}——窗孔 a、b 的余压，Pa；

$\qquad h_1$、h_2——窗孔 a、b 至中和面的距离，m；

$\qquad p_{y0}$—— 中和面的余压，$p_{y0}=0$。

从上式可以看出，窗孔余压的绝对值与中和面至该窗孔的距离有关。当 $t_n>t_w$ 时，则有 $\rho_n<\rho_w$，所以在 0—0 中和面以上余压为正，为排风窗；在 0—0 中和面以下余压为负，为进风窗。反之，当 $t_n<t_w$ 时，则有 $\rho_n>\rho_w$，所以在 0—0 中和面以上余压为负，为进风窗；在 0—0 中和面以下余压为正，为排风窗。

1.5.2.3 风压作用下的自然通风

室外气流在遇到建筑物时会发生绕流流动，气流离开建筑物一段距离后才恢复平行流动。按照边界层流动的特性，建筑物附近的平均风速是随建筑物高度的增加而增加的。迎风面前方的风速和气流紊流度都会强烈影响气流绕流时的流动状况、建筑物表面及其周围的压力分布。

由于气流的冲击作用，在建筑物的迎风面将形成一个滞流区，这里的静压高于大气压，处于正压状态。一般情况下，当风向与该平面的夹角大于 30°时，便会形成正压区。室外气流绕流时，在建筑物的顶部和后侧将形成弯曲的循环气流。屋顶上部的涡流区称为回流空腔，建筑物背风面的涡流区称为回旋气流区。这两个区域的静压均低于大气压力，形成负压区，称为空气动力阴影区。空气动力阴影区覆盖着建筑物下风向各表面（如屋顶、两侧外墙和背风面外墙），并延伸一定距离，直至气流尾流区。

空气动力阴影区的最大高度为

$$H_c\approx0.3\sqrt{A}\ （m）\qquad（1-31）$$

式中：A—— 建筑物迎风面的面积，m^2。

屋顶上方受建筑影响的气流最大高度为

$$H_K\approx\sqrt{A}\ （m）\qquad（1-32）$$

建筑物周围气流运动状况不但对自然通风计算、天窗形式的选择和配置有重要意义，而且对通风、空调系统的进、排风口的配置也有重大影响。例如，排风系统排放气体排入空气动力阴影区内，有害物质会逐渐积聚，如恰好有进风口布置在该区域，则有害物会随进风进入室内。因此，必须加高排气立管或烟囱，使烟气（或有害气体）排至空气动力阴影区域以上，以增强大气的混合与稀释作用。

室外气流吹过建筑物时，建筑物的迎风面为正压区，顶部及背风面均为负压区。与远处未受扰动的气流相比，由于风的作用，在建筑物表面所形成的空气静压变化称为风压。建筑物外围结构上某一点的风压值可表示为

$$p_f=K\frac{v_w^2}{2}\rho_w\ （Pa）\qquad（1-33）$$

式中：K——空气动力系数；

v_w——室外空气流速，m/s；

ρ_w——室外空气密度，kg/m³。

K 值为正，说明该点的风压为正值；K 值为负，说明该点的风压为负值。不同形状的建筑物在不同方向的风力作用下，空气动力系数分布是不同的。空气动力系数要在风洞内通过模型实验求得。

1.5.2.4　风压、热压同时作用下的自然通风

通常建筑物同时受到风压、热压的作用，因此，采用自然通风的建筑，自然通风量的计算应同时考虑热压以及风压的作用。建筑物受到风压、热压同时作用时，外围护结构各窗孔的内外压差就等于风压、热压单独作用时窗孔内外压差之和。

对于图 1-27 所示的建筑，窗孔 a 的内外压差为

$$\Delta p_a = p_{ya} - K_a \frac{v_w^2}{2} \rho_w \quad (\text{Pa}) \qquad (1-34)$$

窗孔 b 的内外压差为

$$\Delta p_b = p_{yb} - K_b \frac{v_w^2}{2} \rho_w = p_{ya} + hg(\rho_w - \rho_n) - K_b \frac{v_w^2}{2} \rho_w (\text{Pa})$$

$$(1-35)$$

式中：p_{ya}——窗孔 a 的余压，Pa；

p_{yb}——窗孔 b 的余压，Pa；

K_a、K_b——窗孔 a、b 的空气动力系数；

h——窗孔 a 和 b 之间的高差，m。

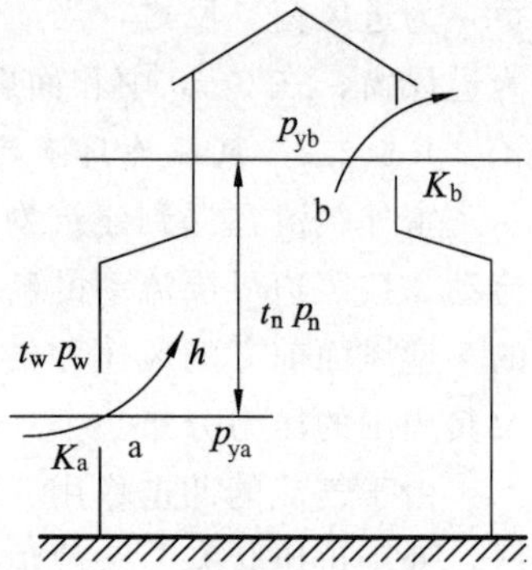

图 1-27　热压和风压联合作用下的自然通风

自然通风设计时，在确定自然通风方案之前必须收集目标地区的气象参数，进行气候潜力分析。自然通风潜力指仅依靠自然通风就可满足室内空气品质及热舒适要求的潜力。然后，根据潜力可定出相应的气候策略，即风压、热压的选择及相应的措施。

因为 28 ℃ 以上的空气难以降温至舒适范围，室外风速 3.0 m/s 会引起纸张飞扬，所以对于室内无大功率热源的建筑，"风压通风"的通风利用条件宜采取气温 20～28 ℃，风速 0.1～3.0 m/s，湿度 40%～90%。由于 12 ℃ 以下室外气流难以直接利用，"热压通风"的通风条件宜设定为气温 12～20 ℃，风速 0～3.0 m/s，湿度不设限。

根据我国气候区域特点，中纬度的温暖气候区、温和气候区、寒冷地区更适合采用中庭、通风塔等热压通风设计，而热湿气候区、干热地区更适合采用穿堂风等风压通风设计。

1.5.3　自然通风的计算

自然通风计算包括两类问题：一类是设计计算，即根据已确定的工艺条件和要求的工作区温度计算必须的全面换气量，确定进、排风窗孔位置和窗孔面积；另一类是校核计算，即在工艺、土建、窗孔位置和面积确定的条件下，计算能达到的最大自然通风量，校核工作区温度是否满足卫生标准的要求。

还应该注意，车间内部的温度分布和气流分布对自然通风有较大影响。热车间内部的温度和气流分布是比较复杂的，例如热源上部的热射流和各种局部气流都会影响热车

间的温度分布，其中以热射流的影响为最大。具体地说，影响热车间自然通风的主要因素有厂房型式、工艺设备布置、设备散热量等。要对这些因素进行详细的研究，必须进行模拟试验，或在类似的厂房进行实地观测。目前采用的自然通风计算方法是在一系列的简化条件下进行的，简化的条件如下：

（1）通风过程是稳定的，影响自然通风的因素不随时间而变化。

（2）整个房间的空气温度等于房间的平均温度 t_{np}，即

$$t_{np} = \frac{t_n + t_p}{2} \tag{1-36}$$

式中：t_n——室内工作区温度，℃；

$\quad\ t_p$——房间上部窗孔的排风温度，℃。

（3）房间内空气流动的路途上，没有任何障碍物。

（4）同一水平面上各点的静压均保持相等，静压沿高度方向的变化符合流体静力学法则。

（5）不考虑局部气流的影响，热射流、通风气流到达排风窗孔前已经消散，也就是说，只考虑进风口进入的空气量。

1.5.3.1 自然通风的设计计算步骤

（1）计算房间的全面换气量

$$G = \frac{Q}{c_p(t_p - t_j)} \tag{1-37}$$

式中：G——房间全面换气量，kg/s；

$\quad\ Q$——房间的总余热量，kJ/s；

$\quad\ t_p$——房间上部窗孔的排风温度，℃；

$\quad\ t_j$——房间的进风温度，$t_j = t_w$，℃；

$\quad\ c_p$——空气比定压热容，取 $c_p = 1.01$ kJ/（kg·℃）。

（2）确定窗孔的位置，分配各窗孔的进排风量。

（3）计算各窗孔的内外压差和窗孔面积。

仅有热压作用时，先假定中和面位置或某一窗孔的余压，然后根据公式（1-29）或式（1-30）计算其余各窗孔的余压。在风压、热压同时作用时，同样先假定某一窗孔的余压，然后按公式（1-34）和式（1-35）计算其余各窗孔的内外压差。

应当指出，最初假定的余压值不同，最后计算得出的各窗孔面积分配是不同的。以图 1-25 为例，在热压作用下进、排风窗孔的面积分别为

进风窗孔：
$$F_a = \frac{G_a}{\mu_a \sqrt{2gh_1(\rho_w - \rho_{np})\rho_w}} \tag{1-38}$$

排风窗孔：
$$F_b = \frac{G_b}{\mu_b \sqrt{2gh_2(\rho_w - \rho_{np})\rho_p}} \tag{1-39}$$

式中：G_a、G_b——窗孔 a、b 的流量，kg/s；

$\quad\ \mu_a$、μ_b——窗孔 a、b 的流量系数；

$\quad\ \rho_w$——室外空气的密度，kg/m³；

$\quad\ \rho_p$——上部排风温度下的空气密度，kg/m³；

ρ_{np}——室内平均温度下的空气密度，kg/m^3；

h_1、h_2——中和面至窗孔 a、b 的距离，m。

根据空气量平衡方程式 $G_a = G_b$，如果近似认为 $\mu_a \approx \mu_b$，$\rho_w \approx \rho_p$，上述的公式可简化为

$$\left(\frac{F_a}{F_b}\right)^2 = \frac{h_2}{h_1} \tag{1-40}$$

从公式（1-40）可以看出，进、排风窗孔面积之比是随中和面位置的变化而变化的。中和面向上移（即增大 h_1，减小 h_2），排风窗孔面积增大，进风窗孔面积减小；中和面向下移，则相反。式（1-40）还指出，自然通风设计中，中和面的位置是可以人为设定的，只要改变进、排风窗孔的面积，则中和面的位置就会发生相应的改变。在热车间的通风设计中，一般都选择上部天窗进行排风的方案，由于天窗的造价要比侧窗高，因此，中和面位置不宜选得太高。

如果车间内同时设有机械通风，在风平衡方程式中应同时对机械通风和自然通风加以考虑。

1.5.3.2 排风温度计算

利用公式（1-36）计算室内的平均温度，必须知道室内上部的排风温度。按照不同的通风房间的具体情况（建筑结构、设备布置和热湿散发特性），自然通风的排风温度有下述三种计算方法：

（1）根据科研院所、高校、设计和使用单位多年的研究、实践，对于某些特定的车间，可按排风温度与夏季通风室外计算温差的允许值确定。有文献认为，对于大多数车间而言，要保证$(t_n - t_w) \leqslant 5\,℃$，$(t_p - t_w)$应不超过 $10 \sim 12\,℃$。

（2）当厂房高度不大于 15 m，室内散热源比较均匀，而且散热量不大于 116 W/m^3时，可用温度梯度法计算排风温度t_p，即

$$t_p = t_n + \Delta t_h (h-2) \tag{1-41}$$

式中：Δt_h——温度梯度（见表 1-24），$℃/m$；

h——排风天窗中心距地面高度，m。

表 1-24　温度梯度 Δt_h

$℃/m$

室内散热量/ （W/m^3）	h/m										
	5	6	7	8	9	10	11	12	13	14	15
12～23	1.0	0.9	0.8	0.7	0.6	0.5	0.4	0.4	0.4	0.3	0.2
24～47	1.2	1.2	0.9	0.8	0.7	0.6	0.5	0.5	0.5	0.4	0.4
48～70	1.5	1.5	1.2	1.1	0.9	0.8	0.8	0.8	0.8	0.8	0.5
71～93		1.5	1.5	1.3	1.2	1.2	1.2	1.2	1.1	1.0	0.9
94～116				1.5	1.5	1.5	1.5	1.5	1.5	1.4	1.3

（3）有效热量系数法。在有强热源的车间内，空气温度沿高度方向的分布是比较复杂的。热源上部的热射流在上升过程中，周围空气不断卷入，热射流的温度逐渐下降。热射流上升到屋顶后，一部分由天窗排除，一部分沿四周外墙向下回流，返回工作区或在工作区上部重新卷入热射流。返回工作区的那部分循环气流与从窗孔流入的室外气流混合后，一起进入室内工作区，工作区温度就是这两股气流的混合温度。如果车间内工艺设备的总散热量为 Q（kJ/s），其中直接散入工作区的那部分热量为 mQ，称为有效余热量，m 则称为有效热量系数。

$$m = \frac{t_n - t_w}{t_p - t_w} \tag{1-42}$$

$$t_p = t_w + \frac{t_n - t_w}{m} \tag{1-43}$$

式中：t_p——房间上部窗孔排风温度，℃；

t_n——室内工作区温度，℃；

t_w——夏季通风室外计算温度，℃。

1.5.3.4 有效热量系数 m 值的确定

在同样的 t_p 下，m 值越大，散入工作区的有效热量越多，t_n 就越高。m 值确定以后，即可求得 t_p。确定 m 值是一个很复杂的问题，m 值的大小主要取决于热源的集中程度和热源布置，同时也取决于建筑物的某些几何因素。例如在模型试验中发现，在其他条件均相同的情况下，热源按图 1-28a 布置，$m = 0.44$；热源按图 1-28b 布置，$m = 0.81$。在一般情况下，m 值按式（1-44）计算：

$$m = m_1 \times m_2 \times m_3 \tag{1-44}$$

式中：m_1——根据热源占地面积 f 和地板面积 F 之比值，按图 1-29 确定其值；

m_2——根据热源高度，按表 1-25 确定其值；

m_3——根据热源的辐射散热量 Q_f 和总散热量 Q 之比值，按表 1-26 确定其值。

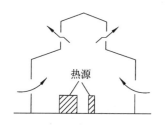
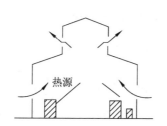
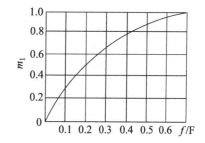

图 1-28　热源布置对有效热量系数 m 的影响　　　图 1-29　有效热量系数 m_1 的计算图

表 1-25　有效热量系数 m_2 值

热源高度/m	≤2	4	6	8	10	12	≥14
m_2	1.0	0.85	0.75	0.65	0.60	0.55	0.5

表 1-26　有效热量系数 m_3 值

Q_f/Q	$\leqslant 0.4$	0.50	0.55	0.60	0.65	0.70
m_3	1.0	1.07	1.12	1.18	1.30	1.45

【例 1-5】　已知某车间总余热量 $Q=582$ kJ/s，$m=0.4$，$F_1=F_3=15$ m，侧窗与天窗间中心距 $h=10$ m，$A_1=A_3=0.6$，$A_2=0.4$。空气动力系数 $K_1=0.6$，$K_2=-0.4$，$K_3=-0.3$。室外风速 $v_w=4$ m/s，室外空气温度 $t_w=26$ ℃，$\beta=1.0$，要求室内工作区温度 $t_n\leqslant(t_w+5)$ ℃，现采用自然通风方式对车间降温，请计算所需天窗面积 F_2。

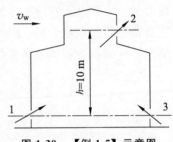

图 1-30　【例 1-5】示意图

【解】　Ⅰ.计算所需的全面通风换气量

首先应确定三个温度参数：

工作区温度：　　　　　$t_n=t_w+5$ ℃$=26+5=31$ ℃

上部排风温度：　　　$t_p=t_w+\dfrac{t_n-t_w}{m}=26+\dfrac{31-26}{0.4}=38.5$ ℃

车间内的平均空气温度：　$t_{np}=\dfrac{t_n+t_p}{2}=\dfrac{1}{2}(31+38.5)=34.8$ ℃

于是，全面通风换气量为

$$G_2=\frac{Q}{c_p(t_p-t_j)}=\frac{582}{1.01\times(38.5-26)}=46.1\ \text{kg/s}$$

Ⅱ.计算各窗孔的内外压差

车间内外空气密度差为 $\Delta\rho=\rho_w-\rho_n=\rho_{26}-\rho_{34.8}=1.181-1.147=0.034$ kg/m^3。故室外风的动压为

$$\frac{v_w^2}{2}\rho_w=\frac{4^2}{2}\times1.181=9.45\ \text{Pa}$$

假设窗孔 1 的余压为 p_{y1}，则各窗孔的内外压差为

$$\Delta p_1=p_{y1}-K_1\frac{v_w^2}{2}\rho_w=p_{y1}-0.6\times9.45=p_{y1}-5.67$$

$$\Delta p_2=p_{y2}+hg\Delta\rho-K_2\frac{v_w^2}{2}\rho_w$$

$$=p_{y2}+10\times9.81\times0.034-(-0.4)\times9.45$$

$$=p_{y2}+7.11$$

$$\Delta p_3=p_{y3}-K_3\frac{v_w^2}{2}\rho_w=p_{y3}-(-0.3)\times9.45=p_{y3}+2.84$$

由于窗孔 1、3 进风，Δp_1 和 Δp_3 均是负值，代入公式时，应取绝对值。

Ⅲ.确定 Δp_1

根据空气量平衡原理，进、排风之间的关系为

$$G_1+G_3=G_2=46.1\ \text{kg/s}$$

根据公式（1-26）得

$$0.6 \times 15 \sqrt{2 \times (5.67 - p_{y1}) \times 1.81} + 0.6 \times 15 \sqrt{2 \times (-2.84 - p_{y1}) \times 1.81} = 46.1$$

解上式,得 $p_{y1} \approx -3.0 \ \mathrm{Pa}$。

Ⅳ. 计算天窗面积 F_2

$$F_2 = \frac{G_2}{\mu_2 \sqrt{2 h_2 \Delta p_2 \rho_p}} = \frac{46.1}{0.4 \sqrt{2(7.11-3) \times 1.134}} = 37.8 \ \mathrm{m}^2$$

1.6 机械通风

住宅建筑中的厨房及无外窗卫生间通常污染源较集中;公共厨房中炉灶、洗碗机、蒸汽消毒设备等厨房设备通常发热量大且散发大量油烟和蒸汽;公共卫生间通常会有气味;浴室通常会产生热湿空气;机房设备通常会产生大量余热、余温、泄露制冷剂或可燃气体等;变配电器室内温度太高,会影响设备工作效率;汽车在行驶过程中通常会排出 CO、NO_x 和 $C_m H_n$ 等有害物。这些场所靠自然通风往往不能满足使用和安全要求,因此应设置机械通风系统。

机械送风系统进风口的位置应符合下列规定:① 为了使送入室内的空气免受外界环境的不良影响而保持清洁,因此进风口应设在室外空气较清洁的地点。② 为了防止排风(特别是散发有害物质的排风)对进风的污染,进、排风口的相对位置应遵循避免短路的原则;进风口宜低于排风口 3 m 以上,当进、排风口在同一高度时,宜在不同方向设置,且水平距离一般不宜小于 10 m。用于改善室内舒适度的通风系统可根据排风中污染物的特征、浓度,通过计算适当减少排风口与新风口距离。③ 为了防止送风系统把进风口附近的灰尘、碎屑等扬起而吸入,故规定进风口下缘距室外地坪不宜小于 2 m,同时还规定当布置在绿化地带时,不宜小于 1 m。

建筑物全面排风系统吸风口的布置,在不同情况下应有不同的设计要求,目的是保证有效地排除室内余热、余温及各种有害物质。具体应符合下列规定:① 位于房间上部区域的吸风口,用于排除氢气与空气混合物时,吸风口上缘至顶棚平面或屋顶的距离不大于 0.4 m;② 用于排除氢气与空气混合物时,吸风口上缘至顶棚平面或屋顶的距离不大于 0.1 m;③ 用于排出密度大于空气的有害气体时,位于房间下部区域的排风口,其下缘至地板距离不大于 0.3 m;④ 因建筑结构造成有爆炸危险气体排出的死角处,应设置导流设施。

1.6.1 住宅通风

由于人们对住宅的空气品质的要求提高,而室外气候条件恶劣、噪声等因素限制了自然通风的应用,国内外逐渐增加了机械通风在住宅中的应用。但当前住宅机械通风系统的发展还存在如下局限:① 室内通风量的确定,国家标准中只对单人需要新风量提出要求,而对于人数不确定的房间如何确定其通风量没有提及,也缺乏相应

住宅厨房
通风系统设计

的测试和模拟分析。② 国内对于住宅通风系统还没有明确分类，也缺乏相应的实际工程对不同系统形式进行比较。对于房间内排风和送风方式对室内污染物和空气流场的影响缺乏相应的分析。③ 对于不同系统在不同气候条件下的运行和控制策略缺乏探讨。④ 住宅通风类产品还有待增加和改善。

因此，住宅内的通风换气应首先考虑采用自然通风，但在无自然通风条件或自然通风不能满足卫生要求的情况下，应设机械通风或自然通风与机械通风结合的复合通风系统。"不能满足室内卫生条件"是指室内有害物浓度超标，影响人的舒适和健康。应使气流从较清洁的房间流向污染较严重的房间，因此使室外新鲜空气首先进入起居室、卧室等人员主要活动、休息场所（注：采用自然通风的生活、工作的房间的通风开口有效面积不应小于该房间地板面积的5%。），然后从厨房、卫生间排出到室外，是较为理想的通风路径。

而住宅厨房及无外窗卫生间污染源较集中，应采用机械排风系统，设计时应预留机械排风系统开口；厨房和卫生间全面通风换气次数不宜小于 3 次/h，为保证有效的排气，应有足够的进风通道，当厨房和卫生间的外窗关闭或暗卫生间无外窗时，需通过门进风，应在下部设置有效截面积不小于 0.02 m² 的固定百叶，或距地面留出不小于 30 mm 的缝隙。厨房排油烟机的排气量一般为 300~500 m³/h，有效进风截面积不小于 0.02 m²，相当于进风风速 4~7 m/s，由于排油烟机有较大压头，换气次数基本可以满足 3 次/h 要求。卫生间排风机的排气量一般为 80~100 m³/h，虽然压头较小，但换气次数也可以满足要求；住宅建筑的厨房、卫生间宜设竖向排风道，竖向排风道应具有防火、防倒灌的功能（详见 4.1.3 节），顶部应设置防止室外风倒灌装置，排风道设置位置和安装应符合《住宅厨房排风道》（JG/T 3044）的要求。

1.6.2　公共厨房通风

1.6.2.1　公共厨房通风的设置原则

公共厨房中发热量大且散发大量油烟和蒸汽的炉灶、洗碗机、蒸汽消毒设备等厨房设备应设排气罩等局部机械排风设施，设置局部机械排风设施的目的是有效地将热量、油烟、蒸汽等控制在炉灶等局部区域并直接排出室外、不对室内环境造成污染。局部排风风量的确定原则是保证炉灶等散发的有害物不外溢，使排气罩的外沿和距灶台的高度组成的面积以及灶口水平面积都保持一定的风速，计算方法各设计手册、技术措施等均有论述。

即使炉灶等设备不运行，人员仅进行烹饪准备的操作时，厨房其他各区域仍有一定的发热量和异味，需要全面通风排除；对于燃气厨房，经常连续运行的全面通风还提供了厨房内燃气设备和管道有泄漏时向室外排除泄漏燃气的排气通路。当房间不能进行有效的自然通风时，应设置全面机械通风。能够采用自然通风的条件是，具有面积较大可开启的外门窗、气候条件和室外空气品质满足允许开窗自然通风。

（1）排风罩的设计

排风罩的平面尺寸应比炉灶边尺寸大 100 mm，排风罩的下沿距炉灶面的距离不宜大于 1.0 m，排风罩的高度不宜小于 600 mm；排风罩的最小排风量应按以下两种方法计算的大值选取。

① 公式计算

$$L = 1000 \times P \times H \tag{1-45}$$

式中：L——排风量，m^3/h；

　　　P——罩子开口的周边长（靠墙侧的边不计），m；

　　　H——罩口距灶面的距离，m^2。

② 按罩口断面的吸风速度不小于 0.5 m/s 计算风量。

（2）洗碗间的排风量

按排风罩断面速度不宜小于 0.2 m/s 进行计算；一般洗碗间的排风量可按每间 500 m^3/h 选取；洗碗间的补风量宜按排风量的 80% 选取，可设定补风与排风联动。

（3）厨房机械通风系统排风量

宜根据热平衡按式（1-46）计算确定：

$$L = \frac{Q}{0.337 \times (t_p - t_s)} \tag{1-46}$$

式中：L——排风量，m^3/h。

　　　t_p——排风温度，℃；冬季取 15 ℃，夏季取 35 ℃。

　　　t_s——送风温度，℃。

　　　Q——室内显热发热量，W。按式（1-47）计算：

$$Q = Q_1 + Q_2 + Q_3 + Q_4 \tag{1-47}$$

式中：Q_1——厨房设备发热量（宜按工艺提供数据），W；

　　　Q_2——操作人员散热量，W；

　　　Q_3——照明灯具散热量，W；

　　　Q_4——外围护结构冷负荷，W。

（4）排风量的估算法

当厨房通风不具备准确计算条件时，排风量可按下列换气次数进行估算：

中餐厨房：40～60 次/h；

西餐厨房：30～40 次/h；

职工餐厅厨房：25～35 次/h。

注：① 上述换气次数对于大、中型旅馆，饭店，酒店的厨房较合适。② 当按吊顶下的房间体积计算风量时，换气次数可取上限值；当按楼板下的房间体积计算风量时，换气次数可取下限值。③ 以上所指厨房为有炉灶的房间。

1.6.2.2 公共厨房负压要求及补风

厨房采用机械排风时，房间内负压值不能过大，否则既有可能对厨房灶具的使用产生影响，也会因为来自周围房间的自然补风量不够而导致机械排风量不能达到设计要求。建议以厨房开门后的负压补风风速不超过 1.0 m/s 作为判断基准，超过时应设置机械补风系统。同时，厨房气味影响周围室内环境，也是公共建筑经常发生的现象。为了解决这一问题，设计中应注意：① 厨房设备及其局部排风设备不一定同时使用，因此补风量应能够根据排风设备运行情况与排风量相对应，以免发生补风量大于排风量，厨房出现正压的情况。② 应确实保证厨房的负压。不仅要考虑整个厨房与厨房外区域之间要保证相对负压，厨房内也要考虑热量和污染物较大的区域与较小区域之间的压差。根据目前的实际工程，一般情况下均可取补风量为排风量的 80%～90%，对于炉灶间等排风量较大房间，排风和补风量差值也较大，相对于厨房内通风量小的房间则会保证一定的负压值。

在北方严寒和寒冷地区，一般冬季不开窗自然通风，而常采用机械补风且补风量很大。为避免过低的送风温度导致室内温度过低，不满足人员劳动环境的卫生要求并有可能造成冬季厨房内水池及水管道出现冻结现象等，除仅在气温较高的白天工作且工作时间较短（不足 2 h）的小型厨房外，送风均宜做加热处理。

1.6.2.3 送风口、排风口及排放口位置及排油烟处理

送风口应沿排风罩方向布置，距其不宜小于 0.7 m；设在操作间内的送风口，应采用带有可调节出风方向的风口（如旋转风口、双层百叶风口等）；全面排风口应远离排风罩；排油烟风道的排放口宜设置在建筑物顶端并采用防雨风帽（一般是锥形风帽），目的是把这些有害物排入高空，以利于稀释。

根据《饮食业油烟排放标准》GB 18483 的规定，油烟排放浓度不得超过 2.0 mg/m³，净化设备的最低去除效率小型设备不宜低于 60%，中型设备不宜低于 75%，大型设备不宜低于 85%。因此副食灶等产生油烟的设备应设置油烟净化设施。

1.6.2.4 排油烟风道不得与防火排烟风道合用

工程通风设计中常有合用排风和防火排烟管道的情况，但厨房排油烟风道内不可避免地有油垢聚集，因此不得与高温的防火排烟风道合用，以免发生次生火灾。

1.6.2.5 排油烟系统要求

风管宜采用 1.5 mm 厚钢板焊接制作，风管风速不应小于 8 m/s，且不宜大于 10 m/s；排风罩接风管的喉部风速应取 4～5 m/s。

排风罩、排油烟风道及排风机设置安装应便于油、水的收集和油污清理。具体做法：厨房排风管的水平段应设不小于 0.02 的坡度，坡向排气罩；罩口下沿四周设集油集水沟槽，沟槽底应装排油污管；水平风道宜设置清洗检查孔，以便清洁人员定期清除风道中沉积的油污、油垢。

排风管室外设置部分宜采取防产生冷凝水的保温措施。

为防止污浊空气或油烟处于正压渗入室内，宜在厨房顶部设总排风机。排风机设置应考虑方便维护，且宜选用外置式电机。

1.6.3 卫生间和浴室通风

卫生间和浴室通风关系到公众健康和安全的问题，应保证其良好的通风。因此公共卫生间、酒店客房卫生间、大于 5 个喷头的淋浴间以及无可开启外窗的卫生间、开水间、淋洗浴间，应设机械排风系统。

公共浴室宜设气窗（浴室气窗是指室内直接与室外相连的能够进行自然通风的外窗）；对于没有气窗的浴室，应设独立的机械排风系统，保证室内的空气质量。应采取措施保证浴室、卫生间对更衣室以及其他公共区域的负压，以防止气味或热湿空气从浴室、卫生间流入更衣室或其他公共区域。

公共卫生间、浴室及附属房间采用机械通风时，其通风量宜按换气次数确定，详见表 1-27。

表 1-27 公共卫生间、浴室及附属房间机械通风换气次数

名称	公共卫生间	淋浴	池浴	桑拿或蒸气浴	洗浴单间或小于 5 个喷头的淋浴间	更衣室	走廊、门厅
换气次数/（次/h）	5～10	5～6	6～8	6～8	10	2～3	1～2

注：表中桑拿或蒸汽浴指浴室的建筑房间，而不是指房间内部的桑拿蒸汽隔间。当建筑未设置单独房间放置桑拿隔间时，如直接将桑拿隔间设在淋浴间或其他公共房间，则应提高该淋浴间等房间的通风换气次数。

设置有空调的酒店卫生间，排风量取所在房间新风量的 80%～90%。

设置竖向集中排风系统时，宜在上部集中安装排风机；当在每层或每个卫生间（或开水间）设排气扇时，集中排风机的风量确定应考虑一定的同时使用系数。

卫生间排风系统宜独立设置，当与其他房间排风合用时，应有防止相互串气味的措施。

1.6.4 设备机房通风

机房设备会产生大量余热、余温、泄露的制冷剂或可燃气体等，因此设备机房应保持良好的通风。但一般情况靠自然通风往往不能满足使用和安全要求，因此应设置机械通风系统，并尽量利用室外空气为自然冷源排除余热、余湿。不同的季节应采取不同的运行策略，实现系统节能。设备有特殊要求时，其通风应满足设备工艺要求。

（1）制冷机房的通风

制冷设备的可靠性不好会导致制冷剂的泄露带来安全隐患，制冷机房在工作过程中会产生余热，良好的自然通风设计能够较好地利用自然冷量消除余热，稀释室内泄露制冷剂，达到提高安全保障并且节能的目的。制冷机房采用自然通风时，机房通风所需要的自由开口面积可按式（1-48）计算：

$$F = 0.138G^{0.5} \tag{1-48}$$

式中：F——自由开口面积，m^2；

G——机房中最大制冷系统灌注的制冷工质量，kg。

制冷机房设备间排风系统宜独立设置且应直接排向室外。冬季室内温度不宜低于 10 ℃，冬季值班温度不应低于 5 ℃，夏季不宜高于 35 ℃。制冷机房可能存在制冷剂的泄漏，对于泄漏气体密度大于空气时，设置下部排风口更能有效排除泄漏气体，但一般排风口应上、下分别设置。

① 氟制冷机房应分别计算通风量和事故通风量。当机房内设备放热量的数据不全时，通风量可取 4～6 次/h。事故通风量不应小于 12 次/h。事故排风口上沿距室内地坪的距离不应大于 1.2 m。

② 氨是可燃气体，其爆炸极限为 16%～27%，当氨气大量泄漏而又得不到吹散稀释的情况下，如遇明火或电气火花，则将引起燃烧爆炸。因此氨冷冻站应设置可靠的机械排风和事故通风排风系统来保障安全。机械排风通风量不应小于 3 次/h，事故通风量

宜按 183 m³／（m²·h）进行计算，且最小排风量不应小于 34 000 m³／h。事故排风机应选用防爆型，排风口应位于侧墙高处或屋顶。

连续通风量按每平方米机房面积 9 m³／h 和消除余热（余热温升不大于 10 ℃）计算，取二者最大值。事故通风的通风量按排走机房内由于工质泄露或系统破坏散发的制冷工质确定，根据工程经验，可按式（1-49）计算：

$$L = 247.8G^{0.5} \tag{1-49}$$

式中：L——连续通风量，m³／h；

G——机房中最大制冷系统灌注的制冷工质量，kg。

③ 吸收式制冷机在运行中属真空设备，无爆炸可能性，但它是以天然气、液化石油气、人工煤气为热源燃料，它的火灾危险性主要来自这些有爆炸危险的易燃燃料以及因设备控制失灵，管道阀门泄漏以及机件损坏时的燃气泄漏，机房因液体蒸汽、可燃气体与空气形成爆炸混合物，遇明火或热源产生燃烧和爆炸，因此应保证良好的通风。直燃溴化锂制冷机房宜设置独立的送、排风系统。燃气直燃溴化锂制冷机房的通风量不应小于 6 次／h，事故通风量不应小于 12 次／h。燃油直燃溴化锂制冷机房的通风量不应小于 3 次／h，事故通风量不应小于 6 次／h。机房的送风量应为排风量与燃烧所需的空气量之和。

泵房、热力机房、中水处理机房、电梯机房等采用机械通风时，换气次数可按表1-28选用。

表 1-28　部分设备机房机械通风换气次数

机房名称	清水泵房	软化水间	污水泵房	中水处理机房	蓄电池室	电梯机房	热力机房
换气次数／（次/h）	4	4	8～12	6～12	10～12	10	6～12

（3）柴油发电机房等设备机房通风

柴油发电机房及变配电室由于使用功能、季节等特殊性，设置独立的通风系统能有效保障系统运行效果和节能，对于大、中型建筑更为重要。

柴油发电机房室内各房间温湿度要求宜符合表 1-29 的规定。

表 1-29　柴油发电机房各房间温湿度要求

房间名称	冬季		夏季	
	温度/℃	相对湿度/%	温度/℃	相对湿度/%
机房（就地操作）	15～30	30～60	30～35	40～75
机房（隔室操作、自动化）	5～30	30～60	32～37	≤75
控制及配电室	16～18	≤75	28～30	≤75
值班室	16～20	≤75	≤28	≤75

柴油发电机房宜设置独立的送、排风系统。其送风量应为排风量与发电机组燃烧所需的空气量之和。

柴油发电机房的排风量应按以下计算确定：

① 当柴油发电机采用空气冷却方式时，排风量应按前面的公式（1-47）计算确定。式中 Q 的确定方式：开式机组为柴油机、发电机和排烟管的散热量之和；闭式机组为柴油机汽缸冷却水管和排烟管的散热量之和。以上数据由生产厂家提供，当无确切资料时，可按以下估算取值：全封闭式机组取发电机额定功率的 0.3～0.35；半封闭式机组取发电机额定功率的 0.5。

② 当柴油发电机采用水冷却方式时，排风量可按 $\geqslant 20$ m³/（kW·h）的机组额定功率进行计算。

③ 柴油发电机生产企业直接提供的排风量参数。

柴油发电机房的进（送）风量应为排风量与机组燃烧空气量之和，燃烧空气量按 7 m³/（kW·h）的机组额定功率进行计算。

柴油发电机房内的储油间应设机械通风，风量应按 $\geqslant 5$ 次/h 换气选取。

柴油发电机与排烟管应采用柔性连接；当有多台合用排烟管时，排烟管支管上应设单向阀；排烟管应单独排至室外；排烟管应有隔热和消声措施。绝热层按防止人员烫伤的厚度计算，柴油发电机的排烟温度宜由设备厂商提供。

（4）变配电室等设备机房通风

变配电室通常由高、低压器配电室及变压器组成，其中的电器设备散发一定的热量，尤以变压器的发热量为大。若变配电器室内温度太高，会影响设备工作效率。

地面上变配电室宜采用自然通风，当不能满足要求时应采用机械通风；地面下变配电室应设置机械通风。当设置机械通风时，气流宜由高低压配电区流向变压器区，再由变压器区排至室外。变配电室宜独立设置机械通风系统。设置在变配电室内的通风管道，应采用不燃材料制作。

变配电室的通风量应按以下确定：

① 根据公式（1-47）计算确定，其中变压器发热量（kW）可由设备厂商提供或按式（1-50）计算：

$$Q = (1 - \eta_1) \times \eta_2 \times \varphi \times W = (0.0126 \sim 0.0152)W \qquad (1-50)$$

式中：η_1——变压器效率，一般取 0.98；

η_2——变压器负荷效率，一般取 0.70～0.80；

φ——变压器功率因数，一般取 0.90～0.95；

W——变压器功率，kV·A。

② 当资料不全时可采用换气次数法确定风量，一般按：变电室 5～8 次/h；配电室 3～4 次/h。

排风温度不宜高于 40 ℃。当通风无法保障变配电室设备工作要求时，宜设置空调降温系统。下列情况变配电室可采用降温装置，但最小新风量应不小于 3 次/h 换气或不小于 5% 的送风量：机械通风无法满足变配电室的温度、湿度要求；变配电室附近有现成的冷源，且采用降温装置比通风降温合理。

1.6.5 汽车库通风

汽车是现代使用最为广泛的交通运输工具，担负着繁重的客、货运输任务。汽车库

（场）是用来停放或维修车辆的场所。科学分析表明，汽车尾气中含有上百种不同的化合物，其中的污染物有固体悬浮微粒、CO、CO_2、C_mH_n、NO_x、Pb 及 SO_x 等，一辆轿车一年排出的有害废气比自身重量大 3 倍。因此，汽车在汽车库内的行驶过程会释放大量尾气在汽车库内。

汽车库通风
系统设计

通过相关实验分析得出，将汽车排出的 CO 稀释到容许浓度时，NO_x 和 C_mH_n 远远低于它们相应的允许浓度。也就是说，只要保证 CO 浓度排放达标，其他有害物即使有一些分布不均匀，也有足够的安全倍数保证将其通过排风带走，所以以 CO 为标准来考虑车库通风量是合理的。根据国家现行有关工业场所有害因素职业接触限值标准的规定，CO 的短时间接触容许浓度为 30 mg/m^3。汽车库通风应符合下列规定：

（1）自然通风时，车库内 CO 最高允许浓度大于 30 mg/m^3 时，应设机械通风系统。

（2）汽车库应按下列原则确定通风方式：① 地上单排车位≤30 辆的汽车库，当可开启门窗的面积≥2 m^2/辆且分布较均匀时，可采用自然通风方式；② 当汽车库可开启门窗的面积≥0.3 m^2/辆且分布较均匀时，可采用机械排风、自然进风的通风方式；③ 当汽车库不具备自然进风条件时，应设置机械送风、排风系统。

（3）送、排风量宜采用稀释浓度法计算，对于单层停放的汽车库可采用换气次数法计算，但应取两者较大值。送风量宜为排风量的 80%～90%。

1）用于停放单层汽车的换气次数法：① 汽车出入较频繁的商业类等建筑，按 6 次/h 换气选取。② 汽车出入一般的普通建筑，按 5 次/h 换气选取。③ 汽车出入频率较低的住宅类等建筑，按 4 次/h 换气选取。④ 当层高＜3 m 时，应按实际高度计算换气体积；当层高≥3 m 时，可按 3 m 高度计算换气体积。

采用换气次数法计算通风量时存在以下问题：① 车库通风量的确定。此时通风目的是稀释有害物以满足卫生要求的允许浓度。也就是说，通风量的计算与有害物的散发量及散发时的浓度有关，而与房间容积（亦即房间换气次数）并无确定的数量关系。例如，两种有害物散发情况相同，且平面布置和大小也相同，只是层高不同的车库，按有害物稀释计算的排风量是相同的，但按换气次数计算，二者的排风量就不同了。② 换气次数法并没有考虑到实际中（部分或全部）双层或多层停车库的情况，与单层车库采用相同的计算方法也是不尽合理的。

以上说明换气次数法有其固有弊端。正因为如此，提出单层停车库的排风量宜按稀释浓度法计算，如无计算资料时，可参考换气次数估算；（全部或部分）双层或多层停车库的排风量应按稀释浓度法计算。

2）当全部或部分为双层停放汽车时，宜采用单车排风量法：① 汽车出入较频繁的商业类等建筑，按每辆 500 m^3/h 选取；② 汽车出入一般的普通建筑，按每辆 400 m^3/h 选取；③ 汽车出入频率较低的住宅类等建筑，按每辆 300 m^3/h 选取。

当采用稀释浓度法计算排风量时，建议采用式（1-51），送风量应按排风量的 80%～90% 选用。

$$L = \frac{G}{y_1 - y_0}$$

（1-51）

式中：L——车库所需的排风量，m^3/h。

  y_1——车库内 CO 的允许浓度，为 30 mg/m^3。

  y_0——室外大气中 CO 的浓度，一般取 2～3 mg/m^3。

  G——车库内排放 CO 的量，mg/h。可按式（1-52）计算：

$$G = My \tag{1-52}$$

式中：y——典型汽车排放 CO 的平均浓度，mg/m^3。根据中国汽车尾气排放现状，通常情况下可取 55000 mg/m^3。

  M——库内汽车排出气体的总量，m^3/h。可按式（1-53）计算：

$$M = \frac{T_1}{T_0} \times m \times t \times k \times n \tag{1-53}$$

式中：n——车库中的设计车位数；

  k——1 h 内出入车数与设计车位数之比，也称车位利用系数，一般取 0.5～1.2；

  t——车库内汽车的运行时间，一般取 2～6 min；

  m——单台车单位时间的排气量，m^3/min；

  T_1——库内车的排气温度，$500+273=773$ K；

  T_0——库内以 20 ℃计的标准温度 $273+20=293$ K。

地下汽车库内排放 CO 的多少与所停车的类型、产地、型号、排气温度及停车启动时间等有关，一般地下停车库大多数按停放小轿车设计。按照车库排风量计算式，应当按每种类型的车分别计算其排出的气体量，但地下车库在实际使用时车辆类型出入台数都难以估计。为简化计算，m 值可取 0.02～0.025 $m^3/$（min·台）。

（4）可采用风管通风或诱导通风方式，以保证室内不产生气流死角。风管通风是指利用风管将新鲜气流送到工作区以稀释污染物，并通过风管将稀释后的污染气流收集排出室外的传统通风方式；诱导通风是指利用空气射流的引射作用进行通风的方式。当采用接风管的机械进、排风系统时，应注意气流分布的均匀性，减少通风死角。当车库层高较低不易布置风管时，为了防止气流不畅，杜绝死角，可采用诱导式通风系统。

（5）车流量随时间变化较大的车库，风机宜采用多台并联方式或设置风机调速装置。对于车流量变化较大的车库，由于其风机设计选型时是根据最大车流量选择的（最不利原则），而往往车库的高峰车流量持续时间很短，如果持续以最大通风量进行通风，会造成风机运行能耗的浪费。当车流量变化有规律时，可按时间设定风机开启台数；无规律时宜采用 CO 浓度传感器联动控制多台并联风机或可调速风机的方式，会起到很好的节能效果。CO 浓度传感器的布置方式：当采用传统的风管机械进、排风系统时，传感器宜分散设置；当采用诱导式通风系统时，传感器应设在排风口附近。

（6）严寒和寒冷地区，地下汽车库宜在坡道出入口处设热空气幕，防止冷空气的大量侵入。

（7）车库内排风与排烟可共用一套系统，但应满足消防规范要求。

1.7 事故通风

事故通风是保证安全生产和保障人民生命安全的一项必要的措施。对生产、工艺过程中可能突然放散有害气体、有爆炸危险气体或粉尘的场所，在设计中均应根据工艺设计要求设置事故通风系统。有时虽然很少或没有使用，但并不等于可以不设，应以预防为主。这对防止设备、管道大量逸出有害气体而造成人身事故是至关重要的。

放散有爆炸危险的可燃气体、蒸气或粉尘气溶胶等物质时，应设置防爆通风系统或诱导式事故排风系统，诱导式排风系统可采用一般的通风机等设备。具有自然通风的单层厂房，当所放散的可燃气体或蒸气密度小于室内空气密度时，宜设事故送风系统。而较轻的可燃气体、蒸气经天窗或排风帽排出室外。事故通风由经常使用的通风系统和事故通风系统共同保证，这既体现了经济节约，又有利于提前预防。

事故通风量宜根据工艺设计条件通过计算确定，且换气次数不应小于 12 次/h。但对于高大厂房，大家普遍认为按整个车间 12 次/h 换气计算事故通风量时，事故通风系统庞大，且不一定合理。因此，《工业建筑供暖通风与空气调节设计规范》（GB 50019—2015）规定厂房在计算房间体积时以 6 m 高度为限：当房间高度小于或等于 6 m 时，按房间实际体积计算；当房间高度大于 6 m 时，按 6 m 的空间体积计算。

通过合理布置吸风口，可以让事故通风系统发挥最大的作用。事故通风吸风口的布置应符合下列规定：应设在有毒气体或爆炸危险性物质放散量可能最大或聚集最多的地点，以利于有毒、有爆炸危险气体在扩散前排出，并避免形成通风死角。

对事故排风的死角处应采取导流措施。另外，需要防止系统投入运行时排出的有毒及爆炸性气体危及人身安全和由于气流短路时对进风空气质量造成影响。因此，事故排风的排风口应符合下列规定：

（1）不应布置在人员经常停留或经常通行的地点。

（2）排风口与机械送风系统的进风口的水平距离不应小于 20 m；当水平距离不足 20 m 时，排风口应高于进风口，并不得小于 6 m。

（3）当排气中含有可燃气体时，事故通风系统排风口距可能火花溅落地点应大于 20 m。

（4）排风口不得朝向室外空气动力阴影区和正压区。

随着技术的进步，事故通风系统的启动或停止不能仅依赖于人为发现、人为控制，条件具备时应当引入自动控制系统，以增加其可靠性。也就是说，工作场所设置有毒气体或有爆炸危险气体监测及报警装置时，事故通风装置应与报警装置连锁。

事故排风系统（包括兼作事故排风用的基本排风系统）的通风机，其电气开关装置应装在室内外（室外靠近外门的外墙上）便于操作的地点，以便发生紧急事故时，使其立即投入运行。

设置有事故排风的场所不具备自然进风条件时，应同时设置补风系统，补风量宜为排风量的 80%，补风机应与事故排风机连锁。

思 考 题 与 习 题

1-1 有害气体的体积浓度与质量浓度如何换算？

1-2 某营业性饭店厨房排油烟系统风量 20000 m^3/h，油烟质量浓度 13 mg/m^3，选择油烟净化设备的最小去除效率。

1-3 有一住宅楼的地下车库，设计车位数 200 个，现停车 150 辆，若小轿车的排气量为 1.5 $m^3/$（台·h），汽车在库内平均运行时间为 6 min，车库 CO 的允许质量浓度为 100 mg/m^3，车库排气温度为 28 ℃。求：该车库的排风量。

1-4 分析下列各种局部排风罩的工作原理和特点。

（1）防尘密闭罩；

（2）外部吸气罩。

1-5 有一侧吸罩罩口尺寸为 300 mm×300 mm。已知其排风量 $L=0.54^3$ m/s，按下列情况计算距罩口 0.3 m 处的控制风速。

（1）自由悬挂，无法兰边；

（2）自由悬挂，有法兰边；

（3）放在工作台上，无法兰边。

1-6 确定全面通风量时，有时采用分别稀释各有害物空气量之和，有时取其中的最大值，为什么？

1-7 进行热平衡计算时，为什么计算稀释有害气体的全面通风耗热量时，采用冬季采吸室外计算温度；而计算消除余热、余湿的全面通风耗热量时，则采用冬季通风室外计算温度？

1-8 某大修厂在喷漆室内对汽车外表喷漆，每台车需 1.5 h，消耗硝基漆 12 kg，硝基漆中含有 20% 的香瓶水，为了降低漆的黏度，便于工作，喷漆前又按漆与溶剂质量比 4:1 加入香蕉水。香蕉水的主要成分：甲苯 50%、环已烷 8%、乙酸乙酯 30%、正丁醇 4%。计算使车间空气符合卫生标准所需的最小通风量（取 K 值为 1.0）。

1-9 某车间局部排风量 $G_{jp}=0.56$ kg/s，冬季室内工作区温度 $t_n=15$ ℃，采暖室外计算温度 $t_w=-12$ ℃，围护结构耗热量为 $Q=5.8$ kJ/s，为使室内保持一定的负压，机械进风量为排风量的 90%，试确定机械进风系统的风量和送风温度。

1-10 什么是余压？在仅有热压作用时，余压和热压有何关系？

1-11 自然通风的排风温度有哪些计算方法？

1-12 自然通风的进、排风口布置应符合哪些条件？

技 能 训 练

训练项目：通风工程施工图的识读及各系统通风量的计算

（1）实训目的：通过通风工程施工图的识读，使学生了解通风系统的组成，熟悉通风工程施工图的绘制方法，掌握通风量的计算方法。

（2）实训准备：图纸、作业本、计算器、绘图工具及相关工具书。

（3）实训内容：根据给出的地下一层通风平面图，找出各个通风系统，并写出各系统通风机型号、风管规格、风口类型及规格数量、风阀类型等；计算各通风系统的通风量；抄绘该地下一层通风平面图。

（4）提交成果：

① 列出图中各通风系统通风机型号、风管规格、风口类型及规格数量、风阀类型等；

② 各通风系统的通风量计算过程；

③ 按 1:100 比例手绘该地下一层通风平面图。

地下一层通风
排烟平面图

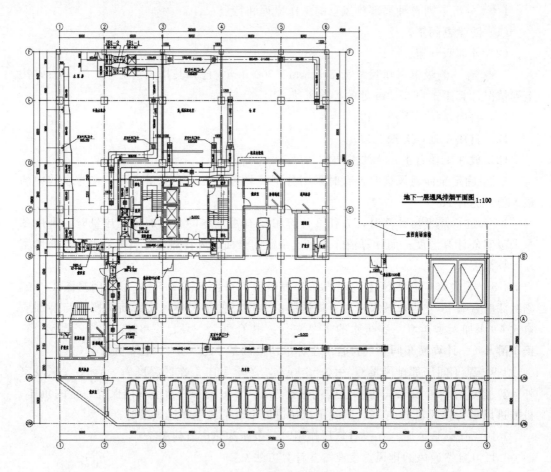

地下一层通风平面图

单元2

建筑防排烟

学习目标

（1）了解烟气的危害。

（2）掌握防火分区与防烟分区的划分原则。

（3）理解应设置防烟排烟设施的场所。

（4）了解自然排烟口的净面积规定。

（5）熟悉机械加压送风管道、排烟管道和补风管道内的风速规定。

（6）掌握机械排烟系统排烟量的计算方法，掌握机械加压送风防烟系统加压送风量的计算方法。

能力目标

（1）能正确进行机械排烟系统设计。

（2）能正确进行机械加压送风防烟系统设计。

（3）能查找出防排烟工程施工图中存在的问题，并能提出修改意见。

工作任务

（1）某防排烟工程施工图的识读。

（2）某建筑防烟排烟系统设计。

 2.1 **防 烟 排 烟 概 述**

建筑防排烟分为防烟和排烟两种形式。防烟的目的是将烟气封闭在一定区域内，以确保疏散线路畅通，无烟气侵入。排烟的目的是将火灾时产生的烟气及时排除，防止烟气向防烟分区以外扩散，以确保疏散通路和疏散所需时间。为达到防排烟的目的，必须在建筑物中设置周密、可靠的防排烟系统和设施。建筑防排烟设计必须严格遵照现行国家有关防火设计规范的规定。

烟气及其处置方式

2.1.1 基本知识

2.1.1.1 火灾定义及分类

在时间和空间上失去控制的燃烧所造成的灾害称为火灾。火灾分为四类：

A类火灾指固体物质火灾，如木材、棉、毛、麻、纸张；

B类火灾指液体火灾和可熔化的固体物质火灾，如汽油、煤油、原油、甲醇、乙醇、沥青、石蜡、火灾；

C类火灾指气体火灾，如煤气、天然气、甲烷、乙烷、丙烷、氢等引起的火灾；

D类火灾指金属火灾，如钾、钠、镁、钛、锆、锂、铝镁合金火灾等。

2.1.1.2 防排烟设计依据

我国现行的《建筑设计防火规范》《建筑防烟排烟系统技术标准》《人民防空工程设计防火规范》《汽车库、修车库、停车场设计防火规范》等是进行防排烟设计的依据，在设计、审核和检查时，必须结合工程实际，严格执行。

（1）《建筑设计防火规范》（GB 50016—2014（2018 年版））适用于下列新建、扩建和改建的建筑：① 厂房；② 仓库；③ 民用建筑；④ 甲、乙、丙类液体储罐（区）；⑤ 可燃、助燃气体储罐（区）；⑥ 可燃材料堆场；⑦ 城市交通隧道。不适用于火药、炸药及其制品厂房（仓库）、花炮厂房（仓库）的建筑防火设计。

建筑高度大于 250 m 的建筑，除应符合本规范的要求外，尚应结合实际情况采取更加严格的防火措施，其防火设计应提交国家消防主管部门组织专题研究、论证。

（2）《建筑防烟排烟系统技术标准》（GB 51251—2017）适用于新建、扩建和改建的工业与民用建筑的防烟、排烟系统的设计、施工、验收及维护管理。

（3）《人民防空工程设计防火规范》（GB 50098—2009）适用于新建、扩建和改建供下列平时使用的人防工程防火设计：

① 商场、医院、旅馆、餐厅、展览厅、公共娱乐场所、健身体育场所和其他适用的民用场所等；

② 按火灾危险性分类属于丙、丁、戊类的生产车间和物品库房等。

（4）《汽车库、修车库、停车场设计防火规范》（GB 50067—2014）适用于新建、扩建和改建的汽车库、修车库、停车场的防火设计；不适用于消防站的汽车库、修车库、停车场的防火设计。

2.1.1.3 建筑物火灾危险性分类

建筑物火灾危险性按生产（厂房）的火灾危险性和储藏物品（库房）的火灾危险性进行分类：

（1）生产的火灾危险性分类

生产的火灾危险性应根据生产中使用或产生的物质性质及其数量等因素划分，可分为甲、乙、丙、丁、戊类，并应符合表 2-1 的规定。

表 2-1　生产的火灾危险性分类

生产的火灾危险性类别	使用或产生下列物质生产的火灾危险性特征
甲	1. 闪点小于 28 ℃ 的液体 2. 爆炸下限小于 10％ 的气体 3. 常温下能自行分解或在空气中氧化能导致迅速自燃或爆炸的物质 4. 常温下受到水或空气中水蒸气的作用，能产生可燃气体并引起燃烧或爆炸的物质 5. 遇酸、受热、撞击、摩擦、催化以及遇有机物或硫磺等易燃的无机物，极易引起燃烧或爆炸的强氧化剂 6. 受撞击、摩擦或与氧化剂、有机物接触时能引起燃烧或爆炸的物质 7. 在密闭设备内操作温度不小于物质本身自燃点的生产
乙	1. 闪点不小于 28 ℃ 但小于 60 ℃ 的液体 2. 爆炸下限不小于 10％ 的气体 3. 不属于甲类的氧化剂 4. 不属于甲类的易燃固体 5. 助燃气体 6. 能与空气形成爆炸性混合物的浮游状态的粉尘、纤维、闪点不小于 60 ℃ 的液体雾滴
丙	1. 闪点不小于 60 ℃ 的液体 2. 可燃固体
丁	1. 对不燃烧物质进行加工，并在高温或熔化状态下经常产生强辐射热、火花或火焰的生产 2. 利用气体、液体、固体作为燃料或将气体、液体进行燃烧作其他用的各种生产 3. 常温下使用或加工难燃烧物质的生产
戊	常温下使用或加工不燃烧物质的生产

（2）储存物品的火灾危险性分类

储存物品的火灾危险性应根据储存物品的性质和储存物品中的可燃物数量等因素划分，可分为甲、乙、丙、丁、戊类，并应符合表 2-2 的规定。

表 2-2　储存物品的火灾危险性分类

储存物品的火灾危险性类别	储存物品的火灾危险性特征
甲	1. 闪点小于 28 ℃ 的液体 2. 爆炸下限小于 10％ 的气体，受到水或空气中水蒸气的作用能产生爆炸下限小于 10％ 气体的固体物质 3. 常温下能自行分解空气中氧化能导致迅速自燃或爆炸的物质 4. 常温下受到水或空气中水蒸气的作用，能产生可燃气体并引起燃烧或爆炸的物质 5. 遇酸、受热、撞击、摩擦以及遇有机物或硫磺等易燃的无机物，极易引起燃烧或爆炸的强氧化剂 6. 受撞击、摩擦或与氧化剂、有机物接触时能引起燃烧或爆炸的物质

续表

储存物品的 火灾危险性类别	储存物品的火灾危险性特征
乙	1. 闪点不小于 28 ℃ 但小于 60 ℃ 的液体 2. 爆炸下限不小于 10% 的气体 3. 不属于甲类的氧化剂 4. 不属于甲类的易燃固体 5. 助燃气体 6. 常温下与空气接触能缓慢氧化，积热不散引起自燃的物品
丙	1. 闪点不小于 60 ℃ 的液体 2. 可燃固体
丁	难燃烧物品
戊	不燃烧物品

2.1.1.4 建筑防火分类及耐火等级

（1）建筑分类

建筑按其使用功能可分为民用建筑和工业建筑。民用建筑根据其建筑高度和层数可分为单、多层民用建筑和高层民用建筑。高层民用建筑根据其建筑高度、使用功能和楼层的建筑面积可分为一类和二类。民用建筑的分类应符合表 2-3 的规定。

表 2-3 民用建筑的分类

名称	高层民用建筑		单、多层民用建筑
	一类	二类	
住宅 建筑	建筑高度大于 54 m 的住宅建筑（包括设置商业服务网点的住宅建筑）	建筑高度大于 27 m 但不大于 54 m 的住宅建筑（包括设置商业服务网点的住宅建筑）	建筑高度不大于 27 m 的住宅建筑（包括设置商业服务网点的住宅建筑）
公共 建筑	1. 建筑高度大于 50 m 的公共建筑 2. 任一楼层建筑面积大于 1000 m² 的商店、展览、电信、邮政、财贸金融建筑和其他多种功能组合的建筑 3. 医疗建筑、重要公共建筑 4. 省级及以上的广播电视和防灾指挥调度建筑、网局级和省级电力调度建筑 5. 藏书超过 100 万册的图书馆、书库	除一类高层公共建筑外的其他高层公共建筑	1. 建筑高度大于 24 m 的单层公共建筑 2. 建筑高度不大于 24 m 的其他公共建筑

汽车库、修车库、停车场的建筑分类分为Ⅰ、Ⅱ、Ⅲ、Ⅳ四级，Ⅰ级防火性能最高，Ⅳ级防火性能最低。汽车库、修车库、停车场的建筑分类应根据停车（车位）数量和总建筑面积确定，并应符合表 2-4 的规定，一般汽车库每个停车泊位占建筑面积 30～40 m²，50 辆（含）以下的车库一般 40 m²/辆，50 辆以上的车库一般 33.3 m²/辆，泊位数控制值及建筑面积控制值两项限值应从严执行，即先到哪项就按该项执行。

表 2-4 汽车库、修车库、停车场的建筑分类

名称		Ⅰ	Ⅱ	Ⅲ	Ⅳ
汽车库	停车数量/辆	＞300	151～300	51～150	≤50
	总建筑面积 S/m²	S＞10000	5000＜S≤10000	2000＜S≤5000	S≤2000
修车库	车位数/个	＞15	6～15	3～5	≤2
	总建筑面积 S/m²	S＞3000	1000＜S≤3000	500＜S≤1000	S≤500
停车场	停车数量/辆	＞400	251～400	101～250	≤100

（2）耐火等级

民用建筑的耐火等级可分为一、二、三、四级。民用建筑的耐火等级应根据其建筑高度、使用功能、重要性和火灾扑救难度等确定，并应符合下列规定：

① 地下或半地下建筑（室）和一类高层建筑的耐火等级不应低于一级；

② 单、多层重要公共建筑和二类高层建筑的耐火等级不应低于二级。

汽车库、修车库的耐火等级应分为一级、二级和三级，并应符合下列规定：

① 地下、半地下和高层汽车库应为一级；

② 甲、乙类物品运输车的汽车库、修车库和Ⅰ类汽车库、修车库，应为一级；

③ Ⅱ、Ⅲ类汽车库、修车库的耐火等级不应低于二级；

④ Ⅳ类汽车库、修车库的耐火等级不应低于三级。

2.1.2 防火分区

2.1.2.1 防火分区的概念

防火分区是指采用防火墙、耐火楼板及其他防火分隔物人为划分出的、能在一定时间内防止火灾向同一建筑的其余部分蔓延的局部空间。划分防火分区的目的在于有效地控制和防止火灾沿垂直方向或水平方向向同一建筑物的其他空间蔓延；减少火灾损失，同时能够为人员安全疏散、灭火扑救提供有利条件。防火分区是控制耐火建筑火灾的基本空间单元。

防火分区按照限制火势向本防火分区以外扩大蔓延的方向可分为两类：一类为竖向防火分区，用耐火性能较好的楼板及窗间墙（含窗下墙），在建筑物的垂直方向对每个楼层进行的防火分隔。竖向防火分区用以防止多层或高层建筑物层与层之间竖向发生火灾蔓延。另一类为水平防火分区，用防火墙或防火门、防火卷帘等防火分隔物将各楼层在水平方向分隔出的防火区域。水平防火分区用以防止火灾在水平方向扩大蔓延。

2.1.2.2 防火分区划分原则

（1）防火分区的面积规定

建筑设计划分防火分区时，每个防火分区之间可用建筑构件或防火分隔物隔断。防火分隔物可以是防火墙、耐火楼板、防火门、防火窗、防火卷帘、防火阀、排烟防火阀等。防火分区划分得越小，越有利于保证建筑物的防火安全。但如果划分得过小，则势必会影响建筑物的使用功能，这样显然是不可行的。防火分区面积大小的确定应考虑建筑物的使用功能及性质、重要性、火灾危险性、建筑物高度、消防扑救能力以及火灾蔓

延的速度等因素。

我国现行的《建筑设计防火规范》《汽车库、修车库、停车场设计防火规范》等均对建筑的防火分区面积作了具体规定，必须结合工程实际，严格执行。

①《建筑设计防火规范》（GB 50016—2014（2018 年版））规定，不同耐火等级建筑的允许建筑高度或层数、防火分区最大允许建筑面积应符合表 2-5 的规定。

表 2-5　不同耐火等级建筑的允许建筑高度或层数、防火分区最大允许建筑面积

名称	耐火等级	允许建筑高度或层数	防火分区的最大允许建筑面积	备注
高层民用建筑	一、二级	按规范要求确定	1500	对于体育馆、剧场的观众厅，防火分区的最大允许建筑面积可适当增加
单、多层民用建筑	一、二级	按规范要求确定	2500	
	三级	5 层	1200	—
	四级	2 层	600	—
地下或半地下建筑（室）	一级	—	500	设备用房的防火分区最大允许建筑面积不应大于 1000 m²

②《汽车库、修车库、停车场设计防火规范》（GB 50067—2014）规定，汽车库防火分区的最大允许建筑面积应符合表 2-6 的规定。其中，敞开式、错层式、斜楼板式汽车库的上下连通层面积应叠加计算，每个防火分区的最大允许建筑面积不应大于表 2-6 规定的 2 倍；室内有车道且有人员停留的机械式汽车库，其防火分区最大允许建筑面积应按表 2-6 的规定减少 35%。

表 2-6　汽车库防火分区的最大允许建筑面积

m²

耐火等级	单层汽车库	多层汽车库、半地下汽车库	地下汽车库、高层汽车库
一、二级	3000	2500	2000
三级	1000	不允许	不允许

③《人民防空工程设计防火规范》（GB 50098—2009）规定，人防工程内应采用防火墙划分防火分区，每个防火分区的允许最大建筑面积，不应大于 500 m²。当设置有自动灭火系统时，允许最大建筑面积可增加 1 倍；局部设置时，增加的面积可按该局部面积的 1 倍计算。人防工程内的商业营业厅、展览厅等，当设置有火灾自动报警系统和自动灭火系统，且采用 A 级装修材料装修时，防火分区允许最大建筑面积不应大于 2000 m²；电影院、礼堂的观众厅，防火分区允许最大建筑面积不应大于 1000 m²，当设置有火灾自动报警系统和自动灭火系统时，其允许最大建筑面积也不得增加；溜冰馆的冰场、游泳馆的游泳池、射击馆的靶道区、保龄球馆的球道区等，其面积可不计入溜冰馆、游泳馆、射击馆、保龄球馆的防火分区面积内。溜冰馆的冰场、游泳馆的游泳池、射击馆的靶道区等，其装修材料应采用 A 级。人防工程内的丙、丁、戊类物品库

房的防火分区允许最大建筑面积应符合表 2-7 的规定。当设置有火灾自动报警系统和自动灭火系统时，允许最大建筑面积可增加 1 倍；局部设置时，增加的面积可按该局部面积的 1 倍计算。

表 2-7 丙、丁、戊类物品库房防火分区允许最大建筑面积

m²

储存物品类别		防火分区最大允许建筑面积
丙	闪点≥60 ℃的可燃液体	150
	可燃固体	300
丁		500
戊		1000

（2）民用建筑内防火分区划分原则

1）当建筑内设置自动灭火系统时，可按表 2-5 的规定增加 1 倍；局部设置时，防火分区的增加面积可按该局部面积的 1 倍计算。裙房与高层建筑主体之间设置防火墙时，裙房的防火分区可按单、多层建筑的要求确定。

2）建筑内设置自动扶梯、敞开楼梯等上、下层相连通的开口时，其防火分区的建筑面积应按上、下层相连通的建筑面积叠加计算；当叠加计算后的建筑面积大于表 2-5 的规定时，应划分防火分区。

3）建筑内设置中庭时，其防火分区的建筑面积应按上、下层相连通的建筑面积叠加计算；当叠加计算后的建筑面积大于表 2-5 的规定时，应符合下列规定：

① 与周围连通空间应进行防火分隔：采用防火隔墙时，其耐火极限不应低于 1.00 h；采用防火玻璃墙时，其耐火隔热性和耐火完整性不应低于 1.00 h。采用耐火完整性不低于 1.00 h 的非隔热性防火玻璃墙时，应设置自动喷水灭火系统进行保护；采用防火卷帘时，其耐火极限不应低于 3.00 h；与中庭相连通的门、窗，应采用火灾时能自行关闭的甲级防火门、窗。

② 高层建筑内的中庭回廊应设置自动喷水灭火系统和火灾自动报警系统。

③ 中庭应设置排烟设施。

④ 中庭内不应布置可燃物。

4）一、二级耐火等级建筑内的商店营业厅、展览厅，当设置自动灭火系统和火灾自动报警系统并采用不燃或难燃装修材料时，其每个防火分区的最大允许建筑面积应符合下列规定：

① 设置在高层建筑内时，不应大于 4000 m²；

② 设置在单层建筑或仅设置在多层建筑的首层内时，不应大于 10000 m²；

③ 设置在地下或半地下时，不应大于 2000 m²。

5）总建筑面积大于 20000 m² 的地下或半地下商店，应采用无门、窗、洞口的防火墙、耐火极限不低于 2.00 h 的楼板分隔为多个建筑面积不大于 20000 m² 的区域。

6）餐饮、商店等商业设施通过有顶棚的步行街连接，且步行街两侧的建筑需利用

步行街进行安全疏散时，应符合下列规定：

① 步行街两侧建筑的耐火等级不应低于二级。

② 步行街两侧建筑相对面的最近距离均不应小于对相应高度建筑的防火间距要求且不应小于 9 m。步行街的端部在各层均不宜封闭，确需封闭时，应在外墙上设置可开启的门窗，且可开启门窗的面积不应小于该部位外墙面积的一半。步行街的长度不宜大于 300 m。

③ 步行街两侧建筑的商铺之间应设置耐火极限不低于 2.00 h 的防火隔墙，每间商铺的建筑面积不宜大于 300 m²。

④ 步行街两侧建筑的商铺，其面向步行街一侧的围护构件的耐火极限不应低于 1.00 h，并宜采用实体墙，其门、窗应采用乙级防火门、窗；当采用防火玻璃墙（包括门、窗）时，其耐火隔热性和耐火完整性不应低于 1.00 h；当采用耐火完整性不低于 1.00 h 的非隔热性防火玻璃墙（包括门、窗）时，应设置闭式自动喷水灭火系统进行保护。相邻商铺之间面向步行街一侧应设置宽度不小于 1 m、耐火极限不低于 1.00 h 的实体墙。

当步行街两侧的建筑为多个楼层时，每层面向步行街一侧的商铺均应设置防止火灾竖向蔓延的措施，并应符合规定；设置回廊或挑檐时，其出挑宽度不应小于 1.2 m；步行街两侧的商铺在上部各层需设置回廊和连接天桥时，应保证步行街上部各层楼板的开口面积不应小于步行街地面面积的 37%，且开口宜均匀布置。

⑤ 步行街两侧建筑内的疏散楼梯应靠外墙设置并宜直通室外，确有困难时，可在首层直接通至步行街；首层商铺的疏散门可直接通至步行街，步行街内任一点到达最近室外安全地点的步行距离不应大于 60 m。步行街两侧建筑二层及以上各层商铺的疏散门至该层最近疏散楼梯口或其他安全出口的直线距离不应大于 37.5 m。

⑥ 步行街的顶棚材料应采用不燃或难燃材料，其承重结构的耐火极限不应低于 1.00 h。步行街内不应布置可燃物。

⑦ 步行街的顶棚下檐距地面的高度不应小于 6 m，顶棚应设置自然排烟设施并宜采用常开式的排烟口，且自然排烟口的有效面积不应小于步行街地面面积的 25%。常闭式自然排烟设施应能在火灾时手动和自动开启。

⑧ 步行街两侧建筑的商铺外应每隔 30 m 设置 DN65 的消火栓，并应配备消防软管卷盘或消防水龙，商铺内应设置自动喷水灭火系统和火灾自动报警系统；每层回廊均应设置自动喷水灭火系统。步行街内宜设置自动跟踪定位射流灭火系统。

⑨ 步行街两侧建筑的商铺内外均应设置疏散照明、灯光疏散指示标志和消防应急广播系统。

2.1.3 防烟分区

2.1.3.1 防烟分区的概念

防烟分区是指采用挡烟垂壁、隔墙或从顶板下突出不小于储烟仓厚度且不应小于 500 mm 的梁等具有一定耐火性能的不燃烧体来划分的防烟、蓄烟空间。

防烟分区是为有利于建筑物内人员安全疏散和有组织排烟而采取的技术措施。大量火灾事故表明,建筑物内发生火灾时,烟气是阻碍人们逃生和灭火扑救行动,导致人员死亡的主要原因之一。因此将高温烟气有效的控制在设定的区域,并通过排烟设施迅速排除室外,才能够有效地减少人员伤亡和财产损失,才能够防止火灾的蔓延发展。

屋顶挡烟隔板是指设在屋顶内,能对烟和热气的横向流动造成障碍的垂直分隔体。挡烟垂壁是指用不燃烧材料制成,从顶棚下垂不小于储烟仓厚度且不应小于 500 mm 的固定或活动的挡烟设施。活动挡烟垂壁系指火灾时因感温、感烟或其他控制设备的作用,自动下垂的挡烟垂壁。挡烟垂壁起阻挡烟气的作用,同时可以增强防烟分区排烟口的吸烟效果。挡烟垂壁应采用非燃材料制作,如钢板、夹丝玻璃、钢化玻璃等。挡烟垂壁可采用固定或活动式的,当建筑物净空较高时,可采用固定式的,将挡烟垂壁长期固定在顶棚上,如图 2-1a 所示;当建筑物净空较低时,宜采用活动式的挡烟垂壁,如图 2-1b 所示。

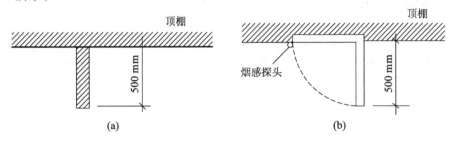

图 2-1 挡烟垂壁示意图

活动挡烟垂壁应由感烟控测器控制,或与排烟口联动,或受消防控制中心控制,但是应能就地手动控制。活动挡烟垂壁落下时,其下端距地面的高度应大于 1.8 m。从挡烟效果来看,挡烟隔墙比挡烟垂壁的效果要好些。因此,要求在成为安全区域的场所,宜用挡烟隔墙,如图 2-2 所示。有条件的建筑物,可利用钢筋混凝土梁或钢梁作挡烟梁进行挡烟,如图 2-3 所示。

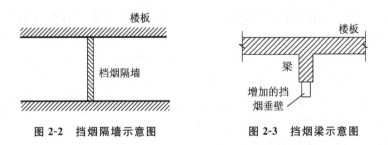

图 2-2 挡烟隔墙示意图　　图 2-3 挡烟梁示意图

当顶棚为非燃烧材料或难燃材料时,挡烟垂壁或挡烟隔墙紧贴顶棚平面即可,不必完全隔断,如图 2-4 所示;当顶棚为可燃材料时,挡烟垂壁或挡烟隔墙要穿过顶棚平面,并紧贴非燃烧体楼板或顶板,如图 2-5 所示。

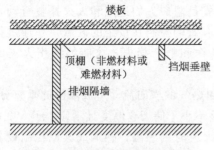

图 2-4　挡烟隔墙或挡烟垂壁在
顶棚内不隔断示意图

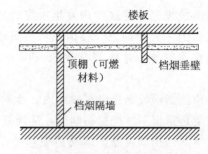

图 2-5　挡烟隔墙或挡烟垂壁在
顶棚内隔断示意图

2.1.3.2　防烟分区划分原则

设置防烟分区主要是保证在一定时间内，使火场上产生的高温烟气不致随意扩散，并能迅速排除，达到控制或再蔓延和减少火灾损失的目的。

设置防烟分区时，面积划分必须合适，如果面积过大，会使烟气波及面积扩大，增加受灾面，这不利于安全疏散和扑救；如果面积过小，不仅影响使用，还会提高工程造价。防烟分区应根据建筑物的种类和要求不同，按其功能、用途、面积、楼层等划分。防烟分区一般应遵守以下原则设置：

不设排烟设施的房间（包括地下室）和走道，不划分防烟分区；走道和房间（包括地下室）按规定设置排烟设施时，可根据具体情况分设或合设排烟设施，并按分设或合设的情况划分防烟分区；一座建筑物的某几层需设排烟设施，且采用垂直排烟道（竖井）进行排烟时，其余按规定不需设排烟设施的各层，如增加投资不多，可考虑扩大设置排烟范围，各层也亦划分防烟分区和设置排烟设施。

（1）《建筑防烟排烟系统技术标准》（GB 51251—2017）规定，防烟分区一般应遵守以下原则设置：

① 设置排烟系统的场所或部位应采用挡烟垂壁、结构梁及隔墙等划分防烟分区。防烟分区不应跨越防火分区。

② 挡烟垂壁等挡烟分隔设施的深度不应小于储烟仓厚度。对于有吊顶的空间，当吊顶开孔不均匀或开孔率小于或等于 25% 时，吊顶内空间高度不得计入储烟仓厚度。

储烟仓厚度的规定：当采用自然排烟方式时，储烟仓的厚度不应小于空间净高的 20%，且不应小于 500 mm；当采用机械排烟方式时，不应小于空间净高的 10%，且不应小于 500 mm。同时，储烟仓底部距地面的高度应大于安全疏散所需的最小清晰高度。

走道、室内空间净高不大于 3 m 的区域，其最小清晰高度不宜小于其净高的 1/2，其他区域的最小清晰高度应按下式计算确定：

$$H_q = 1.6 + 0.1H' \tag{2-1}$$

式中：H_q——最小清晰高度，m。

　　　H'——对于单层空间，取排烟空间的建筑净高度，m；对于多层空间，取最高疏散层的层高，m。

③ 设置排烟设施的建筑内，敞开楼梯和自动扶梯穿越楼板的开口部应设置挡烟垂壁等设施。

④ 公共建筑、工业建筑防烟分区的最大允许面积及其长边最大允许长度应符合表 2-8 的规定，当工业建筑采用自然排烟系统时，其防烟分区的长边长度不应大于建筑内空间净高的 2～8 倍。

表 2-8　公共建筑、工业建筑防烟分区的最大允许面积及其长边最大允许长度

空间净高 H/m	最大允许面积/m^2	长边最大允许长度/m
$H \leqslant 3.0$	500	24
$3.0 < H \leqslant 6.0$	1000	36
$H > 6.0$	2000	60 m；具有自然对流条件时，不应大于 75 m

注：① 公共建筑、工业建筑中的走道宽度不大于 2.5 m 时，其防烟分区的长边长度不应大于 60 m；
② 当空间净高大于 9 m 时，防烟分区之间可不设置挡烟设施。

（2）《汽车库、修车库、停车场设计防火规范》（GB 50067—2014）规定，汽车库、修车库、停车场的防烟分区一般应遵守以下原则设置：

① 除敞开式汽车库、建筑面积小于 1000 m^2 的地下一层汽车库和修车库外，汽车库、修车库应设置排烟系统，并应划分防烟分区。

② 防烟分区的建筑面积不宜大于 2000 m^2，且防烟分区不应跨越防火分区。防烟分区可采用挡烟垂壁、隔墙或从顶棚下突出不小于 0.5 m 的梁划分。

2.1.4 防烟、排烟设施

2.1.4.1 设置防烟、排烟系统的必要性

现代化的高层民用建筑，装修、家具、陈设等采用可燃物较多，这些可燃物在燃烧过程中，由于热分解释放出大量的热量、光、燃烧气体和可见烟，同样要消耗大量的氧气。火灾时各种可燃物质燃烧产生的有毒气体种类如表 2-9 所列。

防烟排烟的概念

表 2-9　各种可燃物质燃烧产生的有毒气体

物质名称	燃烧时产生的有毒气体
木材、纸张	二氧化碳（CO_2）、一氧化碳（CO）
棉花、人造纤维	二氧化碳（CO_2）、一氧化碳（CO）
羊毛	二氧化碳（CO_2）、一氧化碳（CO）、硫化氢（H_2S）、氨（NH_3）、氯化氢（HCN）
聚四氟乙烯	二氧化碳（CO_2）、一氧化碳（CO）
聚苯乙烯	苯（C_6H_6）、甲苯（C_6H_6—CH_3）、二氧化碳（CO_2）、一氧化碳（CO）、乙醛（CH_3—CHO）
聚氯乙烯	二氧化碳（CO_2）、一氧化碳（CO）、氯化氢（HCl）、光气（$COCl_2$）、氯气（Cl_2）
尼龙	二氧化碳（CO_2）、一氧化碳（CO）、氨（NH_3）、氯化物（XCN）、乙醛（CO_3—CHO）
酚树脂	一氧化碳（CO）、氨（NH_3）、氯化物（XCN）
三聚氰胺-醛树脂	一氧化碳（CO）、氨（NH_3）、氯化物（XCN）
环氧树脂	二氧化碳（CO_2）、一氧化碳（CO）、丙醛（CH_3—CO—CH_3）、丙酮

火灾烟气会造成严重危害，主要有毒害性、减光性和恐怖性。对人体的危害可以概括为生理危害和心理危害。烟气的毒害性和减光性是生理危害，恐怖性则是心理危害。

火灾烟气的毒害主要是因燃烧产生的有毒气体所引起的窒息和对人体器官的刺激，以及高温作用。

据统计资料表明，由于一氧化碳中毒窒息死亡或被其他有毒烟气熏死者，一般占火灾总亡人数的 $40\%\sim50\%$，最高达 65% 以上；而被火烧死的人当中，多数是先中毒窒息晕倒后再被火烧死。据美国消防局统计，火灾死亡人数中 80% 的人是由于吸入毒气而致死。

（1）窒息作用。着火房间产生的一氧化碳的浓度因可燃物的性质、数量、堆放情况和房间开口条件的不同而有显著的差异，它主要取决于可燃物热分解反应和氧化反应的速度比。当室内的温度持续升高，可燃物的热分解速度加快，产生的游离碳增多；此时，如氧气供应不足，一氧化碳的浓度就会增高。一般着火房间的一氧化碳的浓度可达 $4\%\sim5\%$，最高可达 10% 左右。人员接触 1 小时一氧化碳的安全浓度为 $0.04\%\sim0.05\%$，对人员疏散而言，该浓度不应超过 0.2%。

建筑物内当火灾燃烧旺盛时，二氧化碳的浓度可达 $15\%\sim23\%$。一般人员接触 10% 左右浓度的二氧化碳，会引起头晕；严重者，会发生昏迷、呼吸困难，甚至处于大脑停滞状态，失去知觉。接触 20% 左右浓度的二氧化碳，人体的神经中枢系统出现麻痹，导致死亡。

火灾时，由于燃烧要消耗大量的氧气，使空气中的氧浓度显著下降，在燃烧旺盛时可降 $3\%\sim4\%$。一般空气中的氧含量降低到 15% 时，人的肌肉活动能力下降；低于 11% 时，人就会四肢无力、失去理智、痉挛、脸色发青；低于 6% 时，短时间内人就会死亡。

（2）刺激作用。火灾时可燃物热分解的产物中有一些气体对人体会产生较强的刺激作用，如氯化氢、氨气、氟化氢、二氧化硫、烟气和二氧化碳等。

（3）高温作用。建筑物内发生火灾，温度达到轰燃点后室内温度可达 500 ℃以上，甚至高达 800 ℃。高温也是导致火灾迅速蔓延扩大、火灾损失增大的主要原因。烟气还会影响人的视觉，降低视距，给人造成恐怖感，延误人员的疏散和灭火行动。

烟气的毒性和人体生理正常所允许的浓度和火灾疏散条件浓度，如表 2-10 所示。

表 2-10　各种有害气体的毒性及其许可浓度

毒性分类	气体名称	长期允许浓度	火灾疏散条件浓度
单纯窒息性	缺 O_2	—	$\not< 4\%$
	CO_2	5000	3%
化学窒息性	CO	50	2000
	HCN	10	200
	H_2S	10	

续表

毒性分类	气体名称	长期允许浓度	火灾疏散条件浓度
黏膜刺激性	HCl	5	1000
	NH$_3$	50	3000
	Cl$_2$	1	
	COCl$_2$	0.1	25
未注明的浓度单位为 ppm			

由此可见，在建筑中必要的位置设置防排烟系统对建筑的火灾防控和扑救、对保证人员的安全疏散起着重要的作用，防烟设计对保证建筑物内的人员安全和防止烟气的扩散十分重要。

2.1.4.2　建筑设置防排烟方式的分类

建筑中的防烟方式可采用机械加压送风的防烟方式和可开启外窗的自然排烟方式。

建筑中的排烟方式可采用机械排烟方式和可开启外窗的自然排烟方式。

2.1.4.3　防排烟设计的基本原则

防烟与排烟设计是在建筑平面设计中研究可能起火房间的烟气流动方向和人员疏散路线，通过不同的假设，找出最经济有效的防烟与排烟的设计方案和控制烟气的流动路线选用适当的防排烟设备，合理安排进风口、排烟口的位置，计算管道面积并确定管道的位置。

2.1.4.4　建筑防排烟的任务

（1）就地排烟通风降低烟气浓度：将火灾产生的烟气在着火房间就地及时排除，在需要部位适当补充人员逃生所需空气。

（2）防止烟气扩散：控制烟气流动方向，防止烟气扩散到疏散通道和减少向其他区域蔓延。

（3）保证人员安全疏散：保证疏散扑救用的防烟楼梯及消防电梯间内无烟，使着火层人员迅速疏散，为消防队员的灭火扑救创造有利条件。

2.1.4.5　需要设置防排烟的部位

（1）建筑的下列场所或部位应设置防烟设施：

① 防烟楼梯间及其前室；

② 消防电梯间前室或合用前室；

③ 避难走道的前室、避难层（间）。

建筑高度不大于 50 m 的公共建筑、厂房、仓库和建筑高度不大于 100 m 的住宅建筑，当其防烟楼梯间的前室或合用前室符合下列条件之一时，楼梯间可不设置防烟系统：

排烟设施管理
设置场所

① 前室或合用前室采用敞开的阳台、凹廊；

② 前室或合用前室具有两个及以上不同朝向的可开启外窗，且独点前室两个外窗面积分别不小于 2.0 m^2，合用前室两个外窗面积不小于 3.0 m^2。

（2）厂房或仓库的下列场所或部位应设置排烟设施：

① 人员或可燃物较多的丙类生产场所，丙类厂房内建筑面积大于 300 m^2 且经常有

人停留或可燃物较多的地上房间；

② 建筑面积大于 5000 m² 的丁类生产车间；

③ 占地面积大于 1000 m² 的丙类仓库；

④ 高度大于 32 m 的高层厂房（仓库）内长度大于 20 m 的疏散走道，其他厂房（仓库）内长度大于 40 m 的疏散走道。

（3）民用建筑的下列场所或部位应设置排烟设施：

① 设置在一、二、三层且房间建筑面积大于 100 m² 的歌舞娱乐放映游艺场所，设置在四层及以上楼层、地下或半地下的歌舞娱乐放映游艺场所；

② 中庭；

③ 公共建筑内建筑面积大于 100 m² 且经常有人停留的地上房间；

④ 公共建筑内建筑面积大于 300 m² 且可燃物较多的地上房间；

⑤ 建筑内长度大于 20 m 的疏散走道。

（4）地下或半地下建筑（室）、地上建筑内的无窗房间，当总建筑面积大于 200 m² 或一个房间建筑面积大于 50 m²，且经常有人停留或可燃物较多时，应设置排烟设施。

（5）除敞开式汽车库、建筑面积小于 1000 m² 的地下一层汽车库和修车库外，汽车库、修车库应设置排烟系统，并应划分防烟分区。

2.1.4.6　建筑防排烟的设计方法

建筑物内一个完整的防排烟工程的基本内容有：

（1）划分防烟分区；

（2）选择防排烟方式及控制方式；

（3）计算排烟风量、加压送风量、排烟补风量；

（4）布置排烟风口、送风口、补风口的位置及风管位置；

（5）计算风口及风管尺寸和排烟系统、加压送风系统、排烟补风系统的阻力；

（6）选择排烟系统、加压送风系统、排烟补风系统的风机及风口；

（7）设置防排烟系统的连锁控制；

（8）构成建筑整体防排烟系统；

（9）需要时进行消防性能化设计及分析。

防排烟系统构成

进行防排烟设计时，首先要了解清楚建筑物的防火分区，并且合理划分防烟分区。防烟分区应在同一防火分区内，其建筑面积不宜过大。然后，确定合理的防排烟方式，进一步选择合理的防排烟系统，继而确定送风道、排风道、排烟口、防火阀等位置。

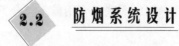

2.2　防烟系统设计

2.2.1　防烟方式选择

建筑防烟系统的设计应根据建筑高度、使用性质等因素，采用自

自然通风防烟方式（一）

然通风系统或机械加压送风系统。

2.2.1.1 防烟楼梯间及其前室、消防电梯前室和合用前室

当建筑物发生火灾时，疏散楼梯间是建筑物内部人员疏散的通道，前室、合用前室是消防队员进行火灾扑救的起始场所。因此，在火灾发生时，首要的就是控制烟气进入上述安全区域。对于高度较高的建筑，其自然通风效果受建筑本身的密闭性以及自然环境中风向、风压的影响较大，难以保证防烟效果，所以需要采用机械加压来保证防烟效果。所以，建筑高度大于 50 m 的公共建筑、工业建筑和建筑高度大于 100 m 的住宅建筑，其防烟楼梯间、独立前室、共用前室、合用前室及消防电梯前室应采用机械加压送风系统。

自然通风
防烟方式课件

对于建筑高度小于或等于 50 m 的公共建筑、工业建筑和建筑高度小于或等于100 m 的住宅建筑，由于这些建筑受风压作用影响较小，且一般不设火灾自动报警系统，利用建筑本身的采光通风也可基本起到防止烟气进一步进入安全区域的作用，因此建议防烟楼梯间、前室均采用自然通风方式的防烟系统，简便易行。当楼梯间、前室不能采用自然通风方式时，其设计应根据各自的通风条件，选用机械加压送风方式。考虑到安全性，共用前室与消防电梯前室合用时宜采用机械加压送风方式的防烟系统。防烟系统的选择，应符合下列规定：

（1）当采用全敞开的凹廊、阳台作为防烟楼梯间的前室、合用前室，或者防烟楼梯间前室、合用前室具有两个不同朝向的可开启外窗且独立前室两个外窗面积分别不小于 2 m² ，合用前室两个外窗面积分别不小于 3 m² 时，可以认为前室、合用前室自然通风性能优良，能及时排出从走道漏入前室、合用前室的烟气并可防止烟气进入防烟楼梯间，因此可以仅在前室设置防烟设施，楼梯间不设。

自然通风
防烟方式（二）

（2）在一些建筑中，楼梯间设有满足自然通风的可开启外窗，但其前室无外窗，要使烟气不进入防烟楼梯间，就必须对前室增设机械加压送风系统，并且对送风口的位置提出严格要求。将前室的机械加压送风口设置在前室的顶部，是为了形成有效阻隔烟气的风幕；而将送风口设在正对前室入口的墙面上，是为了形成正面阻挡烟气侵入前室的效果。此时，楼梯间可采用自然通风系统，当前室的加压送风口的设置不符合上述规定时，其楼梯间就必须设置机械加压送风系统。

自然通风
防烟方式（三）

（3）在建筑高度小于或等于 50 m 的公共建筑、工业建筑和建筑高度小于或等于 100 m 的住宅建筑中，在建筑布置时，可能会出现裙房高度以上部分利用可开启外窗进行自然通风，裙房高度范围内不具备自然通风条件的布局，为了保证防烟楼梯间下部的安全并且不影响其上部，对该高层建筑中不具备自然通风条件的前室、共用前室及合用前室，规定设置局部正压送风系统。其送风口的设置方式也应设置在前室的顶部或将送风口设在正对前室入口的墙面上。

自然通风
防烟方式（四）

2.2.1.2 封闭楼梯间

封闭楼梯间应采用自然通风系统，不能满足自然通风条件的封闭楼梯间，应设置机械加压送风系统。

对于设在地下、半地下建筑（室）的封闭楼梯间不与地上楼梯间共用，当其服务的地下室层数仅为 1 层且最底层地坪与室外地坪高差小于 10 m 时，为体现经济合理的建设要求，只要在其首层设置了直接开向室外的门或设有不小于 1.2 m² 的可开启外窗或直通室外的疏散门即可。

封闭楼梯间也是火灾时人员疏散的通道，当楼梯间没有设置可开启外窗时或开窗面积达不到标准规定的面积（即不能满足自然通风条件）时，进入楼梯间的烟气就无法有效排除，影响人员疏散，这时就应在楼梯间设置机械加压送风进行防烟。

2.2.1.3 避难层及避难走道

避难层的防烟系统可根据建筑构造、设备布置等因素选择自然通风系统或机械加压送风系统。

避难走道多用作解决大型建筑中疏散距离过长，或难以按照标准要求设置直通室外的安全出口等问题。疏散时人员只要进入避难走道，就视作进入相对安全的区域。为了严防烟气侵袭避难走道，需要在前室和避难走道分别设置机械加压送风系统。但下列情况可仅在前室设置机械加压送风系统：

（1）避难走道一端设置安全出口，且总长度小于 30 m；

（2）避难走道两端设置安全出口，且总长度小于 60 m。

2.2.2 自然通风防烟方式

2.2.2.1 可开启外窗或开口的面积

（1）封闭楼梯间、防烟楼梯间

采用自然通风方式的封闭楼梯间、防烟楼梯间，一旦有烟气进入楼梯间如不能及时排出，将会给上部人员疏散和消防扑救进攻带来很大的危险。为了防止烟气的积聚，以保证楼梯间有较好的疏散和救援条件，根据烟气流动规律，应在最高部位设置面积不小于 1 m² 的可开启外窗或开口；当建筑高度大于 10 m 时，应在楼梯间的外墙上每 5 层内设置总面积不小于 2 m² 的可开启外窗或开口，且布置间隔不大于 3 层。

（2）前室

前室采用自然通风方式时，独立前室、消防电梯前室可开启外窗或开口的面积不应小于 2 m²，共用前室、合用前室不应小于 3 m²。

（3）避难层（间）

发生火灾时，避难层（间）是楼内人员尤其是行动不便者暂时避难、等待救援的安全场所，必须有较好的安全条件。为了保证排烟效果和满足避难人员的新风需求，采用自然通风方式的避难层（间）应设有不同朝向的可开启外窗，其有效面积不应小于该避难层（间）地面面积的 2%，且每个朝向的面积不应小于 2 m²。

2.2.2.2 可开启外窗的开启

可开启外窗应方便直接开启，设置在高处不便于直接开启的可开启外窗，应在距地面高度为 1.3～1.5 m 的位置设置手动开启装置。

机械加压防烟
方式课件

2.2.3 机械加压送风防烟方式

2.2.3.1 机械加压送风设施

（1）系统分段

建筑高度超过 100 m 的建筑，其加压送风的防烟系统对人员疏散至关重要，如果不分段可能造成局部压力过高，给人员疏散造成障碍；或局部压力过低，不能起到防烟作用。因此，要求建筑高度大于 100 m 时，其机械加压送风系统应竖向分段独立设置，且加压送风系统的服务区每段高度不应超过 100 m。

采用机械加压送风系统的防烟楼梯间及其前室应分别设置送风井（管）道、送风口（阀）和送风机。

（2）加压送风系统设置

① 防烟楼梯间及其前室

采用机械加压送风系统的防烟楼梯间及其前室应分别设置送风井（管）道、送风口（阀）和送风机。

② 楼梯间的地上部分与地下部分

当地下、半地下与地上的楼梯间在同一个位置布置时，由于现行国家标准《建筑设计防火规范》（GB 50016—2014（2018 年版））要求在首层必须采取防火分隔措施，因此实际上就是两个楼梯间，因此应分别独立设置加压送风系统。

但当受建筑条件限制，且地下部分为汽车库或设备用房时，这两个楼梯间可合用加压送风系统，但要分别计算地下、地上楼梯间加压送风量，合用加压送风系统风量应为地下、地上楼梯间加压送风量之和。通常在计算地下楼梯间加压送风量时，开启门的数量取 1。在设计时还要注意采取有效的技术措施来解决超压的问题。

（3）直灌式送风

机械加压防烟
方式（一）

直灌式送风是采用安装在建筑顶部或底部的风机，不通过风道（管），直接向楼梯间送风的一种防烟形式。经试验证明，直灌式加压送风方式是一种较适用的替代不具备条件采用金属（非金属）井道时的加压送风方式。因此，当建筑高度小于或等于 50 m，在确实没有条件设置送风井道时，楼梯间可采用直灌式送风。但是，为了有利于压力均衡，建筑高度大于 32 m 的高层建筑，应采用楼梯间两点送风的方式，送风口之间距离不宜小于建筑高度的 1/2；同时为了弥补漏风，直灌式送风机的送风量应按计算值或《建筑防烟排烟系统技术标准》（GB 51251—2017）风管式加压送风方式的送风量增加 20%。另外，直灌式送风通常是直接将送风机设置在楼梯间的顶部，也有设置在楼梯间附近的设备平台上或其他楼层，送风口直对楼梯间，由于楼梯间通往安全区域的疏散门（包括一层、避难层、屋顶通往安全区域的疏散门）开启的概率最大，加压送风口应远离这些楼层，避免大量的送风从这些楼层的门洞泄漏，导致楼梯间的压力分布均匀性差。

（4）机械加压送风风机

由于机械加压送风系统的风压通常在中、低压范围，机械加压送风风机宜采用轴流风机或中、低压离心风机。

机械加压送风系统是火灾时保证人员快速疏散的必要条件。除了保证该系统能正常运行外，还必须保证它所输送的是能使人正常呼吸的空气。因此，加压送风机的进风必须是室外不受火灾和烟气污染的空气。一般应将进风口设在排烟口下方，并保持一定的高度差；必须设在同一层面时，应保持两风口边缘间的相对距离，或设在不同朝向的墙面上，并应将进风口设在该地区主导风向的上风侧。进风管道宜单独设置，不宜与平时通风系统的进风管道合用。

由于烟气自然向上扩散的特性，为了避免从取风口吸入烟气，宜将加压送风机的进风口布置在建筑下部。从国内发生过火灾的建筑的灾后检查中发现，有些建筑将加压送风机布置在顶层屋面上，发生火灾时整个建筑被烟气笼罩，加压送风机送往防烟楼梯间、前室的不是清洁空气，而是烟气，严重威胁人员疏散安全。当受条件限制必须在建筑上部布置加压送风机时，应采取措施防止加压送风机进风口烟气影响。同时，为保证加压送风机不因受风、雨、异物等侵蚀损坏，在火灾时能可靠运行，送风机应放置在专用机房内。

（5）加压送风口

保持楼梯间全高度内风压均衡一致最有效的手段就是多点送风，因此楼梯间宜每隔2～3层设置一个常开式百叶加压送风口。当楼梯间为剪刀楼梯形式时，一定要注意一般是隔一层为同一楼梯间，而其上下层为另一个楼梯间的构造特点，对公共建筑，必须在各自的楼梯间内形成送风系统，既不可以合用，也不允许交错，更不要出现送风口都集中到一个楼梯间内的错误设置情况。

在一些工程的检测中发现，由于加压送风口位置设置不当，不但会削弱加压送风系统的防烟作用，有时甚至会导致烟气的逆向流动，阻碍了人员的疏散活动。如图 2-6 所示，加压送风口的位置设在前室进入口的背后，火灾时，疏散的人群会将门推开，推开的门扇将前室的送风口挡住，影响正常送风，也就降低了前室的防烟效果。

国外建筑中，当前室采用带启闭信号的常闭防火门时，会将前室送风口设置为常开加压送风口。鉴于目前国内带启闭信号防火门产品质量及管理制度不尽完善，因此出于安全考虑，前室的送风口应每层设一个常闭式加压送风口，并应设手动开启装置。加压送风口的风速不宜大于 7 m/s。

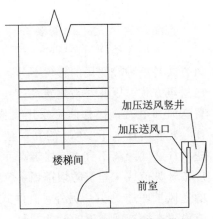

图 2-6　挡住加压送风口的疏散门

（6）送风管道和管道井

由于混凝土制作的风道，风量沿程损耗较大易导致机械防烟系统失效，因此，机械加压送风系统应采用管道送风，而不应采用土建风道。送风管道应采用不燃材料制作且内壁应光滑。当送风管道内壁为金属时，设计风速不应大于 20 m/s；当送风管道内壁为非金属时，设计风速不应大于 15 m/s。送风管道的厚度应符合现行国家标准《通风与空调工程施工质量验收规范》（GB 50243—2016）的规定。

为使整个加压送风系统在火灾时能发挥正常的防烟功能，除了进风口和风机不能受火焰和烟气的威胁外，还应保证其风道的完整性和密闭性。常用的加压风道是采用钢板制作的，在燃烧的火焰中，它很容易变形和损坏，因此要求送风管道设置在管道井内，并不应与其他管道合用管道井。未设置在管道井内或与其他管道合用管道井的送风管道，在发生火灾时从管道外部受到烟火侵袭的概率高，因此未设置在独立管道井内的加压风管的耐火极限要求为：竖向设置的送风管道，未设置在管道井内或与其他管道合用管道井时，其耐火极限不应低于 1.00 h；水平设置的送风管道，当设置在吊顶内时，其耐火极限不应低于 0.50 h，当未设置在吊顶内时，其耐火极限不应低于 1.00 h。

机械加压送风系统的管道井应采用耐火极限不低于 1.00 h 的隔墙与相邻部位分隔，当墙上必须设置检修门时应采用乙级防火门。

（7）可开启外窗

在机械加压送风的部位设置外窗时，往往因为外窗的开启而使空气大量外泄，保证不了送风部位的正压值或门洞风速，从而造成防烟系统失效。因此，采用机械加压送风的场所不应设置百叶窗，且不宜设置可开启外窗。

通过对多起火灾案例的实际研究后发现：为给灭火救援提供一个较好的条件，保障救援人员生命安全、不延误灭火救援时机，应在楼梯间的顶部设置可破拆的固定窗以便及时排出火灾烟气及热量。也就是说，设置机械加压送风系统的封闭楼梯间、防烟楼梯间，应在其顶部设置不小于 1 m² 的固定窗。另外，靠外墙的防烟楼梯间，尚应在其外墙上每 5 层内设置总面积不小于 2 m² 的固定窗。

（8）余压阀

为了阻挡烟气进入楼梯间，要求在加压送风时，机械加压送风量应满足走廊至前室至楼梯间的压力呈递增分布，即防烟楼梯间的空气压力大于前室的空气压力，而前室的空气压力大于走道的空气压力。为了防止楼梯间和前室之间、前室和室内走道之间防火门两侧压差过大而导致防火门无法正常开启，影响人员疏散和消防人员施救，系统余压值应符合下列规定：

① 前室、封闭避难层（间）与走道之间的压差应为 25～30 Pa。

② 楼梯间与走道之间的压差应为 40～50 Pa。

③ 当系统余压值超过最大允许压力差时应采取泄压措施。对于楼梯间及前室等空间，一方面，由于加压送风作用力的方向与疏散门开启方向相反，如果压力过高，将造成疏散门开启困难，影响人员安全疏散；另一方面，疏散门开启所克服的最大压力差应大于前室或楼梯间的设计压力值，否则不能满足防烟的需要。疏散门的最大允许压力差应按公式（2-2）、公式（2-3）计算确定：

$$P = 2(F' - F_{dc})(W_m - d_m)/(W_m \times A_m) \tag{2-2}$$

$$F_{dc} = M/(W_m - d_m) \tag{2-3}$$

式中：P——疏散门的最大允许压力差，Pa；

F'——门的总推力，N（一般取 110 N）；

F_{dc}——门把手处克服闭门器所需的力，N；

W_m——单扇门的宽度，m；

A_m——门的面积，m²；

d_m——门的把手到门闩的距离，m；

M——闭门器的开启力矩，N·m。

根据现行行业标准《防火门闭门器》（GA 93—2004），防火门闭门器规格见表 2-11。防火门开启示意见图 2-7。

表 2-11　防火门闭门器规格

规格代号	开启力矩/ (N·m)	关闭力矩/ (N·m)	适用门扇质量/ mm	适用门扇最大宽度/ mm
2	≤25	≥10	25～45	830
3	≤45	≥15	40～65	930
4	≤80	≥25	60～85	1030
5	≤100	≥35	80～120	1130
6	≤120	≥45	110～150	1330

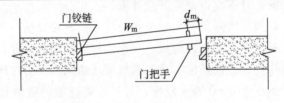

图 2-7　防火门开启示意图

举例：门宽 1 m、高 2 m，闭门器开启力矩为 60 N·m，门把手到门闩的距离为 6 cm。

门把手处克服闭门器所需的力：$F_{dc}=60/(1-0.06)=64(N)$；

最大压力差：$P=2\times(110-64)(1-0.06)/(1\times2)=43(Pa)$；

从上面的计算结果可见，在 110 N 的力量下推门时，能克服门两侧的最大压力差为 43 Pa。当前室或楼梯间正压送风时，这样的开启力能够克服设计压力值，保证门在正压送风的情况下能够开启；如果计算最大压力差小于设计压力值，则应调整闭门器力矩重新计算。

2.2.3.2　机械加压送风系统风量计算

（1）计算风量

防烟楼梯间、独立前室、共用前室、合用前室和消防电梯前室的机械加压送风的计算风量应计算确定。

① 封闭避难层（间）、避难走道的机械加压送风量

当发生火灾时，为了阻止烟气侵入，对封闭式避难层（间）设置机械加压送风系统，不但可以保证避难层内一定的正压值，也可为避难人员的呼吸提供必需的室外新鲜空气。

《建筑防烟排烟系统技术标准》（GB 51251—2017）规定：封闭避难层（间）、避难走道的机械加压送风量应按避难层（间）、避难走道的净面积每平方米不少于 30 m³/h 计算。这是参考现行国家标准《人民防空地下室设计规范》（GB 50038—2005）中二等人员掩蔽所时，室内人员战时清洁通风的新风量取值，即每人每小时大于等于 5 m³，取 6 m³/（P·h），以及按每平方米可容纳 5 人计算。

《建筑防烟排烟系统技术标准》（GB 51251—2017）规定：避难走道前室的送风量应按直接开向前室的疏散门的总断面积乘以 1 m/s 门洞断面风速计算。这是参考现行国家标准《人民防空工程设计防火规范》（GB 50098—2009）而规定的：避难走道的前室机械加压送风量应按前室入口门洞风速 0.7～1.2 m/s 计算确定。

② 楼梯间或前室的机械加压送风量

正压送风系统的设置目的是开启着火层疏散通道时要相对保持该门洞处的风速以及能够保持疏散通道内有一定的正压值。通过工程实测得知，加压送风系统的风量仅按保持该区域门洞处的风速进行计算是不够的。这是因为门洞开启时，虽然加压送风开门区域中的压力会下降，但远离门洞开启楼层的加压送风区域或管井仍具有一定的压力，存在着门缝、阀门和管道的渗漏风，使实际开启门洞风速达不到设计要求。因此机械加压送风系统送风机的送风量应按门开启时，规定风速值所需的送风量和其他门漏风总量以及未开启常闭送风阀漏风总量之和计算。要说明的是，对于楼梯间来说，其开启门是指前室通向楼梯间的门；对于前室，是指走廊或房间通向前室的门。

对于楼梯间、常开风口，按照楼层的设计开启门数时，其门洞达到规定风速值所需的送风量和其他门漏风总量之和计算。对于前室、常闭风口，按照其门洞达到规定风速值所需的送风量以及未开启常闭送风阀漏风总量之和计算。具体应按公式（2-4）～（2-8）计算：

$$L_j = L_1 + L_2 \tag{2-4}$$

$$L_s = L_1 + L_3 \tag{2-5}$$

式中：L_j——楼梯间的机械加压送风量；

L_s——前室的机械加压送风量；

L_1——门开启时，达到规定风速值所需的送风量，m³/s；

L_2——门开启时，规定风速值下，其他门缝漏风总量，m³/s；

L_3——未开启的常闭送风阀的漏风总量，m³/s。

$$L_1 = A_k v N_1 \tag{2-6}$$

式中：A_k——一层内开启门的截面面积，m²。

N_1——设计疏散门开启的楼层数量。楼梯间：采用常开风口，当地上楼梯间为 24 m 以下时，设计 2 层内的疏散门开启，取 $N_1 = 2$；当地上楼梯间为 24 m 及以上时，设计 3 层内的疏散门开启，取 $N_1 = 3$；当为地下楼梯间时，设计 1 层内的疏散门开启，取 $N_1 = 1$。前室：采用常闭风口，计算风量时取 $N_1 = 3$。

v——门洞断面风速，m/s。当楼梯间和独立前室、共用前室、合用前室均机械加压送风时，通向楼梯间和独立前室、共用前室、合用前室疏散门的门洞断面风速均不应小于 0.7 m/s；当楼梯间机械加压送风、只有一个开启门的独立前室不送风时，通向楼梯间疏散门的门洞断面风速不应小于 1 m/s；当消防电梯前室机械加压送风时，通向消防电梯前室门的门洞断面风速不应小于 1 m/s；当独立前室、共用前室或合用前室机械加压送风而楼梯间采用可开启外窗的自然通风系统时，通向独立前室、共用前室或合用前室疏散门的门洞风速不应小于 $0.6（A_1/A_g+1）$（m/s），其中 A_1 为楼梯间疏散门的总面积（m^2）；A_g 为前室疏散门的总面积（m^2）。

门开启时，规定风速值下的其他门漏风总量应按下式计算：

$$L_2=0.827×A×\Delta P^{\frac{1}{n}}×1.25×N_2 \tag{2-7}$$

式中：A——每个疏散门的有效漏风面积，m^2；疏散门的门缝宽度取 0.002～0.004 m。

ΔP——计算漏风量的平均压力差，Pa；当开启门洞处风速为 0.7 m/s 时，$\Delta P=$ 6 Pa；当开启门洞处风速为 1 m/s 时，取 $\Delta P=12$ Pa；当开启门洞处风速为 1.2 m/s 时，取 $\Delta P=17$ Pa。

n——指数（一般取 $n=2$）。

1.25——不严密处附加系数。

N_2——漏风疏散门的数量，楼梯间采用常开风口，取 $N_2=$ 加压楼梯间的总门数$-N_1$ 楼层数上的总门数。

未开启的常闭送风阀的漏风总量应按下式计算：

$$L_3=0.083×A_fN_3 \tag{2-8}$$

式中：0.083——阀门单位面积的漏风量，$m^3/$（$s·m^2$）；

A_f——单个送风阀门的面积，m^2；

N_3——漏风阀门的数量：前室采用常闭风口取 $N_3=$ 楼层数-3。

一般情况下，经计算后楼梯间窗缝或合用前室电梯门缝的漏风量对总送风量的影响很小，在工程的允许范围内可以忽略不计。因为消防电梯前室使用时，仅仅是使用层消防电梯门开启时的漏风量，其他楼层只有常闭阀的漏风量，而实际上计算风量公式中已经考虑了这部分消防电梯门缝隙的漏风量。

当系统负担建筑高度大于 24 m 时，防烟楼梯间、独立前室、合用前室和消防电梯前室应按计算公式（2-4）～公式（2-8）所得的计算值与表 2-12～表 2-15 的值中的较大值确定。

表 2-12　消防电梯前室加压送风的计算风量

系统负担高度 h/m	加压送风量/（m^3/h）
24＜h≤50	35400～36900
50＜h≤100	37100～40200

表 2-13　楼梯间自然通风，独立前室、合用前室加压送风的计算风量

系统负担高度 h/m	加压送风量/（m^3/h）
24＜h≤50	42400～44700
50＜h≤100	45000～48600

表 2-14 前室不送风，封闭楼梯间、防烟楼梯间加压送风的计算风量

系统负担高度 h/m	加压送风量/（m^3/h）
$24 < h \leqslant 50$	36100～39200
$50 < h \leqslant 100$	39600～45800

表 2-15 防烟楼梯间及独立前室、合用前室分别加压送风的计算风量

系统负担高度 h/m	送风部位	加压送风量/（m^3/h）
$24 < h \leqslant 50$	楼梯间	25300～27500
	独立前室、合用前室	24800～25800
$50 < h \leqslant 100$	楼梯间	27800～32200
	独立前室、合用前室	26000～28100

注：① 表 2-12～表 2-15 的风量按开启 1 个 2.0 m×1.6 m 的双扇门确定。当采用单扇门时，其风量可乘以系数 0.75 计算。
② 表中风量按开启着火层及其上下层，共开启三层的风量计算。
③ 表中风量的选取应按建筑高度或层数、风道材料、防火门漏风量等因素综合确定。

表 2-12～表 2-15 中给出的风量参考取值，在工程选用中应用数学的线性插值法取值，还要注意根据表注的要求进行风量的调整。这些设置条件除了表注的内容外，还需注意：楼梯间设置了一樘疏散门，而独立前室、消防电梯前室或合用前室也都是只设置了一樘疏散门；楼梯间疏散门的开启面积和与之配套的前室的疏散门的开启面积应基本相当。一般情况下，这两道疏散门宽度与人员疏散数量有关，建筑设计都会采用相同宽度的设计方法，所以这两者的面积是基本相当的。因此在应用这几个表的风量数据时，需符合这些条件要求，若不符合应通过计算确定。对于剪刀楼梯间和共用前室的情况，它们疏散门的配置数量与面积往往会比较复杂，不能用简单的表格风量选用解决设计问题，所以没有相应的加压风量表，而应采用计算方法进行。

（2）设计风量

考虑实际工程中由于风管（道）的漏风与风机制造标准中允许风量的偏差等各种风量损耗的影响，为保证机械加压送风系统效能，选用风机时的设计风量应至少为计算风量的 1.2 倍。但风管和加压送风口的尺寸大小仍可按计算风量与规定风速计算确定。

【例 2-1】 某商务大厦办公防烟楼梯间 16 层、高 48 m，每层楼梯间至合用前室的门为双扇 1.6 m×2.0 m，楼梯间的送风口均为常开风口；合用前室至走道的门为双扇 1.6 m×2.0 m，合用前室的送风口为常闭风口，火灾时开启着火层合用前室的送风口。火灾时楼梯间压力为 50 Pa，合用前室为 25 Pa。分别计算楼梯间和合用前室机械加压送风量。

【解】 Ⅰ．楼梯间机械加压送风量计算

对于楼梯间，开启着火层楼梯间疏散门时为保持门洞处风速所需的送风量 L_1 确定：

每层开启门的总断面积：$A_k = 1.6 \times 2.0 = 3.2（m^2）$；门洞断面风速 v 取 0.7 m/s；常开风口，开启门的数量 $N_1 = 3$；则

$$L_1 = A_k v N_1 = 3.2 \times 0.7 \times 3 = 6.72（m^3/s）$$

保持加压部位一定的正压值所需的送风量 L_2 确定：

取门缝宽度为 0.004 m，每层疏散门的有效漏风面积：$A=(1.6+2.0)\times 2\times 0.004+0.004\times 2=0.0368(\text{m}^2)$；门开启时的压力差 $\Delta P=6\ \text{Pa}$；漏风门的数量 $N_2=13$；则

$$L_2=0.827\times A\times \Delta P^{\frac{1}{n}}\times 1.25\times N_2=0.0827\times 0.0368\times 6^{\frac{1}{2}}\times 1.25\times 13=1.21(\text{m}^3/\text{s})$$

楼梯间的机械加压送风量：

$$L_j=L_1+L_2=6.72+1.21=7.93\ \text{m}^3/\text{s}=28548(\text{m}^3/\text{h})$$

设计风量不应小于计算风量的 1.2 倍，因此设计风量不小于 $28548\times 1.2=34257.6(\text{m}^3/\text{h})$。

Ⅱ. 合用前室机械加压送风量计算

对于合用前室，开启着火层楼梯间疏散门时，为保持走廊开向前室门洞处风速所需的送风量 L_1 确定：

每层开启门的总断面积：$A_k=1.6\times 2.0=3.2$（m^2）；门洞断面风速 v 取 0.7 m/s；常闭风口，开启门的数量 $N_1=3$；则

$$L_1=A_k v N_1=3.2\times 0.7\times 3=6.72(\text{m}^3/\text{s})$$

送风阀门的总漏风量 L_3 确定：

常闭风口，漏风阀门的数量 $N_3=13$；假设每层送风阀门规格为 630 mm×800 mm，则其面积为 $A_f=0.63\times 0.8=0.50\ \text{m}^2$；则

$$L_3=0.083\times A_f N_3=0.083\times 0.504\times 13=0.54(\text{m}^3/\text{s})$$

当楼梯间至合用前室的门和合用前室至走道的门同时开启时，机械加压送风量为

$$L_s=L_1+L_3=6.72+0.54=7.26\ \text{m}^3/\text{s}=26136(\text{m}^3/\text{h})$$

着火时开启加压送风口的数量 $N_1=3$，加压送风口风速取 7 m/s，风口有效断面系数取 $K=0.8$，根据合用前室的计算风量计算单个加压送风口的最小面积为

$$A_{f\min}=\frac{L_s}{3600 v N_1 K}=\frac{26136}{3600\times 7\times 3\times 0.8}=0.43\ \text{m}^2 > 0.50\ \text{m}^2\text{（假设）}$$

假设每层送风阀门规格为 630 mm×800 mm 是合理的，设计风量不应小于计算风量的 1.2 倍，因此设计风量是 $26136\times 1.2=31363$（m^3/h）。

 ## 2.3　排烟系统设计

机械排烟
系统（一）

排烟系统设计时，应遵循以下规定：

（1）建筑排烟系统的设计应考虑建筑的使用性质、平面布局等因素。多层建筑比较简单，受外部条件影响较少，优先采用自然通风方式较多。高层建筑受自然条件（如室外风速、风压、风向等）的影响会较大，一般采用机械方式较多。

（2）考虑到自然排烟方式和机械排烟方式两种方式相互之间对气流的干扰，影响排烟效果，尤其是在排烟时，自然排烟口还可能会在机械排烟系统动作后变成进风口，使其失去排烟作用。因此，同一个防烟分区应采用同一种排烟方式。

（3）建筑的中庭、与中庭相连通的回廊及周围场所的排烟系统的设计应符合下列规定：① 对于无回廊的中庭，与中庭相连的使用房间空间应优先采用机械排烟方式，强化排烟措施。② 对于有回廊的中庭，首先中庭与回廊及各使用房间之间应作为不同防烟分区处理，当中庭与周围场所未采用防火隔墙、防火玻璃隔墙、防火卷帘时，中庭与周围场所之间应设置挡烟垂壁。③ 与回廊相连的各层房间空间和回廊应按第 2.3.1.2 节和 2.3.2.2 节中的要求设排烟装置；火灾时首先应将着火点所在的防烟分区内的烟气排出。当周围场所各房间均设置排烟设施时，回廊可不设，但商店建筑的回廊应设置排烟设施；当使用房间面积较小、房间内没有排烟装置时，其回廊必须设置机械排烟装置，使房间内火灾产生的烟气可以溢至回廊排出。中庭及其周围场所和回廊什么时候设置自然排烟系统或机械排烟系统，是根据建筑结构和产生的烟的质量来综合考虑的。当产生的烟气在中庭中可能出现"层化"现象时，就应设机械排烟并合理设置排烟口；当烟气不会出现"层化"现象时，就可采用自然排烟。

（4）在大型公共建筑（商业、展览等）、工业厂房（仓库）等建筑中，因为建筑的使用功能需求而存在大量的无窗房间。在近几年的多起火灾案例中反映出仅设置机械排烟系统不能满足火灾中排烟排热的需求。为了在火灾初期既不影响机械排烟，又能在火灾规模较大后及时地排出烟和热，因此，下列地上建筑或部位当设置机械排烟系统时，要求在外墙或屋顶加设可破拆的固定窗。

① 任一层建筑面积大于 2500 m² 的丙类厂房（仓库）；

② 任一层建筑面积大于 3000 m² 的商店建筑、展览建筑及类似功能的公共建筑；

③ 总建筑面积大于 1000 m² 的歌舞、娱乐、放映、游艺场所；

④ 商店建筑、展览建筑及类似功能的公共建筑中长度大于 60 m 的走道；

⑤ 靠外墙或贯通至建筑屋顶的中庭。

固定窗的设置既可为人员疏散提供安全环境，又可在排烟过程中导出热量，防止建筑物在高温下出现倒塌等恶劣情况，并为消防队员扑救时提供较好的内攻条件。

此外，在一些工业建筑中，人员较少但可燃物多、火灾热释放速率大，可采用可熔性采光带（窗）替代作固定窗进行排烟。但应注意保证可熔材料在平时环境中不会熔化，且火灾时熔化后熔滴物不会引燃其他可燃物。

还需要注意的是，在设计时，固定窗不能作为火灾初期保证人员安全疏散的排烟窗。

2.3.1 自然通风排烟方式

采用自然排烟系统的场所应设置自然排烟窗（口）。

2.3.1.1 自然排烟窗（口）开启的有效面积计算

可开启外窗的形式有上悬窗、中悬窗、下悬窗、平推窗和平开窗等，如图 2-8 所示。在设计时，必须将这些作为排烟使用的窗设置在储烟仓内。在计算自然排烟窗（口）开启的有效面积时，侧拉窗按实际拉开后的开启面积计算，其他形式的窗按其开启投影面积计算，可用式（2-9）计算：

$$F_p = F_c \cdot \sin \alpha \qquad (2-9)$$

式中：F_p——有效排烟面积，m^2；

F_c——窗的面积，m^2；

α——窗的开启角度。

另外，还应符合下列规定：

（1）当采用开窗角大于 70°的悬窗时，可认为已经基本开直，其面积应按窗的面积计算；当开窗角小于或等于 70°时，其面积应按窗最大开启时的水平投影面积计算；如果中悬窗的下开口部分不在储烟仓内，这部分的面积不能计入有效排烟面积之内。

（2）当采用开窗角大于 70°的平开窗时，其面积应按窗的面积计算；当开窗角小于或等于 70°时，其面积应按窗最大开启时的竖向投影面积计算。

（3）当采用推拉窗时，其面积应按最大开启时的垂直投影面积计算。

（4）当采用百叶窗时，窗的有效面积为窗的净面积乘以遮挡系数，根据工程实际经验，当采用防雨百叶时系数取 0.6，当采用一般百叶时系数取 0.8。

（5）当平推窗设置在顶部时，其面积可按窗的 1/2 周长与平推距离乘积计算，且不应大于窗面积。

（6）当平推窗设置在外墙时，其面积可按窗的 1/4 周长与平推距离乘积计算，且不应大于窗面积。

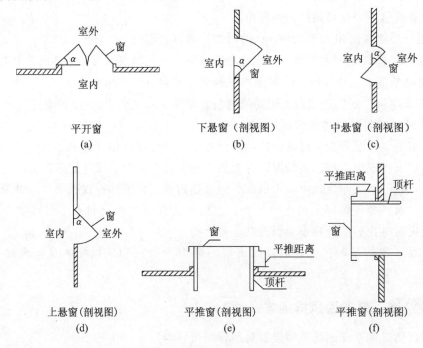

图 2-8　可开启外窗的示意图

2.3.1.2　自然排烟窗（口）的面积

防烟分区内自然排烟窗（口）的有效开窗面积应计算确定。

（1）中庭

① 中庭周围场所设有排烟系统。当采用自然排烟系统时，中庭排烟量按周围场所防烟分区中最大排烟量的 2 倍数值计算，且不应小于 107000 m^3/h；应按排烟量和自然

排烟窗（口）的风速不大于 0.5 m/s 计算有效开窗面积。

② 中庭周围场所不需设置排烟系统，仅在回廊设置排烟系统。当采用自然排烟系统时，应按排烟量 40000 m³/h 和自然排烟窗（口）的风速不大于 0.4 m/s 计算有效开窗面积。

（2）除中庭外的下列场所

① 建筑空间净高小于或等于 6 m 的场所。当采用自然排烟方式时，有效面积不小于该房间建筑面积 2% 的自然排烟窗（口）。

② 公共建筑、工业建筑中空间净高大于 6 m 的场所。当采用自然排烟方式时，储烟仓厚度应大于房间净高的 20%；自然排烟窗（口）面积＝计算排烟量/自然排烟窗（口）处风速；当采用顶开窗排烟时，其自然排烟窗（口）的风速可按侧窗口部风速的 1.4 倍计，见表 2-16。

表 2-16　公共建筑、工业建筑中空间净高大于 6 m 场所的计算排烟量及自然排烟侧窗（口）部风速

空间净高/m	办公室、学校（×10⁴ m³/h）		商店、展览厅（×10⁴ m³/h）		厂房、其他公共建筑（×10⁴ m³/h）		仓库（×10⁴ m³/h）	
	无喷淋	有喷淋	无喷淋	有喷淋	无喷淋	有喷淋	无喷淋	有喷淋
6.0	12.2	5.2	17.6	7.8	15.0	7.0	30.1	9.3
7.0	13.9	6.3	19.6	9.1	16.8	8.2	32.8	10.8
8.0	15.8	7.4	21.8	10.6	18.9	9.6	35.4	12.4
9.0	17.8	8.7	24.2	12.2	21.1	11.1	38.5	14.2
自然排烟侧窗（口）部风速/（m/s）	0.94	0.64	1.06	0.78	1.01	0.74	1.26	0.84

注：建筑空间净高大于 9 m 的，按 9 m 取值；建筑空间净高位于表中两个高度之间的，按线性插值法取值；表中建筑空间净高为 6 m 处的各排烟量值为线性插值法的计算基准值。

③ 公共建筑仅需在走道或回廊设置排烟的场所。当采用自然排烟方式时，需在走道两端（侧）均设置面积不小于 2 m² 的自然排烟窗（口）且两侧自然排烟窗（口）的距离不应小于走道长度的 2/3。

④ 公共建筑房间内与走道或回廊均需设置排烟的场所。当采用自然排烟方式时，需设置有效面积不小于走道、回廊建筑面积 2% 的自然排烟窗（口）。

（3）其他场所

其他场所的排烟量或自然排烟窗（口）面积应按照烟羽流类型，根据火灾热释放速率、清晰高度、烟羽流质量流量及烟羽流温度等参数计算确定。

2.3.1.3　自然排烟窗（口）的设置位置

防烟分区内任一点与最近的自然排烟窗（口）之间的水平距离不应大于 30 m；当公共建筑空间净高大于或等于 6 m，且具有自然对流条件时，其水平距离不应大于 37.5 m。

火灾时烟气上升至建筑物顶部，并积聚在挡烟垂壁、梁等形成的储烟仓内。因此，用于自然排烟的可开启外窗或百叶窗必须开在排烟区域的顶部或外墙的储烟仓的高度内，并应符合下列规定：

（1）当设置在外墙上时，为了确保自然排烟效果，自然排烟窗（口）应在储烟仓以

内，如图 2-9 所示；但对于层高较低（如走道、室内空间净高不大于 3 m）的区域，排烟窗全部要求安装在储烟仓内会有困难，可允许自然排烟窗（口）设置在室内净高度的 1/2 以上，以保证有一定的清晰高度。

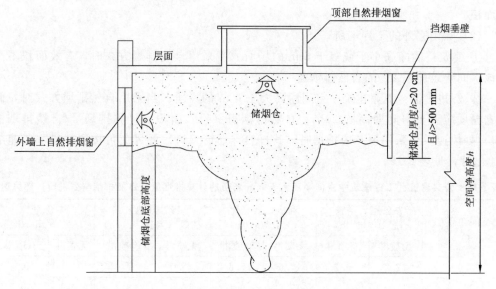

图 2-9　自然排烟方式时，储烟仓厚度要求示意图

（2）自然排烟窗（口）的开启形式应有利于火灾烟气的排出。一般来说，设置在外墙上的单开式自动排烟窗宜采用下悬外开式，设置在屋面上的自动排烟窗宜采用对开式或百叶式。

（3）当房间面积不大于 200 m² 时，自然排烟窗（口）的开启方向可不限。

（4）出于对排烟效果的考虑，应该均匀地布置顶窗、侧窗和开口，且每组的长度不宜大于 3 m，如图 2-10 所示。

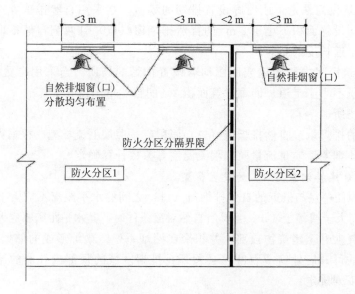

图 2-10　自然排烟窗（口）分散均匀布置示意图

（5）为了防止火势从防火墙的内转角或防火墙两侧的门窗洞口蔓延，要求门、窗之间应保持一定的距离。具体要求：设置在防火墙两侧的自然排烟窗（口）之间最近边缘的水平距离不应小于 2 m，如图 2-10 所示。

2.3.1.4　自然排烟窗（口）的开启装置

为了确保火灾时，即使在断电、联动和自动功能失效的状态仍然能够通过手动装置可靠开启自然排烟窗（口），以保证排烟效果，手动开启装置应设置在距地面 1.3～1.5 m 的高度，如图 2-11 所示。净空高度大于 9 m 的中庭、建筑面积大于 2000 m² 的营业厅、展览厅、多功能厅等场所，应设置集中手动开启装置和自动开启设施；当手动开启装置集中设置于一处确实困难时，可分区、分组集中设置，但应确保任意一个防烟分区内的所有自然排烟窗均能统一集中开启，且应设置在人员疏散口附近。

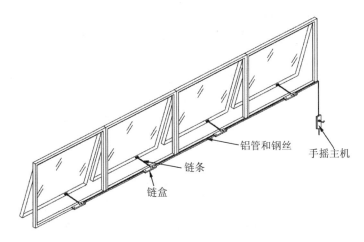

图 2-11　自然排烟窗（口）手动开启装置

2.3.2　机械排烟方式

2.3.2.1　机械排烟设施

为了防止火灾在不同防火分区蔓延，且有利于不同防火分区烟气的排出，当建筑的机械排烟系统沿水平方向布置时，每个防火分区的机械排烟系统应独立设置。机械排烟系统横向按每个防火分区设置独立系统，是指风机、风口、风管都独立设置。

机械排烟
系统课件

（1）排烟系统分段

建筑高度超过 100 m 的建筑是重要的建筑，一旦系统出现故障，容易造成大面积的失控，对建筑整体安全构成威胁。因此，为了提高系统的可靠性及时排出烟气，防止排烟系统因担负楼层数太多或竖向高度过高而失效，建筑高度超过 50 m 的公共建筑和建筑高度超过 100 m 的住宅，其排烟系统应竖向分段独立设置，且公共建筑每段高度不应超过 50 m，住宅建筑每段高度不应超过 100 m。

（2）通风空调系统与消防排烟系统合用

通风空调系统与消防排烟系统合用，通风空调系统的风口一般都是常开风口，为了确保排烟量，当按防烟分区进行排烟时，只有着火处防烟分区的排烟口才开启排烟，其他都要关闭，这就要求通风空调系统每个风口都要安装自动控制阀才能满足排烟要求。另外，通风空调系统与消防排烟系统合用，系统的漏风量大、风阀的控制复杂。因此排烟系统与通风空气调节系统宜分开设置。当排烟系统与通风、空调系统合用同一系统时，在控制方面应采取必要的措施，避免系统的误动作，且当排烟口打开时，每个排烟合用系统的管道上需联动关闭的通风和空气调节系统的控制阀门不应超过 10 个。系统中的设备包括风口、阀门、风道、风机都符合防火要求，风管的保温材料采用的是不燃材料。

（3）排烟风机

为了提高火灾时排烟系统的效能，并确保加压送风机和补风机的吸风口不受到烟气的威胁，以满足人员疏散和消防扑救的需要，排烟风机宜设置在排烟系统的最高处，烟气出口宜朝上，并应高于加压送风机和补风机的进风口，两者垂直距离或水平距离应符合第 2.2 节中的规定。

机械排烟
系统（二）

作为排烟风机应有一定的耐温要求，排烟风机应满足 280 ℃时连续工作 30 min 的要求，国内生产的普通中、低压离心风机或排烟专用轴流风机都能满足这一要求。另外，当排烟风道内烟气温度达到 280 ℃时，烟气中已带火，此时应停止排烟，否则烟火扩散到其他部位会造成新的危害。而仅关闭排烟风机不能阻止烟火通过管道的蔓延，因此排烟风机入口处应设置能自动关闭的排烟防火阀并连锁关闭排烟风机。

为保证排烟风机在排烟工作条件下，能正常连续运行 30 min，防止风机直接被火焰威胁，就必须有一个安全的空间（专用机房）放置排烟风机。当条件受到限制时，也应有防火保护；但由于排烟风机的电机主要是依靠所放置的空间进行散热，因此该空间的体积不能太小（风机两侧应有 600 mm 以上的空间），以便于散热和维修。当排烟风机与其他风机（包括空调处理机组等）合用机房时还应满足：机房内应设置自动喷水灭火系统；机房内不得设置用于机械加压送风的风机与管道。另外，由于排烟风机与排烟管道之间常需要做软连接，软连接处的耐火性能往往较差，为了保证在高温环境下排烟系统的正常运行，排烟风机与排烟管道的连接部件应能在 280 ℃时连续 30 min 保证其结构完整性。

（4）排烟管道

机械排烟系统应采用管道排烟，且不应采用土建风道。排烟管道是高温气流通过的管道，为了防止引发管道的燃烧，必须使用不燃管材。在工程实践中，管道的光滑度对系统的有效性起关键作用，因此排烟管道内壁应光滑。在设计时，不同材质的管道在不同风速下的风压等损失不同，为了更优化设计系统，选择合适的风机，所以规范中对不同材质管道的风速做出了相应规定：当排烟管道内壁为金属时，管道设计风速不应大于 20 m/s；当排烟管道内壁为非金属时，管道设计风速不应大于 15 m/s。

当排烟管道竖向穿越防火分区时，为了防止火焰烧坏排烟风管而蔓延到其他防火分区，竖向排烟管道应设在独立的管道井内；如果排烟管道未设置在管井内，或未设置排烟防火阀，一旦热烟气烧坏排烟管道，火灾的竖向蔓延非常迅速，而且竖向容易跨越多个防火分区，所造成的危害极大，因此与垂直风管连接的水平排烟风管上应设置 280 ℃ 排烟防火阀。对于已设置于独立井道内的排烟管道，为了防止其被火焰烧毁而垮塌，从而影响排烟效能，要求排烟管道耐火极限不应低于 0.50 h；且设置排烟管道的管道井也应采用耐火极限不小于 1.00 h 的隔墙与相邻区域分隔；当排烟井道墙上必须设置检修门时，应采用乙级防火门。

水平设置的排烟管道应设置在吊顶内，其耐火极限不应低于 0.50 h；当确有困难时，可直接设置在室内，但管道的耐火极限不应小于 1.00 h，以提高排烟的可靠性。

当排烟管道水平穿越两个及两个以上防火分区时，或者布置在走道的吊顶内时，为了防止火焰烧坏排烟风管而蔓延到其他防火分区，要求其排烟管道的耐火极限不应小于 1.00 h，但设备用房和汽车库的排烟管道耐火极限可不低于 0.50 h。

排烟管道布置示意见图 2-12。

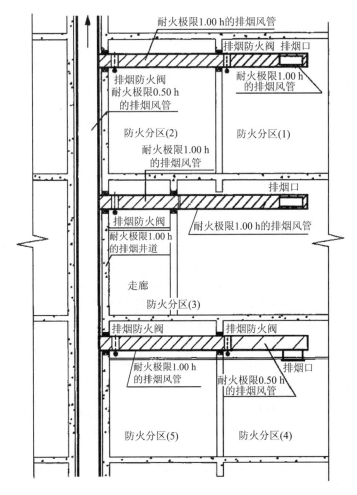

图 2-12　排烟管道布置示意图

为了防止排烟管道本身的高温引燃吊顶中的可燃物，当吊顶内有可燃物时，安装在吊顶内的排烟风管应使用不燃材料采取隔热措施，如在排烟风管外，包敷具有一定耐火极限的材料，并应与可燃物保持不小于 150 mm 的距离。

举例：隔热材料选用玻璃棉，计算环境温度 35 ℃，烟气温度 280 ℃，表面放热系数 8.141 W/（m²·K），计算结果见表 2-17。

表 2-17   隔热层厚度与外表面温度对应表

隔热层厚度/mm	62.3～65	31.56～35	19.7～20
隔热层外表面温度/℃	60	80	100

（5）排烟防火阀

排烟防火阀是指安装在机械排烟系统的管道上，平时呈开启状态，火灾时当排烟管道内烟气温度达到 280 ℃时关闭，并在一定时间内能满足漏烟量和耐火完整性要求，起隔烟阻火作用的阀门。一般由阀体、叶片、执行机构和温感器等部件组成，如图 2-13 所示。

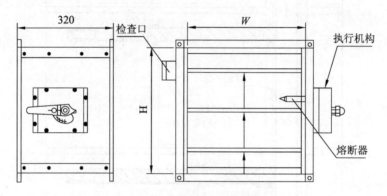

图 2-13   排烟防火阀的结构

排烟管道下列部位应设置排烟防火阀：

① 垂直风管与每层水平风管交接处的水平管段上；

② 一个排烟系统在负担多个防烟分区时，主排烟管道与连通防烟分区排烟支管处应设置排烟防火阀，以防止火灾通过排烟管道蔓延到其他区域；

③ 排烟风机入口处；

④ 穿越防火分区处。

（6）排烟口

排烟口的设置应按经计算确定，且防烟分区内任一点与最近的排烟口之间的水平距离不应大于 30 m。机械排烟系统排烟阀（口）的设置位置、设置高度、开启方式还应符合下列规定：

① 排烟口宜设置在顶棚或靠近顶棚的墙面上。因为当排烟口设置在储烟仓内或高位时，能将起火区域产生的烟气最有效、快速地排出，以利于安全疏散。

② 排烟口设置的位置如果不合理，可能严重影响排烟功效，造成烟气组织混乱，所以排烟口必须设置在储烟仓内；考虑到走道吊顶上方会有大量风道、水管、电缆桥架等的存在，当走道、室内空间净高不大于 3 m 时，在吊顶上布置排烟口有困难，可以将

排烟口布置在紧贴走道吊顶的侧墙上，但是走道内排烟口应设置在其净空高度的 1/2 以上，为了及时将积聚在吊顶下的烟气排除，防止排烟口吸入过多的冷空气，还要求排烟口最近的边缘与吊顶的距离不应大于 0.5 m。

③ 对于需要设置机械排烟系统的房间，当其建筑面积小于 50 m² 时，疏散路径较短，人员较易迅速逃离起火间，可以把控制走道烟层高度作为重点。此外，如在每个较小房间均设置排烟，则将有较多排烟管道敷设于狭小的走道空间内，无论在工程造价或施工难度上均不易实现。因而除特殊情况明确要求以外，对于建筑面积小于 50 m² 的房间，可通过走道排烟，排烟口仅设置在疏散走道。

④ 一般工程一个排烟机承担多个区域的排烟，为了保证对着火的区域排烟，非着火区域形成正压，所以要求只能打开着火区域的排烟口，其他区域的排烟口必须常闭。因此排烟阀（口）要设置与烟感探测器联锁的自动开启装置、由消防控制中心远距离控制的开启装置以及现场手动开启装置，除火灾时将排烟区域的排烟阀或排烟口打开外，平时需一直保持锁闭状态。

⑤ 为了确保人员的安全疏散，所以要求烟流方向与人员疏散方向宜相反布置。正因为烟气会不断从起火点涌来，所以在排烟口的周围始终聚集一团浓烟，如果排烟口的位置不避开安全出口，这团浓烟正好堵住安全出口，影响疏散人员识别安全出口位置，不利于人员的安全疏散。因此排烟口与附近安全出口相邻边缘之间的水平距离不应小于 1.5 m，这样在火灾疏散时，疏散人员跨过排烟口下面的烟团，在 1 m 的极限能见度的条件下，也能看清安全出口，安全逃生。

⑥ 排烟口风速不宜大于 10 m/s，过大会过多吸入周围空气，使排出的烟气中空气所占的比例增大，影响实际排烟量，且风管容易产生啸叫及震动等现象，并容易影响风管的结构完整及稳定性。

⑦ 每个排烟口的排烟量不应大于最大允许排烟量。当排烟口的排烟量大于最大允许排烟量时，排烟口下的烟气层被破坏，新鲜空气与烟气一起排出，导致有效排烟量的减少，同时也不利于排烟口的均匀设置。机械排烟系统中，单个排烟口的最大允许排烟量 V_{max} 宜按公式（2-10）计算，或按表 2-18 选取。

$$V_{max} = 4.16 \cdot \gamma \cdot d_b^{\frac{5}{2}} \left(\frac{T - T_0}{T_0} \right)^{\frac{1}{2}} \tag{2-10}$$

式中：V_{max}——排烟口最大允许排烟量，m³/s。

γ——排烟位置系数。

当风口中心点到最近墙体的距离 ≥2 倍的排烟口当量直径时，γ 取 1.0；

当风口中心点到最近墙体的距离 <2 倍的排烟口当量直径时，γ 取 0.5；

当吸入口位于墙体上时，γ 取 0.5。

d_b——排烟系统吸入口最低点之下烟气层厚度，m。

T—— 烟层的平均绝对温度，K。

T_0——环境的绝对温度，K。

表 2-18　排烟口最大允许排烟量　　　　　　　×10⁴ m³/h

热释速率/MW	烟层厚度/m	房间净高/m									
		2.5	3	3.5	4	4.5	5	6	7	8	9
1.5	0.5	0.24	0.22	0.20	0.18	0.17	0.15	—	—	—	—
	0.7	—	0.53	0.48	0.43	0.40	0.36	0.31	0.28	—	—
	1.0	—	1.38	1.24	1.12	1.02	0.93	0.80	0.70	1.63	0.56
	1.5	—	—	3.81	3.41	3.07	2.80	2.37	2.06	1.82	1.63
2.5	0.5	0.27	0.24	0.22	0.20	0.19	0.17	—	—	—	—
	0.7	—	0.59	0.53	0.49	0.45	0.42	0.36	0.32	—	—
	1.0	—	1.53	1.37	1.25	1.15	1.06	0.92	0.81	0.73	0.66
	1.5	—	—	4.22	3.78	3.45	3.17	2.72	2.38	2.11	1.91
3	0.5	0.28	0.25	0.23	0.21	0.20	0.18	—	—	—	—
	0.7	—	0.61	0.55	0.51	0.47	0.44	0.38	0.34	—	—
	1.0	—	1.59	1.42	1.30	1.20	1.11	0.97	0.85	0.77	0.70
	1.5	—	—	4.38	3.92	3.58	3.31	2.85	2.50	2.23	2.01
4	0.5	0.30	0.27	0.24	0.23	0.21	0.20	—	—	—	—
	0.7	—	0.64	0.58	0.54	0.50	0.47	0.41	0.37	—	—
	1.0	—	1.68	1.51	1.37	1.27	1.18	1.04	0.92	0.83	0.76
	1.5	—	—	4.64	4.15	3.79	3.51	3.05	2.69	2.41	2.18
6	0.5	0.32	0.29	0.26	0.24	0.23	0.22	—	—	—	—
	0.7	—	0.70	0.63	0.58	0.54	0.51	0.45	0.41	—	—
	1.0	—	1.83	1.63	1.49	1.38	1.29	1.14	1.03	0.93	0.85
	1.5	—	—	5.03	4.50	4.11	3.80	3.35	2.98	2.69	2.44
8	0.5	0.34	0.31	0.28	0.26	0.24	0.23	—	—	—	—
	0.7	—	0.74	0.67	0.62	0.58	0.54	0.48	0.44	—	—
	1.0	—	1.93	1.73	1.58	1.46	1.37	1.22	1.10	1.00	0.92
	1.5	—	—	5.33	4.77	4.35	4.03	3.55	3.19	2.89	2.64
10	0.5	0.36	0.32	0.29	0.27	0.25	0.24	—	—	—	—
	0.7	—	0.77	0.70	0.65	0.60	0.57	0.51	0.46	—	—
	1.0	—	2.02	1.81	1.65	1.53	1.43	1.28	1.16	1.06	0.97
	1.5	—	—	5.57	4.98	4.55	4.21	3.71	3.36	3.05	2.79

续表

热释速率/MW	烟层厚度/m	房间净高/m									
		2.5	3	3.5	4	4.5	5	6	7	8	9
20	0.5	0.41	0.37	0.34	0.31	0.29	0.27	—	—	—	—
	0.7	—	0.89	0.81	0.74	0.69	0.65	0.59	0.54	—	—
	1.0	—	2.32	2.08	1.90	1.76	1.64	1.47	1.34	1.24	1.15
	1.5	—	—	6.40	5.72	5.23	4.84	4.27	3.86	3.55	3.30

注：① 本表仅适用于排烟口设置于建筑空间顶部，且排烟口中心点至最近墙体的距离大于或等于 2 倍排烟口当量直径的情形；当小于 2 倍或排烟口设于侧墙时，应按表中的最大允许排烟量减半。
② 本表仅列出了部分火灾热释放速率、部分空间净高、部分设计烟层厚度条件下，排烟口的最大允许排烟量。
③ 对于不符合上述两条所述情形的工况，应按实际情况按公式（2-10）进行计算。

（7）利用吊顶空间进行间接排烟

利用吊顶空间进行间接排烟时，可以省去设置在吊顶内的排烟管道，提高吊顶高度。这种方法实际上是把吊顶空间作为排烟通道，因此需对吊顶有一定的要求。

首先，要求吊顶材料必须是不燃材料；在一、二类建筑物中，吊顶的耐火极限都必须满足 0.25 h 以上，在排放不高于 280 ℃ 的烟气时，完全可以满足运行 0.50 h 以上。其次，封闭式吊顶上设置的烟气流入口的颈部排烟风速不宜大于 1.5 m/s，这是为了防止由于风速太高，抽吸力太大会造成吊顶内负压太大，把吊顶材料吸走，破坏排烟效果。再次，非封闭式吊顶的开孔率不应小于吊顶净面积的 25%，且孔洞应均匀布置。

（8）储烟仓的厚度和最小清晰高度

储烟仓是指在排烟设计中聚集并排出烟气的区域。为了保证人员安全疏散和消防扑救，必须控制烟层厚度即储烟仓的厚度，当采用机械排烟方式时，储烟仓的厚度不应小于空间净高的 10%，且不应小于 500 mm，如图 2-14 和 2-15 所示。

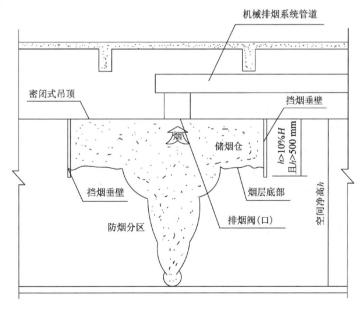

图 2-14　机械排烟方式时，储烟仓厚度要求示意图（密闭式吊顶）

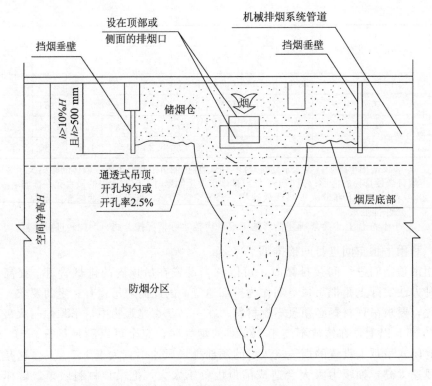

图 2-15 机械排烟方式时，储烟仓厚度要求示意图（无吊顶或通透式吊顶）

火灾时的最小清晰高度是为了保证室内人员安全疏散和方便消防人员的扑救而提出的最低要求，也是排烟系统设计时必须达到的最低要求。也就是说，储烟仓底部距地面的高度应大于安全疏散所需的最小清晰高度，走道、室内空间净高不大于 3 m 的区域，其最小清晰高度不宜小于其净高的 1/2，其他区域的最小清晰高度应按下式计算：

$$H_q = 1.6 + 0.1 \cdot H'$$ (2-11)

式中：H_q——最小清晰高度（m）。

H'——对于单层空间，取排烟空间的建筑净高度（m），可参照图 2-16a；对于多层空间，取最高疏散层的层高（m），这种情况下的燃料面到烟层底部的高度 Z 应从着火的那一层起算，如图 2-16b 所示。

空间净高 H 可按如下方法确定：

① 对于平顶和锯齿形的顶棚，空间净高为从顶棚下沿到地面的距离。

② 对于斜坡式的顶棚，空间净高为从排烟开口中心到地面的距离。

③ 对于有吊顶的场所，其净高应从吊顶处算起；设置格栅吊顶的场所，其净高应从上层楼板下边缘算起。

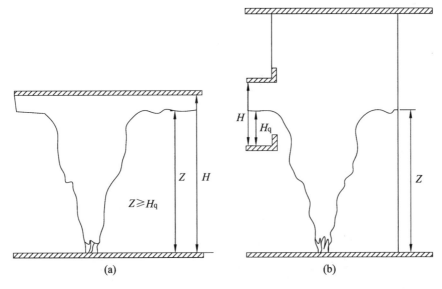

图 2-16　最小清晰高度示意图

2.3.2.2　机械排烟系统排烟量计算

综合考虑实际工程中由于风管（道）及排烟阀（口）的漏风及风机制造标准中允许风量的偏差等各种风量损耗的影响，机械排烟系统的设计风量不应小于计算风量的 1.2 倍。

（1）一个防烟分区的排烟量计算

① 防烟分区面积不宜划分过小，否则会影响排烟效果。对于建筑空间净高小于或等于 6 m 的场所，其排烟量应按不小于 60 m³/（h·m²）计算，如果单个防烟分区排烟量计算值小于 15000 m³/h，按 15000 m³/h 取值为宜，以此保证排烟效果。

② 公共建筑中空间净高大于 6 m 的场所，其每个防烟分区排烟量应根据场所内的热释放速率计算确定，且不应小于表 2-16 中的数值。

③ 当公共建筑仅需在走道或回廊设置排烟时，其机械排烟量不应小于 13000 m³/h。

④ 当公共建筑房间内与走道或回廊均需设置排烟时，其走道或回廊的机械排烟量可按 60 m³/（h·m²）计算且不小于 13000 m³/h。

（2）担负多个防烟分区排烟时的排烟量计算

当一个排烟系统担负多个防烟分区排烟时，其系统排烟量的计算应符合下列规定：

① 当系统负担具有相同净高场所时，对于建筑空间净高大于 6 m 的场所，应按排烟量最大的一个防烟分区的排烟量计算；对于建筑空间净高为 6 m 及以下的场所，应按同一防火分区中任意两个相邻防烟分区的排烟量之和的最大值计算。

② 当系统负担具有不同净高场所时，应采用①中的方法对系统中每个场所所需的排烟量进行计算，并取其中的最大值作为系统排烟量。

但为了确保系统可靠性，一个排烟系统担负防烟分区的个数不宜过多。

【例 2-2】　如图 2-17 所示，当一个排烟系统担负多个防烟分区排烟时，建筑共 4 层，每层建筑面积 2000 m²，均设有自动喷水灭火系统。1 层空间净高 7 m，包含展览和办公场所，2 层空间净高 6 m，3 层和 4 层空间净高均为 5 m。假设 1 层的储烟仓厚度及燃料面距地面高度均为 1 m，计算排烟风管排烟量。

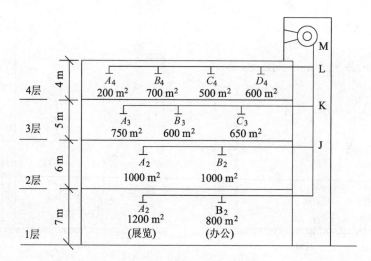

图 2-17　【例 2-2】示意图

【解】　排烟风管的排烟量与其担负防烟分区的数量、各防烟分区的面积及各防烟分区的净高有关。因此，在计算前需要找出各计算管段及其担负的防烟分区情况。

管段 A_1—B_1，仅担负防烟分区 A_1，其净高为 7 m＞6 m，面积为 1200 m²，排烟量：$L(A_1)$ 计算值＝$S(A_1) \times 60 = 72000 < 91000$（查表），所以取值 91000。

管段 B_1—J，仅担负防烟分区 A_1 和 B_1，其净高均为 7 m＞6 m，面积分别为 1200 m² 和 800 m²，排烟量：$L(B_1)$ 计算值＝$S(B_1) \times 60 = 48000 < 91000$（查表），所以取值 91000。

因此，$L(A_1 + B_1)$ 取值 91000（1 层最大值）。

其他各管段的计算过程见表 2-19。

表 2-19　排烟风管排烟量计算举例

管段间	担负防烟分区	通过风量 L（m³/h）及防烟分区面积 S（m²）
A_1—B_1	A_1	$L(A_1)$ 计算值＝72000＜91000，所以取值 91000
B_1—J	A_1、B_1	$L(B_1)$＝48000＜72000＜91000，所以取值 91000（1 层最大值）
A_2—B_2	A_2	$L(A_2)$＝$S(A_2) \times 60 = 60000$
B_2—J	A_2、B_2	$L(A_2 + B_2)$＝$S(A_2 + B_2) \times 60 = 120000$（2 层最大值）
J—K	A_1、B_1、A_2、B_2	120000（1、2 层最大值）
A_3—B_3	A_3	$L(A_3)$＝$S(A_3) \times 60 = 45000$
B_3—C_3	A_3、B_3	$L(A_3 + B_3)$＝$S(A_3 + B_3) \times 60 = 81000$
C_3—K	A_3、B_3、C_3	$L(A_3 + B_3) > L(B_3 + C_3)$＝$S(B_3 + C_3) \times 60 = 75000$ 所以取值 81000（3 层最大值）
K—L	A_1、B_1、A_2、B_2、A_3、B_3、C_3	120000（1、2、3 层最大值）

续表

管段间	担负防烟分区	通过风量 L（m³/h）及防烟分区面积 S（m²）
A_4-B_4	A_4	$L(A_4)=S(A_4)\times60=12000<15000$ 所以取值 15000
B_4-C_4	A_4、B_4	$L(A_4+B_4)=15000+S(A_4)\times60=57000$
C_4-D_4	A_4、B_4、C_4	$L(B_4+C_4)=S(B_4+C_4)\times60=72000>V(A_4+B_4)$ 所以取值 72000
D_4-L	A_4、B_4、C_4、D_4	$L(C_4+D_4)=S(C_4+D_4)\times60=66000$ $L(B_4+C_4)>L(C_4+D_4)>L(A_4+B_4)$ 所以取值 72000（4 层最大）
$L-M$	全部	120000（1～4 层最大）

（3）中庭排烟量的计算

中庭的烟气积聚主要来自两个方面：一是中庭周围场所产生的烟羽流向中庭蔓延；二是中庭内自身火灾形成的烟羽流上升蔓延。对于中庭内自身火灾形成的烟羽流，根据现行国家标准《建筑设计防火规范》（GB 50016—2014（2018 年版））的相关要求，中庭应设置排烟设施且不应布置可燃物，所以中庭着火的可能性很小。但考虑到我国国情，目前在中庭内违规搭建展台、布设桌椅等现象仍普遍存在，为了确保中庭内自身发生火灾时产生的烟气仍能被及时排出，保守设计中庭自身火灾在设定火灾规模为 4 MW 且保证清晰高度在 6 m 时，其生成的烟量为 107000 m³/h，中庭的排烟量需同时满足两种起火场景的排烟需求。

① 当公共建筑中庭周围场所设有机械排烟，考虑周围场所的机械排烟存在机械或电气故障等失效的可能，烟气将会大量涌入中庭，因此对此种状况的中庭规定其排烟量按周围场所中最大排烟量的 2 倍数值计算，且不应小于 107000 m³/h。

② 当公共建筑中庭周围场所不需设置排烟系统，仅在回廊设置排烟时，由于周边场所面积较小，产生的烟量也有限，所需的排烟量较小，但不应小于 13000 m³/h，中庭的排烟量不应小于 40000 m³/h。

（4）其他场所的排烟量计算

其他场所的排烟量或自然排烟窗（口）面积应按照烟羽流类型，根据火灾热释放速率、清晰高度、烟羽流质量流量及烟羽流温度等参数计算确定。

1）火灾热释放速率

热释放速率的计算，首先应明确设计的火灾规模，设计的火灾规模取决于燃烧材料性质、时间等因素和自动灭火设施的设置情况，为确保安全，一般按可能达到的最大火势确定火灾热释放速率。各类场所的火灾热释放速率可按式（2-12）计算且不应小于表 2-21 规定的值。设置自动喷水灭火系统（简称喷淋）的场所，其室内净高大于 8 m 时，应按无喷淋场所对待。

火灾热释放速率应按下式计算：

$$Q=\alpha t^2 \tag{2-12}$$

式中：Q——热释放速率，kW；

t——火灾增长时间，s；

α——火灾增长系数（按表 2-20 取值），kW/s^2。

表 2-20　火灾增长系数

火灾类别	典型的可燃材料	火灾增长系数/（kW/s^2）
慢速火	硬木家具	0.00278
中速火	棉质、聚酯垫子	0.011
快速火	装满的邮件袋、木制货架托盘、泡沫塑料	0.044
超快速火	池火、快速燃烧的装饰家具、轻质窗帘	0.178

表 2-21　火灾达到稳态时的热释放速率

建筑类别	喷淋设置情况	热释放速率 Q/MW
办公室、教室、客房、走道	无喷淋	6.0
	有喷淋	1.5
商店、展览厅	无喷淋	10.0
	有喷淋	3.0
其他公共场所	无喷淋	8.0
	有喷淋	2.5
汽车库	无喷淋	3.0
	有喷淋	1.5
厂房	无喷淋	8.0
	有喷淋	2.5
仓库	无喷淋	20.0
	有喷淋	4.0

2）烟羽流质量流量计算

① 轴对称型烟羽流

当 $Z > Z_1$ 时，$M_\rho = 0.071 Q_c^{1/3} Z^{5/3} + 0.0018 Q_c$

当 $Z \leqslant Z_1$ 时，$M_\rho = 0.032 Q_c^{3/5} Z$，$Z_1 = 0.166 Q_c^{2/5}$

式中：Q_c——热释放速率的对流部分（一般取值为 $Q_c = 0.7Q$），kW；

Z——燃料面到烟层底部的高度（取值应大于或等于最小清晰高度与燃料面高度之差），m；

Z_1——火焰极限高度，m；

M_ρ——烟羽流质量流量，kg/s。

【例 2-3】　某商业建筑含有一个三层共享空间，空间未设置喷淋系统，其空间尺寸长、宽、高分别为 30 m、20 m、15 m，每层层高为 5 m，排烟口设于空间顶部（其最近的边离墙大于 0.5 m），最大火灾热释放速率为 4 MW，火源燃料面距地面高度 1 m。

剖面示意图见图2-18，平面示意图见图2-19。求该烟羽流质量流量。

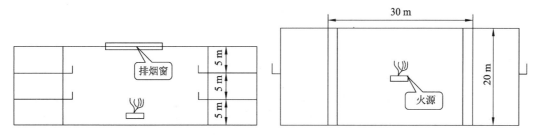

图 2-18　剖面示意图　　　　　图 2-19　平面示意图

【解】　热释放速率的对流部分：

$$Q_c = 0.7Q = 0.7 \times 4 = 2.8 \text{（MW）} = 2800 \text{（kW）}$$

火焰极限高度：

$$Z_1 = 0.166Q_c^{2/5} = 0.166 \times 2800^{2/5} = 3.97 \text{（m）}$$

燃料面到烟层底部的高度：

$$Z = (10-1) + (1.6 + 0.1 \times 5) = 11.1 \text{（m）}$$

因为 $Z > Z_1$，则烟羽流质量流量：

$$M_\rho = 0.071Q_c^{1/3}Z^{5/3} + 0.0018Q_c = 0.071 \times 2800^{1/3}11.1^{5/3} + 0.0018 \times 2800 = 60.31 \text{（kg/s）}$$

② 阳台溢出型烟羽流

$$M_\rho = 0.36(QW^2)^{\frac{1}{3}}(Z_b + 0.25H_1) \tag{2-13}$$

$$W = \omega + b$$

式中：H_1——燃料面至阳台的高度，m；

　　　Z_b——从阳台下缘至烟层底部的高度，m；

　　　W——烟羽流扩散宽度，m；

　　　ω——火源区域的开口宽度，m；

　　　b——从开口至阳台边沿的距离（$b \neq 0$），m。

【例 2-4】　某一带有阳台的两层公共建筑，室内设有喷淋装置，每层层高 8 m，阳台开口 $\omega = 3$ m，燃料面距地面 1 m，至阳台下缘 $H_1 = 7$ m，从开口至阳台边沿的距离为 $b = 2$ m。火灾热释放速率取 $Q = 2.5$ MW，排烟口设于侧墙并且其最近的边离吊顶小于 0.5 m。求该烟羽流质量流量。

【解】　烟羽流扩散宽度：

$$W = \omega + b = 3 + 2 = 5 \text{（m）}$$

从阳台下缘至烟层底部的最小清晰高度：

$$Z_b = 1.6 + 0.1 \times 8 = 2.4 \text{（m）}$$

烟羽流质量流量：

$$\begin{aligned}M_\rho &= 0.36(QW^2)^{\frac{1}{3}}(Z_b + 0.25H_1) \\ &= 0.36 \times (2500 \times 5^2)^{\frac{1}{3}}(2.4 + 0.25 \times 7) \\ &= 59.29 \text{（kg/s）}\end{aligned}$$

③ 窗口型烟羽流

$$M_\rho = 0.68(A_w H_w^{\frac{1}{2}})^{\frac{1}{2}}(Z_w + \alpha_w)^{\frac{5}{3}} + 1.59 A_w H_w^{\frac{1}{2}} \tag{2-14}$$

$$\alpha_w = 2.4 A_w^{\frac{2}{5}} H_w^{\frac{1}{5}} - 2.1 H_w$$

式中：A_w——窗口开口的面积，m^2；

H_w——窗口开口的高度，m；

Z_w——窗口开口的顶部到烟层底部的高度，m；

α_w——窗口型烟羽流的修正系数，m。

3）烟层平均温度与环境温度的差

$$\Delta T = KQ_c / M_\rho C_\rho \tag{2-15}$$

式中：ΔT——烟层平均温度与环境温度的差，K。

C_ρ——空气的定压比热，一般取 $C_\rho = 1.01 \text{ kJ/(kg} \cdot \text{K)}$。

K——烟气中对流放热量因子。当采用机械排烟时，取 $K = 1.0$；当采用自然排烟时，取 $K = 0.5$。

【例 2-5】 以【例 2-3】为例，求烟层平均温度与环境温度的差。

【解】 烟羽流质量流量：

$$M_\rho = 0.071 Q_c^{1/3} Z^{5/3} + 0.0018 Q_c = 60.31 (\text{kg/s})$$

烟气平均温度与环境温度的差：

$$\Delta T = KQ_c / M_\rho C_\rho = 2800/(60.31 \times 1.01) = 45.97 (\text{K})$$

4）每个防烟分区排烟量

$$L = M_\rho T / \rho_0 T_0 \tag{2-16}$$

$$T = T_0 + \Delta T$$

式中：L——排烟量，m^3/s。

ρ_0——环境温度下的气体密度，kg/m^3。通常 $\rho_0 = 1.2 \text{ kg/m}^3$。

T_0——环境的绝对温度，K。通常 $T_0 = 293.15 \text{ K}$。

T——烟层的平均绝对温度，K。

【例 2-6】 以【例 2-3】为例，求每个防烟分区排烟量。

【解】 烟羽流质量流量：

$$M_\rho = 0.071 Q_c^{1/3} Z^{5/3} + 0.0018 Q_c = 60.31 (\text{kg/s})$$

烟气平均温度与环境温度的差：

$$\Delta T = KQ_c / M_\rho C_\rho = 2800/(60.31 \times 1.01) = 45.97 (\text{K})$$

环境温度 20 ℃，空气密度为 1.2 kg/m^3，排烟量：

$$L = M_\rho T / \rho_0 T_0 = [60.31 \times (293.15 + 45.97)]/(1.2 \times 293.15) = 58.1 (\text{m}^3/\text{s})$$

5）采用自然排烟方式所需自然排烟窗（口）截面积

宜按式（2-17）计算：

$$A_v C_v = \frac{M_\rho}{\rho_0}\left[\frac{T^2 + (A_v C_v / A_0 C_0)^2 T T_0}{2g\, d_b \Delta T\, T_0}\right]^{\frac{1}{2}} \tag{2-17}$$

式中：A_v——自然排烟窗（口）截面积，m^2；

A_0——所有进气口总面积，m^2；

C_v——自然排烟窗（口）流量系数（通常选定为 $0.5\sim0.7$）；

C_0——进气口流量系数（通常约为 0.6）；

g——重力加速度，m/s^2。

【例 2-7】 以【例 2-3】为例，现采用自然排烟系统进行设计，自然补风。环境温度为 $20\,^\circ\text{C}$，空气密度为 $1.2\ kg/m^3$。求采用自然排烟方式所需自然排烟窗（口）截面积。

【解】 热释放速率的对流部分：

$$Q_c=0.7Q=0.7\times4=2.8(\text{mW})=2800(\text{kW})$$

烟羽流质量流量：

$$M_\rho=0.071Q_c^{1/3}Z^{5/3}+0.0018Q_c=60.31(\text{kg/s})$$

烟气层温升：

$$\Delta T=KQ_c/M_\rho C_\rho=0.5\times2800/(60.31\times1.01)=23(\text{K})$$

烟气层平均绝对温度：

$$T=T_0+\Delta T=293.15+23=316.15(\text{K})$$

排烟系统吸入口最低点之下烟层厚度：

$$d_b=5-(1.6+0.1H)=5-(1.6+0.1\times5)=2.9(\text{m})$$

C_v 取 0.6，重力加速度取 $9.8\ m/s^2$，设定 $A_vC_v/A_0C_0=1$，则：

$$A_vC_v=\frac{M_\rho}{\rho_0}\left[\frac{T^2+\left(\dfrac{A_vC_v}{A_0C_0}\right)^2TT_0}{2gd_b\Delta TT_0}\right]^{\frac{1}{2}}$$

$$=\frac{60.31}{353/293.15}\left[\frac{316.15^2+316.15\times293.15}{2\times9.82\times2.9\times23\times293.15}\right]^{\frac{1}{2}}$$

$$=35.5(\text{m}^2)$$

2.3.2.3 补风系统

根据空气流动的原理，必须要有补风才能排出烟气。排烟系统排烟时，补风的主要目的是形成理想的气流组织，迅速排除烟气，有利于人员的安全疏散和消防人员的进入。对于建筑地上部分的机械排烟的走道、小于 $500\ m^2$ 的房间，由于这些场所的面积较小，排烟量也较小，可以利用建筑的各种缝隙，满足排烟系统所需的补风，为了简便系统管理和减少工程投入，可以不用专门为这些场所设置补风系统。而除地上建筑的走道或建筑面积小于 $500\ m^2$ 的房间外，设置排烟系统的其他场所应设置补风系统。

机械排烟系统（三）

补风系统应直接从室外引入空气，根据实际工程和实验，补风量至少达到排烟量的 50% 才能有效地进行排烟。

在同一个防火分区内可以采用疏散外门、手动或自动可开启外窗进行排烟补风，并保证补风气流不受阻隔，但是不应将防火门、防火窗作为补风途径。另外，风机应设置在专用机房内。

补风口如果设置位置不当的话，会造成对流动烟气的搅动，严重影响烟气导出的有效组织，或由于补风受阻，使排烟气流无法稳定导出，所以必须对补风口的设置严格要求。补风口可设置在本防烟分区内，也可设置在其他防烟分区内。当补风口与排烟口设置在同一防烟分区内时，补风口应设在储烟仓下沿以下，且补风口与排烟口应保持不少于 5 m 的水平距离，这样才不会扰动烟气，也不会使冷热气流相互对撞，造成烟气的混流；当补风口与排烟口设置在同一空间内相邻的防烟分区时，由于挡烟垂壁的作用，冷热气流已经隔开，故补风口位置不限，如图 2-20 所示。

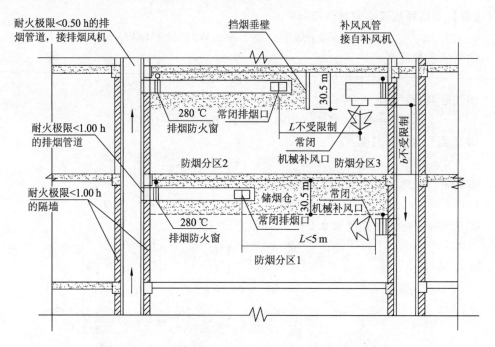

图 2-20　补风口与排烟口设置在同一空间内的剖面示意图

补风系统是排烟系统的有机组成，因此补风系统应与排烟系统联动开启或关闭。一般场所机械送风口的风速不宜大于 10 m/s；人员密集的公共聚集场所为了减少送风系统对人员疏散的干扰和心理恐惧的不利影响，其补风口的风速不宜大于 5 m/s，自然补风口的风速不宜大于 3 m/s。

补风管道耐火极限不应低于 0.50 h，对补风管道跨越防火分区的，参照防火分区对楼板的要求，管道的耐火极限不应小于 1.50 h。

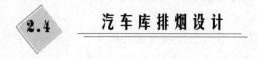

汽车库排烟设计

2.4.1　应设置排烟系统的情况

对于敞开式汽车库四周外墙敞开面积达到一定比例，本身就可以满足自然排烟效果。但是，对于面积比较大的敞开式汽车库，应该整个汽车库都满足自然排烟条件，否则应该考虑排烟系统。对于建筑面积小于 1000 m² 的地下一层和地上单层汽车库、修车库，其汽车坡道可直接排烟，且不大于一个防烟分区，故可不设排烟系统。但汽车库、修车库内最远点至汽车坡道口不应大于 30 m，否则自然排烟效果不好。

汽车库一旦发生火灾会产生大量的烟气，而且有些烟气含有一定的毒性，如果不能迅速排出室外，极易造成人员伤亡事故，也给消防员进入地下扑救带来困难。根据对目前国内地下汽车库的调查，一些规模较大的汽车库都设有独立的排烟系统；而一些中、小型汽车库一般与地下汽车库内的通风系统组合设置，平时作为排风排气使用，一旦发生火灾，转换为排烟使用。当采用排烟、排风组合系统时，其风机应采用离心风机或耐高温的轴流风机，确保风机能在 280 ℃ 时连续工作 30 min，并具有在高于 280 ℃ 时风机能自行停止的技术措施。排风风管的材料应为不燃材料。由于排气口要求设置在建筑的下部，而排烟口应设置在上部，因此各自的风口应上、下分开设置，确保火灾时能及时进行排烟。

大、中型及地下汽车库、修车库一旦发生火灾将会产生大量烟气，为保障人员疏散，并为扑救火灾创造条件，需要及时有效地将烟气排出室外。

2.4.2 防烟分区划分

防烟分区太小时增加了平面内排烟系统的数量，不易控制；而防烟分区太大，风机增大，风管加宽，不利于设计。因此，防烟分区的建筑面积不宜大于 2000 m²，且防烟分区不应跨越防火分区。防烟分区可采用挡烟垂壁、隔墙或从顶棚下突出不小于储烟仓且不小于 0.5 m 的梁划分。

2.4.3 排烟方式

目前，一些建筑，特别是住宅小区地下汽车库的设计，从节能、环保等方面考虑，以半地下汽车库（一般汽车库顶板高出室外场地标高 1.5 m）的形式营造自然通风、采光的良好停车环境，通过侧窗及大量顶板开洞方式，达到建筑与自然景观的充分融合。在这种情况下，通过侧窗及大量的顶板洞口进行自然排烟，不仅安全可靠而且也符合"有条件时应尽可能优先采用自然排烟方式进行烟控设计"的原则。也就是说，排烟系统可采用自然排烟方式或机械排烟方式，而机械排烟系统可与人防、卫生等的排气、通风系统合用。

除设置在地下一层的汽车库、修车库的汽车坡道可以作为自然排烟口外，地下其他各层的汽车坡道不可以作为自然排烟口。

当采用自然排烟方式时，可采用手动排烟窗、自动排烟窗、孔洞等作为自然排烟口，并应符合下列规定：

（1）自然排烟口的总面积不应小于室内地面面积的 2%；

（2）自然排烟口应设置在外墙上方或屋顶上，并应设置方便开启的装置；

（3）房间外墙上的排烟口（窗）宜沿外墙周长方向均匀分布，排烟口（窗）的下沿不应低于室内净高的 1/2，并应沿气流方向开启。

对自然排烟方式的规定参照了相关国家规范的有关规定，为确保火灾时的自然排烟效果，本条对排烟窗面积、开启方式、高度等分别作了规定。

排烟窗即可开启外窗，是指设置在建筑物的外墙、顶部能有效排除烟气的可开启外窗或百叶窗，可分为自动排烟窗和手动排烟窗。自动排烟窗是指与火灾自动报警系统联动或可远距离控制的排烟窗；手动排烟窗是指人员可以就地方便开启的排烟窗。

地下汽车库可以利用开向侧窗、顶板上的洞口、天井等开口部位作为自然通风口，自然通风开口应设置在外墙上方或顶棚上，其下沿不应低于储烟仓高度或室内净高的1/2，侧窗或顶窗应沿气流方向开启，且应设置方便开启的装置。

2.4.4 排烟量计算

汽车库、修车库内每个防烟分区排烟风机的排烟量不应小于表 2-22 的规定。

表 2-22　汽车库、修车库内每个防烟分区排烟风机的排烟量

汽车库、修车库的 净高/m	汽车库、修车库的 排烟量/（m³/h）	汽车库、修车库的 净高/m	汽车库、修车库的 排烟量/（m³/h）
3.0 及以下	30000	7.0	36000
4.0	31500	8.0	37500
5.0	33000	9.0	39000
6.0	34500	9.0 以上	40500

注：建筑空间净高位于表中两个高度之间的，按线性插值法取值。

金属管道内壁比较光滑，风速允许大一些，但不应大于 20 m/s；非金属管道风速要求小一些，不应大于 15 m/s。内壁光滑，风速阻力要小；内壁粗糙，风速阻力要大一些。在风机、排烟口等条件相同的情况下，阻力越大，排烟效果越差；阻力越小，排烟效果越好。排烟口的风速不宜大于 10 m/s。

2.4.5 补风系统

根据空气流动的原理，需要排出某一区域的空气时，同时也需要有另一部分的空气补充。地下汽车库由于防火分区的防火墙分隔和楼层的楼板分隔，使有的防火分区内无直接通向室外的汽车疏散出口，也就无自然进风条件，对这些区域，因周边处于封闭的环境，如排烟时没有同时进行补风，烟是排不出去的。因此，应在这些区域内的防烟分区增设补风系统，进风量不宜小于排烟量的 50%。在设计中，应尽量做到送风口在下，排烟口在上，这样能使火灾发生时产生的浓烟和热气顺利排出。

思考题与习题

2-1　防火分区和防烟分区的作用是什么？

2-2　允许采用自然排烟方式防烟的条件和建筑的部位是什么？

2-3　建筑的哪些部位应设置机械加压送风的防烟设施？

2-4　排烟风机的风量如何确定？各防烟分区的排烟风管的风量又如何确定？

2-5　需要设机械加压送风的防烟楼梯间和合用前室，其送风系统如何设置，有什

么余压要求？其原因是什么？

技 能 训 练

训练项目：机械加压送风系统施工图的识读及设计计算

（1）实训目的：通过机械加压送风系统施工图的识读，使学生了解机械加压送风系统的组成，熟悉机械加压送风系统的绘制方法，掌握机械加压送风系统设计思路及设计计算方法。

（2）实训准备：图纸、作业本、计算器、绘图工具及相关工具书。

（3）实训内容：根据给出的一层通风空调平面图、核心筒防排烟风口布置图、防排烟系统图，找出该图中的各机械加压送风系统，并写出各系统通风机型号、风管规格、风口类型及规格数量、风阀类型等；计算各通风系统的通风量；抄绘机械加压送风系统施工图。

（4）提交成果：

① 列出图中各机械加压送风系统施工图通风机型号、风管规格、风口类型及规格数量、风阀类型等；

② 各机械加压送风系统的计算风量及设计风量计算过程、加压送风口布置部位及选型计算过程；

③ 按 1：100 比例手绘该一层机械加压送风系统平面图。

核心筒防排烟风口布置图

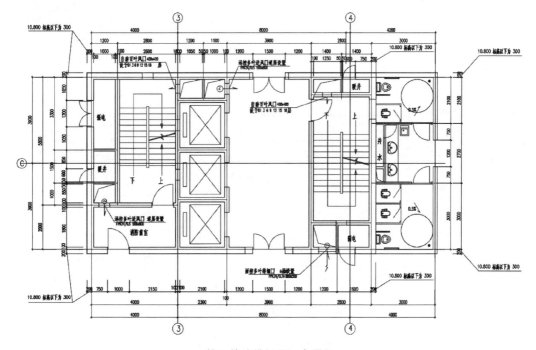

核心筒防排烟风口布置图

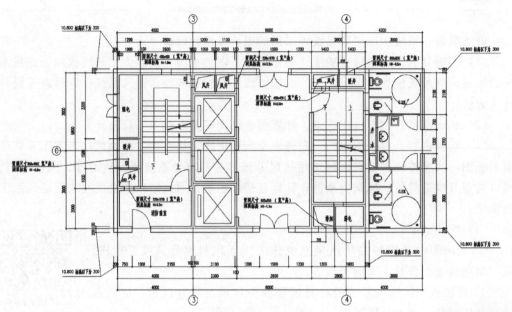

核心筒留洞位置图

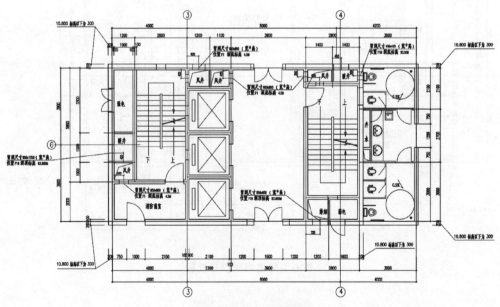

核心筒特殊位置留洞图

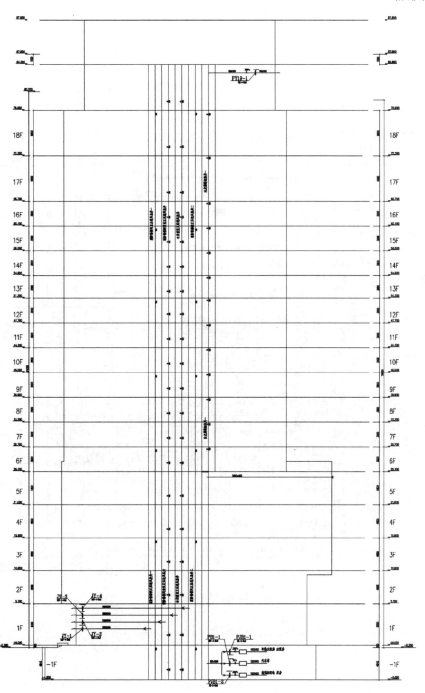

防排烟系统图

一层通风空调
平面图

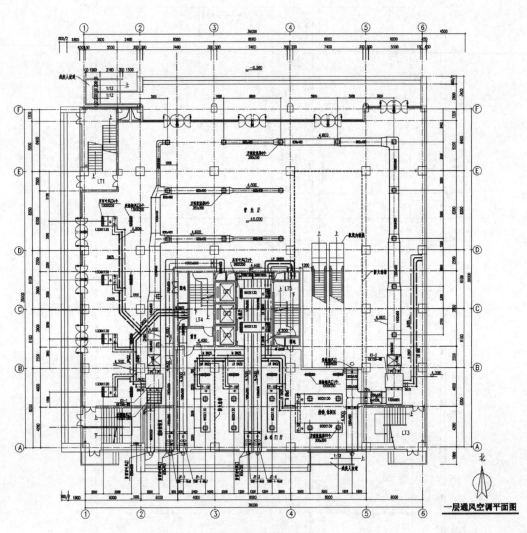

一层通风空调平面图

风口的布置选型与安装

学习目标

（1）了解气流组织的定义及影响因素。

（2）熟悉气流组织的形式及应用。

（3）了解送回风口的气流流动规律。

（4）熟悉常用送回风口。

（5）掌握侧送风设计计算、散流器送风设计计算、喷口送风设计计算。

（6）熟悉风口安装的质量验收标准。

能力目标

（1）能合理确定气流组织形式。

（2）能正确进行气流组织计算、合理布置风口及选型。

工作任务

某空调系统风口布置与选型。

气流组织也称空气分布，也就是设计者要组织空气合理的流动。

气流组织直接影响室内空调效果，关系房间工作区的温湿度基数、精度及区域温差、工作区气流速度，是空气调节设计的一个重要环节。尤其是在室温要求在一定范围内波动、有洁净度要求以及高大空间几种情况下，合理的气流组织就更为重要。因为只有合理的气流组织才能充分发挥送风作用，均匀消除室内余热、余湿，并能更有效地排除有害气体和悬浮在空气中的灰尘。因此，不同性质的空调房间，对气流组织与风量计算有不同要求。

对气流组织的要求主要是针对"工作区"，所谓工作区是指房间内人群的活动区域，一般指距地面 2 m 以下，工艺性空调房间视具体情况而定。

一般的空调房间，主要是要求在工作区内保持比较均匀而稳定的温湿度；而对工作区风速有严格要求的空调，主要是保证工作区内风速不超过规定的数值。

室内温湿度有允许波动范围要求的空调房间，主要是在工作区域内满足气流的区域温差、室内温湿度基数及其波动范围的要求。

有洁净度要求的空调房间，气流组织和风量计算，主要是在工作区内保持应有洁净度和室内正压。高大空间的空调气流组织和风量计算，除保证达到工作区的温湿度、风速要求外，还应合理地组织气流以满足节能要求。

舒适性空调气流组织的基本要求见表 3-1。

表 3-1　舒适性空调气流组织的基本要求

室内温湿度	送风温差 Δt_0	送风出口风速	工作区风速
冬季 Ⅰ级 22～24 ℃，$\varphi\geqslant30\%$ Ⅱ级 18～22 ℃ 夏季 Ⅰ级 24～26 ℃，$\varphi=40\%～60\%$ Ⅱ级 26～28 ℃，$\varphi\leqslant70\%$	$h\leqslant5$ m 时， $\Delta t_0=5～10$ ℃ $h>5$ m 时， $\Delta t_0=10～15$ ℃	侧面送风 2～5 m/s 散流器平送 2～5 m/s 条缝形风口 2～4 m/s 喷口送风 4～10 m/s	冬季 ≤0.2 m/s 夏季 Ⅰ级≤0.25 m/s Ⅱ级≤0.3 m/s

影响室内气流组织的因素很多，气流组织的效果不仅与送风口的形式、数量、大小和位置有关，而且空间的几何尺寸、污染源的位置及分布和性质、送风参数（送风温差和风口速度）及回风方式等对气流组织也有影响。为了使送入房间的空气合理分布，就要了解并掌握气流在空间内运动的规律和不同的气流组织方式及其设计方法。

3.1 送风口的气流流动规律

在空气射流流动过程中，根据射流是否受周界表面的限制可分为自由射流和受限射流。空调工程中常见的情况多属非等温受限射流。下面介绍工程中常见的射流及其流动规律。

3.1.1 自由射流

自由射流分为等温射流和非等温射流。

3.1.1.1 等温射流

当空气自风口喷射到比射流体积大得多的同温介质房间中，射流可不受限制地扩大，如图 3-1 所示，则形成等温自由射流。

由于射流与周围介质的紊流动量交换，周围空气不断地被卷入，射流不断扩大。因而射流断面速度场从射流中心开始逐渐向边界衰减并沿射程不断变化，结果流量沿程增加，射流直径加大。但在各断面上的总动量保持不变。

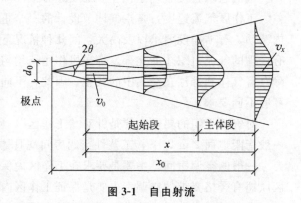

图 3-1　自由射流

将射流轴心速度保持不变的一段长度称为起始段，其后称为主体段。空调工程中常用的

射流段为主体段，其射流轴心速度衰减式为

$$\frac{v_x}{v_0} = \frac{0.48}{\dfrac{ax}{d_0} + 0.145} \tag{3-1}$$

$$\frac{d_x}{d_0} = 0.68\left(\frac{ax}{d_0} + 0.145\right) \tag{3-2}$$

式中：v_x——以风口为起点在射程 x 处的射流轴心速度，m/s；

v_0——风口出流的平均速度，m/s；

x——风口出口到计算断面的距离，m；

d_0——风口直径，m；

d_x——射程 x 处射流的直径，m；

a——风口紊流系数。

上式中，a 值取决于风口结构形式并决定了射流扩散角的大小，即 $\tan\theta = 3.4a$。表 3-2 给出了不同 a 值。

表 3-2 不同风口的 a 值

风口形式		紊流系数 a
圆射流	收缩极好的喷口	0.066
	圆管	0.076
	扩散角为 8°～12° 的扩散管	0.090
	矩形短管	0.100
	带可动导叶的喷口	0.200
	活动百叶风口	0.160
平面射流	收缩极好的扁平喷口	0.108
	平壁上带锐缘的条缝	0.115
	圆边口带导叶的风管纵向缝	0.155

由上述可知，要想增大射程，可以提高送风口速度 v_0，或者减小风口紊流系数 a；要想增大射流扩散角，可以选用 a 值较大的送风口。

3.1.1.2 非等温射流

当射流出口温度与周围空气温度不相同时，这种射流称为非等温射流。对于非等温射流，射流与室内空气的混掺不仅引起动量的变化，还带来热量的交换。而热量的交换较之动量快，即射流的温度扩散角大于速度扩散角，因而温度衰减较速度衰减快，定量的研究结果得出

$$\frac{\Delta T_x}{\Delta T_0} = \frac{0.35}{\dfrac{ax}{d_0} + 0.145} \tag{3-3}$$

式中：$\Delta T_x = T_x - T_n$，$\Delta T_0 = T_0 - T_n$。

其中，T_0——射流出口温度，K；T_x——距风口 x 处射流轴心温度，K；T_n——周围

空气温度，K。

比较式（3-3）和式（3-1），表明热量扩散比动量扩散要快，且有

$$\frac{\Delta T_x}{\Delta T_0}=0.73\frac{v_x}{v_0}\tag{3-4}$$

对于非等温射流，由于射流与周围介质的密度不同，在重力和浮力不平衡条件下，射流将发生变形，即水平射出的射流轴将发生弯曲。其判据为阿基米德数 Ar，即

$$Ar=\frac{gd_0(T_0-T_n)}{v_0{}^2T_n}\tag{3-5}$$

式中：g——重力加速度，m/s²。

当 $|Ar|<0.001$ 时，可忽略射流轴的弯曲而按等温射流计算。射流轴弯曲的轴心轨迹可用式（3-6）计算：

$$\frac{y}{d_0}=\frac{x}{d_0}\tan\beta+Ar\left(\frac{x}{d_0\cos\beta}\right)^2\left(0.51\frac{x}{d_0\cos\beta}+0.35\right)\tag{3-6}$$

式中各符号的意义如图 3-2 所示。Ar 的正负和大小，决定射流弯曲的方向和程度。

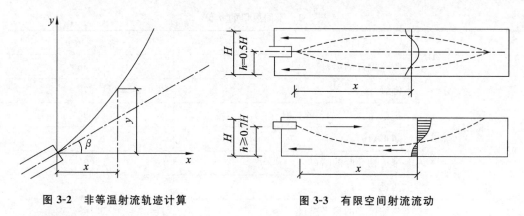

图 3-2　非等温射流轨迹计算　　　　　图 3-3　有限空间射流流动

3.1.2　受限射流

在射流运动过程中，由于受壁面、顶棚及空间的限制，射流的运动规律有所变化。

受限射流分为贴附射流和非贴附射流两种情况。如图 3-3 所示，说明当送风口位于房间中部（$h=0.5H$）时，射流为非贴附情况，射流区呈橄榄型，在其上下形成与射流流动方向相反的回流区。当送风口位于房间上部（$h>0.7H$）时，射流贴附于顶棚，房间上部为射流区，下部为回流区。

由于有限空间射流的回流区一般是工作区，控制回流区的最大平均风速计算式为

$$v_h=\frac{0.65v_0}{\sqrt{F_n}/d_0}\tag{3-7}$$

式中：v_h——回流区的最大平均风速，m/s；

F_n——每个风口所管辖的房间的横截面面积，m²；

$\sqrt{F_n}/d_0$——射流自由度，表示受限的程度用。

3.2 空调送回风口

3.2.1 送风口

送风口也称为空气分布器，按安装位置分为侧送风口、顶送风口（向下送）、地面风口（向上送）；按送出气流的流动状况分为扩散型风口、轴向型风口和孔板送风口。扩散型风口具有较大的诱导室内空气的作用，送风温度衰减快，但射程较短；轴向型风口诱导室内气流的作用小，空气温度、速度的衰减慢，射程远；孔板送风口是在平板上满布小孔的送风口，速度分布均匀，衰减快。

空调区内良好的气流组织，需要通过合理的送回风方式以及送回风口的正确选型和布置来实现，送风口的选型和布置应符合下列要求：

(1) 一般宜采用百叶风口、条缝型风口等侧送风，侧送是已有几种送风方式中比较简单经济的一种。在一般空调区中，大多可以采用侧送。

侧送时宜使气流贴附以增加送风射程，改善室内气流分布，工程实践中发现风机盘管的送风不贴附时，室内温度分布则不均匀。当采用较大送风温差时，侧送贴附射流有助于增加气流射程，使气流混合均匀，既能保证舒适性要求，又能保证人员活动区温度波动小的要求。

(2) 设有吊顶时，应根据空调区的高度及对气流的要求，采用散流器或孔板送风。

圆形、方形和条缝形散流器平送，均能形成贴附射流，对室内高度较低的空调区，既能满足使用要求，又比较美观。因此，当有吊顶可利用时，采用这种送风方式较为合适。

在一些室温允许波动范围小的工艺性空调区中，采用孔板送风较多。根据测定可知，在距孔板 $100\sim250$ mm 的汇合段内，射流的温度、速度均已衰减，可达到 ±0.1 ℃的要求，且区域温差小，在较大的换气次数下（32 次/h 以上），人员活动区风速一般均在 $0.09\sim0.12$ m/s 范围内。所以，在单位面积送风量大，且人员活动区要求风速小或区域温差要求严格的情况下，应采用孔板向下送风。

(3) 对于高大空间，建议采用喷口或旋流风口送风方式。由于喷口送风的喷口截面大，出口风速高，气流射程长，与室内空气强烈掺混，能在室内形成较大的回流区，达到布置少量风口即可满足气流均布的要求。同时，它还具有风管布置简单、便于安装、经济等特点。当空间高度较低时，采用旋流风口向下送风，亦可达到满意的效果。应用置换通风、地板送风的下部送风方式，使送入室内的空气先在地板上均匀分布，然后被热源（人员、设备等）加热，形成以热烟羽形式向上的对流气流，更有效地将热量和污染物排出人员活动区，在高大空间应用时，节能效果显著，同时有利于改善通风效率和室内空气质量。

(4) 风口表面温度低于室内露点温度时，为防止风口表面结露，风口应采用低温风口。低温风口与常规散流器相比，两者的主要差别在于：低温风口所适用的温度和风量范围较常规散流器广。

3.2.1.1 百叶风口

百叶风口按结构不同分为活动百叶风口、自垂百叶风口和防雨百叶风口。它可用作送风口，也可以用作回风口；可用于侧送风，也可用于顶送风。

送风时通常采用活动百叶风口，图 3-4 为三种常用的活动百叶风口，通常装于管道或侧墙上用于侧送风口。单层百叶风口只有一层可调节角度的活动百叶，用于一般空调工程。双层百叶风口有两层可调节角度的活动百叶，垂直方向短叶片用于调节送风气流的扩散角，也可用于改变气流方向；而调节水平方向长叶片可以使送风气流贴附顶棚或下倾一定角度（当送热风时）。三层百叶风口除有两层可调节角度的活动百叶外，还有对开叶片可调风量，用于高精度空调工程。双层、三层百叶风口的外层叶片或单层百叶风口的叶片可以平行于长边，也可以平行于短边，由设计者选择。

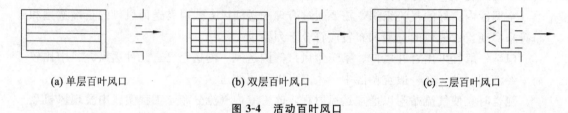

(a) 单层百叶风口　　　　　(b) 双层百叶风口　　　　　(c) 三层百叶风口

图 3-4　活动百叶风口

图 3-5 为自垂百叶风口，常用于具有正压的空调房间自动排气，也常作为防烟楼梯间的加压送风口。通常情况下靠风口的百叶自重而自然下垂，隔绝室内外的空气交换。当室内气压大于室外气压时，气流将百叶吹开而向外排气；反之当室内气压小于室外气压时，气流不能反向流入室内，该风口有单向止回作用。

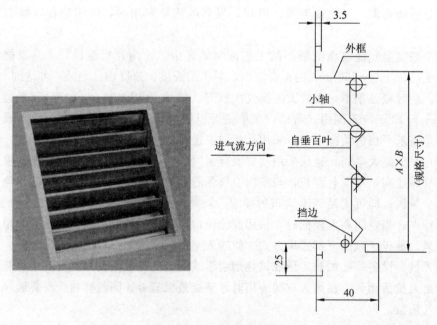

图 3-5　自垂百叶风口

图 3-6 为防雨百叶风口，其叶片设计成独特的形状，具有防止水溅入内部的功能，一般作安装在外墙上的通风口（如新风口）。防雨百叶风口的特点：① 固定的叶片设计成 45°斜角，有挡水功能；② 可做成加强埋入型或加强型；③ 可开型叶片与外框呈活门形式，有利于安装和与过滤器的配套使用。

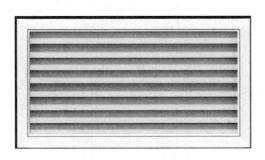

图 3-6　防雨百叶风口

3.2.1.2　散流器

图 3-7 为三种比较典型的散流器，直接装于顶棚上，是顶送风口。图 3-7a 为平送流型的方形散流器，有多层同心的平行导向叶片，使空气流出后贴附于顶棚流动。样本中送风射程指散流器中心到末端速度为 0.5 m/s 的水平距离。这种类型散流器也可以做成矩形。方形或矩形散流器可以四面出风、三面出风、两面出风和一面出风。平送流型的圆形散流器与方形散流器相类似。平送流型散流器适宜用于送冷风。图 3-7b 是下送流型的圆形散流器，又称为流线型散器。叶片间的竖向间距是可调的。增大叶片间的竖向间距，可以使气流边界与中心线的夹角减小。这类散流器送风气流夹角一般为 20°～30°。因此，在散流器下方形成向下的气流。图 3-7c 为圆盘形散流器，射流以 45°夹角喷出，流型介于平送与下送之间，适宜于送冷、热风。各类散流器的规格都按颈部尺寸 $A \times B$ 或直径 D 来标定。

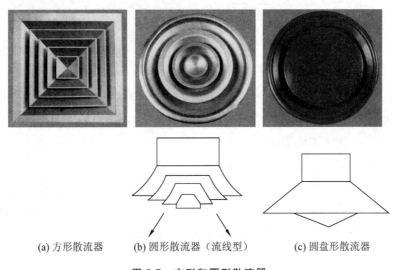

(a) 方形散流器　　　(b) 圆形散流器（流线型）　　　(c) 圆盘形散流器

图 3-7　方形和圆形散流器

3.2.1.3 喷口

图 3-8 为用于远程送风的喷口，它属于轴向型风口，送风气流诱导的室内风量少，可送较远的距离，射程（末端速度 0.5 m/s 处）一般可达到 10～30 m，甚至更远。通常在大空间（如体育馆、候车室、候机大厅）中用于侧送风口；送热风时可用于顶送风口。如风口既送冷风又送热风，应选用可调角度喷口，角度节范围为 30°。送冷风时，风口水平或上倾；送热风时，风口下倾。

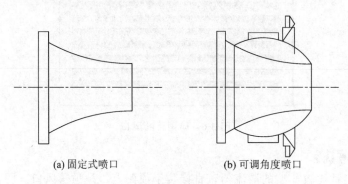

(a) 固定式喷口　　　　　(b) 可调角度喷口

图 3-8　喷口

3.2.1.4 条缝型风口

条缝型风口通常用作送风口，有可调式条缝送风口和固定叶片条缝送风口两种。

图 3-9 为可调式条缝送风口，条缝宽 19 mm，长度 500～3000 mm，可根据需要选用。调节叶片的位置，可以使送风口的出风方向改变或关闭；也可以多组组合（2 组、3 组、4 组）在一起。条形散流器用于顶送风口，也可以用于侧送。

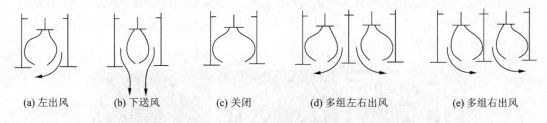

(a) 左出风　　　　(b) 下送风　　　　(c) 关闭　　　　(d) 多组左右出风　　　　(e) 多组右出风

图 3-9　可调式条缝送风口

图 3-10 为固定叶片条缝送风口。这种条缝送风口的颈宽 50～150 mm，长度 500～3000 mm。根据叶片形状可以有三种流型，即直流式、单侧流和双侧流。这种条缝送风口可以用于顶送、侧送和地板送风。

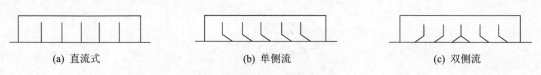

(a) 直流式　　　　　　(b) 单侧流　　　　　　(c) 双侧流

图 3-10　固定叶片条缝送风口

3.2.1.5 旋流风口

图 3-11 为旋流风口。其中图 3-11a 是顶送式风口，风口中有起旋器，空气通过风口

后成为旋转气流，并贴附于顶棚上流动。这种风口具有诱导室内空气能力大及温度和风速衰减快的特点，适宜在送风温差大、层高低的空间中应用。旋流式风口的起旋器位置可以上下调节，当起旋器下移时，可使气流变为吹出型。图 3-11b 是用于地板送风的旋流式风口，它的工作原理与顶送形式一样。

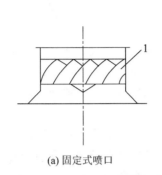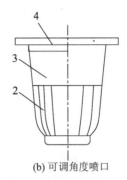

(a) 固定式喷口　　　　　　　　　(b) 可调角度喷口

1—起旋器；2—旋流叶片；3—集尘器；4—出风格栅

图 3-11　旋流式风口

3.2.1.6　置换送风口

图 3-12 为置换送风口。风口靠墙置于地上，风口的周边开有条缝，空气以很低的速度送出，诱导室内空气的能力很低，从而形成置换送风的流型。图 3-12 中的风口在 180°范围内送风，另外还有在 90°范围内送风（置于墙角处）和 360°范围内送风的风口，风口的高度为 500～1000 mm。

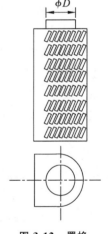

图 3-12　置换送风口

3.2.2　回风口

房间内的回风口是一个汇流的流场，风速的衰减很快，它对房间气流的影响相对于送风口来说比较小，因此风口的形式也比较简单。送风口中的百叶风口、固定叶片风口等都可以作为回风口，也可用铝网或钢网做成回风口。图 3-13 所示为两种专用于回风的风口。图 3-13a 是格栅式回风口，风口内用薄板隔成小方格，流通面积大，外形美观。图 3-13b 为可开式百叶回风口，百叶风口可绕铰链转动开启，便于在风口内装卸过滤器，适宜用于顶棚回风的风口，以减少灰尘进入回风顶棚。还有一种固定百叶回风口，外形与可开式百叶风口相近，区别在于不可开启。

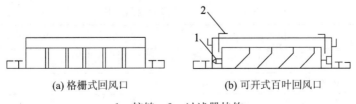

(a) 格栅式回风口　　　　　　　　(b) 可开式百叶回风口

1—铰链；2—过滤器挂钩

图 3-13　回风口

3.2.2.1 回风口的布置

空调区内的气流流型主要取决于送风射流，而回风口的位置对室内气流流型及温度、速度的均匀性影响均很小。设计时，应考虑尽量避免射流短路和产生"死区"等现象。回风口的布置应符合下列规定：

（1）除了高大空间或面积大而有较高区域温差要求的空调房间外，一般可仅在一侧布置回风口。

（2）回风口不应设在射流区内。对于侧送方式，一般设在送风口同侧下方。下部回风易使热风送下，如果采用孔板和散流器送风形成单向流流型时，回风应设在下侧。

（3）高大空间上部有一定余热量时，宜在上部增设排风口或回风口排除余热量，以减少空调区的热量。

（4）有走廊、多间的空调房间，如对消声、洁净度要求不高，室内又不排除有害气体时，可在走廊端头布置回风口集中回风；而在各空调房间内，在与走廊邻接的门或内墙下侧，也设置可调百叶栅口，走廊两端应设密闭性能较好的门。

（5）影响空调区域的局部热源，可用排风罩或排风口形式进行隔离，这时，如果排出空气的焓低于室外空气的焓，则排风口可作为回风口之一，接在回风系统的管路中。

3.2.2.2 回风口吸风速度与形式

（1）回风口的吸风速度

回风口与送风口的空气流动规律是完全不同的。送风射流以一定的角度向外扩散，引射着大量的室内空气与之混合，使射流流量随着射程的增加而不断增大。而回风量小于（最多等于）送风量，且回风气流从四面八方流向回风口，回风口的气流流动规律近似于流体力学中所述的汇流。回风口的速度场图形呈半球状，其速度与作用半径的平方成反比，可用下式表示：

$$\frac{v}{v_x}=0.75\frac{10x^2+F}{F} \tag{3-8}$$

式中：v——回风口的面风速，m/s；

v_x——距回风口 x 米处的气流中心风速，m/s；

x——距回风口的距离，m；

F——回风口有效截面面积，m²。

确定回风口的吸风速度（即面风速）时，主要考虑三个因素：一是避免靠近回风口处的风速过大，防止对回风口附近经常停留的人员造成不舒适的感觉；二是不要因为风速过大而扬起灰尘及增加噪声；三是尽可能缩小风口断面，以节约投资。回风口的最大吸风速度宜按表3-3选用。

表 3-3　回风口的最大吸风速度

回风口的位置		最大吸风速度/（m/s）
房间上部		≤4.0
房间下部	不靠近人经常停留的地点时	≤3.0
	靠近人经常停留的地点时	≤1.5
	用于走廊回风	1.0～1.5

当回风口处于空调区上部，人员活动区风速不超过 0.25 m/s，在一般常用回风口面积的条件下，从式（3-8）中可以得出回风口面风速为 4～5 m/s，且回风口面积越大，回风口的最大吸风速度应越小；当回风口处于空调区下部时，用同样的方法可得出上表中所列的有关面风速。

【例 3-1】 某一次回风空调系统，回风量为 5000 m³/h，回风口安装高度为 3.0 m，回风集中布置，确定该回风口尺寸。

【解】 回风口设于房间上部，假设回风口的吸风速度为 4 m/s，回风口有效断面系数取 0.95，则回风口尺寸为

$$F = \frac{L}{kv_0} = \frac{5000}{3600 \times 0.95 \times 4} = 0.365 \text{ m}^2$$

取回风口尺寸为 800 mm×500 mm，则回风口的实际吸风速度（即面风速）为

$$v_0 = \frac{L}{kF} = \frac{5000}{3600 \times 0.95 \times 0.8 \times 0.5} = 3.65 \text{ m/s}$$

工作区距地高度为 2 m，回风口安装高度为 3.0 m。工作区回风口距离为 $x = 3.2 = 1$ m。

由式（3-8）可计算人员活动区（工作区）平均风速为

$$v_x \leqslant \frac{v_0}{0.75 \frac{10x^2 + F}{F}} = \frac{3.65}{0.75 \times \frac{10 \times 1^2 + 0.8 \times 0.5}{0.8 \times 0.5}} = 0.19 \text{ m/s}$$

工作区风速 v_h，即回风口 x 米处的气流中心风速 $v_h = N_x < 0.25$ m/s，满足要求。因此，选取该回风口尺寸为 800 mm×500 mm 是合理的。

3.3 气流组织的形式

**气流组织
形式选择**

气流组织的流动模式取决于送风口和回风风口位置、送风口形式、送风量等因素，其中送风口（位置、形式、规格、出口风速等）是影响气流组织的主要因素。房间内空气流动模式有三种类型：① 单向流——空气流动方向始终保持不变；② 非单向流——空气流动时的方向和速度都在变化；③ 两种流态混合存在。下面介绍几种常见的风口布置方式的气流组织形式。

3.3.1 侧送风的气流组织

侧送风是空调房间中常用的一种气流组织方式。一般以贴附射流形式出现，工作区通常是回流。对于室温允许波动范围有要求的空调房间，一般能够满足区域温差的要求。因此，除了区域温差和工作区风速要求很严格以及送风射程很短，不能满足射流扩散和温差衰减要求以外，通常宜采用这种方式。

图 3-14 给出了 9 种侧送风的气流组织形式。图中 3-14a 为上侧送，同侧的下部侧回风，送风气流贴附于顶棚，工作区处于回流区中；送风与室内空气混合充分，工作区的

风速较低，温湿度比较均匀，适宜用于恒温恒湿的空调房间。图 3-14b 为上侧送风，对侧的下部回风。工作区在回流区和涡流区中，回风的污染物浓度低于工作区的浓度。图 3-14c 为上侧送风，同侧上部回风。这种气流组织形式与图 3-14a 相似。图 3-14d，e，f 的气流组织形式分别相当于图 3-14a，c 气流组织形式的并列模式，它们适用于房间宽度很大、单侧送风射流达不到对侧墙时的场合。对于高大空间的空调房间，采用前述气流组织形式需要大量送风，空调耗热量也大，因而采用在房间高度的中部位置上用百叶风口或喷口侧送的送风方式，如图 3-14g，h 所示；当送冷风时，射流向下弯曲，这种送风方式在工作区的气流组织模式基本上与图 3-14d 相似；房间上部区域温湿度不需要控制，但可进行部分排风，尤其是在热车间中，上部排风可以有效排除室内余热，有显著的节能效果。图 3-14i 是典型的水平单向流的气流组织形式，两侧都应设置起稳压作用的静压箱，使气流在房间的断面上均匀分布，这种气流组织形式用于洁净空调室中。

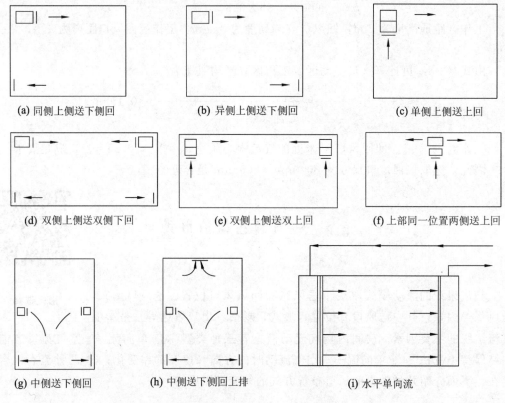

(a) 同侧上侧送下侧回 　　(b) 异侧上侧送下侧回 　　(c) 单侧上侧送上回

(d) 双侧上侧送双侧下回 　(e) 双侧上侧送双上回 　(f) 上部同一位置两侧送上回

(g) 中侧送下侧回 　(h) 中侧送下侧回上排 　(i) 水平单向流

图 3-14　侧送风的气流组织形式

图 3-15 是喷口侧送风。这种气流组织形式是大型体育馆、礼堂、剧院、通用大厅（如火车站的候车室、航站楼的候机大厅等）以及高大空间等建筑中常用的一种送风方式。由高速喷口送出的射流带动室内空气进行强烈混合的侧送方式，使射流流量成倍增加，射流截面不断扩大，速度逐渐衰减，室内形成大的回旋气流，工作区一般是回流区。由于喷口送风方式具有射程远、系统简单、投资较省的特点，因此在高大空间以及要求舒适性的空调建筑中宜采用这种送风方式。

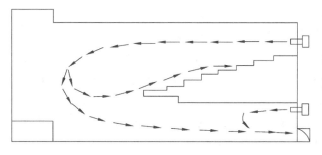

图 3-15　喷口侧送风

3.3.2 顶送风的气流组织

图 3-16 是四种典型的顶送风气流组织形式。图 3-16a 为散流器平送，顶棚回风的气流组织形式。散流器与顶棚在同一平面上，送出的气流为贴附于顶棚的射流。射流的下侧卷吸室内空气，射流在近墙下降。顶棚上的回风口应远离散流器。工作区基本上处于混合空气中。图 3-16b 为散流器向下送风，下侧回风的室内气流组织，所用散流器具有向下送风的特点。散流器出口的空气以夹角 $\theta = 20° \sim 30°$ 喷射出，在起始段不断卷吸周围空气而扩大。当相邻的射流搭接后，气流呈向下流动模式。工作区位于向下流动的气流中，在工作区上部是射流的混合区。图 3-16c 为典型的垂直单向流，送风与回风都有起稳压作用的静压箱。送风顶棚可以是孔板，下部是格栅地板，从而保证气流在横断面上速度均匀，方向一致。图 3-16d 为顶棚孔板送风，下侧部回风，与图 3-16c 不同的是，取消了格栅地板，改为一侧回风，因此不能保证完全是单向流，气流在下部偏向回风口。

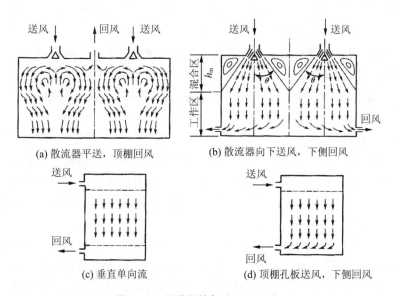

(a) 散流器平送，顶棚回风　　　　(b) 散流器向下送风，下侧回风

(c) 垂直单向流　　　　(d) 顶棚孔板送风，下侧回风

图 3-16　顶送风的气流组织形式

3.3.3　下部送风的气流组织

图 3-17 为两种典型的下部送风的气流组织图。图 3-17a 为地板送风的气流组织形式。地面需架空，下部空间用于布置送风管或直接用于送风静压箱，把空气分配到地板送风口。地板送风口可以是旋流风口（有较好的扩散性能）或是格栅式、孔板式的风口，送出的气流可以是水平贴附射流或垂直射流。射流卷吸下部的部分空气，在工作区形成许多小的混合气流。工作区内的人体和热物体（如计算机）周围的空气变热而形成热射流，卷吸周围的空气向上升，污染的热气流通过上部的回风口中排出房间。如果人体和热物体的热射流卷吸所需的空气量小于下部的送风量，则该区域内的气流保持向上流动。当到达一定高度后，卷吸所需的空气量增多而大于下部送风量时，则将卷吸顶棚返回的气流，因此上部就有回流的混合区，如图中虚线以上所示。当混合区在 1.8 m 以上时，工作区内气流近似于单向流，将可保持工作区内有较高的空气品质，但不适合用于送热风的场合。为保证工作区有近似的单向流动，地板送风口的出风速度不能太大，一般以小于 2 m/s 为宜，否则射流会把上部的热污染空气卷吸到工作区；另外，在 1.8 m 高以下的送风量应大于热物体的热射流所需卷吸的风量。地板送风的要求还有：

（1）地板送风是以较高的风速从尺寸较小的地板送风口送出，形成相对较强的空气混合。因此，其送风温度较低，但不宜低于 16 ℃，以避免足部有冷风感，且地板送风的送风口附近区域不应有人长久停留。

（2）地板送风在房间内产生垂直温度梯度和空气分层。典型的空气分层分为三个区域：第一个区域为低区（混合区），此区域内送风空气与房间空气混合，射流末端速度为 0.25 m/s；第二个区域为中区（分层区），此区域内房间温度梯度呈线性分布；第三个区域为高区（混合区），此区域内房间热空气停止上升，风速很低。一旦房间内空气上升到分层区以上时，就不会再进入分层区以下的区。

热分层控制的目的是在满足人员活动区的舒适度和空气质量要求下，减少空调区的送风量，降低系统输配能耗，以达到节能的目的。热分层主要受送风量和室内冷负荷之间的平衡关系影响，设计时应将热分层高度维持在室内人员活动区以上，一般为1.2～1.8 m。

（3）地板静压箱分为有压静压箱和零压静压箱。有压静压箱应具有良好的密封性，当大量的不受控制的空气泄漏时，会影响空调区的气流流态。地板静压箱与非空调区之间的建筑构件，如楼板、外墙等，应有良好的保温隔热处理，以减少送风温度的变化。

（4）设计中，要避免地板送风与其他气流组织形式用于同一空调区，因为其他气流组织形式会破坏房间内的空气分层。

图 3-17b 是下部低速侧送的气流组织形式，又称为置换通风，是将经处理或未处理的空气以低风速、低紊流度、小温差的方式直接送入室内人员活动区的下部。送风口速度很低，一般约为 0.3 m/s。送入室内的空气先在地面上均匀分布，随后流向热源（人或设备）形成热气流以烟羽的形式向上流动，并在室内的上部空间形成滞留层。从滞留层将室内的余热和污染物排出。送风气流将不断补充、置换上升的热气流，形成接近单向的向上气流。置换通风的竖向气流流型是以浮力为基础，室内污染物在热浮力的作用

下向上流动。在上升的过程中，热烟羽卷吸周围空气，流量不断增大。在热力作用下，室内空气出现分层现象。置换通风在稳定状态时，室内空气在流态上分上下两个不同区域，即上部紊流混合区和下部单向流动区。下部区域内没有循环气流，接近置换气流，而上部区域内有循环气流。两个区域分层界面的高度取决于送风量、热源特性及其在室内分布情况。设计时，应控制分层界面的高度在人员活动区以上，以保证人员活动区的空气质量和热舒适性。置换通风的要求还有：

（1）房间净高（室内吊顶高度）不宜过低，宜大于 2.7 m，否则会影响室内空气的分层。

（2）由于置换通风的送风温度较高，不宜低于 18 ℃，其所负担的冷负荷一般不宜太大，空调区的单位面积冷负荷不宜大于 120 W/m²。否则需要加大送风量，增加送风口面积，这对风口的布置不利。

（3）根据置换通风的原理，污染气体靠热浮力作用向上排出，当污染源不是热源时，污染气体不能有效排出；污染气体的密度较大时，污染气体会滞留在下部空间，也无法保证污染气体的有效排出。也就是说，置换通风的污染源宜为热源，且污染气体密度较小。

（4）垂直温差是一个重要的局部热不舒适控制性指标，对置换通风等系统设计时更加重要。根据美国相关研究，取室内人员的头部高度（1.1 m）到脚部高度（0.1 m）由于垂直温差引起的局部热不舒适的不满意度（PPD）为≤5%，计算得到空气垂直温差不宜大于 3 ℃。PPD 的计算公式为

$$PPD = \frac{100}{1 + \exp(5.76 - 0.0856 \Delta t_{a,v})} \tag{3-9}$$

式中：$\Delta t_{a,v}$——空气垂直温差，℃。

（5）设计中，要避免置换通风与其他气流组织形式应用于同一个空调区，因为其他气流组织形式会影响置换气流的流型，无法实现置换通风。

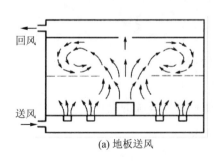 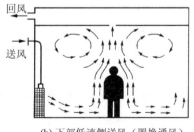

(a) 地板送风　　　　　　　(b) 下部低速侧送风（置换通风）

图 3-17　下部送风的室内气流组织

下部送风适宜用于计算机房、办公室、会议室、观众厅等场合。下部送风除了上述两种形式外，还有座椅送风方案，即在座椅下或椅背处送风，如图 3-18 所示，这种下部送风的气流组织形式通常用于影剧院、体育馆的观众厅。

图 3-18　座椅送风

3.4　气流组织的设计计算

气流组织设计的目的是布置风口、选择风口规格、校核室内气流速度、温度等。

气流组织设计一般需要的已知条件包括房间总送风量、房间长度、房间宽度、房间净高、送风温度、房间工作区温度、送风温差。气流组织设计计算中常用的符号说明如下：

ρ——空气密度，取 $1.2\ \mathrm{kg/m^3}$。

c_p——空气比定压热容，取 $1.01\ \mathrm{kJ/(kg\cdot ℃)}$。

L_0——房间总送风量，$\mathrm{m^3/s}$。

L——房间长度，m。

W——房间宽度，m。

H——房间净高，m。

x——要求的气流贴附长度，m；x 一般取沿送风方向的房间长度减去 0.5 m。

t_0——送风温度，℃。

t_n——房间内温度，℃。

Δt_0——送风温差，℃。

F_n——每个风口所管辖的房间的横截面面积，$\mathrm{m^2}$。

$\sqrt{F_n}/d_0$——射流自由度，表示受限的程度用。

d_0——风口直径，当为矩形风口时，按面积折算成圆的直径，m。

$$d_0 = 1.128\sqrt{F_0} \tag{3-10}$$

F_0——风口的面积，$\mathrm{m^2}$。

下面就主要的几种气流组织形式阐述它们的设计方法。

3.4.1　侧送风设计计算

3.4.1.1　气流流型

除了高大空间中侧送风气流可以看作自由射流外，大部分房间的侧送风气流（见图 3-14a～f）都是受限射流——射流的边界受到房间

百叶风口
侧送风设计

顶棚、墙等限制。射流受限的程度用射流自由度$\sqrt{F_n}/d_0$来表示。

侧送方式的气流流型宜设计为贴附射流，在整个房间截面内形成一个大的回旋气流，也就是使射流有足够的射程能够送到对面墙（对双侧送风方式，要求能送到房间的一半），整个工作区为回流区，避免射流中途进入工作区。侧送贴附射流流型，如

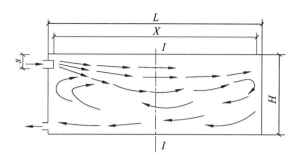

图 3-19　侧送贴附射流流型

图 3-19 所示。这样设计流型可使射流有足够的射程，在进入工作区前其风速和温差可以充分衰减，工作区达到较均匀的温度和速度，使整个工作区为回流区，可以减小区域温差。因此，在空调房间中通常设计这种贴附射流流型。

3.4.1.2　风口的选择与布置

设计中，根据不同的室温允许波动范围的要求，选择不同结构的侧送风口，以满足现场运行调节的要求。侧送风口形式较多，可参照厂家产品样本选用，宜采用百叶、条缝型等风口。

在布置送风口时，风口应尽量靠近顶棚，使射流贴附顶棚。另外，为了不使射流直接进入工作区，需要一定的射流混合高度，因此侧送风的房间净高不得低于如下高度：

$$H' = h + 0.07x + s + 0.3 \qquad (3-11)$$

式中：H'——侧送风的最低房间净高，m；

　　　h——工作区高度（一般取 1.8～2.0 m），m；

　　　s——送风口下缘到顶棚的距离（见图 3-19），m；

　　　0.3——安全系数。

3.4.1.3　侧送风气流组织的设计步骤

（1）室温允许波动范围大于或等于 ±1 ℃的空调侧送方式的计算

设计步骤如下：

1）根据允许的射流温度衰减值，求出最小相对射程

在空调房间内，送风温度与室内温度有一定温差，射流在流动过程中，不断掺混室内空气，其温度逐渐接近室内温度。因此，要求射流的末端温度与室内温度之差 Δt_x 小于要求的室温允许波动范围。射流温度衰减与射流自由度、紊流系数、射程有关，对于室内温度波动允许大于 1 ℃的空调房间，射流末端的 Δt_x 可为 1 ℃左右，此时可认为射流温度衰减只与射程有关。中国建筑科学研究院通过对受限空间非等温射流的实验研究，提出温度衰减的变化规律，见表 3-4 所列。

表 3-4　受限射流温度衰减规律

x/d_0	2	4	6	8	10	15	20	25	30	40
$\Delta t_x/\Delta t_0$	0.54	0.38	0.31	0.27	0.24	0.18	0.14	0.12	0.09	0.04

注：① Δt_x 为射流处的温度 t_x 与工作区温度 t_n 之差；Δt_0 为送风温差。

　　② 试验条件：$\sqrt{F_n}/d_0 = 21.2 \sim 27.8$。

风口的射程也可查阅厂家产品样本，表 3-5 列出了某厂家双层百叶风口规格与性能参数。表中 A、B、C、D 为四种不同的吹出角度，吹出角度与气流分布的关系如图 3-20 所示。

表 3-5　双层百叶风口规格与性能参数

规格/mm				100×100		100×150		100×200 150×150		100×250		100×300 150×200		100×400 200×200	
颈部风速/(m/s)	吹出角度	全压损失/mmH₂O	静压损失/mmH₂O	风量/(m³/h)	射程/m	风量/(m³/h)	射程/m	风量/(m³/h)	射程/m	风量/(m³/h)	射程/m	风量/(m³/h)	射程/m	风量/(m³/h)	射程/m
2	A	0.53	0.28	72	1.71	110	2.08	140	2.42	180	2.69	220	2.94	250	3.41
	B	0.75	0.50		1.19		1.45		1.68		1.87		2.05		2.37
	C	0.90	0.66		0.95		1.16		1.34		1.50		1.64		1.90
	D	1.19	0.94		0.71		0.87		1.01		1.12		1.23		1.42
3	A	1.18	0.63	108	2.23	165	2.82	210	3.26	270	3.63	330	3.98	375	4.61
	B	1.68	1.13		1.66		2.03		2.36		2.62		2.87		3.32
	C	2.03	1.48		1.32		1.61		1.87		2.08		2.28		2.64
	D	2.67	2.12		0.98		1.39		1.39		1.55		1.70		1.97
4	A	2.11	1.13	144	2.63	220	3.22	280	3.73	360	4.15	440	4.45	500	5.27
	B	2.99	2.01		2.03		2.48		2.88		3.20		3.51		4.07
	C	3.61	2.63		1.58		1.93		2.24		2.49		2.73		3.16
	D	4.74	3.76		1.16		1.42		1.65		1.83		2.02		2.33
5	A	3.29	1.76	180	2.83	275	3.45	350	4.00	450	4.45	550	4.88	625	5.65
	B	4.67	3.14		2.28		2.79		3.23		3.60		3.94		4.57
	C	5.65	4.10		1.76		2.15		2.50		2.78		3.04		3.53
	D	7.41	5.88		1.30		1.59		1.84		1.84		2.24		2.60

规格/mm				100×350 150×250		100×450 150×300		100×500 100×550 150×350 200×250		100×600 100×650 150×400 200×300 250×250		100×700 100×750 150×450 150×500 200×350 250×300		100×800 150×550 200×400 250×350	
颈部风速/(m/s)	吹出角度	全压损失/mmH₂O	静压损失/mmH₂O	风量/(m³/h)	射程/m	风量/(m³/h)	射程/m	风量/(m³/h)	射程/m	风量/(m³/h)	射程/m	风量/(m³/h)	射程/m	风量/(m³/h)	射程/m
2	A	0.53	0.28	290	3.19	320	3.61	380	3.91	430	4.17	540	4.59	580	4.89
	B	0.75	0.50		2.22		2.51		2.72		2.90		3.19		3.40
	C	0.90	0.66		1.77		2.01		2.18		2.32		2.55		2.72
	D	1.19	0.94		1.33		1.51		1.63		1.74		1.92		2.04
3	A	1.18	0.63	435	4.30	480	4.88	570	5.28	645	5.63	810	6.20	870	6.61
	B	1.68	1.13		3.10		3.51		3.81		4.06		4.47		4.76
	C	2.03	1.48		2.47		2.80		3.03		3.23		3.56		3.79
	D	2.67	2.12		1.84		2.08		2.25		2.40		2.64		2.82
4	A	2.11	1.13	580	4.92	640	5.57	760	6.03	860	6.43	1080	7.08	1160	7.55
	B	2.99	2.01		3.80		4.30		4.66		4.97		5.47		5.83
	C	3.61	2.63		2.95		3.35		3.63		3.86		4.26		4.54
	D	4.74	3.76		2.17		2.46		2.67		2.84		3.13		3.34
5	A	3.29	1.76	725	5.28	800	5.98	950	6.48	1075	6.90	1350	7.60	1450	8.10
	B	4.67	3.14		4.26		4.83		5.23		5.58		6.14		6.54
	C	5.65	4.10		3.29		3.73		4.04		4.31		4.74		5.05
	D	7.41	5.88		2.43		2.75		2.98		2.84		3.50		3.73

规格/mm				100×850 100×900 150×600 200×450 300×300		100×1000 150×650 150×700 200×500 300×350		150×750 150×800 200×550 300×400 200×600		150×850 150×900 200×650 250×500 250×550		150×1000 200×700 200×750 250×600 300×500		200×800 200×850 250×650 300×550	
颈部风速/(m/s)	吹出角度	全压损失/mmH₂O	静压损失/mmH₂O	风量/(m³/h)	射程/m	风量/(m³/h)	射程/m	风量/(m³/h)	射程/m	风量/(m³/h)	射程/m	风量/(m³/h)	射程/m	风量/(m³/h)	射程/m
2	A	0.53	0.28	650	5.12	720	5.53	860	5.90	960	6.27	1080	6.60	1200	6.92
	B	0.75	0.50		3.56		3.84		4.11		4.36		4.59		4.81
	C	0.90	0.66		2.85		3.07		3.28		3.49		3.67		3.85
	D	1.19	0.94		2.14		2.31		2.46		2.61		2.75		2.88
3	A	1.18	0.63	975	6.92	1080	7.47	1290	7.98	1440	8.48	1620	8.91	1800	9.34
	B	1.68	1.13		4.98		5.38		5.75		6.10		6.42		6.73
	C	2.03	1.48		3.97		4.28		4.57		4.86		5.11		5.36
	D	2.67	2.12		2.95		3.18		3.40		3.61		3.80		3.98
4	A	2.11	1.13	1300	7.90	1440	8.53	1720	9.11	1920	9.67	2160	10.18	2400	10.67
	B	2.99	2.01		6.10		6.59		7.04		7.47		7.87		8.24
	C	3.61	2.63		4.75		5.12		5.47		5.81		6.12		6.41
	D	4.74	3.76		3.49		3.77		4.03		4.27		4.50		4.72
5	A	3.29	1.76	1625	8.48	1800	9.15	2150	9.78	2400	10.38	2700	10.93	3000	11.45
	B	4.67	3.14		6.85		7.39		7.90		8.38		8.83		9.25
	C	5.65	4.10		5.29		5.71		6.10		6.47		6.82		7.14
	D	7.41	5.88		3.90		4.21		4.50		4.77		5.03		5.27

规格/mm				200×900 250×700 250×750 300×600 300×650		200×1000 250×800 300×700		250×850 250×900 300×750 300×800		250×1000 300×850		300×900		300×1000	
颈部风速/(m/s)	吹出角度	全压损失/mmH₂O	静压损失/mmH₂O	风量/(m³/h)	射程/m	风量/(m³/h)	射程/m	风量/(m³/h)	射程/m	风量/(m³/h)	射程/m	风量/(m³/h)	射程/m	风量/(m³/h)	射程/m
2	A	0.53	0.28	1300	7.83	1500	7.63	1600	8.08	1800	8.52	2000	8.85	2200	9.33
	B	0.75	0.50		5.13		5.30		5.62		5.92		6.15		6.49
	C	0.90	0.66		4.11		4.24		4.49		4.74		4.92		5.19
	D	1.19	0.94		3.18		3.18		3.37		3.55		3.69		3.89
3	A	1.18	0.63	1950	9.98	2250	10.30	2400	10.90	2700	11.51	3000	11.95	3300	12.61
	B	1.68	1.13		7.19		7.42		7.86		8.29		8.61		9.08
	C	2.03	1.48		5.72		5.91		6.26		6.60		6.86		7.23
	D	2.67	2.12		4.25		4.39		4.45		4.91		5.10		5.38
4	A	2.11	1.13	2600	11.39	3000	11.77	3200	12.47	3600	13.41	4000	14.40	4400	
	B	2.99	2.01		8.80		9.09		9.63		10.15		10.55		11.12
	C	3.61	2.63		6.85		7.07		7.49		7.90		8.20		8.65
	D	4.74	3.76		5.04		5.20		5.51		5.81		6.04		6.37
5	A	3.29	1.76	3250	12.23	3750	12.63	4000	13.38	4500	14.10	5000	14.65	5500	15.45
	B	4.67	3.14		9.88		10.20		10.81		11.39		11.84		12.48
	C	5.65	4.10		7.63		7.88		8.35		8.80		9.14		9.64
	D	7.41	5.88		5.62		5.81		6.15		6.49		6.74		7.11

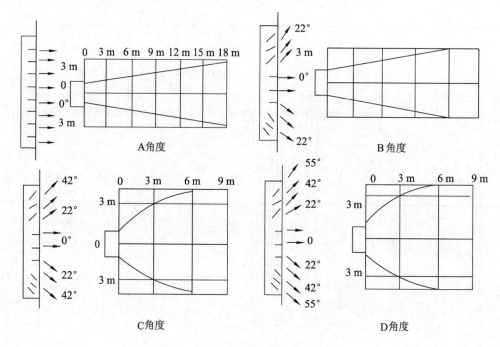

图 3-20　吹出角度与气流分布关系

2) 计算风口的最大允许直径 $d_{0,max}$

根据射流的实际所需贴附长度和最小相对射程，计算风口允许的最大直径 $d_{0,max}$，从风口样本中预选风口的规格尺寸。对于非圆形的风口，采用式（3-10）按面积折算为风口直径。

从厂家产品样本表 3-5 中预选风口的规格尺寸，需满足 $d_0 \leqslant d_{0,max}$。

3) 选取送风速度 v_0，计算各风口送风量

送风速度 v_0 如果取较大值，对射流温差衰减有利，但会造成回流平均风速，即要求的工作区风速 v_h 太大。v_h 与 v_0 及 $\sqrt{F_n}/d_0$ 有关，可用式（3-12）表达。

$$\frac{v_h}{v_0}\sqrt{F_n}/d_0 = 0.65 \tag{3-12}$$

工作区风速 v_h 的要求有：

① 舒适性空调，人员长期逗留区域供热工况风速不宜大于 0.2 m/s；热舒适度等级 Ⅰ 级时供冷工况风速不宜大于 0.25 m/s，热舒适度等级 Ⅱ 级时供冷工况风速不宜大于 0.3 m/s。

② 舒适性空调，人员短期逗留区域供冷工况风速不宜大于 0.5 m/s，供热工况风速不宜大于 0.3 m/s。

③ 工艺性空调，人员活动区的风速，供热工况时，不宜大于 0.3 m/s，供冷工况时，宜采用 0.2～0.5 m/s。

为了防止送风口产生噪声，建议送风速度采用 $v_0 = 2～5$ m/s；当 $v_h = 0.25$ m/s 时，其最大允许送风速度列于表 3-6。

表 3-6　最大允许送风速度

射流自由度 $\sqrt{F}/d_0$	5	6	7	8	9	10	11	12	13	15	20	25	30
最大允许送风速度 $v_0/$ (m/s)	1.81	2.17	2.54	2.88	3.26	3.62	4.0	4.35	4.71	5.4	7.2	9.8	10.8
建议采用 $v_0/$ (m/s)	2.0				3.5				5.0				

确定送风速度后，即可得到送风口的送风量为

$$L_0 = K v_0 \frac{\pi}{4} d_0{}^2 \qquad (3-13)$$

式中：K——风口有效面积系数，即实际有效风口面积和风口面积之比，可根据实际确定；一般送风口取 0.95，双层百叶为 0.70～0.82，百叶窗和防雨百叶风口约为 0.6。

4）计算送风口数量 n 与实际送风速度 $v_0{}'$

送风口数量

$$n = \frac{L_0}{l_0} \qquad (3-14)$$

实际送风速度

$$v_0{}' = \frac{L_0/n}{\frac{\pi}{4} d_0{}^2} \qquad (3-15)$$

5）校核送风速度

根据房间的宽度 W 和风口数量 n，计算出射流服务区断面面积 F_n 为

$$F_n = \frac{WH}{n} \qquad (3-16)$$

由此可计算出射流自由度 $\sqrt{F_n}/d_0$，由式（3-12）可知，当工作区允许风速为 0.2～0.3 m/s 时，允许的风口最大出风风速为

$$v_{0,\max} = \frac{v_h}{0.65}\sqrt{F_n}/d_0 = (0.31 \sim 0.46)\sqrt{F_n}/d_0 \qquad (3-17)$$

如果实际出风风速 $v_0 \leqslant v_{0,\max}$，则认为合适；如果 $v_0 > v_{0,\max}$，则表明回流区平均风速超过规定值，超过太多时，应重新设置风口数量和尺寸，重新计算。

6）校核射流贴附长度

贴附射流的贴附长度主要取决于阿基米德数 Ar，Ar 可按式（3-5）计算。Ar 数愈小，射流贴附的长度愈长；Ar 数愈大，贴附射程愈短。中国建筑科学研究院空气调节研究所通过实验，给出阿基米德数与相对射程之间的关系，见表 3-7。

表 3-7　射流贴附长度

Ar（$\times 10^{-3}$）	0.2	1.0	2.0	3.00	4.0	5.0	6.0	7.0	9.0	11	13
x/d_0	80	51	40	35	32	30	28	26	23	21	19

从表 3-7 中查出与阿基米德数对应的相对射程，便可求出实际的贴附长度。若实际贴附长度大于或等于要求的贴附长度，则设计满足要求；若实际的贴附长度小于要求的贴附长度，则需重新设置风口数量和尺寸，重新计算。

【例 3-2】　已知房间的尺寸为 $L = 6$ m，$W = 21$ m，净高 $H = 3.5$ m；房间的高度

符合侧送风条件；总送风量 $L_0 = 3000$ m³/h，送风温度 $t_0 = 20$ ℃，工作区温度 $t_n = 26$ ℃。试进行气流组织设计。

【解】 $L_0 = 3000$ m³/h $= 0.83$ m³/s

Ⅰ. 取 $\Delta t_x = 1$ ℃，因此 $\Delta t_x / \Delta t_0 = 1/6 = 0.167$ ℃。由表 3-4 查得射流最小相对射程 $x/d_0 = 15 + 5 \times (0.18 - 0.167) / (0.18 - 0.14) = 16.6$。

Ⅱ. 设在墙一侧靠顶棚安装风管，风口离墙为 1.2 m，则射流的实际射程为 $x = 6 - 1.2 - 0.5 = 4.3$ m。由最小相对射程求得送风口最大直径 $d_{0,max} = 4.3/16.6 = 0.26$ m。选用双层百叶风口，规格为 100 mm × 450 mm。根据式（3-10）计算风口面积当量直径 d_0。

$$d_0 = 1.128\sqrt{F_0} = 1.128 \times \sqrt{0.1 \times 0.45} = 0.24 \text{ m}$$

Ⅲ. 取 $v_0 = 3$ m/s，$K = 0.8$，计算每个送风口的送风量 l_0

$$l_0 = Kv_0 \frac{\pi}{4} d_0^2 = 0.8 \times 3 \times \frac{\pi}{4} 2.4^2 = 0.11 \text{ m}^3/\text{s}$$

Ⅳ. 计算送风口数量

$$n = \frac{L_0}{l_0} = \frac{0.83}{0.11} = 7.54 \text{ 个，取 8 个}$$

从而实际的风口送风速度：

$$v_0' = \frac{\dfrac{L_0}{n}}{\dfrac{\pi}{4} d_0^2} = \frac{\dfrac{0.83}{8}}{\dfrac{\pi}{4} 0.24^2} = 2.29 \text{ m/s}$$

Ⅴ. 校核送风速度

射流服务区断面积：$F_n = \dfrac{WH}{n} = \dfrac{21 \times 3.5}{8} = 9.19$ m²

射流自由度：$\sqrt{F_n}/d_0 = \sqrt{9.19}/0.24 = 12.63$

若以工作区风速不大于 0.3 m/s 为标准，则

$$v_{0,max} = 0.46\sqrt{F_n}/d_0 = 0.46 \times 12.63 = 5.81 \text{ m/s}$$

$v_0 = 2.29$ m/s $< v_{0,max} = 5.81$ m/s，可以达到回流区平均风速 ≤0.3 m/s 的要求。

Ⅵ. 校核射流贴附长度

根据式（3-5）有

$$Ar = \frac{gd_0 \Delta t_0}{v_0^2 T_n} = \frac{9.81 \times 0.24 \times (26-20)}{2.29^2 \times (273+6)} = 0.01$$

从表 3-7 可查得，相对贴附射程为 21。因此，贴附射程为 $21 \times 0.24 = 5.04$ m > 4.3 m，满足要求。

（2）室温允许波动范围小于 ±1 ℃ 的空调侧送方式的计算

由于室温允许波动范围有一定要求，宜根据设计要求进行计算，为了满足现场运行调节要求，一般采用可调的三层矩形百叶送风口。

设计步骤如下：

① 确定送风速度 v_0 和自由度 $\sqrt{F_n}/d_0$

先假设 v_0，用式（3-18）算出 $\sqrt{F_n}/d_0$，查表 3-6 得 v_0'，如果与假设 v_0 不一致，重新假设 v_0，直至两者相接近为止。

$$\frac{\sqrt{F_n}}{d_0}=0.89\sqrt{\frac{WHv_0K}{L_0}} \tag{3-18}$$

上式是在空气密度 $\rho=1.2\,kg/m^3$，比热容 $c=kJ/(kg\cdot\text{℃})$ 的条件下推得的，F_n 取整个房间的横截面面积。

② 计算送风口个数 n

$$n=\frac{WH}{\left(\dfrac{ax}{\bar{x}}\right)^2} \tag{3-19}$$

式中：a——风口的紊流系数，对国产双层百叶风口可取为 0.14，具体可查看有关样本。

无因次距离 $\bar{x}$ 由如下拟合公式计算：

$$\bar{x}=0.5433e^{-0.4545\frac{\Delta t_x}{\Delta t_0}\frac{\sqrt{F_n}}{d_0}} \tag{3-20}$$

③ 确定送风口面积 F_0 和尺寸

由式（3-21）求出送风口面积 F_0，由式（3-10）求出风口直径 d_0，并确定送风口尺寸。

$$F_0=\frac{L_0}{Kv_0n} \tag{3-21}$$

④ 贴附长度（射程）校核计算

用式（3-5）算出 Ar 数，由表 3-7 查得 x/d_0，求出贴附长度 x。如果大于要求贴附长度，则满足要求；如果不符合要求，则重新选取 v_0，重新计算，直至满足贴附长度的要求为止。

【例 3-3】 已知房间的尺寸为 $L=6\,m$，$W=3.6\,m$，净高 $H=3.2\,m$；房间的高度符合侧送风条件；总送风量 $L_0=500\,m^3/h$，工作区温度 $t_n=(20\pm0.2)\text{℃}$，工作区温度 $\Delta t_0=3\,\text{℃}$。试进行气流组织设计。

【解】 $L_0=500\,m^3/h=0.14\,m^3/s$

Ⅰ. 假设 $v_0=5\,m/s$，用式（3-18）计算 $\sqrt{F_n}/d_0$，K 取 0.95

$$\frac{\sqrt{F_n}}{d_0}=0.89\sqrt{\frac{WHv_0K}{L_0}}=0.89\sqrt{\frac{3.6\times3.2\times5\times0.95}{0.14}}=17.59$$

查表 3-6，$v_0=5\,m/s$，与假设一致。

Ⅱ. 计算送风口个数 n

$\Delta t_x=0.1\,\text{℃}$，$\Delta t_0=3\,\text{℃}$，从而

$$\bar{x}=0.5433e^{-0.4545\frac{\Delta t_x}{t_0}\frac{\sqrt{F_n}}{d_0}}=0.5433e^{-0.4545\times\frac{0.1}{3}\times17.59}=0.42$$

取 $a=0.14$，得

$$n=\frac{WH}{\left(\dfrac{ax}{\bar{x}}\right)^2}=\frac{3.6\times3.2}{\left(\dfrac{0.14\times5}{0.42}\right)^2}=4.1\,\text{个，取 4 个}$$

Ⅲ. 用式（3-21）和式（3-10）求出送风口面积 F_0 和直径 d_0，确定送风口尺寸

$$F_0 = \frac{L_0}{K v_0 n} = \frac{0.14}{0.95 \times 5 \times 4} = 0.0074$$

据此选用风口尺寸 160 mm×50 mm，实际 $F_0 = 0.008$ m²。

实际送风速度：$v_0 = \dfrac{L_0}{K F_0 n} = \dfrac{0.14}{0.95 \times 0.008 \times 4} = 4.6$ m/s

Ⅳ. 校核贴附长度

$$Ar = \frac{g d_0 \Delta t_0}{v_0^2 T_n} = \frac{9.81 \times 0.1 \times 3}{4.6^2 \times (273+20)} = 0.00047$$

从表 3-7 查得，$x/d_0 = 70$，$x = 70 \times 0.1 = 7$ m。

要求贴附长度：$6 - 1.2 - 0.5 = 4.3$ m，$x = 70 \times 0.1 = 7$ m > 4.3 m，满足要求。

3.4.2　散流器送风的设计计算

散流器送风有平送和下送两种典型的送风方式，此处仅讨论平送风方式。

散流器
送风设计

3.4.2.1　风口的选择与布置

散流器应根据厂家产品样本选取。气流流型为平送贴附射流，有盘式散流器、圆形直片式散流器和方形片式散流器。设计顶棚密集布置散流器下送时，散流器形式应为流线形。

根据空调房间的大小和室内所要求的参数，选取散流器个数。一般按对称布置或梅花形布置（见图 3-21），梅花形布置时每个散流器送出气流有互补性，气流组织更为均匀。散流器布置行（列）距一般为 4～6 m。圆形或方形散流器相应送风面积的长宽比不宜大于 1：1.25。散流器中心线和侧墙的距离，一般不应小于 1 m。

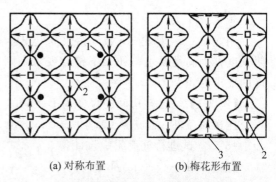

(a) 对称布置　　　　(b) 梅花形布置

1—柱；2—方形散流器；3—三面送风散流器

图 3-21　散流器平面布置图

布置散流器时，散流器之间的间距及离墙的距离，一方面应使射流有足够射程，另一方面又应使射流扩散效果好。布置时充分考虑建筑结构的特点，散流器平送方向不得有障碍物（如柱）。每个圆形或方形散流器所服务的区域最好为正方形或接近正方形。如果散流器服务区的长宽比大于 1.25，宜选用矩形散流器。如果采用顶棚回风，则回风口应布置在距散流器最远处。

3.4.2.2　散流器送风气流组织的设计步骤

散流器送风气流组织的计算主要是选用合适的散流器，使房间内风速满足设计要求。散流器射流的速度衰减方程为

$$\frac{v_x}{v_0} = \frac{k F_0^{1/2}}{x + x_0} \tag{3-22}$$

式中：x——射程（为散流器中心到风速为 0.5 m/s 处的水平距离），m；

v_x——在 x 处的最大风速，m/s；

v_0——散流器出口风速，m/s；

x_0——平送射流原点与散流器中心的距离（多层锥面散流器取 0.07 m），m；

F_0——散流器的有效流通面积，m^2；

k——送风口常数，多层锥面散流器为 1.4，盘式散流器为 1.1。

设计步骤如下：

（1）按照房间（或分区）的尺寸布置散流器，计算每个散流器的送风量。

（2）初选散流器。按表 3-8 选择适当散流器颈部风速 v_0'，层高较低或要求噪声低时，应选低风速；层高较高或噪声控制要求不高时，可选用高风速；选定风速后，进一步选定散流器规格，可参见有关样本。

表 3-8　送风颈部最大允许风速

使用场合	颈部最大风速/（m/s）
播音室	3.0～3.5
医院门诊室、病房、旅馆客房、接待室、居室、计算机房	4.0～5.0
剧场、剧场休息室、教室、音乐厅、食堂、图书馆、游艺厅、一般办公室	5.0～6.0
商店、旅馆、大剧场、饭店	6.0～7.5

选定散流器后可算出实际的颈部风速，散流器实际出口面积约为颈部面积的 90%，所以

$$v_0 = \frac{v_0'}{0.9} \qquad (3\text{-}23)$$

（3）计算射程。由式（3-22）推得：

$$x = \frac{k v_0 F_0^{1/2}}{v_x} - x_0 \qquad (3\text{-}24)$$

散流器的射程也可查风口产品样本，表 3-9 为某品牌风口的方形散流器规格及性能参数，表 3-10 为某品牌风口的圆形散流器规格及性能参数。

表 3-9　方形散流器规格及性能参数

颈部风速/(m/s)	2		3		4		5		6	
全压损失/mmH_2O	0.73		1.64		2.91		4.54		6.56	
静压损失/mmH_2O	0.97		2.19		3.89		6.07		8.77	
规格/mm	风量/（m³/h）	射程/m	风量/（m³/h）	射程/m	风量/（m³/h）	射程/m	风量/（m³/h）	射程/m	风量/（m³/h）	射程/m
120×120	105	0.74	155	1.01	210	1.31	260	1.54	310	1.73
180×180	235	1.12	350	1.52	470	1.97	585	2.31	700	2.60
240×240	415	1.49	625	2.03	830	2.63	1040	3.09	1245	3.47
300×300	650	1.86	975	2.54	1300	3.29	1620	3.86	1945	4.34
360×360	935	2.23	1400	3.05	1987	3.94	2335	4.63	2800	5.20
420×420	1270	2.61	1905	3.56	2540	4.60	3175	5.40	3810	6.07
480×480	1660	2.98	2490	4.07	3320	5.26	4150	6.18	4980	6.94

规格/mm	风量/(m³/h)	射程/m	风量/(m³/h)	射程/m	风量/(m³/h)	射程/m	风量/(m³/h)	射程/m	风量/(m³/h)	射程/m
540×540	2100	3.35	3150	4.57	4200	5.91	5250	6.94	6300	7.80
600×600	2595	3.72	3890	5.08	5185	6.57	6480	7.72	7780	8.67

表 3-10 圆形散流器规格及性能参数

颈部风速/(m/s)	2		3		4		5		6	
全压损失/mmH₂O	0.73		1.64		2.91		4.54		6.56	
静压损失/mmH₂O	0.97		2.19		3.89		6.07		8.77	
规格/mm	风量/(m³/h)	射程/m	风量/(m³/h)	射程/m	风量/(m³/h)	射程/m	风量/(m³/h)	射程/m	风量/(m³/h)	射程/m
12#（φ129）	90	0.58	140	0.81	190	1.17	240	1.46	280	1.73
15#（φ154）	130	0.69	200	0.97	270	1.40	340	1.74	400	2.06
20#（φ205）	240	0.92	360	1.29	480	1.87	590	2.32	710	2.75
25#（φ257）	370	1.16	560	1.62	750	2.34	930	2.90	1120	3.44
30#（φ308）	540	1.39	800	1.94	1070	2.80	1340	3.48	1610	4.13
35#（φ356）	720	1.60	1080	2.24	1430	3.24	1790	4.02	2150	4.77
40#（φ406）	930	1.83	1409	2.56	1860	3.69	2330	4.59	2800	5.44
45#（φ457）	1180	2.06	1770	2.88	2360	4.16	2950	5.16	3540	6.12
50#（φ508）	1460	2.29	2190	3.2	2920	4.62	3650	5.72	4380	6.81

（4）校核工作区的平均速度。工作区平均风速 v_m（m/s）与房间大小、射流的射程有关，可按下式计算：

$$v_m = \frac{0.381x}{(L^2/4 + H^2)^{1/2}} \tag{3-25}$$

式中：L——散流器服务区边长，m；当两个方向长度不等时，可取平均值。

H——房间净高，m。

x——射程，m。

式（3-25）是等温射流的计算公式。送冷风时应增加 20%，送热风时减少 20%。

若 v_m 满足工作区风速要求，则认为设计合理；若 v_m 不满足工作区风速要求，则重新选择布置散流器，重新计算。

【例 3-4】 某 15 m×15 m 的空调房间，净高 3.5 m，送风量为 1.62 m³/s，试选择散流器的规格和数量。

【解】 Ⅰ.布置散流器。假定该空调房间只布置送风口，采用图 3-21a 的布置方式，初布散流器的行（列）间距均为 5 m，则可布置 9 个散流器，每个散流器承担 5 m×5 m 面积的送风任务。

Ⅱ.初选散流器。本例按 $v_0' = 3$ m/s 左右选取风口。选用颈部尺寸为 φ257 mm 的

圆形散流器，颈部面积为 $0.052\ \text{m}^2$，则颈部风速为

$$v_0' = \frac{L_0}{nF_0} = \frac{1.62}{9\times0.052} = 3.46\ \text{m/s}$$

散流器实际出口面积约为颈部面积的 90%，即 $F_0' = KF_0 = 0.052\times0.9 = 0.0468\ \text{m}^2$。

散流器出口风速 $v_0 = \dfrac{v_0'}{0.9} = \dfrac{3.46}{0.9} = 3.84\ \text{m/s}$。

Ⅲ. 按式（3-24）求射流末端速度为 $0.5\ \text{m/s}$ 的射程：

$$x = \frac{kv_0F_0^{1/2}}{v_x} - x_0 = \frac{1.4\times3.84\times0.0468^{\frac{1}{2}}}{0.5} - 0.07 = 2.26\ \text{m}$$

Ⅳ. 按式（3-25）计算室内平均速度：

$$v_m = \frac{0.381x}{(L^2/4+H^2)^{1/2}} = \frac{0.381\times2.26}{(5^2/4+3.6^2)^{1/2}} = 0.2\ \text{m/s}$$

送冷风时，$v_{m冷} = 0.2\times(1+20\%) = 0.24\ \text{m/s}>0.25\ \text{m/s}$；

送热风时，$v_{m热} = 0.2\times(1-20\%) = 0.16\ \text{m/s}>0.2\ \text{m/s}$。

无论送冷风，还是送热风，室内平均速度均符合规范要求，因此选用颈部尺寸为 $\phi 257\ \text{mm}$ 的圆形散流器，行（列）间距均按 $5\ \text{m}$ 进行对散流器进行对称布置。

3.4.3 喷口送风的设计计算

大空间空调或通风常用喷口送风，可以侧送，也可以垂直下送，喷口通常是平行布置的。当喷口相距较近时，射流达到一定射程时会互相重叠而汇合成一片气流。对于这种多股平行非等温射流的计算可采用中国建筑科学院实验研究综合的计算公式。但许多场合，多股射流在接近工作区附近重叠，为简单起见，可以利用单股自由射流计算公式进行计算。

3.4.3.1 喷口送风的气流流型

喷口下送的流型类似于散流器下送。

喷口侧送的气流流型如图 3-22 所示，空间较大时，也可采用两侧对喷的方式。

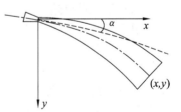

喷流的形状主要取决于喷口位置和阿基米德数 Ar，即喷口直径 d_0、喷口风速 v_0 和喷口角度 α 以及送风温差 Δt_0。回流的形状主要取决于喷流构造、建筑布置和回风口的位置。

图 3-22 喷口侧送射流的轨迹

喷口风速 v_0 的大小直接影响喷流的射程，也影响涡流区的大小：v_0 越大，射流就越远，涡流区越小。当 v_0 一定时，喷口直径 d_0 越大，射流也越远。因此，设计时应根据工程要求，选择合理的喷口风速。

当送风温度 t_0 低于室内温度 t_n 时为冷射流；当 t_0 高于 t_n 时为热射流。

喷口有圆形和扁形［高宽比（1∶10）～（1∶20）为扁风口］两种形式。圆喷口紊流系数较小，$a = 0.7$，射程较远，速度衰减也较慢，而扁喷口在水平方向扩散要比圆形快些，但在一定距离后则与圆喷口相似。

3.4.3.2 喷口侧送风气流组织的设计步骤

非等温射流的计算方法很多，世界各国所采用的计算公式基本相同，一般都是以美国的 Koestel 单股非等温（包括垂直和水平）射流计算公式为基础，通过试验得出经验系数，因而公式差别仅在实验系数和指数上有所不同。喷口送风冷射流轨迹如图 3-22 所示。

计算步骤如下：

（1）初选喷口直径 d_0、喷口倾角 α、喷口安装高度 h。

喷口直径 d_0 一般为 $0.2\sim0.8$ m；喷口倾角 α 按计算确定，一般冷射流时 $\alpha=0\sim15°$，热射流时 $\alpha>15°$；喷口位置装高度 h 应根据工程具体要求而确定：h 太小，射流会直接进入工作区，影响舒适程度；太大也不适宜。对于一些高大公共建筑，h 一般为 $6\sim10$ m。

（2）计算相对落差 y/d_0 和相对射程 x/d_0。

（3）根据要求达到的气流射程 x 和垂直落差 y，按下列公式计算阿基米德数 Ar。

① 当 $\alpha=0$ 且送冷风时

$$Ar=\frac{y/d_0}{(x/d_0)^2\left(0.51\dfrac{ax}{d_0}+0.35\right)} \tag{3-26}$$

② 当 α 角向下且送冷风时

$$Ar=\frac{y/d_0-(x/d_0)\tan\alpha}{\left(\dfrac{x}{d_0\cos\alpha}\right)^2\left(0.51\dfrac{ax}{d_0\cos\alpha}+0.35\right)} \tag{3-27}$$

③ 当 α 角向下且送热风时

$$Ar=\frac{(x/d_0)\tan\alpha-y/d_0}{\left(\dfrac{x}{d_0}\cos\alpha\right)^2\left(0.51\dfrac{ax}{d_0\cos\alpha}+0.35\right)} \tag{3-28}$$

式中：a——喷口的紊流系数。对于带收缩口的圆喷口，$a=0.7$；对圆柱形喷口 $a=0.8$。

（4）计算送风速度 v_0。

根据阿基米德数定义式（3-5），有

$$v_0=\sqrt{\frac{gd_0\Delta t_0}{Ar(273+t_n)}} \tag{3-29}$$

计算出的 v_0 如在 $4\sim10$ m/s 范围内是适宜的；若 $v_0>10$ m/s 时，应重新假设 d_0 或 α 值重新计算，直到合适为止。

（5）根据 d_0、v_0、L_0 计算喷口的个数。

$$n=\frac{L_0}{l_0}=\frac{L_0}{\dfrac{\pi}{4}d_0^2v_0} \tag{3-30}$$

计算出的 n 值取整后，可计算出实际的送风速度 v_0。

（6）计算射流末端轴心速度 v_x 和射流平均风速 v_p。

$$v_x=\frac{0.48v_0}{\dfrac{ax}{d_0}+0.145} \tag{3-31}$$

$$v_p = \frac{1}{2} v_x \tag{3-32}$$

v_p 应当满足工作区的风速要求，若 v_p 不满足要求，也应重新选取 d_0 或 α，重新计算。

【例 3-5】 已知房间的尺寸为长 $L = 15$ m，宽 $W = 20$ m，高 $H = 7$ m；要求夏季室内温度 28 ℃，送风温差 $\Delta t_0 = 8$ ℃，总送风量 $L_0 = 10000$ m³/h，采用安装在 6 m 高的圆喷口单侧侧送，回风方式为下回风。试进行喷口的设计计算。

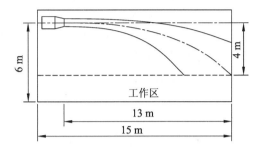

图 3-23 **【例 3-5】** 例题示意图

【解】 Ⅰ．设 $d_0 = 0.25$，$\alpha = 0$，工作区高度为 2 m，喷口安装位置如图 3-23 所示，从而有 $x = 13$ m，$y = 4$ m。

Ⅱ．计算相对落差 y/d_0 和相对射程 x/d_0：

$$\frac{y}{d_0} = \frac{4}{0.25} = 16, \frac{x}{d_0} = \frac{13}{0.25} = 52$$

Ⅲ．计算阿基米德数 Ar：

因为 $\alpha = 0$，所以采用式（3-26）计算可得

$$Ar = \frac{y/d_0}{(x/d_0)^2 \left(0.51 \frac{ax}{d_0} + 0.35\right)} = \frac{16}{52^2 \left(0.51 \times \frac{0.07 \times 13}{0.25} + 0.35\right)} = 0.0015$$

Ⅳ．计算送风速度 v_0：

根据式（3-29）有：

$$v_0 = \sqrt{\frac{g d_0 \Delta t_0}{Ar (273 + t_n)}} = \sqrt{\frac{9.81 \times 0.25 \times 8}{0.0015 \times (273 + 28)}} = 6.6 \text{ m/s}$$

该送风速度合适。

Ⅴ．计算风口的个数：

$$L_0 = 10000 \text{ m}^3/\text{h} = 2.8 \text{ m}^3/\text{s}$$

$$n = \frac{L_0}{\frac{\pi}{4} d_0^2 v_0} = \frac{2.8}{\frac{\pi}{4} \times 0.25^2 \times 6.6} = 8.6 \text{ 个，取 9 个}$$

实际送风速度 $v_0 = 6.34$ m/s。

Ⅵ．计算射流末端轴心速度 v_x 和射流平均风速 v_p：

$$v_x = \frac{0.48 v_0}{\frac{ax}{d_0} + 0.145} = \frac{0.48 \times 6.34}{\frac{0.07 \times 13}{0.25} + 0.145} = 0.80 \text{ m/s}$$

$$v_p = \frac{1}{2} v_x = \frac{1}{2} \times 0.8 = 0.4 \text{ m/s}$$

满足工作区风速要求。

3.4.3.3　喷口送风设计中应当注意的问题

（1）喷口送风适用于具有下列特点的建筑物的空调。

① 建筑高大，高度一般在6 m以上。

② 由于喷口送风具有射程远、系统简单和投资较省的特点，因此，在要求舒适性空调的公共建筑中，如礼堂、体育馆、剧院、大厅等，采用这种送风方式最为适宜。

③ 室内没有大量的热量、粉尘和有害气体的局部区域。

（2）喷口送风风速要均匀，且每个喷口的风速要接近相等，因此连接喷口的风道应设计为均匀风管或等截面（风管要起静压箱作用）风管。

（3）喷口的风量应能调节，有可能的话应使喷口角度可调，以满足冬季送热风时的要求。

3.5　风口安装

3.5.1　风口安装技术要求

3.5.1.1　外观检查

风口装饰面应无明显的划伤和压痕，拼缝均匀，颜色应一致，无花斑现象，焊点应光滑牢固。

3.5.1.2　机械性能

（1）风口的活动零件应动作自如、阻尼均匀，无卡死和松动。

（2）导流片可调或可拆卸的风口，要求调节拆卸方便和可靠，定位后无松动。

（3）带温控元件的风口，要求动作可靠、不失灵。

3.5.1.3　空气动力性能

（1）风口应确定其在标准试验工况下不同颈部风速的风量，检测相应风量下的压力损失值和射程（或扩散半径）值。

（2）风口颈部速度3～6 m/s时，静压损失检测值不应大于额定值的110%，检测的射程或扩散半径不应小于额定值的90%。

3.5.1.4　风口尺寸允许偏差

风口尺寸允许偏差应符合表3-11的规定。

表3-11　风口尺寸允许偏差

mm

圆形风口		
直径	≤250	>250
允许偏差	−2～0	−3～0

矩形风口			
边长	＜300	300～800	＞800
允许偏差	−1～0	−2～0	−3～0
对角线长度	＜300	300～500	＞500
对角线长度之差	≤1	≤2	≤3

3.5.2 风口安装方法

3.5.2.1 吊顶上风口安装

吊顶板通常需要使用龙骨来固定，而龙骨又分小龙骨和大龙骨。当在吊顶上安装风口，根据风口的形状、风口与龙骨的相对关系分为以下几种情况：① 风口不影响吊顶龙骨：又分为圆形风口位于小龙骨间和方形风口位于小龙骨间；② 风口切断吊顶小龙骨；③ 风口切断吊顶大龙骨；④ 风口切断吊顶大、小龙骨。各种情况的具体做法详见图3-24。

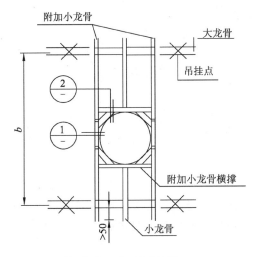

(a) 圆形风口位于小龙骨间

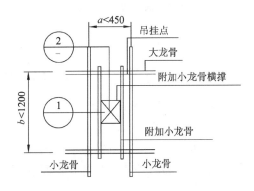

(b) 方形风口位于小龙骨间

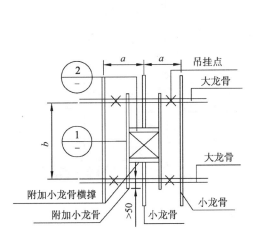

(c) 风口切断小龙骨

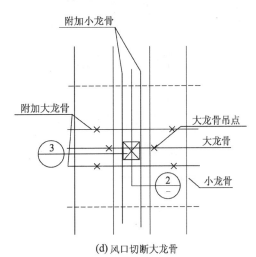

(d) 风口切断大龙骨

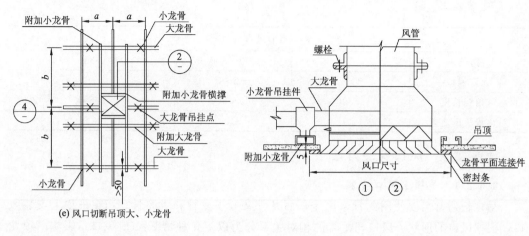

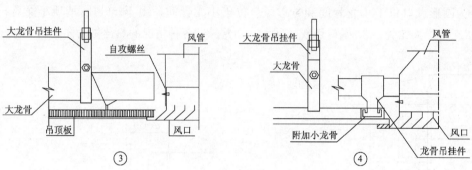

(e) 风口切断吊顶大、小龙骨

图 3-24　吊顶上风口安装

3.5.2.2　百叶风口安装

百叶风口的安装方法主要有单双层百叶风口与风管插入安装、单双层百叶风口弹簧片安装、单双层百叶风口硅酸盐板内框安装、固定斜百叶风口安装及地面固定斜百叶风口安装等。安装时需要与装饰专业配合，注意洞口尺寸和位置，具体做法见图 3-25。

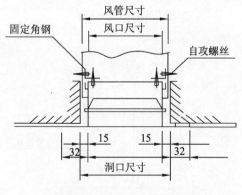

(a) 单双层百叶风口与风管插入安装

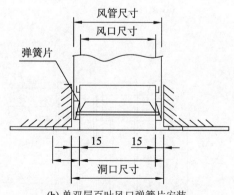

(b) 单双层百叶风口弹簧片安装

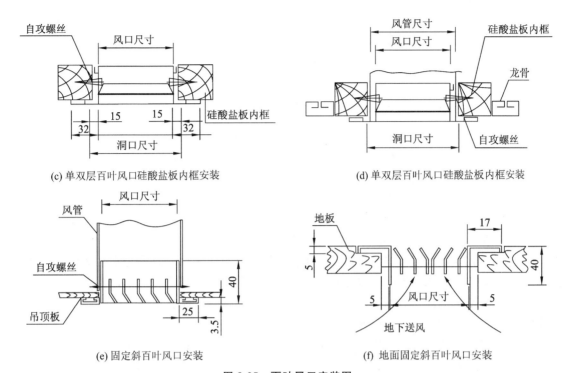

(c) 单双层百叶风口硅酸盐板内框安装

(d) 单双层百叶风口硅酸盐板内框安装

(e) 固定斜百叶风口安装

(f) 地面固定斜百叶风口安装

图 3-25 百叶风口安装图

3.5.2.3 散流器安装

散流器的安装方法主要有散流器与边框固定式安装、散流器叶片与边框分离式安装及散流器龙骨上安装等。分离式即叶片与边框可分开，安装好边框后再装上叶片。安装时需要与装饰专业配合，注意洞口尺寸和位置，具体做法见图 3-26。

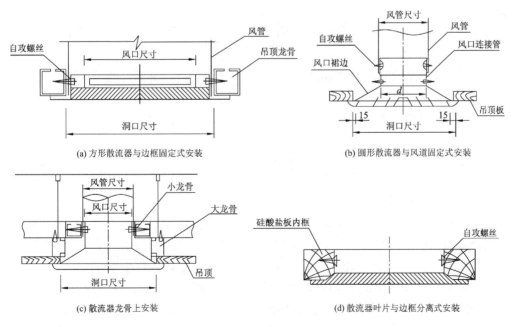

(a) 方形散流器与边框固定式安装

(b) 圆形散流器与风道固定式安装

(c) 散流器龙骨上安装

(d) 散流器叶片与边框分离式安装

图 3-26 散流器安装图

3.5.3 风口安装要点

(1) 风口在安装前应逐个检查其结构是否牢固、表面平整、不变形，调节灵活可靠。

(2) 风管与风口连接宜采用法兰连接，也可采用槽形或工形插接连接。

(3) 风口不应直接安装在主风管上，风口与主风管间应通过短管连接。

(4) 风口安装位置应正确，调节装置定位后应无明显自由松动。

(5) 风口安装时，风口与风管连接应严密、牢固，与装饰面应紧贴；条缝风口的安装，接缝处应衔接自然，无明显缝隙。

(6) 吊顶风口可直接固定在装饰龙骨上，当有特殊要求或风口较重时，应设置独立的支、吊架。

(7) 净化系统风口安装前应清扫干净，边框四周与建筑顶棚的接缝处应设密封垫料或密封胶，不应漏风。带高效过滤器的送风口，应采用可分别调节高度的吊杆。

(8) 安装散流器的吊顶上部应有足够的空间，以便安装风管和调节阀；散流器与支管的连接宜采用柔性风管，以便施工安装。

(9) 风口安装质量应以连接的严密性和观感的舒适、美观为主。风口安装的基本质量要求主要有：

① 风口表面应平整、不变形，调节应灵活、可靠。同一厅室、房间内的相同风口的安装高度应一致，排列应整齐。

② 明装无吊顶的风口，安装位置和标高允许偏差应为 10 mm。

③ 风口水平安装，水平度的允许偏差应为 3‰。

④ 风口垂直安装，垂直度的允许偏差应为 2‰。

思 考 题 与 习 题

1-1 阿基米德数（Ar）的含义是什么？其值的大小主要取决于哪些参数？

1-2 为什么在空调房间中，气流流型主要取决于送风射流？

1-3 气流组织的基本形式有哪些？其主要特点有哪些？

技 能 训 练

训练项目：风口布置与选型

(1) 实训目的：使学生能够合理确定气流组织形式，合理选择风口类型及布置，正确进行选型计算。

(2) 实训准备：图纸、作业本、计算器、绘图工具及相关工具书。

(3) 实训内容：根据给出的一层建筑平面图，抄绘成条件图，进行该层空调系统空气处理设备、送风口和回风口的布置与选型计算，然后将布置与选型结果绘在条件图上。

（4）提交成果：

① 送风口和回风口的布置与选型计算过程；

② 按 1∶100 比例手绘一层空调系统空气处理设备、送回风口布置平面图。

一层建筑平面图

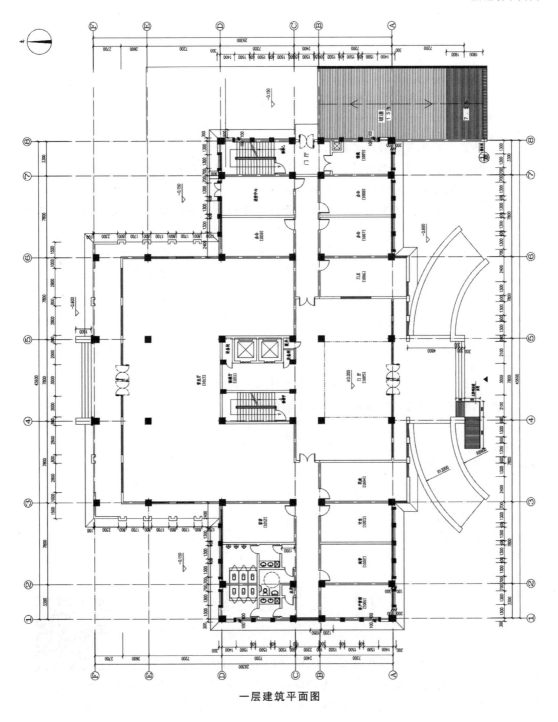

一层建筑平面图

单元 4

风管系统设计与风管制作安装

学习目标

(1) 了解风管系统及其设计任务与内容，熟悉风管系统设计的主要原则。

(2) 掌握空气调节系统划分和新风进口的位置确定原则，正确选择风管断面形状。

(3) 熟悉常用风管材料及其特点，并能合理地选择。

(4) 熟悉风管常用保温材料，熟悉风管保温材料厚度确定原则。

(5) 掌握风管系统管路的水力计算方法。

(6) 熟悉施工图分类及内容，掌握风管施工图的识读与绘制，掌握图纸会审的基本要求和重点注意事项。

(7) 掌握各类材料风管加工制作的施工准备、施工工艺、质量验收和成品保护。

(8) 熟悉风管系统安装工序、风管支吊架制作安装及风管安装质量验收要求。

(9) 掌握风管系统严密性检验的方法。

能力目标

(1) 能合理布置空调风系统，并正确进行水力计算。

(2) 能对风管制作、安装质量做出合理评价。

工作任务

(1) 某空调工程施工图的识读。

(2) 某建筑空调风系统布置与水力计算。

(3) 金属风管制作。

 4.1 风管系统设计

空气的输送与分配是整个空调系统设计的重要组成部分。空调房间的送风量、回风量及排风量能否达到设计要求，完全取决于风管系统的设计质量及风机的配置是否合理。也就是说，风管系统的设计直

风管系统
组成及分类

接影响空调系统的实际使用效果和技术经济性能。

4.1.1　风管系统组成与分类

4.1.1.1　风管系统组成

风管系统是对通风与空调工程中用于空气流通的管道系统的总称，它把通风与空调系统的进风口、空气处理设备、送（排）风口和风机联成一体，是通风、空调系统的重要组成部分，包括风管、风道、风管配件和风管部件等。

风管是指采用金属、非金属板材或其他材料制作而成的用于空气流通的管道，其断面形式有圆形和矩形两种。风道是指采用砖、石、混凝土或其他材料砌筑而成的用于空气流通的管道。风管配件是指风管系统中的弯管、三通、四通、各类变径及异形管、导流叶片和法兰等。风管部件是指通风、空调系统中的各类风口、阀门、排气罩、风帽、检查门和测定孔等。

4.1.1.2　风管系统分类

（1）按风管形状

① 圆形风管。圆形风管具有强度大、相同断面积时消耗材料少于矩形风管及阻力小等优点。但它占据的有效空间较大，不易与建筑装修配合，而且圆形风管管件的放样、制作较矩形风管困难。基于上述原因，在普通的民用建筑空调系统中较少采用，一般多用于除尘系统和高速空调系统。

② 矩形风管。矩形风管具有占用的有效空间少、易于布置及管件制作相对简单等优点。广泛应用于民用建筑空调系统。为避免矩形风管阻力过大，其宽高比宜小于 4，最大不应超过 10，在建筑空间允许的条件下，越接近 1 越好。

（2）按风管材料

1）金属风管。这类风管材料主要包括普通薄钢板（黑铁皮）、镀锌薄钢板（白铁皮）及不锈钢板。钢板厚度一般为 0.5～1.5 mm。金属风道的优点是易于工业化加工制作，安装方便，具有一定的机械强度和良好的防火性能，气流阻力较小，因而广泛用于通风空调系统。

常用风管材料

2）非金属风管。常见的主要有玻璃钢风管、塑料风管、纤维板风管、矿渣石膏板风管等。

与金属风道相比，非金属风管具有耐腐蚀、使用寿命长、强度较高的优点。由于该类风管及其管件均应在厂家制作，因此现场施工不太方便。近年来玻璃钢风管以其质轻、耐腐蚀性能良好、强度高、可内加阻燃型泡沫保温材料及无机填料制成保温风管等优点，在工程中日益得到广泛应用。但是国内玻璃钢风管质量良莠不齐，有些厂家的产品加工质量差，强度和耐火性能达不到要求，严重影响工程质量。此外，塑料风管热稳定性能较差，既不耐高温也不耐寒，保管不当易变形。

3）土建风道。通常有两种：一种是混凝土现浇制成，另一种采用砖砌体制成。土建道结构简单，随土建施工同时进行，节省钢材，经久耐用。但是土建风道有明显缺点，主要表现为如下几方面：① 施工质量不好时，风道的漏风情况极为严重，影响风系统的正常使用；② 风道内表面经常由于抹灰不平而比较粗糙，使空气在其内流动阻力增大，风机的能耗水平加大；③ 施工管理不善容易导致风道堵塞；④ 需要保温时，存在一定问题或施工困难。基于上述原因，土建风道主要用于不太重要的房间的空气输送及防、排烟通风，或者由于风道截面过大导致不易加工或布置有困难的场合。

（3）按风管内的空气流速

① 低速风管。风管内空气流速 $v \leqslant 8$ m/s。由于风速较低，与风机产生的主噪声源相比，风管系统产生的气流噪声可以忽略不计，广泛用于民用建筑通风空调系统。

② 高速风管。风管内空气流速 $v = 20 \sim 30$ m/s。在这样高的风速下，应考虑风管系统产生的气流噪声，同时必须配备特殊的消声处理设备并采取有效的消声措施。过去仅在双风管和高速诱导空调系统中采用，由于其能耗较大（约为低速风管的两倍以上）及噪声等原因，现已较少采用。

4.1.2 风管规格

金属风管规格应以外径或外边长为准，非金属风管和土建风道规格应以内径或内边长为准。风管板材的厚度较薄，以外径或外边长为准对风管的截面积影响很小，且与风管法兰以内径或内边长为准可相匹配。土建风道的壁厚较厚，以内径或内边长为准可以正确控制风道的内截面面积。

为了设计、制作、安装的方便，按照优先数和优先数系原则，国家制定了统一的通风管道规格。圆形风管规格宜符合表 4-1 的规定，对圆形风管规定了基本和辅助两个系列。一般送、排风及空调系统应采用基本系列。对于除尘与气力输送系统的风管，管内流速高，管径对系统的阻力损失影响较大，在优先采用基本系列的前提下，可以采用辅助系列。强调采用基本系列的目的是在满足工程使用需要的前提下，实行工程的标准化施工。矩形风管规格宜符合表 4-2 的规定。对于矩形风管的口径尺寸，从工程施工的情况来看，规格数量繁多，不便于明确规定。因此采用规定边长规格，按需要组合的表达方法。非规则椭圆形风管应参照矩形风管，并应以平面边长及短径径长为准。设计者应尽可能采用标准规格的风道，有时由于现场实际情况的限制，也可以适当调整。

表 4-1 圆形风管规格

风管直径 D/mm			
基本系列	辅助系列	基本系列	辅助系列
100	80	280	260
	90	320	300
120	110	360	340
140	130	400	380
160	150	450	420
180	170	500	480
200	190	560	530
220	210	630	600
250	240	700	670

风管直径 D/mm			
基本系列	辅助系列	基本系列	辅助系列
800	750	1400	1320
900	850	1600	1500
1000	950	1800	1700
1120	1060	2000	1900
1250	1180	—	—

表 4-2 矩形风管规格

风管边长/mm				
120	320	800	2000	4000
160	400	1000	2500	—
200	500	1250	3000	—
250	630	1600	3500	—

4.1.3 风管系统设计

4.1.3.1 风管系统设计的任务与内容

（1）风管系统设计任务

风管系统设计的任务：在已知通风空调系统的通风量条件下，输送和分配空气，合理组织空气流动，在保证使用效果的前提下，达到工程总投资费用和运行费用最省。

风管系统
设计原则

风管系统设计时所需的图表，包括压损表或风管组件等效长度，这些参数数据可以由 CIBSE Guide（英国暖通设计手册）、ASHRAE Handbook（美国采暖、制冷及空调工程师协会设计手册）或《实用供热空调设计手册》（陆耀庆主编）得到，也可以由制造商的产品样本中得到；另外，也可以使用计算机软件（如鸿业暖通），使设计工作变得更简单。

（2）风管系统设计内容

风管系统设计内容主要包括布置原则、风管材料选择、水力计算、风管管路阻力特性等。

4.1.3.2 风管系统布置原则

（1）科学合理、安全可靠地划分空调系统。考虑哪些房间可以合为一个系统，哪些房间宜设单独的系统。

属下列情况之一者，宜分别设置空调系统：

① 使用时间不同的空调区。

② 温湿度基数和允许波动范围不同的空调区。

③ 对空气的洁净要求不同的空调区；当必须为同一个系统时，洁净度要求高的区

域应作局部处理。

④ 噪声标准要求不同的空调区，以及有消声要求和产生噪声的空调区；当必须划分为同一系统时，应作局部处理。

⑤ 在同一时段需分别供热和供冷的空调区。

⑥ 空气中含有易燃易爆物质的区域，空调风系统应独立设置。

（2）风管断面形状应与建筑结构配合，并争取做到与建筑空间完美统一；风管规格要按国家标准。

（3）风管布置要尽可能短，避免复杂的局部管件。弯头、三通等管件要安排得当，与风管的连接要合理，以减少阻力和噪声。同时还要考虑便于风系统的安装、调节、控制与维修。

（4）风管与通风机及空气处理机组等振动设备的连接处，应装设柔性接头，其长度宜为 150～300 mm。

（5）空调风系统应设置下列调节装置：

① 多台通风机并联运行的系统应在各自的管路上设置止回或自动关断装置。

② 通风、空调系统通风机及空气处理机组等设备的进风或出风口处宜设调节阀，调节阀宜选用多叶式或花瓣式。

③ 风系统各支路应设置调节风量的手动调节阀，可采用多叶调节阀等。

④ 送风口宜设调节装置，要求不高时可采用双层百叶风口。

⑤ 空气处理机组的新风入口、回风入口和排风口处，应设置具有开闭和调节功能的密闭对开式多叶调节阀，当需频繁改变阀门开度时，应采用电动对开式多叶调节阀。

（6）风管系统的主干支管应设置风管测定孔、风管检查孔和清洗孔。

① 风管测定孔。通风与空调系统安装完毕，必须进行系统的调试，这是施工验收的前提条件。风管测定孔主要用于系统的调试，测定孔应设置在气流较均匀和稳定的管段上，与前、后局部配件间距离宜分别保持等于或大于 4 和 1.5（为圆风管的直径或矩形风管的当量直径）的距离；与通风机进口和出口间距离宜分别保持 1.5 倍通风机进口和 2 倍通风机出口当量直径的距离。

② 风管检查孔。风管检查孔用于通风与空调系统中需要经常检修的地方，如风管内的电加热器、过滤器、加湿器等。

③ 清洗孔。对于较复杂的系统，考虑到一些区域直接清洗有困难，应开设清洗孔。

检查孔和清洗孔的设置在保证满足检查和清洗的前提下数量尽量少，在需要同处设置检查孔和清洗孔时尽量合二为一，以免增加风管的漏风量和减少风管保温工程的施工麻烦。

（7）通风、空气调节系统，横向应按每个防火分区设置，竖向不宜超过 5 层，当排风管道设有防止回流设施且各层设有自动喷水灭火系统时，其进风和排风管道可不受此限制。垂直风管应设在管井内。

排风管道防止回流的方法如图 4-1 所示。排风管防止回流的方法主要有四种：

① 增加各层垂直排风支管的高度，使各层排风支管穿越 2 层楼板。

② 把排风竖管分成大小两个管道，总竖管直通屋面，小的排风支管分层与总竖管连通。

③ 将排风支管顺气流方向插入竖风道，且支管到支管出口的高度不小于 600 mm。

④ 在支管上安装风管止回阀。

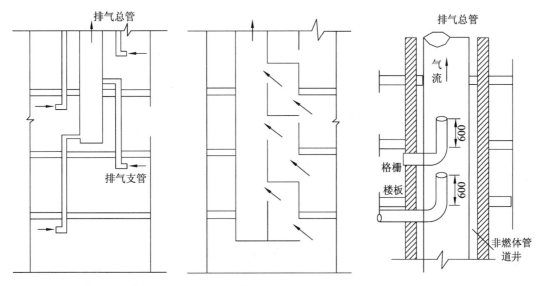

图 4-1 排气管防止回流示意图

（8）下列情况之一的通风、空气调节系统的风管道应设防火阀，防火阀的动作温度宜为 70 ℃。

① 管道穿越防火分区处；

② 穿越通风、空气调节机房及重要的或火灾危险性大的房间隔墙和楼板处，分别见图 4-2 和图 4-3；

③ 穿越重要的或火灾危险性大的房间隔墙和楼板处；

④ 穿越变形缝处的两侧，见图 4-4；

⑤ 垂直风管与每层水平风管交接处的水平管段上。

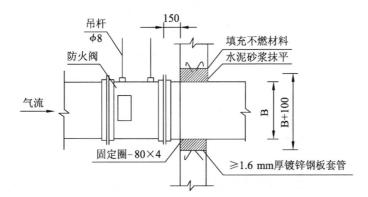

图 4-2 水平风管穿防火墙做法图

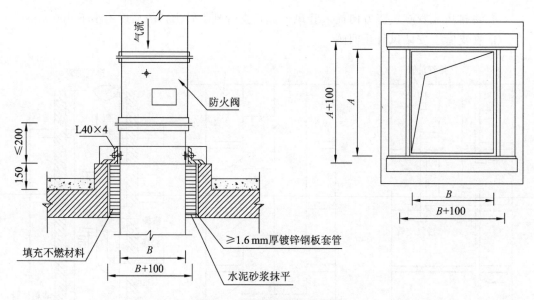

图 4-3　竖风管穿楼板做法图

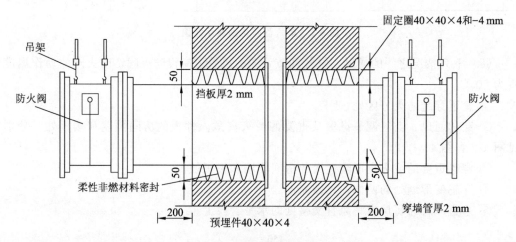

图 4-4　变形缝处的防火阀

在风管穿过需要封闭的防火、防爆的墙体或楼板时，应设预埋管或防护套管，其钢板厚度不应小于 1.6 mm。风管与防护套管之间，应用不燃且对人体无危害的柔性材料封堵。

防火阀的设置要求：

① 除另有规定外，动作温度应为 70 ℃；

② 防火阀宜靠近防火分隔处设置；

③ 防火阀暗装时，应在安装部位设置方便检修的检修口，如图 4-5 所示；

④ 在防火阀两侧各 2 m 范围内的风管及其绝热材料应采用不燃材料；

⑤ 防火阀应符合现行国家标准《防火阀试验方法》（GB 15930）的有关规定。

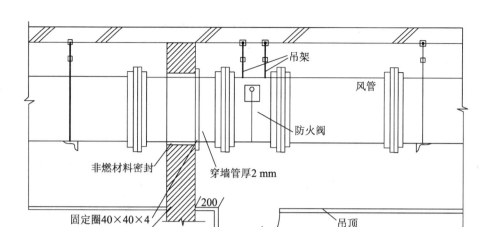

图 4-5 防火阀检修口设置示意图

（9）公共建筑的浴室、卫生间和厨房的垂直排风管，应采取防回流措施或在支管上设置防火阀。公共建筑的厨房的排油烟管道宜按防火分区设置，且在与垂直排风管连接的支管处应设置动作温度为 150 ℃的防火阀。

（10）通风、空气调节系统的管道等，应采用不燃烧材料制作，但接触腐蚀性介质的风管和柔性接头，可采用难燃烧材料制作。

（11）风管内设有电加热器时，风机应与电加热器联锁。电加热器前后各 800 mm 范围内的风管和穿过设有火源等容易起火部位的管道，均必须采用不燃保温材料。

（12）管道和设备的保温材料、消声材料和黏结剂应为不燃烧材料或难燃烧材料。穿过防火墙和变形缝的风管两侧各 2 m 范围内应采用不燃烧材料及其黏结剂。

4.1.3.3 新风、回风和排风的设计原则

（1）一般采用最小新风量

除冬季利用新风作为全年供冷区域的冷源，以及直流式（全新风）空调系统的情况外，冬、夏季应采用最小新风量。设计最小新风量应符合下列规定：

① 公共建筑主要房间每人所需最小新风量应符合表 4-3 规定。

表 4-3 公共建筑主要房间每人所需最小新风量

建筑房间类型	新风量/［m³/（h·人）］
办公室	30
客房	30
大堂、四季厅	10

② 设置新风系统的居住建筑和医院建筑，所需最小新风量宜按换气次数法确定。居住建筑换气次数宜符合表 4-4 规定，医院建筑换气次数宜符合表 4-5 规定。

表 4-4 居住建筑设计量小换气次数

人均居住面积/m²	每小时换气次数
≤10	0.70
10≤20	0.60
20≤50	0.50
>50	0.45

表 4-5 医院建筑设计最小换气次数

功能房间	每小时换气次数
门诊室	2
急诊室	2
配药室	5
放射室	2
病房	2

③ 高密人群建筑每人所需最小新风量应按人员密度确定，且应符合表 4-6 规定。

表 4-6 高密人群建筑每人所需最小新风量

[m³/(h·人)]

建筑类型	人员密度/（人/m²）		
	≤0.4	0.4≤1.0	>1.0
影剧院、音乐厅、大会厅、多功能厅、会议室	14	12	11
商场、超市	19	16	15
博物馆、展览厅	19	16	15
公共交通等候室	19	16	15
歌厅	23	20	19
酒吧、咖啡厅、宴会厅、餐厅	30	25	23
游艺厅、保龄球房	30	25	23
体育馆	19	16	15
健身房	40	38	37
教室	28	24	22
图书馆	20	17	16
幼儿园	30	25	23

（2）全空气空调系统新风、回风和排风的设计要求

全空气空调系统应符合下列要求：

① 除了温湿度波动范围或洁净度要求严格的房间外，应充分利用室外新风做冷源，根据室外焓值（或温度）变化改变新回风比，直至全新风直流运行。

② 人员密度较大且变化较大的房间，在采用最小设计新风量时，宜采用新风需求控制，根据室内 CO_2 浓度检测值增加或减少新风量，在 CO_2 浓度符合卫生标准的前提下减少新风冷热负荷；当人员密度随时段有规律变化时，可采用按时段对新风量进行控制。

③ 人员密集、送风量较大且最小新风比≥50％时，可设置空气——空气能量回收装置（全热交换器）的直流式空调系统。

（3）风机盘管加新风系统新风和排风的设计要求

各房间采用风机盘管等空气循环空调末端设备时，集中送新风的直流系统应符合下列要求：

① 新风宜直接送入室内；

② 新风机组和新风管应满足在各季节需采用不同新风量的要求；

③ 设有机械排风时，宜设置新风排风热回收装置。

④ 新风量较大且密闭性较好，或过渡季节使用大量新风的空调区，应有排风出路；

⑤ 采用机械排风时应使排风量适应新风量的变化。

4.1.3.4 新风进口的设置要求

（1）新风进口处风阀设置要求

新风进口处宜装设可严密开关的风阀，严寒地区应装设保温风阀，有自动控制时，应采用电动风阀。

（2）新风进口的位置要求

① 应设在室外空气比较洁净的地方，并宜设在北外墙上。

② 应尽量设在排风口的上风侧（进、排风口同时使用时设在主导风向的上风侧），且应低于排风口，并尽量保持不小于 10 m 的间距。

③ 进风口底部距室外地面不宜少于 2 m，当进风口布置在绿化地带时，则不宜少于 1 m。

（3）新风进口的风速要求

① 机械通风的新风进口和排风出口风速宜按表 4-7 采用。

表 4-7 机械通风系统的进排风口空气流速

m/s

部位		新风入口	风机出口
空气流速	住宅和公共建筑	3.5～4.5	5.0～10.5
	机房、库房	4.5～5.0	8.0～14.0

② 进风面积应满足新风量随季节变化时的最大风量需要。

4.1.3.5 空调区内的空气压力要求

空调区内的空气压力，应满足下列要求：

（1）舒适性空调，空调区与室外或空调区之间有压差要求时，其压差值宜取 5～

10 Pa，最大不应超过 30 Pa；保持室内正压所需的换气次数（次/h）见表 4-8。

表 4-8　保持室内正压所需的换气次数

次/h

室内正压值/Pa	无外窗的房间	有外窗，密封较好的房间	有外窗，密封较差的房间
5	0.6	0.7	0.9
10	1.0	1.2	1.5
15	1.5	1.8	2.2
20	2.1	2.5	3.0
25	2.5	3.0	3.6
30	2.7	3.3	4.0

（2）工艺性空调，应按空调区环境要求确定。

4.1.4　风管系统内的阻力

风管内空气流动的阻力有两种，一种是由于空气本身的黏滞性及其与管壁间的摩擦而产生的沿程能量损失，称为摩擦阻力或沿程阻力；另一种是空气流经风管中的管件（如弯头、三通、变径等）及设备（如空气处理设备、消声器、各类阀门等）时，由于流速的大小和方向变化以及产生涡流造成比较集中的能量损失，称为局部阻力。沿程阻力与局部阻力之和构成空气流动的总阻力。

4.1.4.1　沿程阻力

由于风管内空气本身的黏滞性以及管壁间的摩擦而产生的沿程能量损失，称为沿程阻力或摩擦阻力。根据流体力学原理，空气沿圆形直风管流动时，其沿程阻力可按式（4-1）计算：

$$\Delta P_m = \frac{\lambda}{D} \frac{\rho v^2}{2} l \qquad (4-1)$$

式中：ΔP_m——空气在管内流动的沿程阻力，Pa；

λ——摩擦阻力系数；

ρ——空气密度，kg/m^3；

v——管内空气平均流速，m/s；

l——计算管段长度，m；

D——风管直径，m。

圆形风管单位长度的沿程阻力（也称比摩阻）可按式（4-2）计算：

$$\cdot \quad R_m = \frac{\lambda}{D} \frac{\rho v^2}{2} \qquad (4-2)$$

摩擦阻力系数 λ 与空气在风管内的流动状态和风管管壁的粗糙度有关。

当流动为层流时，λ 只与雷诺数 Re 有关；而当流动为紊流时，则 λ 不仅与雷诺数 Re 有关而且还与壁面的粗糙度有关。研究表明，通风空调系统中大部分风管内的空气流动状态属于紊流光滑区到粗糙区之间的紊流过渡区。只在流速很高且内表面粗糙的土建风道内，流动状态才属于粗糙区。因此摩擦阻力系数可按式（4-3）计算。

$$\frac{1}{\sqrt{\lambda}} = -2\lg\left(\frac{K}{3.7D} + \frac{2.51}{Re\sqrt{\lambda}}\right) \qquad (4-3)$$

式中：Re——雷诺数；

$\quad\quad$ K——风管内壁粗糙度，mm。

式（4-3）为 λ 的隐函数形式，不便计算。通常利用式（4-2）和式（4-3）制成线算图（见图 4-6）或计算表（钢板矩形风管单位长度摩擦阻力计算表见附录1），这样只要已知流量、管径、流速、比摩阻四个参数中的任意两个，即可求得其余两个参数，便于工程上计算管道阻力时使用。

图 4-6 是在压力 $P = 101.3 \text{ kPa}$、温度 $t = 20\text{ ℃}$、空气密度 $\rho = 1.2 \text{ kg/m}^3$、运动粘度 $v = 15.06 \times 10^{-6} \text{ m}^2/\text{s}$、管壁粗糙度 $K \approx 0$ 的条件绘制的圆形风管的单位长度摩擦阻力线算图。

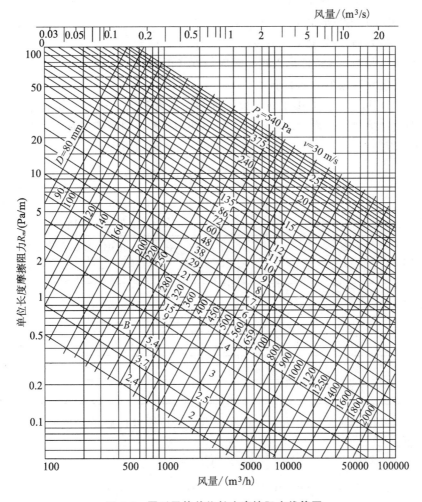

图 4-6　圆形风管单位长度摩擦阻力线算图

矩形风管的单位长度摩擦阻力可直接查阅有关的计算表，也可将矩形风管折算成当量的圆风管，再用图 4-6 的线算图来计算，工程上一般用流速当量直径或流量当量直径来折算。流速当量直径是指矩形风管的空气流速如果与圆形风管的空气流速相等，且两风管中的比摩阻 R_m 值相等，此时圆形风管的直径就称为该矩形风管的流速当量直径，以 D_v 表示；流量当量直径是指矩形风管的空气流量如果与圆形风管的空气流量相等，且两风管中的比摩阻 R_m 值相等，此时圆形风管的直径就称为该矩形风管的流量当量直径，以 D_L 表示。两个当量直径的计算表达式分别如下：

流速当量直径：
$$D_v = \frac{2ab}{a+b} \tag{4-4}$$

流量当量直径：
$$D_L = 1.27 \sqrt[5]{\frac{a^3 b^3}{a+b}} \tag{4-5}$$

式中：D_v——流速当量直径，mm；

$\quad\quad D_L$——流量当量直径，mm；

$\quad\quad a$——矩形风管的长边，mm；

$\quad\quad b$——矩形风管的短边，mm。

当实际条件与图 4-6 条件出入较大时应加以修正。

（1）粗糙度对摩擦阻力的影响

从式（4-3）可看出，摩擦阻力系数不仅与雷诺数有关，还与管壁粗糙度有关。粗糙度增大时，摩擦阻力也增大。在空调工程中使用各种材料制作风管，这些材料的粗糙度见表 4-9 所列。

表 4-9　各种材料所作风管的粗糙度

风管材料	粗糙度/mm
薄钢板或镀锌钢板	0.15～0.18
塑料板	0.01～0.05
矿渣石膏板	1.0
矿渣混凝土板	1.5
胶合板	1.0
砖砌体	3.0～6.0
混凝土	1.0～3.0
木板	0.2～1.0

管壁的粗糙度不同时，用图 4-6 查得的 R_m 值必须进行修正，粗糙度修正系数 K_r 的表达式如下：

$$K_r = (Kv)^{0.25} \tag{4-6}$$

式中：K——管壁实际粗糙度（见表 4-9），mm；

$\quad\quad v$——风管内空气的平均流速，mm。

（2）空气温度对摩擦阻力的影响

当风管内空气温度与作图时所用的空气温度不同时，空气密度、运动粘度及单位长度摩擦阻力都会发生变化。这时用温度修正系数 K_t 进行修正，表达式如下：

$$K_t = \left(\frac{293}{t+293}\right)^{0.825} \tag{4-7}$$

式中：t——实际的空气温度，℃。

（3）大气压力对摩擦阻力的影响

用大气压力修正系数 K_B 进行修正，表达式如下：

$$K_B = \left(\frac{B'}{101.3}\right)^{0.9} \tag{4-8}$$

式中：B'——实际的大气压力，kPa。

修正后的实际比摩阻 R_m' 应为

$$R_m' = K_r \cdot K_t \cdot K_B \cdot R_m \tag{4-9}$$

式中：R_m——通过线算图或计算表可以查得的比摩阻，Pa/m。

4.1.4.2 局部阻力

当空气流经局部构件或设备（主要是存在流速、流量和流向变化的局部构件）时，由于流速的大小和方向变化造成气流质点的紊乱和碰撞，由此产生涡流而造成比较集中的能量损失，称为局部阻力。局部阻力可按式（4-10）进行计算：

$$Z = \sum \zeta \frac{\rho v^2}{2} \tag{4-10}$$

式中：Z——局部阻力，Pa。

ζ——局部阻力系数。各种配件和部件的 ζ 值大部分都需通过实验测定来获取。ζ 值可查附录 2。

风管内空气流动总阻力等于摩擦阻力和局部阻力之和，即

$$\Delta P = \sum (\Delta P_m + Z) = \sum (\Delta R_m L + Z) \tag{4-11}$$

4.1.4.3 风管管路的阻力特性

通常根据风管管路系统风量和风压选定风机，但在实际运行时可能会出现空气过滤器粘尘、改变管路各阀门的开度等情况，这些情况都将使管路的局部阻力系数发生变化，从而导致风管管路总阻力改变，这就是风管管路的阻力特性。

由式（4-1）、式（4-10）和式（4-11）可得风管的总阻力的计算式（4-12），即

$$\Delta P = \left(\frac{\lambda}{D}l + \sum \zeta\right) \times \frac{\rho v^2}{2} \tag{4-12}$$

改用风量表示，以圆风管为例，则

$$\Delta p = \left[\left(\frac{\lambda}{D}l + \sum \zeta\right)\frac{\rho}{2}\left(\frac{4}{\pi D^2}\right)^2\right]L^2 \tag{4-13}$$

令

$$S = \left[\left(\frac{\lambda}{D}l + \sum \zeta\right)\frac{\rho}{2}\left(\frac{4}{\pi D^2}\right)^2\right] \tag{4-14}$$

式中：Δp——管道系统阻力，Pa。

L——风量，m³/s。

S——管路阻抗，kg/m^7；取决于管路的结构特性；与管路系统的沿程阻力、局部阻力及几何形状有关，在通风空调中可以视作常数。

则有
$$\Delta P = SL^2 \qquad\qquad (4\text{-}15)$$

式（4-15）称为管道特征方程，可以通过计算得到，也可以通过实测风量和阻力得到此方程的曲线，在 $P\text{-}L$ 坐标中这是一条通过原点的抛物线，如图 4-7 所示。

图 4-7 风管管路特性曲线

4.1.5 风管的水力计算

4.1.5.1 风管水力计算的任务

风管水力计算的根本任务是解决下面两类问题：

（1）设计计算。在系统设备布置、风量、风管走向、风管材料及各送、回或排风点位置均已确定基础上，经济合理地确定风管的断面尺寸，以保证实际风量符合设计要求并计算系统总阻力，最终确定合适的风机型号及选配相应的电机。

（2）校核计算。有些改造工程经常遇到下面情况，即在主要设备布置、风量、风管断面尺寸、风管走向、风管材料及各送、回或排风点位置均为已知条件基础上，核算已有风机及其配用电机是否满足要求，如不合理则重新选配。

4.1.5.2 风管水力计算的方法

风管水力计算的方法常用的有假定流速法、压损平均法和静压复得法等。

（1）假定流速法

假定流速法的特点是先按技术经济要求选定风管流速，然后再根据风道内的风量确定风管断面尺寸和系统阻力。假定流速法的计算步骤和方法如下：

风管系统水力计算

1）绘制空调系统轴测图，并对各段风道进行编号、标注长度和风量。管段长度一般按两个管件的中心线长度计算，不扣除管件本身的长度。

2）确定风道内的合理流速。在输送空气量一定情况下，增大流速可使风管断面积减小，制作风管所消耗的材料、建设费用等降低，但同时也会增加空气流经风管的流动阻力和气流噪声，增大空调系统的运行费用；减小风速则可降低输送空气的动力消耗，节省空调系统的运行费用，降低气流噪声，但却增加风管制作消耗的材料及建设费用。因此，必须根据风管系统的建设费用、运行费用和气流噪声等因素进行技术经济比较，确定合理的经济流速。

表 4-10 给出了通风、空调系统风管风速的推荐风速和最大风速，其推荐风速是基于经济流速和防止气流在风管中产生再噪声等因素，考虑到建筑通风、空调所服务房间的允许噪声级，参照国内外有关资料制定的；最大风速是基于气流噪声和风管强度等因素，参照国内外有关资料制定的。有消声要求的通风与空调系统，其风管内的空气流速宜按表 4-11 选用。对于如地下车库这种对噪声要求低、层高有限的场所，干管风速可提高至 10 m/s。另外，对于厨房排油烟系统的风管，则宜控制在 8~10 m/s。

表 4-10　风管内的空气流速（低速风管）

m/s

风管分类	住宅		公共建筑	
	推荐风速	最大风速	推荐风速	最大风速
干管	3.5～4.5	6.0	5.0～6.5	8.0
支管	3.0	5.0	3.0～4.5	6.5
从支管上接出的风管	2.5	4.0	3.0～3.5	6.0
通风机入口	3.5	4.5	4.0	5.0
通风机出口	5.0～8.0	8.5	6.5～10	11.0

注：表列值的分子为推荐流速，分母为最大流速。

表 4-11　风管内的空气流速

m/s

室内允许噪声级/dB（A）	主管风速	支管风速
25～35	3～4	≤2
35～50	4～7	2～3
50～65	6～9	3～5
65～85	8～12	5～8

注：通风机与消声装置之间的风管，其风速可采用 8～10 m/s。

3）根据各风道的风量和选择的流速确定各管段的断面尺寸，计算沿程阻力和局部阻力。

① 根据初选的流速确定断面尺寸时，应按通风管道统一规格选取。

通风、空调系统的风管，宜采用圆形、扁圆形或长、短边之比不宜大于 4 的矩形截面，风管规格的选取可按表 4-1 和表 4-2。

② 然后按照实际流速计算沿程阻力和局部阻力。注意阻力计算应选择最不利环路（即阻力最大的环路）进行。

4）与最不利环路并联的管路的阻力平衡计算。为保证各送、排风点达到预期的风量，必须进行阻力平衡计算。一般的空调系统要求并联管路之间的不平衡率应不超过 15%。若超出上述规定，则应采取下面几种方法使其阻力平衡：

① 在风量不变的情况下，调整支管管径。

由于 $\Delta P_m \propto (1/D)^5$，$Z \propto (1/D)^4$，则总阻力 $\Delta P \propto (1/D)^n$（$n=4～5$）。于是有

$$D' = D \left(\frac{\Delta P}{\Delta P'}\right)^{0.225} \tag{4-16}$$

式中：D'——调整后的管径，mm；

D——原设计管径，mm；

$\Delta P'$——要求达到的支管阻力，Pa；

ΔP——原设计支管阻力，Pa。

由于受风管的经济流速范围的限制，该法只能在一定范围内进行调整，若仍不满足平衡要求，则应辅以阀门调节。

② 在支管断面尺寸不变情况下，适当调整支管风量。

$$L' = L\left(\frac{\Delta P}{\Delta P'}\right)^{1/2} \tag{4-17}$$

式中：L'——调整后的支管风量，m^3/h；

L——原设计支管风量，m^3/h。

风量的增加不是无条件的，受多种因素制约，因此该法也只能在一定范围内进行调整。此外，应注意到调整支管风量后，会引起干管风量、阻力发生变化，同时风机的风量、风压也会相应增加。

③ 阀门调节。通过改变阀门开度，调整管道阻力，理论上最为简单易行；但实际运行时应进行调试，但调试工作复杂，否则难以达到预期的流量分配。

总之，两种方法（方法1和方法2）在设计阶段即可完成并联管段阻力平衡，但只能在一定范围内调整管路阻力，如不满足平衡要求，则需辅以阀门调节。方法3具有设计过程简单、调整范围大的优点，但实际运行调试工作量较大。

5）计算系统总阻力。系统总阻力为最不利环路阻力加上空气处理设备的阻力，再加上房间正压值。

6）选择风机及其配用电机。通风机应根据管路特性曲线和风机性能曲线进行选择，并应符合下列规定：

① 通风机风量应附加风管和设备的漏风量。送、排风系统可附加5%～10%，排烟兼排风系统宜附加20%；

② 通风机采用定速时，通风机的压力在计算系统压力损失上宜附加10%～15%；

③ 通风机采用变速时，通风机的压力应以计算系统总压力损失作为额定压力；

④ 设计工况下，通风机效率不应低于其最高效率的90%；

⑤ 兼用排烟的风机应符合国家现行建筑设计防火规范的规定。

（2）压损平均法

压损平均法是在已知总作用压头的情况下，将其平均分配给最不利环路的各管段，即最不利环路采用相同比摩阻进行设计。比摩阻的选择是一个技术经济问题，如选择较大的比摩阻，则风道尺寸可减小，但系统总阻力增加，风机的动力消耗增加，一般空调系统低速风管的比摩阻采用0.8～1.5 Pa/m，然后再根据比摩阻和已知的管段流量求得风管的断面尺寸和空气流速。

该法较适用于风管系统风机压头已定的设计计算及对分支管道进行阻力平衡的设计计算。当系统对噪声有严格要求时，或者为了不使某些除尘风管由于粉尘沉积而堵塞风管，或风管强度受到限制时，总之对于风速有特殊要求的场合，则采用假定风速法更为明确与适宜。

（3）静压复得法

1）静压复得法的基本原理

在有分支的风管中，如图4-8的三通处，根据流体力学恒定气流伯努利方程可知：

$$P_{j1} + P_{d1} = P_{j2} + P_{d2} + \Delta P \qquad (4\text{-}18)$$

式中：P_{j1}、P_{d1}——分别为 1 断面的静压、动压，Pa；

$\qquad$ P_{j2}、P_{d2}——分别为 2 断面的静压、动压，Pa；

$\qquad$ ΔP——三通的主通道阻力，Pa。

则有

$$\Delta P_j = P_{j2} - P_{j1} = (P_{d1} - P_{d2}) - \Delta P = \Delta P_d - \Delta P \qquad (4\text{-}19)$$

式中：ΔP_j——静压复得值，Pa。

① 当 $\Delta P_d > \Delta P$ 时，$\Delta P_j > 0$（三通出口静压高于其入口），对整个主风道（或称最不利环路）而言，三通不但没有引起压力损失，反而是压力升高，因此设计中利用此点可使系统总阻力得以降低。在普通的低速空调系统设计中，由于速度的变化较小，通常忽略 ΔP_d，而使计算出的系统阻力偏大，设计偏于安全。但在高速风道系统中，如果仍然忽略 ΔP_d，会引起风机动力的巨大浪费及噪声问题，因而高速风道系统应考虑静压复得值 ΔP_j。

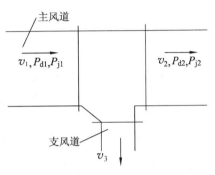

图 4-8 三通示意图

② 当 $\Delta P_d < \Delta P$ 时，$\Delta P_j < 0$，该差值部分应由风机来承担。

利用风道中每一分支处的静压复得值（$\Delta P_j > 0$）来克服下一段的风道阻力，进而确定风道断面尺寸，这就是静压复得法的基本原理，即

$$\Delta P_j = B \left(\frac{v_{i-1}^2 \rho}{2} - \frac{v_i^2 \rho}{2} \right) = \frac{v_i^2 \rho}{2} \left(\frac{\lambda_i}{D_i} l_i + \sum \zeta_i \right) \qquad (4\text{-}20)$$

式中：B——静压复得系数，表示动压转化为静压时的百分比，它与三通前后的流速及局部阻力系数等因素有关，一般为 $75\% \sim 90\%$；

$\qquad$ v_i——第 i 段风道风速，m/s；

$\qquad$ l_i——第 i 段风道长度，m；

$\qquad$ λ_i——第 i 段风道的摩擦阻力系数；

$\qquad$ D_i——第 i 段风道直径，m；

$\qquad$ $\sum \zeta_i$——第 i 段风道的局部阻力系数之和。

风道粗糙度 $K = 0.15$ mm 时 λ_i 的近似计算式如下：

$$\lambda_i = 0.0193 D_i^{-0.217} v_i^{-0.105} \qquad (4\text{-}21)$$

又有流体连续性方程可得

$$v_i = \frac{L_i}{3600 \times \dfrac{\pi}{4} \times D_1^2} \qquad (4\text{-}22)$$

式中：L_i——第 i 段风道流量，m³/h。

将式（4-21）和式（4-22）代入式（4-20），整理后得到

$$D_i^5 = A_i D_i + B_i \qquad (4\text{-}23)$$

其中

$$A_i = \frac{1.25 \times 10^{-7} L_i^2 (B + \sum \zeta_i)}{B v_{i-1}^2} \tag{4-24}$$

$$B_i = \frac{5.56 \times 10^{-9} L_i^{1.895} l_i}{B v_{i-1}^2} \tag{4-25}$$

称 A_i 和 B_i 为第 i 段风道的特性函数。

2）应用场合

高速风道由于风速较高，宜采用静压复得法进行风道设计，有利于减小风机的动力消耗及噪声；变风量空调系统由于要求其末端装置进口处的静压尽可能相同，风道设计也宜采用该方法。

4.1.5.3 减少风系统总阻力的方法

（1）尽量减少风管系统的摩擦阻力。主要措施包括：

① 尽量采用表面光滑的材料制作风管；

② 在允许范围内尽量降低风管内的风速；

③ 应及时做好风管内的清扫，以减小壁面粗糙度。

（2）尽量减少风管系统的局部阻力。主要措施包括：

① 尽量减少或避免风管转弯和风管断面突然变化，如渐扩（或渐缩）管的局部阻力就比突扩（或突缩）管小得多，设计中应尽可能采用前者。

② 弯头的曲率半径不要太小，一般应取风管当量直径的 1～4 倍。民用建筑中常采用矩形直角弯头，此时弯头内侧应有导角且弯头中应设导流叶片。

③ 支风管与主风管相连接时，应避免 90°垂直连接，通常支管应在顺气流方向上制作一定的导流曲线或三角形切割角。

④ 避免合流三通内出现气流引射现象，虽然流速小的直管或支管得到了能量，但流速大的支管或直管会失去较多能量，导致总损失增加。解决的办法是尽量使支管和干管流速相等。

⑤ 风管上各管件布置时尽量相隔一定距离，因为两个连在一起的管件总阻力要比同样两个管件单独放置时的阻力之和大得多。一般宜使弯头、三通、调节阀、变径管等管件之间保持 5～10 倍管径长度的直管段。

⑥ 注意风管与风机入口及出口的连接。

（3）减少空调系统中设备的空气阻力。主要措施包括：

① 尽量采用空气阻力小的空气处理设备，例如能用初效过滤器就不必用中效过滤器；

② 做好空气处理设备的维护，如定期清洗或更换空气过滤器、表面式换热器外表面积灰的清除等。

金属直风管制作

  4.2 金属风管制作安装

  4.2.1 金属风管制作

风管按材料分金属风管、非金属风管和土建风道。下面主要介绍金属风管的制作方法。

金属风管常采用普通薄钢板（黑铁皮）、镀锌薄钢板（白铁皮）、不锈钢板及铝板等材料。金属风管制作工序如图 4-9 所示。

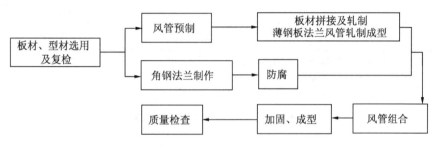

图 4-9 金属风管制作工序

4.2.1.1 板材、型材选用及复检

施工人员在选用板材或型材时，应根据施工图及相关技术文件的要求，对选用的材料进行复检，以保证材料符合技术、质量要求。材料进场检验内容主要包括检查质量证明文件齐全，材料的形式、规格符合要求，观感良好。

金属板材及型材不能有凹凸不平、弯曲、扭曲及波浪形变形等缺陷，否则应对有变形缺陷的材料进行矫正。金属材料产生变形的原因，主要是金属材料残余应力引起的变形和金属材料在风管及部件加工制作过程中引起的变形等两种。通风、空调工程所用的板材、型材厚度较薄，常在常温条件下进行手工矫正，即采用锤击的方法或用机械进行矫正。

（1）领取风管板材。风管板材的厚度，以满足功能需要为前提，过厚或过薄都不利于工程使用。从保证工程风管质量的角度出发，对常用金属材料风管的厚度，主要是对最小厚度进行了规定，不得违反。不同类别及规格的风管系统所使用板材的厚度应符合现行《通风与空调工程施工质量验收规范》（GB 50243—2016）的要求，钢板或镀锌钢板的厚度不得小于表 4-12 的规定；镀锌钢板的镀锌层厚度应符合设计或合同的规定，当设计无规定时，不应采用低于 80 g/m² 板材；不锈钢板的厚度不得小于表 4-13 的规定；铝板的厚度不得小于表 4-14 的规定。

表 4-12 钢板风管板材厚度

mm

类别 风管直径 D 或长边尺寸 b	板材厚度				
	微压、低压 系统风管	中压系统风管		高压系统 风管	除尘系统 风管
		圆形	矩形		
$D(b) \leqslant 320$	0.5	0.5	0.5	0.75	2.0
$320 < D(b) \leqslant 450$	0.5	0.6	0.6	0.75	2.0
$450 < D(b) \leqslant 630$	0.6	0.75	0.75	1.0	3.0
$630 < D(b) \leqslant 1000$	0.75	0.75	0.75	1.0	4.0
$1000 < D(b) \leqslant 1500$	1.0	1.0	1.0	1.2	5.0
$1500 < D(b) \leqslant 2000$	1.0	1.2	1.2	1.5	按设计要求
$2000 < D(b) \leqslant 4000$	1.2	按设计要求	1.2	按设计要求	按设计要求

注：① 螺旋风管的钢板厚度可按圆形风管减少 $10\% \sim 15\%$。
② 排烟系统风管钢板厚度可按高压系统。
③ 不适用于地下人防与防火隔墙的预埋管。

表 4-13 不锈钢板风管板材厚度

mm

风管直径 D 或长边尺寸 b	微压、低压、中压	高压
$D(b) \leqslant 450$	0.5	0.75
$450 < D(b) \leqslant 1120$	0.75	1.0
$1120 < D(b) \leqslant 2000$	1.0	1.2
$2000 < D(b) \leqslant 4000$	1.2	按设计要求

表 4-14 铝板风管板材厚度

mm

风管直径 D 或长边尺寸 b	微压、低压、中压
$D(b) \leqslant 320$	1.0
$320 < D(b) \leqslant 630$	1.5
$630 < D(b) \leqslant 2000$	2.0
$2000 < D(b) \leqslant 4000$	按设计要求

（2）领取风管法兰及螺栓。金属圆形风管法兰材料规格不应小于表 4-15 的规定，金属矩形风管法兰材料规格不应小于表 4-16 的规定。当采用加固方法提高了风管法兰部位的强度时，其法兰材料规格相应的使用条件可适当放宽。

表 4-15　金属圆形风管法兰及螺栓规格

mm

风管长边尺寸 b	法兰材料规格		螺栓规格
	扁钢	角钢	
$b \leqslant 140$	20×4	—	M6
140<$b \leqslant 280$	25×4	—	
280<$b \leqslant 630$	—	25×3	
630<$b \leqslant 1250$	—	30×4	M8
1250<$b \leqslant 2000$	—	40×4	

表 4-16　金属矩形风管法兰及螺栓规格

mm

风管长边尺寸 b	法兰材料角钢规格	螺栓规格
$b \leqslant 630$	25×3	M6
630<$b \leqslant 1500$	30×3	M8
1500<$b \leqslant 2500$	40×4	
2500<$b \leqslant 4000$	50×5	M10

4.2.1.2　风管预制

金属风管与配件制作宜选用成熟的技术和工艺，采用高效、低耗、劳动强度低的机械加工方式。

（1）金属风管与配件制作前应具备的施工条件

1）风管与配件的制作尺寸、接口形式及法兰连接方式已明确，加工方案已批准，采用的技术标准和质量控制措施文件等已落实。

2）加工场地环境已满足作业条件要求。风管的加工场地应具备下列作业条件：

① 具有独立的加工场地，场地应平整、清洁；加工平台应平整。

② 有安放加工机具和材料的堆放场地；设备和电源应有可靠的安全防护装置。

③ 场地位置不应有水，周围不应堆放易燃物。

④ 道路应畅通，应预留进入现场的材料、成品及半成品的运输通道，加工场地不应阻碍消防通道。

⑤ 应具有良好的照明；应有消防设施，并应符合要求。

⑥ 加工设备布置在建筑物内时，应考虑建筑物楼板、梁的承载能力，必要时应采取相应措施。

⑦ 洁净空调系统的风管制作应有干净、封闭的库房，用于储存成品或半成品风管。

3）材料进场检验合格。

4）加工机具准备齐全，满足制作要求。主要机具包括剪板机、电冲剪、手用电动剪、倒角机、咬口机、压筋机、折方机、合缝机、振动式曲线剪板机、卷圆机、圆弯头咬口机、型钢切割机、角（扁）钢卷圆机、液压钳、钉钳、电动拉铆枪、台钻、手电钻、冲孔机、插条法兰机、螺旋卷管机、电气焊设备、空气压缩机、油漆喷枪等设备，不锈钢板尺、钢直尺、角尺、量角器、划规、划针、铁锤、手捶、木锤、拍板等小型工具。仪器仪表包括漏风量测试装置、压差计等。

（2）展开划线

展开方法主要有平行线法、放射线法和三角线法。根据设计图及大样图的不同几何形状和规格，分别进行展开，并加放咬口、搭接或翻边留量。

在不锈钢板、铝板上划线时，应使用铅笔或色笔，不得在板材表面用金属划针划线。

1）直风管展开

① 圆形风管

圆形风管的展开是一矩形。矩形的长就是圆形风管的周长 L，$L = \pi D$，矩形的宽就是圆形风管的高 H。图 4-10 所示是圆形风管的展开图。

圆形风管的展开图画出以后，分别在展开周长的两侧，根据风管的板材厚度留出咬口留量 $m = 3B$（B 为咬口宽度），每侧留量为 $m/2$；若风管采用焊接，可不留操作加工余量。

为了使法兰翻边不出现凸瘤或管段延长连接时便于咬口，应在咬口留量两侧剪出斜角。

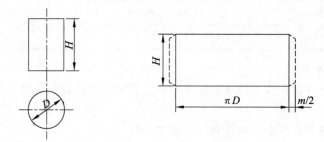

图 4-10　圆形风管展开画线

② 矩形风管

矩形风管的展开方法与圆形风管基本相同，不同之处是圆管周长 $L = \pi D$，而矩形风管周长为矩形 4 边长之和，即 $2(A + B)$，此外咬口留量的留法也有不同。图 4-11 所示是矩形风管展开图。

矩形风管展开图是一个矩形，矩形的一边为 $2(A + B)$，另一边为风管长（高）H。矩形风管咬口留量应根据其板材厚度和咬口类型计算出留量 m，分别留在展开料的两侧，图 4-11 所示为单角咬口，其留量一边为 $m/3$，另一边为 $2m/3$，若为其他类型的咬口，则应根据其结构形式分别计算出 m，留在展开料的两侧。

图 4-11 所示的较小尺寸矩形风管的展开，即 $2(A + B) + m$ 小于板宽，此时，只设一个单角咬口，这种小尺寸矩形风管在工程上应用很少，多数情况下是设两个转角咬口。这种情况较多的是板宽大于 $(A + B)$，而小于 $2(A + B)$。当矩形风管规格较大时，即板宽小于 $(A + B)$，展开下料成 4 片，则只能设置 4 个转角咬口。这时尤其应注意咬口留量分别在板材两侧，大边与小边留量不能颠倒，否则会影响矩形边宽，制作出的产品不合格。

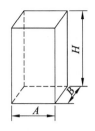 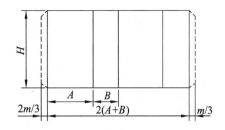

图 4-11 矩形风管的展开图

2）弯头展开

① 圆形弯头

圆形弯头展开时，通常已经知道圆形弯头的直径和弯曲角度，因此圆形弯管的曲率半径（以中心线计）和分节数量按表 4-17 可以确定。

表 4-17 圆形弯管的曲率半径和分节数

弯管直径 D/mm	曲率半径 R	弯管角度和最少节数							
		90°		60°		45°		30°	
		中节	端节	中节	端节	中节	端节	中节	端节
80～220	≥1.5D	2	2	1	2	1	2	—	2
240～450	(1.0～1.5)D	3	2	2	2	1	2	—	2
480～800	(1.0～1.5)D	4	2	2	2	1	2	1	2
850～1400	1.0D	5	2	3	2	2	2	2	2
1500～2000	1.0D	8	2	5	2	3	2	2	2

现以直径为 320 mm、角度为 90°弯头为例，就是圆形弯头展开步骤：

a. 根据已知参数，先画出弯头的主视图。先画 90°直角，以直角顶点为圆心 O，用已知曲率半径 R（$R=1.5D$）为半径，画出弯头的轴线，以轴线在直角边上的一点 E 为中点，以直径的一半 $D/2$ 为长，分别截得 A 点和 B 点。

b. 以 O 点为圆心，以 OA、OB 的长为半径画弧，在另一条直角边交于 M 点、N 点，得 90°弯头主视图。

c. 因该 90°弯头由 3 个中节和 2 个端节组成，1 个中节为 2 个端节，这就是说 90°弯头由 8 节直角梯形组成，将 90°圆弧 8 等分，两端的两等分即为两端节，中间的 6 等分组成 3 个中节，如图 4-12a 所示。

d. 由图 4-12a 可以看出，90°弯头的展开实则是展开 1 个端节。

e. 在端节处作半圆并 6 等分，得 Ⅱ、Ⅲ、Ⅳ、Ⅴ、Ⅵ各点，过各等分点作 AB 的垂线，交 AB 于 2、3、4、5、6，交 CD 于 2′、3′、4′、5′、6′。

f. 在直线 AB 方向上，作线段 4-4，并将其 12 等分，得 4、5、6、B、6、5、4、3、2、A、2、3、4 各等分点，过各等分点作 4-4 的垂线。

g. 将端节上 AD，22′，33′，…，依次量取到展开图上，得 D'、2′、3′等点，将得到的各点用圆滑的曲线连接起来，所得图形即为弯头端节展开图，如图 4-12b 所示。

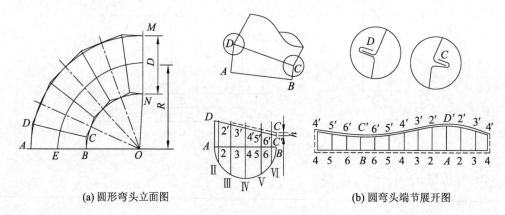

(a) 圆形弯头立面图　　　　　　　　　　(b) 圆弯头端节展开图

图 4-12　90°弯头展开图

在实际操作时，由于弯管内侧折边小于 90°，单双边均不易加工，咬口时不易打得紧密，如图 4-12 的节点 C 所示，使弯头各节出现"抬头"达不到 90°，所以在展开画线时在内侧高 BC 处要减去一个（通常取 2 mm），内侧实高便为 BC′，然后再进行展开。

② 矩形风管弯头

矩形风管弯头有三种类型：内外弧形矩形弯头、内斜线矩形弯头、内弧形矩形弯头，如图 4-13 所示。

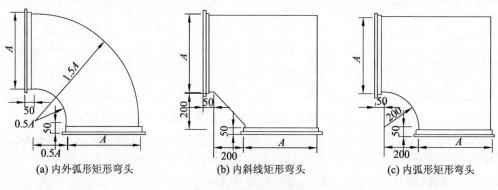

(a) 内外弧形矩形弯头　　　(b) 内斜线矩形弯头　　　(c) 内弧形矩形弯头

图 4-13　矩形弯头类型

内斜线矩形弯头和内弧形矩形弯头与内外弧形矩形弯头相比较，其展开图形比较简单。现以内外弧形矩形弯头展开为例，展开步骤如下：

a. 绘侧壁图。根据弯曲半径和风管断面长 A，绘出弯头立面图，再根据咬口形式在背弧和里弧处留出咬口单边留量；在两接口端处留出套法兰的留量 50 mm 和法兰翻边留量，如图 4-14a 所示，得出侧壁下料图。

b. 绘制背板和里板图。计算出侧壁背弧和里弧（用公式 $L = \alpha \pi R / 180$ 进行计算，式中 α 为弯曲角度，R 为弯曲半径）的长度，根据背弧和里弧的长和背板里板的宽，（背板里板的宽应留出咬口双边留量，注意咬口的形式，单角咬口、联合角咬口与按扣式咬口留量是不同的），在其两头同样要留出法兰及翻边留量，如图 4-14b，c 所示。

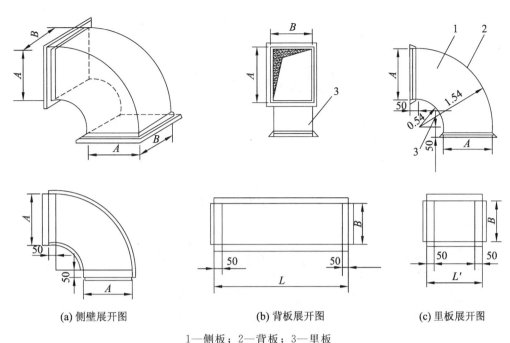

| (a) 侧壁展开图 | (b) 背板展开图 | (c) 里板展开图 |

1—侧板；2—背板；3—里板

图 4-14 矩形弯头展开图

3）正心矩形变径管展开

矩形变径管有正心矩形变径管和偏心矩形变径管两种。在此只介绍正心矩形变径管的展开方法，如图 4-15 所示，它的四个面都是梯形，这四个等腰梯形与基本投影面都不平行，所以在立面图和平面图上，都没有反映出他们的真实形状，可采用直角三角形法求出图中线段的实长，如图 4-16 所示。

① 作等腰梯形的对角线，使一个梯形变成两个三角形，见图 4-16a。

② 求出各三角形三边的实长。例如三角形 123 的三个边分别是 12、23、31。12 这条边，由于平行于水平投影面，所以它在平面图上就反映实长。但 23、31 这两个边和投影面不平行，故在立面图上就找不到它们的实长，如何求出 31、23 这两条边的实长，可以参见图 4-16b 所示的模型，从这个模型可看出 31、23 都是直角三角形的斜边，这两个直角三角形的两个直角边，分别为 31、23 的水平投影和立面投影高，31、23 的水平投影可以从平面图上得到，而 31、23 的投影高又能从立面图上找到。因此模型右面的两个直角三角形很容易作出，则 31、23 的实长即可求出，见图 4-16a。

另一个三角形 234 的三个边 23、34、42，从图 4-16b 可以看出，42 和 31 相等，34 在平面上已反映实长，而 23 的实长在上面已经用直角三角形法求得。

③ 按照已知三边作三角形的方法，用 12、23、31 的实长即可作出三角形 123；同样用 23、34、42 的实长就可以作出三角形 234，如图 4-16c 所示。如此连续作出其余三角形，即得正心矩形变径管的展开图，如图 4-16d 所示。

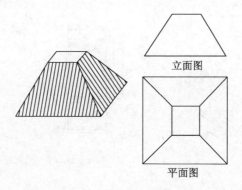

图 4-15　正心矩形变径管

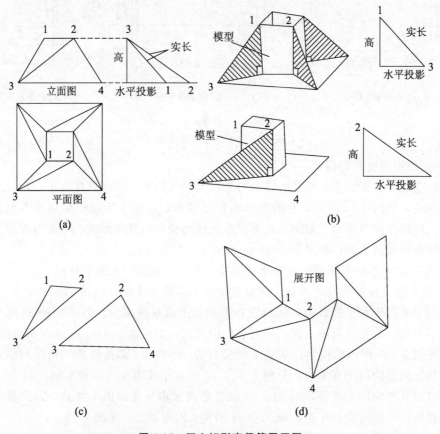

图 4-16　正心矩形变径管展开图

4）正心天圆地方展开

天圆地方是一个方圆过渡接头，有正心天圆地方、任意角度天圆地方和偏心天圆地方等几种。在此只介绍正心天圆地方的展开方法。

如图 4-17a 所示，正心天圆地方是由四个相等的等腰三角形和四个具有单向弯度的圆角组成。其展开步骤如下：

① 绘出天圆地方的立面图和平面图，如图 4-17b 所示。

② 将其上口圆周 12 等分，过各等分点分别向下口四角连线，使得每一个圆角部分

都分为三个近似的三角形。

③ 求实线长。在组成这些三角形的各边中，只有 A1 和 A2 需要用直角三角形法求出实长，如图 4-17c 所示，其余各边均在平面图上反映实长。

④ 作展开图。利用已知三角形的三边作三角形的方法，就可得到天圆地方的展开图，如图 4-17d 所示。

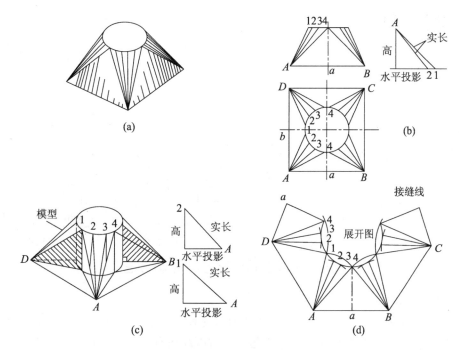

图 4-17 正心天圆地方展开图

5）矩形整体式三通展开

矩形三通有矩形整体式三通、矩形斜三通、矩形插管式三通及矩形封板式三通等几种类型。在此只介绍矩形整体式三通的展开方法。

矩形整体式三通由平面侧板、斜侧板、角形侧板各一块和两块平面板组成。如图 4-18 所示，在展开图中三个口的有关尺寸由设计决定，其余尺寸可查阅相关标准图集。应该说明的是，此类展开图是净尺寸，没有包括咬口与法兰翻边留量。因此，实际展开时应根据选定的咬口种类和法兰选用的材料尺寸放出相应留量。

（3）剪切下料

板材的剪切，就是将板材按划线形状进行裁剪的过程。剪切时，必须进行划线的复核工作，防止因下错料造成浪费。剪切后，应做到板材的切口整齐、直线平直、曲线圆滑。

剪切根据施工条件，采用手工剪切或机械剪切方法进行。

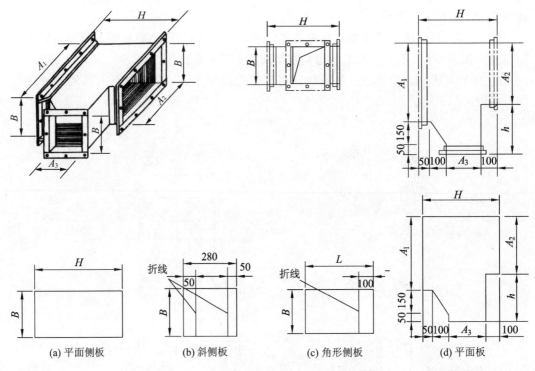

(a) 平面侧板　　(b) 斜侧板　　(c) 角形侧板　　(d) 平面板

图 4-18　矩形整体式三通的构造图及展开图

1）手工剪切

① 使用时，把剪刀下部的勾环靠住地面，这样剪刀较为稳定，而且省力。剪切时用右手操作剪刀，用左手将板材向上抬起，用右脚踩住右半边，以利剪刀的移动。

② 用手剪进行剪切时，剪刀的两片刀刃应彼此靠紧，以便将板材顺利地剪下。

③ 在板材中间剪孔时，应先用扁錾开出一个孔，使剪刀尖能够插入，再按划线外形剪切。

④ 手剪的剪切板材厚度，取决于操作者的握力，一般剪切板材厚度不超过 1.2 mm。

手工剪切也可采用手动滚轮剪。它是在铸钢机架的下部固定有下滚刀，机架上部固定有上滚刀、棘轮和手柄。利用上下两个互成角度的滚轮相切转动，可将板材剪切。操作时，一手握住钢板，将钢板送入两滚刀之间，一手扳动手柄，使上下滚刀旋转把钢板剪下。

2）机械剪切

通风、空调工程施工常用的剪切机械有：龙门剪板机、双轮直线剪板机、联合冲剪机及振动式曲线剪板机等。其切割能力一般都是按加工普通钢板规定的，不锈钢板的强度要比普通钢板大，因此，使用机械切割时应留有余地，切记不能超负荷工作。

板材咬口之前，必须用切角机或剪刀进行切角，切角所需形状，如图 4-19 所示。

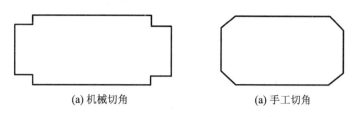

(a) 机械切角　　　　　　　　　(a) 手工切角

图 4-19　切角形状示意图

4.2.1.3　板材拼接及轧制或薄钢板法兰风管轧制成型

（1）金属风管制作质量要求

金属风管制作分金属法兰连接风管和金属无法兰连接风管两种形式。金属风管的制作应符合下列规定：

1）金属法兰连接风管

① 风管与配件的咬口缝应紧密、宽度应一致、折角应平直、圆弧应均匀，且两端面应平行。风管不应有明显的扭曲与翘角，表面应平整，凹凸不应大于 10 mm。

② 当风管的外径或外边长小于或等于 300 mm 时，其允许偏差不应大于 2 mm；当风管的外径或外边长大于 300 mm 时，不应大于 3 mm。管口平面度的允许偏差不应大于 2 mm；矩形风管两条对角线长度之差不应大于 3 mm，圆形法兰任意两直径之差不应大于 3 mm。

③ 焊接风管的焊缝应饱满、平整，不应有凸瘤、穿透的夹渣和气孔、裂缝等其他缺陷。风管目测应平整，不应有凹凸大于 10 mm 的变形。

2）金属无法兰连接风管

① 圆形风管无法兰连接形式应符合表 4-18 的规定。矩形风管无法兰连接形式应符合表 4-19 的规定。

表 4-18　圆形风管无法兰连接形式

无法兰连接形式		附件板厚/mm	接口要求	使用范围
承插连接		—	插入深度≥30 mm，有密封要求	直径＜700 mm 微压、低压风管
带加强筋承插		—	插入深度≥20 mm，有密封要求	微压、低压、中压风管
角钢加强承插		—	插入深度≥20 mm，有密封要求	微压、低压、中压风管
芯管连接		≥管板厚	插入深度≥20 mm，有密封要求	微压、低压、中压风管

无法兰连接形式		附件板厚/mm	接口要求	使用范围
立筋抱箍连接		≥管板厚	扳边与楞筋匹配一致，紧固严密	微压、低压、中压风管
抱箍连接		≥管板厚	对口尽量靠近不重叠，抱箍应居中，宽度≥100 mm	直径＜700 mm微压、低压风管
内胀芯管连接	固定耳（焊接） 铆钉 风管 橡胶密封圈 V形密封槽 φ5实心 110 口宽7 mm	≥管板厚	橡胶密封垫固定应牢固	大口径螺旋风管

表 4-19　矩形风管无法兰连接形式

无法兰连接形式		附件板厚/mm	使用范围
S 形插条		≥0.7	微压、低压风管，单独使用连接处必须有固定措施
C 形插条		≥0.7	微压、低压、中压风管
立咬口		≥0.7	微压、低压、中压风管
包边立咬口		≥0.7	微压、低压、中压风管
薄钢板法兰插条		≥1.0	微压、低压、中压风管
薄钢板法兰弹簧夹		≥1.0	微压、低压、中压风管
直角型平插条		≥0.7	微压、低压风管

　　② 矩形薄钢板法兰风管的接口及附件，尺寸应准确，形状应规则，接口应严密；风管薄钢板法兰的折边应平直，弯曲度不应大于 5‰。弹性插条或弹簧夹应与薄钢板法

兰折边宽度相匹配，弹簧夹的厚度应大于或等于 1 mm，且不应低于风管本体厚度。角件与风管薄钢板法兰四角接口的固定应稳固紧贴，端面应平整，相连处的连续通缝不应大于 2 mm；角件的厚度不应小于 1 mm 及风管本体厚度。薄钢板法兰弹簧夹连接风管，边长不宜大于 1500 mm。当对法兰采取相应的加固措施时，风管边长不得大于 2000 mm。

③ 矩形风管采用 C 型、S 型插条连接时，风管长边尺寸不应大于 630 mm。插条与风管翻边的宽度应匹配一致，允许偏差不应大于 2 mm。连接应平整严密，四角端部固定折边长度不应小于 20 mm。

④ 矩形风管采用立咬口、包边立咬口连接时，立筋的高度应大于或等于同规格风管的角钢法兰高度。同一规格风管的立咬口、包边立咬口的高度应一致，折角应倾角，有棱线、弯曲度允许偏差为 5‰。咬口连接铆钉的间距不应大于 150 mm，间隔应均匀；立咬口四角连接处补角连接件的铆固应紧密，接缝应平整，且不应有孔洞。

⑤ 圆形风管芯管连接应符合表 4-20 的规定。

表 4-20　圆形风管芯管连接

风管直径 D/mm	芯管长度 l/mm	自攻螺丝或抽芯铆钉数量/个	直径允许偏差/mm	
			圆管	芯管
120	120	3×2	−1～0	−3～−4
300	160	4×2		
400	200	4×2	−2～0	−4～−5
700	200	6×2		
900	200	8×2		
1000	200	8×2		
1120	200	10×2		
1250	200	10×2		
1400	200	12×2		

注：大口径圆形风管宜采用内胀式芯管连接。

⑥ 非规则椭圆风管可采用法兰与无法兰连接形式，质量要求应符合相应连接形式的规定。

用金属薄板制作的风管及风管配件，可根据板材的厚度及设计的要求，分别采用咬口连接、铆钉连接及焊接等方法进行板材的拼接。

（2）咬口连接

通风、空调工程中，咬口连接是最常用而简单的连接方式。由于手工咬口操作的难度和机械咬口设备性能所限，一般适用于厚度小于或等于 1.2 mm 的普通薄钢板和镀锌薄钢板、厚度小于或等于 1.5 mm 的铝板、厚度小于或等于 1.0 mm 的不锈钢板。

1）咬口种类

咬口形式见表 4-21 所列。

表 4-21　风管和配件的咬口形式及宽度

咬口名称	咬口图式	咬口宽度 B/mm			适用范围
		板厚 0.5～0.7	板厚 0.7～0.9	板厚 0.9～1.2	
单平咬口	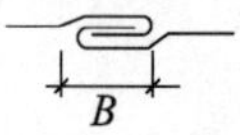	6～8	8～10	10～12	用于板材拼接和圆形管的闭合咬口
单立咬口	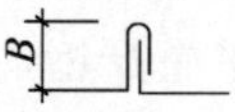	5～6	6～7	7～8	用于圆形弯管或直管的近节咬口
转角咬口	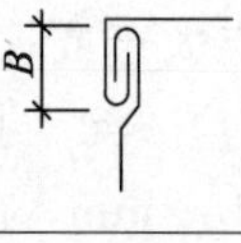	6～7	7～8	8～9	用手矩形直管的咬口和有净化要求的风管，有时也用于弯管或三通管的转角咬口
联合角咬口	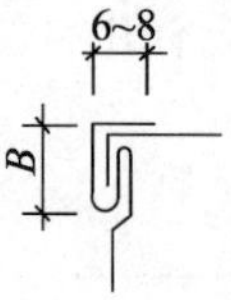	8～9	9～10	10～11	用于矩形风管、弯管、三通管及四通的咬口
按扣式咬口	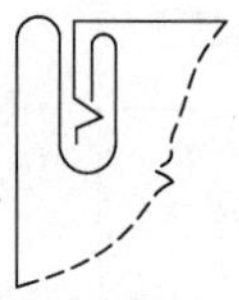	12	12	12	低、中压系统的矩形风管或配件四角咬口连接

2）咬口宽度和留量

咬口宽度按板厚和咬口机械的性能而定，一般应符合表 4-21 的要求。咬口留量的大小、咬口宽度和重叠层数与使用的机械有关。一般来说，对于单咬口、角咬口、立咬口在一块板材上等于咬口宽。例如，厚度 0.7 mm 以下的钢板，咬口宽度为 7 mm，其咬口预留量为 $7 \times 3 = 21$ mm。联合角咬口在一块板材上为咬口宽，而另一块板材上是 3 倍咬口宽，联合角咬口留量就等于 4 倍咬口宽度。咬口留量应根据咬口需要，分别留在两边。

3）咬口加工

板材咬口连接的加工过程，主要是折边和咬合压实。咬口加工时应注意：

① 板材正反面及上下端不得搞错。

② 明确各边的咬口形式。

③ 当纵横两个方向都需咬口时（一般不采用十字连接，而是使咬口错开采用丁字缝），为避免纵横咬口交接部位结瘤，在咬口前应将咬口边的端部切角。切角两侧的边长：在长度方向可为 15～20 mm，在宽度方向可为咬口宽度的 1.5 倍。

④ 咬口线应平直整齐，不得有弯曲或凹凸现象，咬口必须紧固、严密，不得漏气。咬口处板材若出现裂纹，则不得使用。

咬口的加工可用手工或机械进行：

① 单平咬口的手工加工。工序：

a. 划线，如图 4-20a 所示；

b. 为了避免板材移动，宜先在划线的两端打出折边，然后用拍板沿线向前均匀拍打，可将咬口部分先弯折 50°～70°，再打成 90°，如图 4-20b 所示。检查折边宽度需一致，再将折边由 90°拍打成 180°，如图 4-20c 所示。

c. 将板材根据其厚度探出槽钢棱边外（一般比咬口宽度多探出 1～2 mm），用拍板将折边拍打成 45°，并注意咬口部分应留出夹入另一块板材的空隙。

d. 将另一块板材同样按上述方法折边。

e. 将两块板材的折边扣在一起，如图 4-20d 所示；再用木捶将咬口两端打紧，再沿全长均匀打紧打平，然后将咬口翻面再打一遍使其成形，如图 4-20e 所示；也可以采用咬口套压平咬口，如图 4-20f 所示。

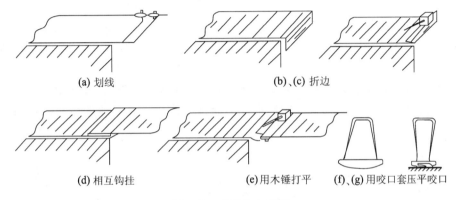

(a) 划线　　　　　　　　　　　　(b)、(c) 折边

(d) 相互钩挂　　　　(e) 用木锤打平　　　(f)、(g) 用咬口套压平咬口

图 4-20　单口加工步骤

② 联合角咬口的手工加工。工序：

a. 将一块板材按图 4-21a 逐步折至图 4-21c 的折边形状。

b. 将另一块板伸出的板边拍打弯折 90°，如图 4-21d 所示；再将两块折边部分扣合，如图 4-21e 所示。

c. 将第一块板伸出的板边拍打弯折 90°，并将咬口打平打紧，如图 4-21f 所示，即成联合角咬口。

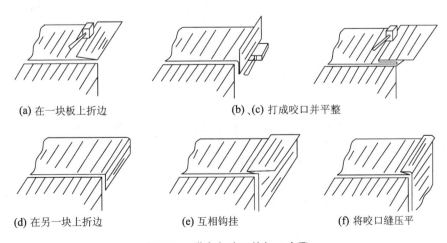

(a) 在一块板上折边　　　　　　(b)、(c) 打成咬口并平整

(d) 在另一块上折边　　　　(e) 互相钩挂　　　　(f) 将咬口缝压平

图 4-21　联合角咬口的加工步骤

（2）焊接

对于风管密封要求较高或厚度大于 1.2 mm 的普通薄钢板、厚度大于 1.5 mm 的铝板、厚度大于 1.0 mm 的不锈钢板，应采用焊接。风管焊接连接应符合下列规定：

① 板厚大于 1.5 mm 的风管可采用电焊、氩弧焊等。

② 焊接前，应采用点焊的方式将需要焊接的风管板材进行成型固定。

③ 焊接时宜采用间断跨越焊形式，间距宜为 100～150 mm，焊缝长度宜为 30～50 mm，依次循环。焊材应与母材相匹配，焊缝应满焊、均匀。焊接完成后，应对焊缝除渣、防腐，板材校平。

焊缝形式应根据风管的接缝形式、强度要求和焊接方法确定。焊缝形式常见的有对接焊缝、搭接焊缝、翻边焊缝及角焊缝等几种，如图 4-22 所示。

① 对接焊缝，用于板材的拼接或横向缝或纵向闭合缝，如图 4-22a 所示；

② 搭接焊缝，用于矩形或管件的纵向闭合缝或矩形弯头、三通的转向缝，如图 4-22b 所示；

③ 翻边焊缝，用于无法兰连接及圆形弯头的闭合缝，如图 4-22c 所示；

④ 角焊缝，用于矩形或管件的纵向闭合缝或矩形弯头、三通的转向缝，圆形、矩形风管封头闭合缝，如图 4-22d 所示。

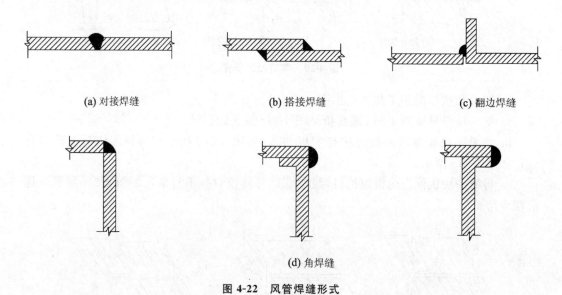

(a) 对接焊缝　　　　　　(b) 搭接焊缝　　　　　　(c) 翻边焊缝

(d) 角焊缝

图 4-22　风管焊缝形式

（3）铆接

铆接是将两块要连接的板材，使两板边相重叠，并用铆钉穿边铆合在一起的方法，如图 4-23 所示。

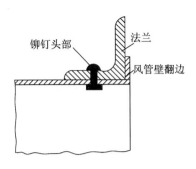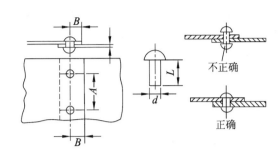

图 4-23 铆接示意图

在通风、空调工程中一般由于板材较厚，而手工咬口或机械咬口无法进行，或板材虽然不厚但性能较脆不能采用咬口连接时才采用铆接。随着焊接技术的发展，板材之间的铆接已逐步被焊接所取代。但在设计要求采用铆接或镀锌钢板、具有金属保护层钢板的厚度超过咬口机械的加工性能时，还需使用。铆接除用于板与板之间的连接外，还常用于风管与法兰的连接。

铆接前，应根据板厚来选择铆钉直径、铆钉长度及铆钉间距等。铆钉的直径 $d = 2s$，s 为板厚，但不得小于 3 mm。为了能打成压帽以压紧板材，铆钉长度 $L = 2s + (1.5\sim2)d$。铆钉的间距 A 一般为 40～100 mm，严密性要求较高时，其间距应小一些。铆钉孔中心到板边的距离 $B = (3\sim4)d$。铆接时，必须使铆钉中心垂直于板面，铆钉帽应把板材压紧，使板缝密合，并且铆钉排列应整齐。

板材铆接可采用手工铆接和机械铆接两种。

① 手工铆接

手工铆接操作时，先将板材划好线，再根据铆钉的间距和铆钉孔中心到板边的距离来确定铆钉孔的位置，并按铆钉直径钻出铆钉孔，然后把铆钉穿入，垫好垫铁，用手锤把钉尾打堆，采用罩模（铆钉克子），把铆钉打成半圆形的铆钉帽，然后再把中间铆钉孔钻出并铆好。

板之间铆接，一般中间可不加垫料，设计如有特殊要求时，应按设计的规定进行。

② 机械铆接

机械铆接在通风、空调工程中，按其预制加工或施工现场安装的部位，分别选用手提液压铆接机、长臂铆接机、电动拉铆枪及手动拉铆枪等。

电动液压铆接机是通风、空通系统风管施工中的小型机具，主要用来铆接风管与角钢法兰及其他部件，统一使用 4 mm 的铆钉，铆接 25×3～50×4 的角钢法兰，采用以液压为动力，将活塞杆与弓形体联结成铆接钳，由活塞做往复运动来完成冲孔、铆接工艺。

4.2.1.4 卷圆折方

制作圆形风管或配件时，应把板材卷圆。制作矩形风管或配件时，应根据纵向咬口形成，对板材进行折方。卷圆可采用手工卷圆和机械卷圆两种方法，折方可采用手工折方和机械折方两种方法。

（1）手工卷圆

① 先将板材两边咬口的折边做出；

② 将两边咬口附近的板边放在钢管上用拍板打圆；

③ 再用拍板将其余部分拍圆；

④ 将咬口扣接后，打紧拍实；

⑤ 再用拍板在钢管上将棱角打平找圆，找圆时用力应均匀，直到圆弧圆滑为止。

（2）机械卷圆

① 先将板材两边咬口的折边做出；

② 把咬口附近的两个板边放在钢管上，用拍板打圆；

③ 根据加工件直径，调整卷圆机上、下辊之间的距离后，将板材放入上、下辊之间，开机卷圆成形；

④ 停机后取出圆管，将咬口扣合，打紧拍实；

⑤ 再将圆管放入上、下辊之间，再次找圆，直至圆弧一致；

⑥ 螺旋卷管，采用螺旋卷管机，可以使用固定宽度的薄钢板卷制成螺旋咬口或螺旋焊口的风管。

（3）手工折方

① 先将板材两边咬口的折边做出，若风管端部需要折边，还应按纵向折线将板材端部预先剪口。

② 将板材放在工作台上，使板材上的折线与工作台上的型钢棱边重合，由两人分别立于板材的两端，同时进行压折。压折时一手将板材压在工作台上，一手用力将板材向下折成直角，然后用拍板进行修整，批出棱角。

③ 用同样方法折出其余方角。

④ 扣合角咬口，打紧拍实。

（4）机械折方

① 先将板材两边咬口的折边做出。

② 把折方机上的压板松开，将板材送进压板下面。板材的折线应与压板的外棱边对齐。

③ 再将压板放下固定，压紧板材，然后扳动操作杆进行折弯。

④ 用同样方法折出其余方角。

⑤ 扣合角咬口，打紧拍实。

4.2.1.5 风管加固

（1）金属风管的加固条件

金属风管的加固应符合下列规定：

① 圆形风管（不包括螺旋风管）直径大于等于 800 mm，且其管段长度大于 1250 mm 或总表面积大于 4 m² ，均应采取加固措施；

② 矩形风管边长大于 630 mm、保温风管边长大于 800 mm，管段长度大于 1250 mm 或低压风管单边平面积大于 1.2 m² ，中、高压风管大于 1.0 m² ，均应采取加固措施；

③ 非规则椭圆风管的加固，应参照矩形风管执行。

薄钢板法兰风管的法兰高度应大于或等于金属法兰风管的法兰高度，主要是强调它的适用范围，以保证工程质量。

（2）金属风管的加固方法

风管加固的主要目的是提高它的相对强度和控制其表面的平整度。金属风管的加固应符合下列规定：

① 风管的加固可采用角钢加固、立咬口加固、楞筋加固、扁钢内支撑、螺杆内支撑和钢管内支撑等多种形式，如图 4-24 所示。在工程实际应用中，应根据需加固的规格、形状和风管类别选取有效的方法。在加固的方法中除楞筋的强度较低外，其他可以通用或结合应用。

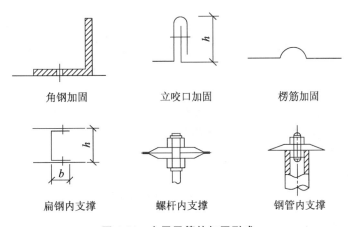

图 4-24 金属风管的加固形式

② 楞筋（线）的排列应规则，间隔应均匀，最大间距应为 300 mm，板面应平整，凹凸变形（不平度）不应大于 10 mm。

③ 角钢或采用钢板折成加固筋的高度应小于或等于风管的法兰高度，加固排列应整齐均匀。与风管的铆接应牢固，最大间隔不应大于 220 mm；各条加箍筋的相交处或加箍筋与法兰相交处宜连接固定。

④ 管内支撑与风管的固定应牢固，穿管壁处应采取密封措施。各支撑点之间或支撑点与风管的边沿或法兰间的距离应均匀，且不应大于 950 mm。

⑤ 对于中、高压风管，为防止四角咬缝的安全，当管段长度大于 1250 mm 时，应采取加固框补强措施。对于高压系统风管的单咬口缝，还应采取防止咬口缝胀裂的加固或补强措施。

4.2.1.6 角钢法兰制作

法兰按风管断面形状，分为圆形法兰和矩形法兰。

（1）圆形法兰制作

圆形法兰的制作，可分为手工和机械加工两种，目前多采用机械加工（即使用法兰煨弯机煨制）。施工现场条件不具备时也可采用手工加工。

① 手工冷煨

按所需要的直径和扁钢或角钢的大小，确定下料长度。以 S 表示角钢的下料长度，D 表示法兰内径，B 表示角钢的宽度，可以用公式 $S=\pi(D+B/2)$ 进行计算。把角钢或扁钢按 S 长度切断后，放在槽形的下模上，如图 4-25 所示。下模的方口可插在铁礅的方孔中，然后用手锤一点一点地把角钢或扁钢打弯，并用外圆弧度等于法兰内圆弧度的铁皮样板进行卡圆，使整个角钢或扁钢的圆周和样板重合，直到圆弧均匀并成为一个整圆后，截去多余部分或补上缺角，用电焊焊牢。焊好后稍加找圆平整，就能进行钻孔。

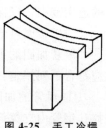

图 4-25　手工冷煨法兰盘用的下模

② 热煨法

应先按需要直径做好胎具。把切断的角钢或扁钢加热到红黄色，然后取出放在胎具上，一人用焊在胎具底盘上的钳子夹紧角钢的端部，另一人用左手扳转手柄，使角钢沿胎具圆周煨圆，用右手操作手锤，使角钢更好地和胎具的圆周吻合，而将角钢煨成圆形。直径较大的法兰可分段多次煨成，一般分两次到三次就能煨好。待煨好的法兰冷却后，稍加找圆平整，就可以焊接和钻孔。

（2）矩形法兰制作

矩形法兰是由四根角钢组成，其中两根等于风管的小边长，两根等于风管的大边长加两个角钢宽度。划线时，应注意使焊成后的法兰内径不能小于风管的外径。角钢切断和打孔严禁使用氧—乙炔切割，可用手锯、电动切割机或角钢切断机进行切断，有条件时最好用联合冲剪机切断。角钢断口要平整，磨掉两端毛刺，并在平台上进行焊接。法兰的角度应在点焊后进行测量和调整，使两个对角线长度要相等。法兰螺孔位置必须准确，保证风管安装顺利进行。

法兰制作所用材料规格应根据圆形风管的直径或矩形风管的大边长来确定，分别见表 4-15 和表 4-16；当采用加固方法提高风管法兰部位的强度时，其法兰材料规格相应的使用条件可适当放宽。

风管法兰制作与连接应符合以下要求：

① 风管法兰的焊缝应熔合良好、饱满，无假焊和孔洞。法兰外径或外边长及平面度的允许偏差不应大于 2 mm。同一批量加工的相同规格法兰的螺孔排列应一致，并应具有互换性。

② 微压、低压与中压系统风管法兰的螺栓及铆钉孔的孔距不得大于 150 mm；高压系统风管不得大于 100 mm。矩形风管法兰的四角部位应设有螺孔。

③ 用于中压及以下压力系统风管的薄钢板法兰矩形风管的法兰高度，应大于或等于相同金属法兰风管的法兰高度。薄钢板法兰矩形风管不得用于高压风管。

④ 镀锌钢板风管表面不得有 10% 以上的白花、锌层粉化等镀锌层严重损坏的现象。

⑤ 当不锈钢板或铝板风管的法兰采用碳素钢材时，材料规格应符合表 4-13 和表 4-14 的规定，并应根据设计要求进行防腐处理；铆钉材料应与风管材质相同，不应产生电化学腐蚀。

4.2.1.7　风管组合

对法兰连接风管，风管组合就需要把法兰与风管及配件装配到一起。法兰装配的形式有翻边、翻边铆接和焊接三种形式，如图 4-26 所示。

（1）翻边

翻边形式适用于扁钢法兰及直径较小（$D \leqslant 200$ mm）的圆风管，矩形不锈钢风管或铝板风管、配件的连接，如图 4-26a 所示。

（2）翻边铆接

翻边铆接形式适用于角钢法兰及壁厚 $\delta \leqslant 1.5$ mm 直径较大的风管及配件的连接，将风管的管端突出法兰 4～5 mm。铆接部位应在法兰外侧，如图 4-26b 所示。

（3）焊接

焊接形式适用于角钢法兰及壁厚 $\delta > 1.5$ mm 的风管及配件连接，并依风管、配件断面的大小情况，采用翻边点焊或沿风管、配件周边进行满焊连接，如图 4-26c，d所示。

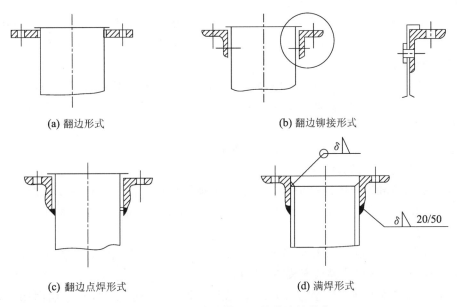

(a) 翻边形式　　　　　　　　　　　(b) 翻边铆接形式

(c) 翻边点焊形式　　　　　　　　　(d) 满焊形式

图 4-26　法兰与风管、配件的连接形式

法兰装配应符合以下要求：

① 风管板材拼接的接缝应错开，不得有十字形拼接缝。

② 风管与法兰采用铆接连接时，铆接应牢固，不应有脱铆和漏铆现象；翻边应平整、紧贴法兰，宽度应一致，且不应小于 6 mm；咬缝及矩形风管的四角处不应有开裂与孔洞。

③ 风管与法兰采用焊接连接时，焊缝应低于法兰的端面。除尘系统风管宜采用内侧满焊，外侧间断焊形式。当风管与法兰采用点焊固定连接时，焊点应融合良好，间距不应大于 100 mm；法兰与风管应紧贴，不应有穿透的缝隙与孔洞。

4.2.1.8　防腐、喷漆

（1）无设计要求时，镀锌钢板、不锈钢板及铝板风管不喷漆。

（2）风管喷漆防腐不应在低温（低于 5 ℃）和潮湿（相对湿度大于 80%）的环境下进行。喷漆前应清除表面灰尘、污垢与锈斑，并保持干燥。喷漆时应使漆膜均匀，不得有堆积、漏涂、皱纹、气泡及混色等缺陷。

（3）普通钢板在压口时必须先喷一道防锈漆，保证咬缝内不易生锈。

（4）风管法兰一般刷两遍红丹防锈漆，刷漆时应使漆膜均匀，不得有漏刷、流淌、起泡的现象，不得将铆钉孔、螺钉孔堵死。有条件可以采用压缩空气喷漆的方式。

4.2.2 风管安装

风管与部件安装前应具备下列施工条件：

（1）安装方案已批准，采用的技术标准和质量控制措施文件齐全。

（2）风管及附属材料进场检验已合格，满足安装要求。具体是指：

① 外观：外表面无粉尘，管内无杂物；金属风管不应有变形、扭曲、开裂、孔洞、法兰脱落、焊口开裂、漏铆、缺孔等缺陷。

② 加工质量：风管与法兰翻边应平整、长度一致，四角没有裂缝，断面应在同一平面；法兰与风管管壁铆接应严密牢固，法兰与风管应垂直；法兰螺栓孔间距符合要求，螺栓孔应能互换。

③ 风管安装的附属材料：连接材料、垫料、焊接材料、防腐材料、型钢等，应检查规格、型号、生产时间、防火性能等满足施工要求，与风管材质匹配，并应符合相关标准规定。

（3）施工部位环境满足作业条件。具体是指：

① 建筑结构工程已验收完成。

② 安装部位和操作场地已清理，无灰尘、油污污染；设计有特殊要求时，安装现场地面应铺设玻璃布、彩条布、包装纸张或制作表面水平、光滑、洁净的工作平台，人员机具进场保持干净。

③ 风管与热力管道或发热设备间应保持安全距离，防止风管过热发生变形。当通过可燃结构时，应按设计要求安装防火隔层。

④ 洁净空调系统风管安装应在建筑结构、门窗和地面施工已完成，墙面抹灰完毕，室内无灰尘飞扬或有防尘措施的条件下进行。

⑤ 粘接接口的风管组合场地应清理干净，严禁灰尘、油污污染及粉尘、纤维飞扬。对于特殊要求的风管，有必要在地面铺设玻璃布、彩条布、包装纸张等用于堆放风管成品及半成品，也可制作表面水平、光滑、洁净的工作平台用于堆放及涂胶、组对安装，避免风管与地面接触。

（4）风管的安装坐标、标高、走向已经过技术复核，并应符合设计要求。

（5）安装施工机具已齐备，满足安装要求。金属风管安装需要的施工机具和工具有升降机、移动式组装平台、吊装葫芦、滑轮绳索、手电钻、砂轮锯、电锤、台钻、电气焊工具、扳手、柔性吊带等，测量工具有钢直尺、钢卷尺、角尺、经纬仪、线坠。

（6）核查建筑结构的预留孔洞位置，孔洞尺寸应满足套管及管道不间断保温的要求。

风管安装的工序如图 4-27 所示。

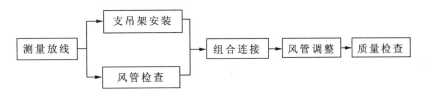

图 4-27 金属风管安装工序

4.2.2.1 测量放线

风管安装前，应先按照设计图纸并参照土建基准线对其安装部位进行测量放线，确定风管标高、中心线位置，并放出安装定位线。当风管较长要安装成排支架时，先把两端安好，然后以两端的支架为基准，用拉线法找出中间各支架的标高进行安装。

4.2.2.2 支、吊架制作安装

（1）支、吊架制作施工条件

支、吊架制作前应具备下列施工条件：

① 支、吊架的形式及制作方法已明确，采用的技术标准和质量控制措施文件齐全；

② 加工场地环境满足作业条件要求；

③ 型钢及附属材料进场检验合格；

④ 加工机具准备齐备，满足制作要求。

风管支吊架
制作与安装

（2）管道支、吊架的类型

支、吊架形式应根据建筑物结构和固定位置确定，并应符合设计要求。支、吊架的类型见表 4-21。

表 4-21 管道支吊架的类型

序号	分类方法	支、吊架类型	
1	按支、吊架与墙体、梁、楼板等固定结构的相互位置关系划分	悬臂型	
		斜支撑型	
		地面支撑型	
		悬吊型	
		固定支架	
2	按支、吊架对管道位移的限制情况划分	活动支架	滑动支架
			导向支架
			防晃支架

① 悬臂型及斜支撑型支、吊架宜安装在混凝土墙、混凝土柱及钢柱上。悬臂支架及斜支撑采用角钢或槽钢制作，支、吊架与结构固定方式采用预埋件焊接固定或螺栓固定（见图 4-28、图 4-29）。

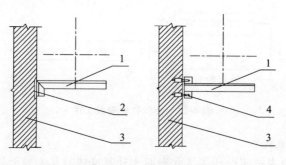

(a) 预埋件焊接固定   (b) 螺栓固定

1—支架；2—预埋件；3—混凝土墙体；4—螺栓

图 4-28　悬臂型支架示意

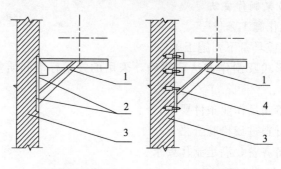

(a) 预埋件焊接固定   (b) 螺栓固定

1—支架；2—预埋件；3—混凝土墙体；4—螺栓

图 4-29　斜支撑型支架示意

② 地面支撑型支架用于设备、管道的落地安装，支架采用角钢、槽钢等型钢制作，与地面或支座用螺栓固定牢固（见图 4-30）。

③ 支、吊架采用一端固定，一端悬吊方式时，悬臂采用角钢或槽钢，吊杆可采用圆钢、角钢或槽钢，吊架根部采用钢板、角钢、槽钢。悬臂与柱、墙固定，吊架与楼板或梁固定（见图 4-31）。

悬吊架安装在混凝土梁、楼板下时，吊架根部采用钢板、角钢或槽钢，吊杆采用圆钢、角钢或槽钢，横担采用角钢或槽钢。

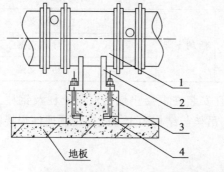
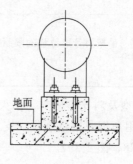

1—管道或设备；2—支架；3—地脚螺栓；4—混凝土支座

图 4-30　支撑型支架示意

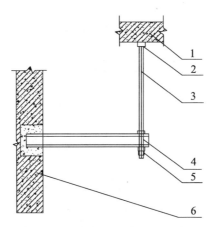

1—楼板；2—吊架根部；3—吊杆；4—槽钢；5—螺母；6—混凝土墙体

图 4-31 支架一端固定一端悬吊安装示意

④ 风管防晃支架不因管道或设备的位移而产生晃动，吊架采用角钢或槽钢制作，与吊架根部和横担焊接牢固。防晃支架用于支撑风管和水管，风管防晃支架见图 4-32。

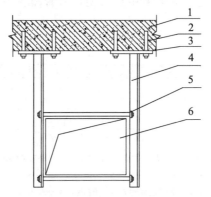

1—楼板；2—膨胀螺栓；3—钢板；4—角钢；5—圆钢；6—风管

图 4-32 风管防晃支架示意

⑤ 管道与支、吊架之间可采用 U 形管卡或吊环固定。圆形风管、水管道及制冷剂管道采用横担支撑时，用扁钢、圆钢制作 U 形管卡，U 形管卡与横担采用螺栓固定（见图 4-33）。保温水管在支架与 U 形管卡间设绝热衬垫。管道与支、吊架之间采用吊环固定时，吊环与吊杆的连接螺栓固定牢固（见图 4-34）。

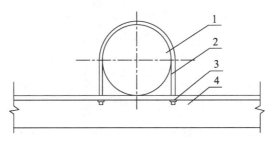

1—管道；2—U 形管卡；3—蝶栓；4—横担

图 4-33 U 形管卡安装示意

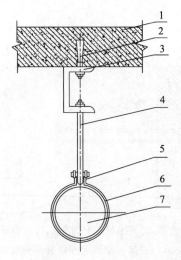

1—楼板；2—膨胀螺栓；3—吊架根部；4—吊杆；5—螺栓；6—吊环；7—管道

图 4-34　吊环安装示意

⑥ 风管双管和多管道支、吊架采用悬吊型，风管布置一般为水平和垂直方向（见图 4-35、图 4-36）。

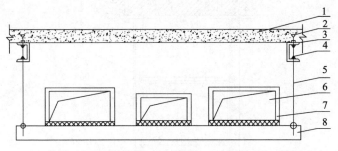

1—楼板；2—膨胀螺栓；3—槽钢；4—螺母；5—吊杆；

6—风管；7—绝热材料；8—横担

图 4-35　水平布置多风管共用吊架示意

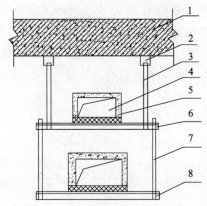

1—楼板；2—吊架根部；3—吊杆1；4—风管；5—绝热层；

6—角钢1；7—吊杆2；8—角钢2

图 4-36　垂直布置双风管吊架示意

⑦ 水管双管和多管的支、吊架采用悬臂型、斜支撑、悬吊型（见图 4-37、图 4-38）。共用支、吊架的承载、材料规格须经校核计算。

靠墙、柱安装的水平风管宜采用悬臂型或斜支撑型支架；不靠墙、柱安装的水平风管宜采用悬吊型或地面支撑型支架；靠墙安装的垂直风管宜采用悬臂型支架或斜支撑型支架；不靠墙、柱，穿楼板的垂直风管应根据施工现场结构形式，管道相互位置及排列方式，管道荷载，水平、垂直或弯管（头）类型，管道保温或非保温等不同要求选用合适的支、吊架类型。

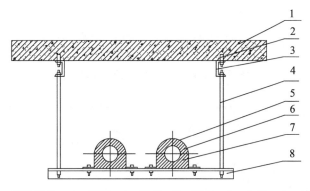

1—楼板；2—膨胀螺栓；3—槽钢；4—吊杆；5—管卡；6—水管；7—木托；8—横担

图 4-37 水管双管道共用悬吊架示意

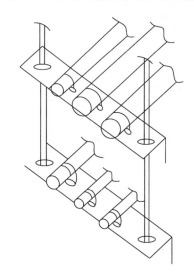

图 4-38 水管多管道垂直分层共用悬吊架示意

（3）支、吊架间距

支、吊架定位放线时，应按施工图中管道、设备等的安装位置，弹出支、吊架的中心线，确定支、吊架的安装位置。严禁将管道穿墙套管作为管道支架。支、吊架的最大允许间距应满足设计要求，并应符合下列规定：

① 金属风管（含保温）水平安装时，支、吊架的最大间距应符合表 4-22 规定。

② 非金属与复合风管水平安装时，支、吊架的最大间距应符合表 4-23 规定。

③ 垂直安装的风管支架的最大间距应符合表 4-24 的规定。

④ 柔性风管支、吊架的最大间距宜小于 1500 mm。

表 4-22 水平安装金属风管支吊架的最大间距

mm

风管边长 b 或直径 D	矩形风管	圆形风管	
		纵向咬口风管	螺旋咬口风管
≤400	4000	4000	5000
>400	3000	3000	3750

注：薄钢板法兰，C 形、S 形插条连接风管的支、吊架间距不应大于 3000 mm。

表 4-23 水平安装非金属与复合风管支吊架的最大间距

mm

风管类别		风管边长 b						
		≤400	≤450	≤800	≤1000	≤1500	≤1600	≤2000
		支、吊架最大间距						
非金属风管	无机玻璃钢风管	4000	3000			2500	2000	
	硬聚氯乙烯风管	4000	3000					
复合风管	聚氨酯铝箔复合风管	4000	3000					
	酚醛铝箔复合风管	2000				1500		1000
	玻璃纤维复合风管	2400		2200		1800		
	玻镁复合风管	4000	3000			2500	2000	

注：边长大于 2000 mm 的风管可参考边长为 2000 mm 风管。

表 4-24 垂直安装风管和水管支架的最大间距

mm

管道类别		最大间距	支架最少数量
金属风管	钢板、镀锌钢板、不锈钢板、铝板	4000	
复合风管	聚氨酯铝液复合风管	2400	
	酚醛铝箔复合风管		单根直管不少于 2 个
	玻璃纤维复合风管	1200	
	玻镁复合风管		
非金属风管	无机玻璃钢风管	3000	
	硬聚氯乙烯风管		

（4）支、吊架的安装要求

风管系统支、吊架的安装应符合下列规定：

① 风机、空调机组、风机盘管等设备的支、吊架应按设计要求设置隔振器，其品

种、规格应符合设计及产品技术文件要求。

② 支、吊架不应设置在风口、检查口处以及阀门、自控机构的操作部位,且距风口不应小于 200 mm。

③ 圆形风管 U 形管卡圆弧应均匀,且应与风管外径相一致。

④ 支、吊架距风管末端不应大于 1000 mm,距水平弯头的起弯点间距不应大于 500 mm,设在支管上的支吊架距干管不应大于 1200 mm。

⑤ 吊杆与吊架根部连接应牢固。吊杆采用螺纹连接时,拧入连接螺母的螺纹长度应大于吊杆直径,并应有防松动措施。吊杆应平直,螺纹完整、光洁。安装后,吊架的受力应均匀,无变形。

⑥ 边长(直径)大于或等于 630 mm 的防火阀宜设独立的支、吊架;水平安装的边长(直径)大于 200 mm 的风阀等部件与非金属风管连接时,应单独设置支、吊架。

⑦ 水平安装的复合风管与支、吊架接触面的两端,应设置厚度大于或等于 1 mm,宽度宜为 60~80 mm,长度宜为 100~120 mm 的镀锌角形垫片。

⑧ 垂直安装的非金属与复合风管,可采用角钢或槽钢加工成"井"字形抱箍作为支架。支架安装时,风管内壁应衬镀锌金属内套,并应采用镀锌螺栓穿过管壁将抱箍与内套固定。螺孔间距不应大于 120 mm,螺母应位于风管外侧。螺栓穿过的管壁处应进行密封处理。

⑨ 消声弯头或边长(直径)大于 1250 mm 的弯头、三通等应设置独立的支、吊架。

⑩ 长度超过 20 m 的水平悬吊风管,应设置至少 1 个防晃支架。

⑪ 不锈钢板、铝板风管与碳素钢支、吊架的接触处,应采取防电化学腐蚀措施。

4.2.2.3 风管组合连接及调整

(1)风管安装前的技术复核与施工准备

风管支、吊架装好后,应再次核对图纸,对将安装的风管管径、风管走向、安装标高、部件型号及个数认真检查。对照草图,查看加工的配件尺寸是否与实际相符,质量是否合格。检查现场,看预留孔洞是否达到安装要求,前期安装的支吊架是否符合标准。确定风管的运输和吊装方法,准备脚手架、梯子等登高作业工具,检查安全防护用品可靠性。准备安装风管用的紧固螺栓、垫料及常用工具。

(2)风管组配

支架安装完毕、技术复核无误、准备工作结束,具备安装条件后,下一步就是根据加工安装草图在地面对风管系统进行组配。

三通、弯头等配件与直风管预组装时,应有一根直风管将一端的法兰连接好,另一端留待施工现场按实际尺寸调整后,再装上法兰。组配好的风管为防止在施工现场安装时发生差错或安装时法兰对不住孔等弊病,应将直风管和各种部件按加工草图编号,做好对正记号。按施工验收规范或设计要求铆好加固框,并按设计要求的位置开好温度和风压测量孔。

(3)风管连接

风管与风管、风管配件、风管部件间的连接通常采用法兰连接。

风管、配件和部件按照草图编号组对，复核无误后即可将风管连接成管段。风管管段的连接长度，应按风管的壁厚、法兰与风管的连接方法、安装部位和吊装方法等因素决定。一般可接至 10～12 m 长。

采用法兰连接的风管，其密封垫料应选用不透气、不产尘、弹性好的材料，法兰垫料应尽量减少接头，接头形式采用阶梯形或企口形，接头处应涂密封胶。

法兰之间的垫料应符合设计要求，设计无要求时按表 4-25 选用。法兰连接时，首先按要求垫好垫料，然后把 2 个法兰先对正，穿上几颗螺栓并戴上螺母，不要上紧。再用尖冲塞进未上螺栓的螺孔中，把 2 个螺孔撬正，直到所有螺栓都穿上后，拧紧螺栓。紧螺栓时应按十字交叉逐步均匀的拧紧。风管连接好后，以两端法兰为准，拉线检查风管连接是否平直。

表 4-25　法兰垫料选用表

应用系统	输送介质	垫料材质及厚度/mm		
一般空调系统及送、排风系统	温度低于 70 ℃的洁净空气或含尘含湿气体	密封胶带	软橡胶带	闭孔海绵橡胶板
		3	2.5～3	4～5
高温系统	温度高于 70 ℃的空气或烟气	石棉绳	耐热橡胶板	
		$\varphi 8$	3	
化工系统	含有腐蚀性介质的气体	耐酸橡胶板		
		2.5～3		
洁净系统	有净化等级要求的洁净空气	橡胶板	闭孔海绵橡胶板	
		5	5	
塑料风管	含腐蚀性气体	软聚氯乙烯板		

法兰垫料安装注意事项：

① 了解各种垫料的使用范围，避免用错垫料。

② 法兰表面应擦拭干净，无异物和水。

③ 法兰垫料不得凸入管内。法兰垫料的安装应尽量减少接头；垫料接头时应采用梯形或榫形连接，并涂胶粘牢。

④ 严禁在法兰拧紧后往法兰缝隙填塞垫料。

法兰连接注意事项：

① 螺母应按十字交叉法逐步均匀地拧紧。螺母应在法兰的同侧。

② 法兰如有破损（开焊、变形等）应及时更换、修理。

③ 不锈钢风管法兰连接的螺栓，宜用同材质的不锈钢制成，如用普通碳素钢材料时，应按设计要求表面采用镀铬或镀锌处理。

④ 铝板风管法兰连接应采用镀锌螺栓，并在法兰两侧垫镀锌垫圈。

（4）风管吊装

风管连成管段后，即要按照施工方案确定的吊装方法，按照先干管后支管的安装程序进行吊装。风管吊装前，应对安装好的支、吊托架进

金属风管安装

一步检查，看其位置是否正确，强度是否可靠。

吊装前，应对吊具进行检查，无误后方可挂好滑轮，穿上麻绳，牢固地捆扎好风管，进行吊装。起吊时，慢慢拉紧系重绳，使绳子受力均衡保持正确的重心。当风管离地 200～300 mm 时，应停止起吊，再次检查滑轮的受力点和所绑的麻绳与绳扣。继续吊到安装高度，将风管放在支吊架上，连接横担，确认风管稳固好后解开绳扣，去掉绳子。重量较轻、安装高度不高的风管，可先置于脚手架上，再抬到支架上。

（5）风管安装后的调整和检查

① 水平安装的风管可以用吊架上的调节螺栓来找正找平。有保温垫块的风管允许用垫块的厚薄来稍许调整，但不能因调整而取消垫块。风管出现扭曲时，只能用重新装配法兰的办法调整，不能用在法兰的某边多塞垫料的办法来调整。风管的水平或坡度用水平尺检查。风管连接的平直情况用线绳拉线检查，垂直风管用线锤吊线的办法检查。水平风管一般以 10 m 为一个检查单位，垂直风管可以每层为一个检查单位。

② 水平管道的坡度，若设计无规定，输送正常温度的空气时，可不考虑坡度；输送相对湿度大于 60% 的空气时，应有 1%～7.5% 的坡度，坡向排水装置。

③ 输送易产生冷凝水空气的风管，应按设计要求的坡度安装。风管底部不宜设纵向接缝，如有接缝应做密封处理。

④ 钢板风管与砖、混凝土风道的插接应顺气流方向，风管插入端与风道表面应平齐，并应进行密封处理。

（6）风管安装要求

1）当风管穿过需要封闭的防火、防爆的墙体或楼板时，必须设置厚度不小于 1.6 mm 的钢制防护套管；风管与防护套管之间应采用不燃柔性材料封堵严密。

2）风管内严禁其他管线穿越。输送含有易燃、易爆气体或安装在易燃、易爆环境的风管系统必须设置可靠的防静电接地装置；输送含有易燃、易爆气体的风管系统通过生活区或其他辅助生产房间时不得设置接口；室外风管系统的拉索等金属固定件严禁与避雷针或避雷网连接。

3）风管应保持清洁，管内不应有杂物和积尘。风管安装的位置、标高、走向，应符合设计要求。现场风管接口的配置应合理，不得缩小其有效截面。法兰的连接螺栓应均匀拧紧，螺母宜在同一侧。

4）风管接口的连接应严密牢固。风管法兰的垫片材质应符合系统功能的要求，厚度不应小于 3 mm。垫片不应凸入管内，且不宜突出法兰外。垫片接口交叉长度不应小于 30 mm。

5）风管与砖、混凝土风道的连接接口，应顺着气流方向插入，并应采取密封措施。风管穿出屋面处应设置防雨装置，且不得渗漏。

6）外保温风管必需穿越封闭的墙体时，应加设套管。

7）风管的连接应平直。明装风管水平安装时，水平度的允许偏差应为 3‰，总偏差不应大于 20 mm；明装风管垂直安装时，垂直度的允许偏差应为 2‰，总偏差不应大于 20 mm。暗装风管安装的位置应正确，不应有侵占其他管线安装位置的现象。

① 风管连接处应完整，表面应平整。

② 承插式风管的四周缝隙应一致，不应有折叠状褶皱。内涂的密封胶应完整，外粘的密封胶带应粘贴牢固。

③ 矩形薄钢板法兰风管可采用弹性插条、弹簧夹或 U 形紧固螺栓连接。连接固定的间隔不应大于 150 mm，净化空调系统风管的间隔不应大于 100 mm，且分布应均匀。当采用弹簧夹连接时，宜采用正反交叉固定方式，且不应松动。

④ 采用平插条连接的矩形风管，连接后板面应平整。

⑤ 置于室外与屋顶的风管，应采取与支架相固定的措施。

4.2.2.4　风管系统的严密性检验

（1）强度和严密性要求

风管加工制作及组合连接质量应通过工艺性的检测或验证，强度和严密性要求应符合下列规定：

1）风管在试验压力保持 5 min 及以上时，接缝处应无开裂，整体结构应无永久性的变形及损伤。试验压力应符合下列规定：

① 低压风管应为 1.5 倍的工作压力；

② 中压风管应为 1.2 倍的工作压力，且不低于 750 Pa；

③ 高压风管应为 1.2 倍的工作压力。

2）矩形金属风管的严密性检验，在工作压力下的风管允许漏风量应符合表 4-26 的规定。

表 4-26　风管允许漏风量

风管类别	允许漏风量/〔m³/（h·m²）〕
低压风管	$Q_l \leqslant 0.1056\, P^{0.65}$
中压风管	$Q_m \leqslant 0.352\, P^{0.65}$
高压风管	$Q_h \leqslant 0.0117\, P^{0.65}$

注：Q_l 为低压风管允许漏风量，Q_m 为中压风管允许漏风量，Q_h 为高压风管允许漏风量，P 为系统风管工作压力（Pa）。

3）低压、中压圆形金属与复合材料风管，以及采用非法兰形式的非金属风管的允许漏风量，应为矩形金属风管规定值的 50%。

4）砖、混凝土风道的允许漏风量不应大于矩形金属低压风管规定值的 1.5 倍。

5）排烟、除尘、低温送风及变风量空调系统风管的严密性应符合中压风管的规定，N1～N5 级净化空调系统风管的严密性应符合高压风管的规定。

6）风管系统工作压力绝对值不大于 125 Pa 的微压风管，在外观和制造工艺检验合格的基础上，不应进行漏风量的验证测试。

7）输送剧毒类化学气体及病毒的实验室通风与空调风管的严密性能应符合设计要求。

（2）风管强度及严密性测试

风管的严密性测试应分为观感质量检验与漏风量检测。观感质量检验可应用于微压风管，也可作为其他压力风管工艺质量的检验，结构严密与无明显穿透的缝隙和孔洞应为合格。观感质量检验合格后，除微压风管外，应进行采用漏风量检测方法进行严密性检验。漏风量检测应为在规定工作压力下，对风管系统漏风量的测定和验证，漏风量不大于规定值应为合格。系统风管漏风量的检测，应以总管和干管为主，宜采用分段检测、汇总综合分析的方法。检验样本风管宜为 3 节及以上组成，且总表面积不应少于 15 m²。当风管系统严密性检验出现不合格时，除应修复不合格的系统外，受检方应申请复验或复检。

测试的仪器应在检验合格的有效期内。

1）测试装置

① 漏风量测试应采用经检验合格的专用测量仪器，或采用符合现行国家标准《流量测量节流装置》规定的计量元件搭设的测量装置。

② 漏风量测试装置可采用风管式或风室式。风管式测试装置采用孔板做计量元件；风室式测试装置采用喷嘴做计量元件。

③ 漏风量测试装置的风机，其风压和风量应选择分别大于被测定系统或设备的规定试验压力及最大允许漏风量的 1.2 倍。

④ 漏风量测试装置试验压力的调节，可采用调整风机转速的方法，也可采用控制节流装置开度的方法。漏风量值必须在系统经调整后，保持稳压的条件下测得。

⑤ 漏风量测试装置的压差测定应采用微压计，其最小读数分格不应大于 1.0 Pa。

⑥ 风管式漏风量测试装置：

a. 风管式漏风量测试装置由风机、连接风管、测压仪器、整流栅、节流器和标准孔板等组成（见图 4-39）。

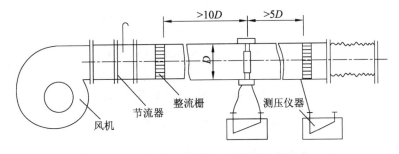

图 4-39　正压风管式漏风量测试装置

b. 本装置采用角接取压的标准孔板。孔板值范围为 0.22～0.7（$\beta=d/D$）；孔板至前、后整流栅及整流栅外直管段距离，应分别符合大于 10 倍和 5 倍圆管直径 D 的规定。

c. 本装置的连接风管均为光滑圆管。孔板至上游 2D 范围内其圆度允许偏差为 0.3%，下游为 2%。

d. 孔板与风管连接，其前端与管道轴线垂直度允许偏差为 1°；孔板与风管同心度允许偏差为 0.015D。

e. 在第一整流栅后，所有连接部分应该严密不漏。

f. 用下列公式计算漏风量：

$$Q = 3600\varepsilon \cdot \alpha \cdot F_n \sqrt{\frac{2}{\rho}} \Delta P \tag{4-26}$$

式中：Q——漏风量，$\mathrm{m^3/h}$；

$\quad\quad\varepsilon$——空气流束膨胀系数；

$\quad\quad\alpha$——孔板的流量系数；

$\quad\quad F_n$——孔板开口面积，$\mathrm{m^2}$；

$\quad\quad\rho$——空气密度，$\mathrm{kg/m^3}$；

$\quad\quad\Delta P$——孔板差压，Pa。

g. 孔板的流量系数与值的关系根据图 4-40 确定，其适用范围应满足下列条件，在此范围内，不计管道粗糙度对流量系数的影响。

$$10^5 < Re < 2.0 \times 10^6$$

$$0.05 < \beta^2 < 0.49$$

$$50\ \mathrm{mm} < D < 1000\ \mathrm{mm}$$

雷诺数小于 10^5 时，则应按现行国家标准《流量测量节流装置》求得流量系数。

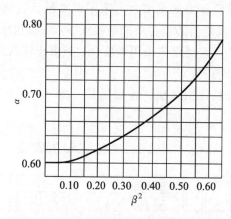

图 4-40　孔板流量系数图

h. 孔板的空气流束膨胀系数值可根据表 4-27 查得。

表 4-27　采用角接取压标准孔板流束膨胀系数 ε 值（$k=1.4$）

β^4 ＼ P_2/P_1	1.0	0.98	0.96	0.94	0.92	0.90	0.85	0.80	0.75
0.08	1.0000	0.9930	0.9866	0.9803	0.9742	0.9681	0.9531	0.9381	0.9232
0.1	1.0000	0.9924	0.9854	0.9787	0.9720	0.9654	0.9491	0.9328	0.9166
0.2	1.0000	0.9918	0.9843	0.9770	0.9698	0.9627	0.9450	0.9275	0.9100
0.3	1.0000	0.9912	0.9831	0.9753	0.9676	0.9599	0.9410	0.9222	0.9034

注：① 本表允许内插，不允许外延；

　　② P_2/P_1 为孔板后与孔板前的全压值之比。

i. 当测试系统或设备负压条件下的漏风量时，装置连接应符合图 4-41 的规定。

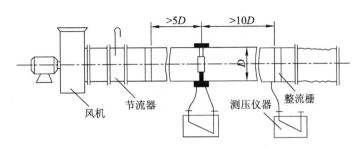

图 4-41 负压风管式漏风量测试装置

⑦ 风室式漏风量测试装置：

a. 风室式漏风量测试装置由风机、连接风管、测压仪器、均流板、节流器、风室、隔板和喷嘴等组成，如图 4-42 所示。

b. 测试装置采用标准长颈喷嘴（见图 4-43）。喷嘴必须按图中要求安装在隔板上，数量可为单个或多个。两个喷嘴之间的中心距离不得小于较大喷嘴喉部直径的 3 倍；任一喷嘴中心到风室最近侧壁的距离不得小于其喷嘴喉部直径的 1.5 倍。

c. 风室的断面面积不应小于被测定风量按断面平均速度小于 0.75 m/s 时的断面积。风室内均流板（多孔板）安装位置应符合图 4-42 的规定。

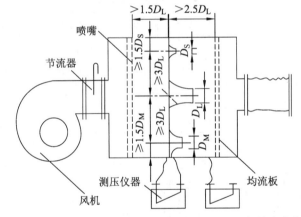

D_S—小号喷嘴直径；D_M—中号喷嘴直径；D_L—大号喷嘴直径

图 4-42 正压风室式漏风量测试装置

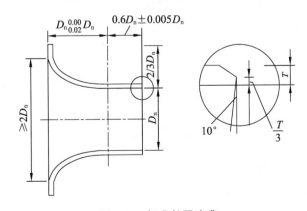

图 4-43 标准长颈喷嘴

d. 风室中喷嘴两端的静压取压接口，应为多个且均布于四壁。静压取压接口至喷嘴隔板的距离不得大于最小喷嘴喉部直径的 1.5 倍。然后，并联成静压环，再与测压仪器相接。

e. 采用本装置测定漏风量时，通过喷嘴喉部的流速应控制在 15～35 m/s 范围内。

f. 本装置要求风室中喷嘴隔板后的所有连接部分应严密不漏。

g. 用下列公式计算：

单个喷嘴风量：

$$Q_n = 3600 C_d \cdot F_d \sqrt{\frac{2}{\rho} \Delta P} \tag{4-27}$$

多个喷嘴风量：$Q = \sum Q_n$

式中：Q_n——单个喷嘴漏风量，m^3/h；

C_d——喷嘴的流量系数（直径 127 mm 以上取 0.99；小于 127 mm 可按表 4-28 或图 4-44 查取）；

F_d——喷嘴的喉部面积，m^2；

ΔP——喷嘴前后的静压差，Pa。

表 4-28　喷嘴流量系数

Re	流量系数 C_d	Re	流量系数 C_d	Re	流量系数 C_d	Re	流量系数 C_d
12000	0.950	40000	0.973	80000	0.983	200000	0.991
16000	0.956	50000	0.977	90000	0.984	250000	0.993
20000	0.961	60000	0.979	100000	0.985	300000	0.994
30000	0.969	70000	0.981	150000	0.989	350000	0.994

注：不计温度系数。

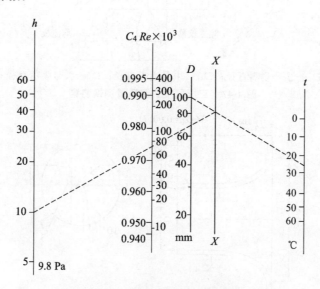

图 4-44　喷嘴流量系数推算图

注：先用直径与温度标尺在指数标尺（X）上求点，再将指数与压力标尺点相连，可求取流量系数值。

h. 当测试系统或设备负压条件下的漏风量时，装置连接应符合图 4-45 的规定。

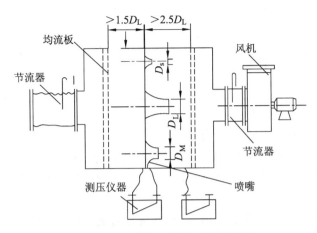

图 4-45　负压风室式漏风量测试装置

2）漏风量计算

① 正压或负压系统风管与设备的漏风量测试，分正压试验和负压试验两类。一般可采用正压条件下的测试来检验。

② 系统漏风量测试可以整体或分段进行。测试时，被测系统的所有开口均应封闭，不应漏风。

③ 被测系统的漏风量超过设计和本规范的规定时，应查出漏风部位（可用听、摸、观察、水或烟检漏），做好标记；修补完工后，重新测试，直至合格。

④ 漏风量测定值一般应为规定测试压力下的实测数值。特殊条件下，也可用相近或大于规定压力下的测试代替，其漏风量可按下式换算：

$$Q_0 = Q(P_0/P)^{0.65} \tag{4-28}$$

式中：P_0——规定试验压力，500 Pa；

Q_0——规定试验压力下的漏风量，$m^3/(h \cdot m^2)$；

P——风管工作压力，Pa；

Q——工作压力下的漏风量，$m^3/(h \cdot m^2)$。

管道保温设计

空调风管通常的保温结构有四层：

① 防腐层，一般刷防腐漆；

② 保温层，填贴保温材料；

③ 防潮层，包油毛毡或刷沥青，防止潮湿空气或水分侵入保温层内，破坏保温层或在内部结露；

④ 保护层，随敷设地点而异，室内管道可用玻璃布、塑料布或木板、胶合板制成，

室外管道应用铁丝网、水泥或铁皮作为保护层。

总之，保温结构应结实，外表平整，无胀裂和松弛现象。具体做法可参阅有关的国家标准图。

4.3.1 空调风管的保温层厚度

对于一般无特殊要求的设备或管道，其保温层厚度是取防止结露的最小厚度和保温层的经济厚度两者中的较大值。

4.3.1.1 防止结露的保温层厚度

防止结露是指要求绝大多数时间不结露。在某些特殊条件下，如输送冷空气的风管在高温、高湿环境下，要想保证风管保温层外表面不结露是不易做到的，也是不必要的。

(1) 矩形风管、设备以及 $D>400\ \text{mm}$ 的圆形管道，按平壁传热计算保温厚度。其最小保温层厚度按下式确定：

$$\delta = \frac{\lambda}{\alpha_{wg}}\left(\frac{t_1-t_{ng}}{t_{wg}-t_1}\right) = \frac{\lambda}{\alpha_{wg}}\left[\left(\frac{t_{wg}-t_{ng}}{t_{wg}-t_1}-1\right)\right] \tag{4-29}$$

(2) $D \leqslant 400\ \text{mm}$ 的圆形管道，按圆筒壁传热计算保温厚度，可按下式确定：

$$(D_0+2\delta)\ln\left(\frac{d+2\delta}{D_0}\right) = \frac{2\lambda}{\alpha_{wg}}\left(\frac{t_1-t_{ng}}{t_{wg}-t_1}\right) \tag{4-30}$$

式中：δ——防止管道外表面结露的保温层最小厚度，m。

t_{wg}——保温层外的气温度，℃；需要保温的管道或设备在室外时，取当地室外最热月平均温度。

t_{ng}——管内流体温度，℃。

t_1——保温层外的空气露点温度，℃；保温管道在室外时，由 t_{wg} 和室外最热月月平均相对湿度确定。

λ——保温材料的热导率，W/（m·℃）。

α_{wg}——保温层外表面的换热系数，W/（m²·℃）；室内管道一般为 $5\sim10$，可取 8；室外管道的 α_{wg} 值，应考虑当地室外风速的影响。

D_0——保温前管道的外径，m。

注意到用式（4-30）直接求保温层厚度 δ 不太容易，需要试算，因此可由实际常用图解法确定；还可从图 4-46 直接查出保温层的最小厚度 δ 值。具体方法：先算出 $\frac{2\lambda}{\alpha_{wg}}\left(\frac{t_1-t_{ng}}{t_{wg}-t_1}\right)$，再由管道外径 D_0，即可在图的横坐标上得到 δ。

利用图解或公式求出保温层厚度后，一般采用比计算结果稍大的整数值作为实际的保温层厚度，如 20 mm、25 mm、30 mm、40 mm、50 mm、60 mm、70 mm、80 mm、90 mm、100 mm 等。

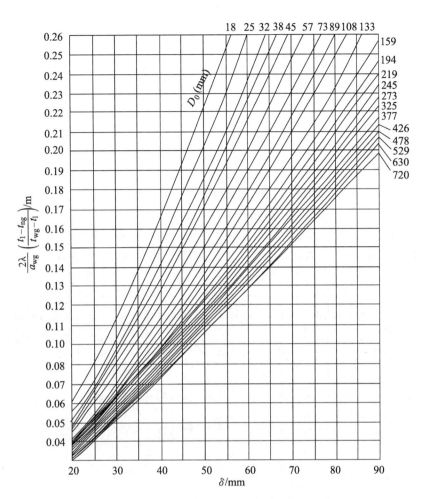

图 4-46 防止保温层外表面结露的保温层厚度

4. 3. 1. 2 保温层的经济厚度

在保温层的寿命期内有个"年总费用"，它是年折旧费和冷、热损失费之和。保温材料的年折旧费随保温层厚度的增加而增加，其冷、热损失费随保温层厚度的增加而减少。于是"年总费用"有一个最小值，即为保温层的经济厚度。

（1）矩形风管、设备的经济保温层厚度按下式计算：

$$\delta = \left(\frac{\lambda \Delta t n \beta}{by}\right)^{0.5} - \frac{\lambda}{\alpha_{wg}} \tag{4-31}$$

（2）圆管的经济保温层厚度按下式计算：

$$\frac{(r-\delta)\ln\dfrac{r+\delta}{r} + \dfrac{\lambda}{\alpha_{wg}}}{\sqrt{1-\dfrac{\lambda}{\alpha_{wg}(r+\delta)}}} = \sqrt{\frac{\lambda \Delta t n \beta}{by}} \tag{4-32}$$

在常用范围内可按下式近似计算：

$$\left(r+\delta+\frac{\lambda}{\alpha_{wg}}\right)\ln\left[\frac{r+\delta+\dfrac{\lambda}{\alpha_{wg}}}{r}\right]=\sqrt{\frac{\lambda\,\Delta tn\beta}{by}} \tag{4-33}$$

式中：δ——保温层的经济厚度，m；

$\quad$ n——全年输送冷媒或热媒的工作时间，h；

$\quad$ β——冷媒或热媒的单价，元/kJ；

$\quad$ y——保温材料的价格，包括保温材料的施工安装费用等，元/m³；

$\quad$ b——保温材料的年折1日率，按小数取值，一般取 0.1～0.2；

$\quad$ Δt——运行期的管外空气平均温度与管内流体的温差，℃；

$\quad$ r——保温前管道的半径，m。

$\quad$ 注意到用式（4-33）直接求解 δ 也不太容易，也可采用图解法。计算出式（4-33）右面的数值后，按图 4-47 查出 $(r+\delta+\lambda)/\alpha_{wg}$ 的值，即可确定经济保温层厚度 δ。

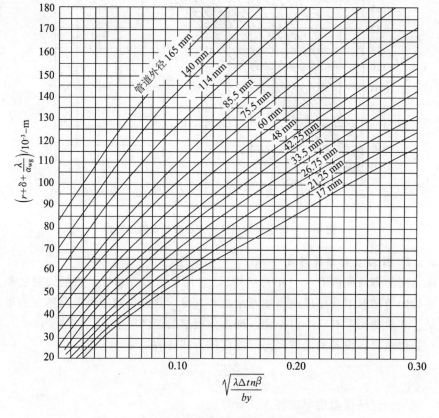

图 4-47　风管的保温层经济厚度

当资料不详细时，空调风管绝热热阻可按表 4-29 选用。

表 4-29　室内空气调节风管绝热层的最小热阻适用介质温度

风管类型	用介质温度/℃		最小热阻/（m²·K/W）
	冷介质最低温度	热介质最高温度	
一般空调风管	15	30	0.81
低温风管	6	39	1.14

注：① 建筑物内环境温度：冷风时 26 ℃，暖风时 20 ℃；
　　② 以玻璃棉为代表材料，冷价为 75 元/GJ，热价为 85 元/GJ。

4.3.2　风管绝热层的固定

风管绝热层的固定方法根据绝热材料的不同来确定，当风管绝热材料为橡塑保温材料时通常采用黏结方法固定；当风管绝热材料为离心玻璃棉时通常采用保温钉连接固定。

4.3.2.1　黏结方法固定

风管绝热层采用黏结方法固定时，施工应符合下列规定：

（1）黏结剂的性能应符合使用温度和环境卫生的要求，并与绝热材料相匹配。

（2）黏结材料宜均匀地涂在风管、部件或设备的外表面上，绝热材料与风管、部件及设备表面应紧密贴合，无空隙。

（3）绝热层纵、横向的接缝，应错开。

（4）绝热层粘贴后，如进行包扎或捆扎，包扎的搭接处应均匀、贴紧；捆扎的应松紧适度，不得损坏绝热层。

4.3.2.2　保温钉连接固定

风管绝热层采用保温钉连接固定时，应符合下列规定：

（1）保温钉与风管、部件及设备表面的连接可采用粘接或焊接，结合应牢固，不得脱落；焊接后应保持风管的平整，并不应影响镀锌钢板的防腐性能。

（2）矩形风管或设备保温钉的分布应均匀，其数量底面每平方米不应少于 16 个，侧面不应少于 10 个，顶面不应少于 8 个。首行保温钉至风管或保温材料边沿的距离应小于 120 mm。

（3）风管法兰部位的绝热层的厚度，不应低于风管绝热层的 0.8 倍。

（4）带有防潮隔气层绝热材料的拼缝处，应用黏胶带封严。黏胶带的宽度不应小于 50 mm。黏胶带应牢固地粘贴在防潮面层上，不得有胀裂和脱落。

思 考 题 与 习 题

11-1　常用的通风管道的材料有哪些？

11-2　风管的压力损失包括哪两项？如何计算？

11-3　空调风管内的风速应如何确定？

11-5　已知室外空气温度为 32 ℃，相对湿度 $\varphi = 80\%$，相应的露点温度 $t_1 = 28.1$ ℃，管内流体温度为 14 ℃，采用的保温材料热导率 $\lambda = 0.04$ W/(m·K)，$\alpha_{wg} = 8$ W/(m·K)。

求：（1）防止结露的矩形管道所需的最小保温层厚度。

（2）防止结露的风管外径 $D_0 = 100\ mm$ 时的圆管所需的最小保温层厚度。

技 能 训 练

训练项目：风管布置与水力计算

（1）实训目的：使学生了解风管布置原则，能合理布置风管系统，能正确进行水力计算，会绘制空调风系统施工图。

（2）实训准备：图纸、作业本、计算器、绘图工具及相关工具书。

（3）实训内容：根据单元3技能训练过程已绘制完成的空气处理设备、送回风口平面布置图，进行该层风管系统布置与水力计算，然后将布置与水力计算结果绘在空气处理设备、送回风口平面布置图上，完善该层空调风系统平面图。

（4）提交成果：

① 空调风系统水力计算过程；

② 按 1∶100 比例手绘一层空调风系统平面图。

消声隔振

学习目标

（1）掌握噪声的物理量度。

（2）熟悉暖通空调系统的噪声源。

（3）掌握噪声控制标准。

（4）了解通风空调系统中的噪声衰减。

（5）掌握常用消声器的类型及性能。

（6）熟悉常用隔振材料及隔振器，了解隔振器承受荷载的计算方法。

能力目标

（1）能正确进行消声量计算。

（2）会合理选择消声器。

工作任务

（1）某空调房间消声量计算。

（2）某空调系统消声器选择。

通风空调系统在对建筑内热湿环境、空气品质进行控制的同时，也对建筑的声环境产生不同程度的影响。当系统运行产生的噪声超过一定允许值后，将影响人员的正常工作、学习、休息或影响房间功能（如电视和广播的演播室、录音室），甚至影响人体健康。因此，在进行通风空调系统设计的同时，应当进行噪声控制设计。噪声控制有两个方面，一是通风空调系统服务对象（房间）的噪声控制；二是通风空调系统的设备房（机房）的噪声控制。

5.1 噪声的物理量度与评价标准

5.1.1 噪声的物理量度

5.1.1.1 声音和噪声的基本概念

（1）声音

声音是由声源、声波及听觉器官的感知三个环节组成。

由物理学知，声源是物质的振动，如固体的机械运动、流体振动（水的波涛、空气的流动声）、电磁振动等。在声源的作用下，使周围的物质质点获得能量（如空气），产生了相应的振动，在其平衡位置附近产生了疏、密波。这样质点的振动能量就以疏、密波的形式向外传播，这种疏、密波称为声波。同理，声波的传播在气体、液体和固体中都可以进行。

声波在介质中的传播速度称为声速，用 c 表示，单位为 m/s。常温下，空气中的声速为 340 m/s，橡胶中的声速为 40～50 m/s，不同介质中的声速相差很大。声波的两个相邻密集和相邻稀疏状之间的距离为波长，用 λ 表示，单位为 m。声波每秒振动的次数为频率，用 f 表示，单位为 Hz。波长 λ、声速 c 和频率 f 是声波的三个基本物理量，三者之间的关系如下：

$$\lambda = \frac{c}{f} \tag{5-1}$$

人耳产生感觉的频率范围为 20～20000 Hz。一般把低于 500 Hz 的声音称为低频声；500～1000 Hz 的声音称为中频声；1000 Hz 以上的声音称为高频声。低频声低沉，高频声尖锐。人耳最敏感的频率为 1000 Hz。

固体介质的密度 ρ 和声速 c 的乘积，称为介质的声阻率。它反映了介质材料的隔声性能。介质材料越密实，声阻率越大，则隔声性能越好。

（2）噪声

从声学角度，一般把声音分为纯音、复音和噪音。各种不同频率和声强的声音无规律地组合在一起就成为噪音。但就广义而言，凡是对某项工作是不需要的、有妨碍的或使人烦恼、讨厌的声音都称为噪声。人们在有强烈噪声的环境中长期工作会影响身体健康和降低工作效率。对于一些特殊的工作场所（如播音室、录音室等），若有噪声，将无法正常工作。

工业噪声主要有空气动力噪声、机械噪声、电磁噪声。空气动力噪声是由空气振动而产生的，例如当空气流动产生涡流或者发生压力突变时引起气流扰动而产生的噪声；机械噪声是由固体振动而产生的；电磁噪声是由于电机的空隙中交变力的相互作用而产生的。

空调工程中主要的噪声源是通风机、制冷机、水泵和机械通风冷却塔等。通风机噪声主要是通风机运转时的空气动力噪声（包括气流涡流噪声，撞击噪声和叶片回转噪声）和机械性噪声，噪声的大小主要与通风机的构造、型号、转速以及加工质量等有关。除此之外，还有一些其他的气流噪声，例如风管内气流引起的管壁振动，气流遇到障碍物（阀门、弯头等）产生的涡流以及出风口风速过高等都会产生噪声。

图 5-1 所示是空调系统的噪声传播情况。从图中可以看出，除通风机噪声由风管传入室内外，还可通过建筑围护结构的不严密处传入室内；设备的振动和噪声也可以通过地基、围护结构和风管壁传入室内。因此，当空调房间内要求比较安静（噪声级比较低）时，空调装置除应满足室内温湿度要求外，还应满足噪声的有关要求。达到这一要求的重要手段之一，就是通风系统的消声和设备的隔振。

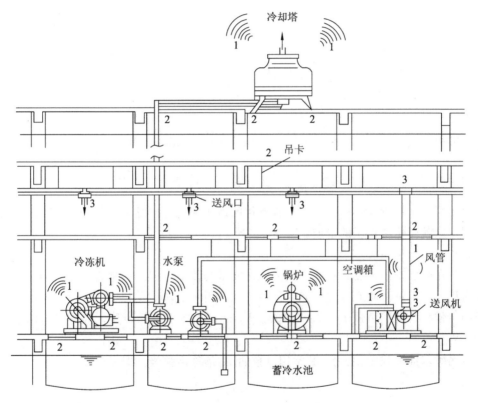

图 5-1 空调系统的噪声传递情况

5.1.1.2 噪声的物理量度

噪声也是一种声波，具有声波的一切特性。

（1）声压与声压级

声波传播时，由于空气受到振动而引起的疏密变化，使在原来的大气压强上叠加了一个变化的压强，这个叠加的压强被称为声压，用 P 表示，单位为 Pa，也就是单位面积上所承受的声音压力的大小。在空气中，当声频为 1000 Hz 时，人耳可感觉的最小声压称为听阈声压 P_0，P_0 为 2×10^{-5} Pa，通常把 P_0 作为比较的标准声压，也称为基准声压；人耳可忍受的最大声压称为痛阈声压，为 20 Pa。声压表示声音的强弱，可以用仪器直接测量。

从听阈声压到痛阈声压，绝对值相差一百万倍，说明人耳的可听范围是很宽的。由于这范围内的声压很大，在测量和计算时很不方便，而且人耳对声压变化的感觉具有相对性，例如声压从 0.01 Pa 变化到 0.1 Pa 与从 1 Pa 变化到 10 Pa 作比较，虽然两者声压增加的绝对值不同，但由于两者声压增加的倍数相同，人耳对这两声音增强的感觉却是相同的。因此，为了便于表达，声音的量度采用对数标度，即以相对于基准量的比值的对数来表示，其单位为 B（贝尔），又为了更便于实际应用，采用 B 的十分之一，即 dB（分贝）作为声音量度的常用单位。也就是说，声音是以级来表示其大小的。

声压级是表示声场特性的，其大小与测点距声源的距离有关。声压对基准声压 P_0 之比，其常用对数的 20 倍称为声压级，用 L_P 表示，即

$$L_P = 20 \lg \frac{P}{P_0} \qquad (5\text{-}2)$$

式中：L_P——声压级，dB；

$\quad P_0$——基准声压，$P_0 = 2 \times 10^{-5}$ Pa；

$\quad P$——声压，Pa。

由上式可知：

听阈声压级：$\qquad L_P = 20 \lg \frac{P}{P_0} = \left(20 \lg \frac{2 \times 10^{-5}}{2 \times 10^{-5}} \right) \text{dB} = 0 \text{ dB}$

痛阈声压级：$\qquad L_P = 20 \lg \frac{P}{P_0} = \left(20 \lg \frac{20}{2 \times 10^{-5}} \right) \text{dB} = 120 \text{ dB}$

由此可见，从听阈到痛阈，由一百万倍的声压变化范围缩成声压级 0~120 dB 的变化范围，这就简化了声压的量度。

（2）声强与声强级

声波在介质中的传播过程，实际上就是能量的传播过程。在垂直于声波传播方向的单位面积上，单位时间通过的声能，称为声强，用 I 表示，单位为 W/m²。相应于基准声压的声强称为基准声强 I_0，I_0 为 10^{-12} W/m²；相应于痛阈声压，人耳可忍的最大声强为 1 W/m²。

声强对基准声强 I_0 之比，其常用对数的 10 倍称声强级，即

$$L_I = 10 \lg \frac{I}{I_0} \qquad (5\text{-}3)$$

式中：L_I——声强级，dB；

$\quad I_0$——基准声强，$I_0 = 10^{-12}$ W/m²；

$\quad I$——声强，W/m²。

由于声强与声压有如下的关系：

$$I = \frac{P^2}{\rho c} \quad (\rho \text{ 为空气密度，} c \text{ 为速度})$$

所以 $\qquad L_I = 10 \lg \frac{I}{I_0} = 10 \lg \frac{P^2}{P_0^2} = L_P$

由此可见，声音的声强级和声压级的分贝值相等。

（3）声功率与声功率级

声功率是表示声源特性的物理量。单位时间内声源以声波形式辐射的总能量称为声

功率，用 W 表示，单位为 W。基准声功率 W_0 为 10^{-12} W。

声功率级是表示声源性质的，它直接表示声源发射能量的大小。声功率对基准声功率 W_0 之比，其常用对数的 10 倍称声功率级，即

$$L_W = 10\lg\frac{W}{W_0} \tag{5-4}$$

式中：L_W——声功率级，dB；

$\quad W_0$——基准声功率，$W_0 = 10^{-12}$ W；

$\quad W$——声功率，W。

（4）声波的叠加

由于量度声波的声压级、声强级或声功率级都是以对数为标度的，因此当有多个声源同时产生噪声时，其合成的噪声级应按对数法则进行运算。

当 n 个不同的声压级叠加时，总声压级为

$$\sum L_P = 10\lg(10^{0.1L_{P1}} + 10^{0.1L_{P2}} + \cdots + 10^{0.1L_{Pn}}) \tag{5-5}$$

式中：$\sum L_P$——n 个声压级叠加的总和，dB；

$\quad L_{P1}$，L_{P2}，$\cdots$，L_{Pn}——声源 1，2，$\cdots$，n 的声压级，dB。

当两个声源的声压级不相同时，如果声压级之差为 D（$D = L_{P1} - L_{P2}$），则由式（5-5）可知，两个声压级叠加后的总声压级为

$$\sum L_P = L_{P1} + 10\lg(1 + 10^{-0.1D}) \tag{5-6}$$

式中：L_{P1}——声功率级较高声源的声功率级，dB；

$\quad 10\lg(1 + 10^{-0.1D}) = \Delta\beta$——附加值，dB。

为了计算方便，把式（5-6）中的 $10\lg(1 + 10^{-0.1D})$ 项作为附加值并画成线算图或制成表，如图 5-2 和表 5-1 所示，计算时可直接查用。

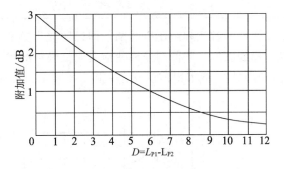

图 5-2 两个不同声压级叠加的附加值

表 5-1 附加声功率级

dB

ΔL_W	0	1	2	3	4	5	6	7	8	9	10	11	13	16
$\Delta\beta$	3.0	2.6	2.2	1.8	1.5	1.2	1.0	0.8	0.6	0.5	0.4	0.3	0.2	0.1

当有 M 个相同的声压级相叠加时，则总声压级为

$$\sum L_P = L_{P1} + 10 \lg M \qquad (5\text{-}7)$$

由式（5-7）可知，当两个声源的声功率级相同，叠加后（即 $M=2$）仅比单个声源的声功率级大 3 dB。

当几个不同声功率级叠加时，则可先由大到小依次排列，然后逐个进行叠加。叠加时根据两个声功率级差值在其中较高的声功率级上加附加值，附加值可查图 5-2 或表 5-1。

（5）噪声的频谱特性

表征声音物理量的除声压级与频率外，还有各个频率的声压级的综合量，即声音的频谱。在日常生活中经常遇到的声音很少是单频率的纯音，绝大部分是复合音。

作为人耳可闻的声音，频率从 20～20000 Hz，高低频相差达 1000 倍，为方便起见，把宽阔的声频范围划分为若干个频段，称之为频程或频带，每一个频程都有其频率范围和中心频率。在通风空调工程的噪声控制中用的是倍频程。倍频程是指中心频率成倍增加的频程，即两个中心频率之比为 2∶1。如果倍频程中心频率为 f，上、下限频率分别是 f_1 和 f_2，则有

$$f = \sqrt{f_1 f_2}, \quad f_1 = 2f_2$$

目前通用的倍频程中心频率为 31.5、63、125、250、500、1000、2000、4000、8000、16000（Hz）。这 10 个倍频程把可闻声音全部包括进来，大大简化了测量。实际上，在一般噪声控制的现场测试中，往往只要用 63～8000 Hz 8 个倍频程也就够了，它所包括的频程如表 5-2 所示。

表 5-2　倍频程频率范围和中心频率

中心频率/Hz	63	125	250	500	1000	2000	4000	8000
频率范围/Hz	45～90	90～180	180～355	355～710	710～1400	1400～2800	2800～5600	5600～11200

频谱图是表示组成噪声的各频程声压级的图，即以频程为横坐标、声压级（或声强级、声功率级）为纵坐标的图形。频谱图能清楚地表明该噪声的组成和性质，为噪声控制提供依据。图 5-3 所示为某空调器噪声的频谱，图 5-4 所示为某通风机噪声的频谱。

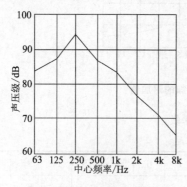

图 5-3　某空调器噪声频谱图

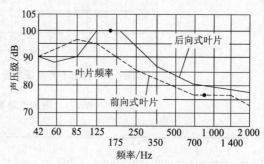

图 5-4　某通风机的噪声频谱图

5.1.2 噪声的评价标准

5.1.2.1 噪声的主观评价

前述声压级、声强级都是表示声音强度的客观的物理量，但是它们还不能直接用来判断某声压级的声音在听觉内的感觉如何。人的听觉对声音强度的反应不仅与声压级或声强级有关，而且与频率也有关。声压级相等而频率不相同的两个纯音，听觉是不一样的。同样，不同频率和相应的声压级有时给人以相同的主观感觉。

描述声音在主观感觉上的量，称为响度级，单位为 phon（方）。根据人耳的频率响应特性，以 1000 Hz 的纯音为基准音，若某频率的纯音听起来与基准音有同样的响度，则该频率纯音的响度级 phon 值就等于基准音的声压级 dB 值。例如某噪声听起来与频率为 1000 Hz、声压级 80 dB 的声音同样响，则该噪声的响度级就是 80 phon。所以响度级是把声压级和频率综合起来评价声音大小的一个主观感觉量。

通过对人耳进行大量的听感试验，得到可听范围内的纯音的响度级，并以等响度曲线表示，如图 5-5 所示。该图中上、下两根曲线包罗的范围内，是正常人耳可以听到的全部声音。每一条等响度曲线，表示相同响度下，声音的频率与声音级的关系，也即每一条曲线上虽然各种频率声音对应的声压级 dB 值不相同，但人耳感觉到的响度却是相同的。每一条曲线相当于一定响度级（phon）的声音，等响度曲线是 1000 Hz 时的声音级 dB 值，即为响度级的 phon 值。从图 5-5 中可知，人耳对于高频声音比对低频声音敏感得多，特别是在声响较小时。这对于室内噪声标准的制定、噪声的测量乃至消声器的设计都有很大关系。

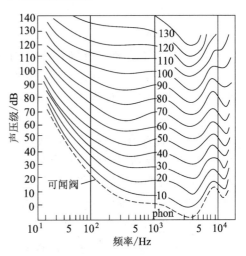

图 5-5 等响度曲线

5.1.2.2 噪声的测量

测量噪声常用的仪器是声级计，它的工作原理是声信号通过传声器把声压转换成电压信号，经放大后，通过计权网络，在声级计的表头上显示出分贝值。

在声学测量中，为模拟人耳对声音响度的感觉特性，在声级计中设有 A、B、C 三个计权网络，每种网络在电路中加上对不同频率有一定衰减的滤波装置。这三个计权网络大致是参考几条等响曲线而设计的。A 计权网络是参考 40 方等响曲线，对 500 Hz 以下的声音有较大的衰减，以模拟人耳对低频不敏感的特性。C 计权网络具有接近线性的较平坦的特性，在整个可听范围内几乎不衰减，以模拟人耳对 85 方以上的听觉响应，它可以代表总声压级。B 计权网络介于两者之间，对低频有一定的衰减，它模拟人耳对 70 方纯音的响应。

用声级计的不同网络测得的声级，分别记作 dB(A)、dB(B)、dB(C)。通常人耳对不太强的声音的感觉特性与 40 方的等响曲线很接近，因此，在音频范围内进行测量时，多使用 A 计权网络。

从声级计 A、B、C 三档的读数还可以粗略地估计噪声的频率特性。当 A、B、C 三档的读数十分接近（$L_A \approx L_B \approx L_C$）时，说明该噪声的频谱以高频声为主；如果 $L_A = L_B > L_C$，表示该噪声的频谱以中频声为主；如果 $L_C > L_B > L_A$，则表示噪声的频谱以低频声为主。

5.1.2.3 噪声的标准

为满足生产的需要和消除对人体的不利影响，需对各种不同的场所制定出允许的噪声级，称为噪声标准。制定噪声标准时，还应考虑技术上的合理性。

（1）室内噪声标准

房间内允许的噪声级别称为室内噪声标准，也即室内噪声控制标准。由国际标准化组织（ISO）提出的 NR 噪声评价曲线如图 5-6 及表 5-3 所示。

图 5-6 中 N 值为噪声评价曲线号，即中心频率 1000 Hz 所对应的声压分贝值。考虑到人耳对低频噪声不敏感，以及低频噪声消声处理较困难的特点，故图 5-5 中低频噪声的允许声压级分贝值较高，而高频噪声的允许声压级分贝值较低。

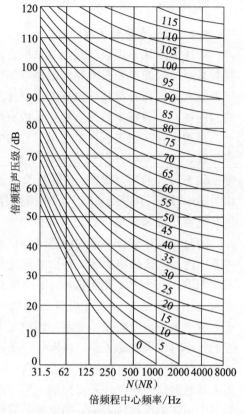

图 5-6 噪声评价曲线（NR 曲线）

表 5-3 噪声评价曲线 NR 的倍频带声压级

NR	倍频带中心频率/Hz							
	63	125	250	500	1000	2000	4000	8000
25	55.2	43.7	35.2	29.2	25	21.9	19.5	17.7
30	59.2	48.1	39.9	34.0	30	26.9	24.7	22.9
35	63.1	52.4	44.5	38.9	35	32.0	29.8	28.0
40	67.1	56.8	49.2	43.8	40	37.1	34.9	33.2
45	71.0	61.1	53.6	48.6	45	42.2	40.0	38.3
50	75.0	65.5	58.5	53.5	50	47.2	45.2	43.5
55	78.9	69.8	63.1	58.4	55	52.3	50.3	48.6
60	82.9	74.2	67.8	63.2	60	57.4	55.4	53.8
65	86.8	78.5	72.4	68.1	65	62.5	60.5	58.9
70	90.8	82.9	77.1	73.0	70	67.5	65.7	64.1
75	94.7	87.2	81.7	77.9	75	72.6	70.8	69.2
80	98.7	91.6	86.4	82.7	80	77.7	75.9	74.4
85	102.6	95.9	91.0	87.0	85	82.8	81.0	79.5
90	106.6	100.3	95.7	92.5	90	87.8	86.2	84.7
95	110.5	104.6	100.3	97.3	95	92.9	91.3	89.8

续表

NR	倍频带中心频率/Hz							
	63	125	250	500	1000	2000	4000	8000
100	114.5	109.0	105.0	102.2	100	98.0	96.4	95.0
105	118.4	113.3	109.6	107.1	105	103.1	101.5	100.1
110	122.4	117.7	114.3	111.9	110	108.1	106.7	105.3
115	126.3	122.0	118.9	116.8	115	113.2	111.8	110.4
120	130.3	126.4	126.6	121.7	120	118.3	116.9	115.6

声级计测得 A 挡数与响应的噪声评价曲线有如下换算关系：

$$NR = L_A - 5 \text{ 即 } L_A = NR + 5 \tag{5-8}$$

民用建筑室内允许噪声一般可用允许噪声级表示，表 5-4 列出了各类公共及允许噪声标准，供设计参考。

表 5-4 室内允许的最高噪声级（A 声级）

dB

序号	建筑性质	房间	特级	一级	二级	三级
1	住宅	卧室、书房	—	40	45	—
		起居室（厅）	—	45	50	—
2	旅馆	客房	35	40	45	—
		会议室	35	40	45	—
		多用途大厅	40	45	50	—
		办公室	35	40	45	—
		餐厅、宴会厅	50	55	60	—
3	医院	病房、医务人员休息室	—	35	45	
		各类重症监护室	—	35	45	
		门诊室	—	40	45	
		手术室、分娩室	—	40	45	
		入口大厅、候诊室	—	50	55	
		化验室、分析实验室	—	35	45	
		人工生殖中心	—	35	40	
		测听室	—	25	25	
4	办公楼	单人办公室	—	35	40	
		不超过 10 人的办公室、分格式（开敞）办公室	—	40	45	
		电视 电话会议室	—	35	40	
		普通会议室	—	40	45	
5	商业建筑	餐厅、购物中心、走廊	45	50	55	55
		展览馆	40	45	50	55
		员工休息室	30	40	45	50
6	学校	一般教室			40	
		有特殊安静要求的房间			45	
		无特殊安静要求的房间			50	

序号	建筑性质	房间	特级	一级	二级	三级
8	图书阅览建筑			$NR-25\sim30$		
9	广播电视建筑			$NR-15\sim25$		
10	电影建筑			$NR-20\sim25$		
11	剧院建筑			$NR-20\sim25$		
12	音乐建筑			$NR-15\sim20$		
13	体育建筑			$NR-35\sim40$		
14	教堂建筑			$NR-25\sim30$		
15	专业实验室建筑			$NR-5\sim15$		

注：特级指有特殊要求的建筑；一级指有较高要求的建筑；二级指有一般要求的建筑；三级指最低要求的建筑。

（2）室外环境噪声控制的标准

室外环境噪声控制与空调装置有关，如设置在室外的空气源热泵机组、冷却塔、水泵等的噪声必须遵循环保要求，表 5-5 为室外环境噪声控制的标准。

表 5-5　室外环境噪声控制的标准（A 声级）

dB

类别		昼间	夜间
0 类		50	40
1 类		55	45
2 类		60	50
3 类		65	55
4 类	4a 类	70	55
	4b 类	70	60

注：① 0 类声环境功能区：指康复疗养区等特别需要安静的区域。

② 1 类声环境功能区：指以居民居住、医疗卫生、文化教育、科研设计、行政办公为主要功能，需要保持安静的区域。

③ 2 类声环境功能区：指以商业金融、集市贸易为主要功能，或者居住、商业、工业混杂，需要维持住宅安静的区域。

④ 3 类声环境功能区：指以工业生产、仓储物流为主要功能，需要防止工业噪声对周围环境产生严重影响的区域。

⑤ 4 类声环境功能区：指交通干线两侧一定距离之内，需要防止交通噪声对周围环境产生严重影响的区域，包括 4a 类和 4b 类两种类型。4a 类为高速公路、一级公路、二级公路、城市快速路、城市主干路、城市次干路、城市轨道交通（地面段）、内河航道两侧区域；4b类为铁路干线两侧区域。

5.2 **通风空调系统的噪声源与噪声衰减**

5.2.1 通风空调系统的噪声源

通风空调系统中的噪声源主要有风机、空调设备等机械设备产生的噪声和气流产生的噪声等。

5.2.1.1 风机噪声

通风空调系统中的主要噪声源是风机。风机噪声的大小和许多因素有关，如叶片型式、片数、风量、风压等参数。风机噪声是由叶片上紊流而引起的宽频带的气流噪声以及相应的旋转噪声，后者可由转数和叶片数确定其噪声的频率。在通风空调所用的风机中，按照风机大小和构造不同，噪声频率为 $200\sim800$ Hz，也就是说主要噪声处于低频范围内。为了比较各种风机的噪声大小，通常用声功率级来表示。

各种风机的声学特性，应由风机厂提供。当缺少这项资料时，在工程设计中最好能对选用通风机的声功率级和频带声功率级进行实测。不具备这些条件时，也可按式(5-9)计算：

$$L_\mathrm{w}=L_\mathrm{wc}+10\lg(LH^2)-20 \tag{5-9}$$

式中：L_w——风机的声功率级，dB；

$\quad\quad L_\mathrm{wc}$——比声功率级，dB（是指同一系列风机在单位风量 1 m^3/h 和单位风压 10 Pa条件下，所产生的总声功率级）；

$\quad\quad L$——风机的风量，m^3/h；

$\quad\quad H$——风机的余风压，Pa。

同一台风机的最佳工况点就是其最高效率点，也是比声功率级的最低点。一般中低压离心风机的比声功率级值在最佳工况点时可取 25 dB，则式（5-9）简化为

$$L_\mathrm{w}=5+10\lg L+20\lg H \tag{5-10}$$

国内几种风机的比声功率级值见表 5-6。

表 5-6　几种风机的比声功率级值

T4-72 型			4-79 型			4-72—11 型			4-62 型			4-68 型		
$\bar{Q}$	L_wc	η	$\bar{Q}$	L_wc	η	$\bar{Q}$	L_wc	η	$\bar{Q}$	L_wc	η	$\bar{Q}$	L_wc	η
0.1	27	0.68	0.12	35	0.78	0.05	40	0.60	0.05	34	0.50	0.14	2	0.65
0.14	23	0.78	0.13	34	0.82	0.10	32	0.70	0.10	24	0.68	0.17	1	0.79
0.18	22	0.84	0.20	26	0.85	0.15	23	0.81	0.14	23	0.73	0.20	1	0.88
0.20	22	0.86	0.25	21	0.87	0.20	19	0.91	0.18	25	0.72	0.23	2	0.87
0.24	23	0.86	0.30	23	0.85	0.25	21	0.87	0.22	28	0.65	0.25	6	0.81
0.28	28	0.75	0.35	28	0.74	0.30	27	0.76	0.26	35	0.50	0.27	9	0.66

轴流式通风机的噪声为

$$L_\mathrm{w}=19+10\lg L+25\lg H+\delta \tag{5-11}$$

式中：δ——工况修正值（见表 5-7 所列），dB。

表 5-7　轴流风机使用工况修正值

δ/dB 叶片数 z	流量比 叶片角度 θ	L/L_m						
		0.4	0.6	0.8	0.9	1.0	1.1	1.2
4	150	—	3.4	3.2	2.7	2.0	2.3	4.6
8	150	−3.4	5.0	5.0	4.8	5.2	7.4	10.6
4	20	−1.4	−2.5	−4.5	−5.2	−2.4	1.4	3.0
8	20	4.0	2.5	1.8	1.9	2.2	3.0	—
4	25	4.5	2.0	1.6	2.0	2.0	4.0	—
8	250	9.0	8.0	6.4	6.2	8.0	6, 4	—

注：L_m 是轴流风机最高效率点的风量，一般应为 $L/L_\mathrm{m}=1.0$。

求出风机的声功率级后，可按式（5-12）计算风机各频带声功率级：

$$L_\mathrm{W,Hz}=L_\mathrm{W}+\Delta b \qquad (5\text{-}12)$$

式中：$L_\mathrm{W,Hz}$——各频程声功率级，dB；

　　　L_W——风机的声功率级，dB；

　　　Δb——风机各频程声功率级修正值，dB。

各类型风机的 Δb 值可见表 5-8 所列。

表 5-8　风机各频程声功率级修正值 Δb

通风机类型	中心频率/Hz							
	63	125	250	500	1000	2000	4000	8000
	$\Delta b/\mathrm{dB}$							
离心风机叶片前向	−2	−7	−12	−17	−22	−27	−32	−37
离心风机叶片后向	−5	−6	−7	−12	−17	−22	−26	−33
轴流风机	−9	−8	−7	−7	−8	−10	−14	−18

当 2 台风机串联或并联工作时，总声功率级可按式（5-6）计算得到，也可通过查图 5-2 或查表 5-1 得到。

当多台相同声功率级的风机串联或并联工作时，声功率级的叠加可按式（5-5）计算得到。

当多个不同声功率级的风机串联或并联工作时，声功率级的叠加则可先由大到小依次排列，然后逐个进行叠加。叠加时根据两个声功率级差值在其中较高的声功率级上加附加值，附加值可查图 5-2 或表 5-1 得到。

风机盘管、房间空调器、柜式空调机组、VRV 系统中的室内机组、水环热泵系统中的水源热泵机组等空调设备都直接放在空调房间内，这些设备内都有风机，有的还有制冷压缩机，因此都有噪声产生。

5.2.1.2 气流噪声

当气流以一定速度通过直风管、弯头、三通、变径管、阀门和送、回风口等部件时，部件受气流的冲击湍振或因气流发生偏斜和涡流，从而产生气流再生噪声。随着气流速度的增加，再生噪声的影响也随之加大，以至成为系统中的一个新噪声源。噪声与气流速度有密切关系，当气流速度增加一倍，声功率级甚至会增加 15 dB。所以，应按各倍频带中心频率计算确定所产生的再生噪声级，以便采取适当措施来降低或消除。

（1）直管

直管道的气流噪声声功率级 L_W（dB）可按式（5-13）计算：

$$L_W = L_{WC} + 50\lg v + 20\lg F \tag{5-13}$$

式中：L_{WC}——直管比声功率级，一般取 10 dB；

v——直管内气流速度，m/s；

F——直管道的断面积，m^2。

直管道气流噪声的倍频带修正值可由表 5-9 查得。

表 5-9 直管道气流噪声倍频带修正值

中心频率/Hz	63	125	250	500	1000	2000	4000	8000
频率范围/Hz	−5	−6	−7	−8	−9	−10	−13	−20

对于直风管，当风速小于 5 m/s 时，可不计算气流再生噪声。因此，一般要求的建筑，通常限制空气在风管内的流速，就不必计算气流噪声的影响。根据噪声标准要求的允许流速见表 4-11。但对于某些噪声要求高的建筑（如录音、播音室等）应对气流噪声进行核算。

（2）弯头

弯头的气流噪声声功率级 L_W(dB)可按式（5-14）计算：

$$L_W = L_{WC} + 10\lg f_D + 30\lg d + 50\lg v \tag{5-14}$$

式中：L_{WC}——弯头比声功率级（由图 5-7 及图 5-8 查得）；

f_D——倍频带低限频率（$f_D = f_z/\sqrt{2}$），Hz；

f_z——倍频带中心频率，Hz；

d——风管的直径或当量直径，m；

v——弯头内流速，m/s。

图中的 N_{Str} 为斯脱立哈尔数，由 $N_{Str} = f_z \cdot d/v$ 算得。

（3）三通

三通的气流噪声声功率级 L_W(dB)可按式（5-15）计算：

$$L_W = L_{WC} + 10\lg f_D + 30\lg d + 50\lg v_a \tag{5-15}$$

式中：L_{WC}——比声功率级，可根据 v_i/v_a 值由图 5-7 查得；

v_i——进入三通的流速，m/s；

v_a——离开三通的流速，m/s。

从图 5-9 查得的 L_{WC} 仅适用于 $r/d_e = 0.15$ 条件（r 及 r_i 均为弯头曲率半径），对于不同的 r/d_e 值，应按图 5-9 进行修正。

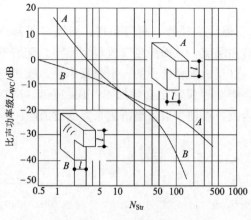

图 5-7　正方形弯头的 L_{wc} 值

图 5-8　矩形弯头的 L_{wc} 值

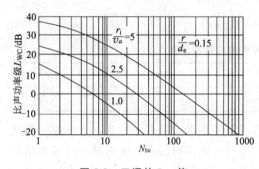

图 5-9　三通的 L_{wc} 值

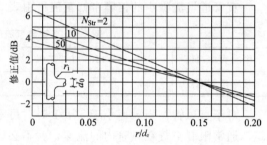

图 5-10　三通的 ΔL_{wc} 修正值

（4）变径管

变径管的气流噪声声功率级 L_w（dB）可按式（5-16）计算：

$$L_w = A + B\lg v - 3K \qquad (5\text{-}16)$$

式中：A、B——系数，由表 5-10 查得；

　　　　v——变径管入口流速，m/s；

　　　　K——与变径管角度有关的修正值，由图 5-11 查得（例如：变径管角度 $\alpha = 30°$，则 K 约为 8.2）。

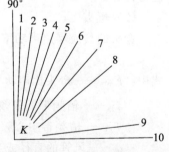

图 5-11　与变径角度为函数的修正值 K

表 5-10　系数 A、B

系数	倍频带中的频率/Hz					
	63	125	250	500	1000	2000
A/dB	47.2	48.6	52.8	52.8	54.2	57.2
B/dB	27.3	22.9	15.2	13.0	9.8	5.3

（5）阀门

管道上阀门产生的气流噪声声功率级可用式（5-17）计算，其相对的频带声功率级修正值则可由表 5-11 查得。

$$L_w = L_\theta + 10\lg s + 55\lg v \tag{5-17}$$

式中：L_θ——由阀门叶片角度 θ 决定的常数：$\theta = 0°$ 时，$L_\theta = 30$ dB；$\theta = 45°$ 时，$L_\theta = 42$ dB；$\theta = 65°$ 时，$L_\theta = 51$ dB。

    v——管道内气流速度，m/s。

    s——管道断面积，m^2。

表 5-11　阀门气流噪声频带声功率级修正值

系数	倍频带中的频率/Hz							
	63	125	250	500	1000	2000	4000	8000
0°	−4	−5	−5	−9	(−14)	(−19)	(−24)	(−29)
45°	−7	−5	−6	−9	−13	−12	−7	−13
65°	−10	−7	−4	−5	−9	0	−3	−10

（2）出风口

① 定风速扩散型出风口的气流噪声声功率级 L_w(dB)可按式（5-18）计算：

$$L_w = L_{wc} + 10\lg f_D + 30\lg d + 30\lg v \tag{5-18}$$

式中：L_{wc}——比声功率级值（由图 5-12 查得），dB；

    d——散流器颈部直径，m；

    v——散流器颈部流速，m/s。

图 5-12 中以有效流通面积 $F_T = 0.01$ m^2 为条件，如 $F_T \neq 0.01$，则应加修正值 $10\lg \dfrac{F_T}{0.01}$。

② 带调节百叶出风口的气流噪声声功率级值可由图 5-13 查得。

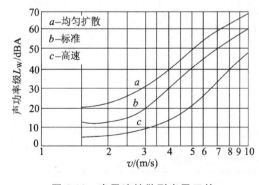

图 5-12　定风速扩散型出风口的
气流噪声声功率级

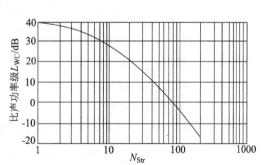

图 5-13　带调节百叶出风口的
气流噪声声功率级

③ 孔板出风口的气流噪声声功率级 L_w(dB)可按式（5-19）计算：

$$L_w = 15 + 60\lg v + 30\lg \xi + 10\lg F \tag{5-19}$$

式中：v——孔板前的流速，m/s；

    ξ——孔板的阻力系数；

F——孔板的总面积，m^2。

5.2.2 管路系统的自然衰减

通风机产生的噪声在经过风管传播的过程中，由于流动空气对管壁的摩擦，使部分声能转换成热能，由于在系统部件（风管变截面和支路、弯头等）处有部分声能被反射，因而噪声会有衰减，这种衰减称为自然衰减。

系统部件的噪声自然衰减值，一般是在没有气流的所谓静态情况下测得的。在有气流时，会由于气流撞击和形成涡流等原因而产生噪声，这种噪声称为再生噪声，它随气流速度的增高而加大。当气流速度高到一定程度时，系统部件有可能非但没有使噪声衰减，反而会成为系统中的一个新噪声源。因此，唯有在气流速度较低时（$v \leqslant 8$ m/s），计算系统部件的自然衰减量才是合适的。

下面介绍各类部件的噪声自然衰减量的确定方法，如果未按频程计，则均可粗略地认为各频程的噪声衰减量相同。

5.2.2.1 直管的噪声自然衰减

在直管道中声波沿管道传播的方向不变，故噪声衰减量很小。衰减量可近似按式 (5-20) 计算：

$$\Delta L_{W1} = 1.1 \frac{\alpha}{R} l \qquad (5\text{-}20)$$

式中：ΔL_{W1}——衰减量，dB；

α——管道内壁吸声系数；

l——管道长度，m；

R——管道水力半径，m。

对于矩形风管按式 (5-21a) 计算，对于圆形风管按式 (5-21b) 计算。

$$R = \frac{ab}{2(a+b)} \qquad (5\text{-}21a)$$

$$R = \frac{D}{4} \qquad (5\text{-}21b)$$

式中：a——管道的宽度，m；

b——管道的高度，m；

D——管道直径，m。

在工程设计中，对常用的金属风管的噪声自然衰减量，可见表 5-12 所列。

表 5-12　金属风管的噪声自然衰减量

中心频率/Hz		63	125	250	500	≥1000
直径或当量直径/m		衰减量/dB				
矩形风管	0.075~0.2	0.60	0.60	0.45	0.30	0.30
	0.2~0.4	0.60	0.60	0.45	0.30	0.20
	0.4~0.8	0.60	0.60	0.30	0.15	0.15
	0.8~1.6	0.45	0.30	0.15	0.10	0.06

直径或当量直径/m	衰减量/dB				
圆形风管 0.075～0.2	0.10	0.10	0.15	0.15	0.30
0.2～0.4	0.06	0.10	0.10	0.15	0.20
0.4～0.8	0.03	0.06	0.06	0.10	0.15
0.8～1.6	0.03	0.03	0.03	0.06	0.06

注：① 风管尺寸均为直径或当量直径（矩形风管）。

② 本表适用于管路较长，管内流速较低（$v \leqslant 8$ m/s）的条件；当风速大于 8 m/s 时，直管噪声的衰减可以忽略不计。

当风管内粘贴有保温材料时，低噪声的衰减量可增加一倍。

5.2.2.2 弯头的噪声衰减

噪声经过弯头时，由于声波传播方向的改变而受到衰减。弯头的噪声自然衰减量 ΔL_{W2} 可由表 5-13 查得。

表 5-13　弯头噪声的自然衰减量

中心频率/Hz		125	250	500	1000	2000	4000	8000
直径或当量直径/m		衰减量/dB						
圆形弯头	0.125～0.25	—	—	—	1	2	3	3
	0.280～0.500	—	—	1	2	3	3	3
	0.530～1.000	—	1	2	3	3	3	3
	1.050～2.000	1	2	3	3	3	3	3
方形弯头	0.125	—	—	1	5	7	5	3
	0.250	—	1	5	7	5	3	3
	0.500	1	5	7	5	3	3	3
	1.000	5	7	5	3	3	3	3

5.2.2.3 三通的噪声衰减

当管道分支时，噪声声能基本上按比例分配给支管，自主管到任何一个支管的三通噪声衰减量，可按式（5-22）计算：

$$\Delta L_{W3} = 10 \lg \left(\frac{F}{F_0} \right) \tag{5-22}$$

式中：ΔL_{W3}——三通噪声衰减量，dB；

$\quad\quad F_0$——三通分支处全部支管的截面积之和，m^2；

$\quad\quad F$——计算支管的截面积，m^2。

5.2.2.4 变径管的噪声自然衰减

由于管道截面积突然扩大或缩小，导致噪声声能朝传播的相反方向反射而产生衰减。其衰减量 ΔL_{W4} 可按式（5-23）计算：

$$\Delta L_{W4} = 10\lg \frac{(1+m)^2}{4m} \qquad (5\text{-}23)$$

式中：ΔL_{W4}——变径管的噪声衰减量（由图 5-14 查得），dB；

m——变径后的管道截面积 F_2 与变径前管道截面积 F_1 的比值，称为面积比率，$m = F_2/F_1$。

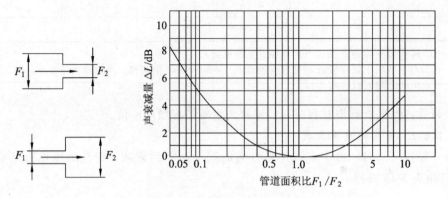

图 5-14　变径管的自然衰减量

5.2.2.5　风口反射的噪声自然衰减

在从风口进入房间的突然扩大过程中，有一部分声能反射回风管内，因而产生了衰减。风口反射的噪声自然衰减量 ΔL_{W5}，可由图 5-15 查得。图中风口位置分四种条件：房间中间（即风口突出墙面）；墙或顶棚中部；侧墙或侧墙与顶棚交角线上；三面交角部。

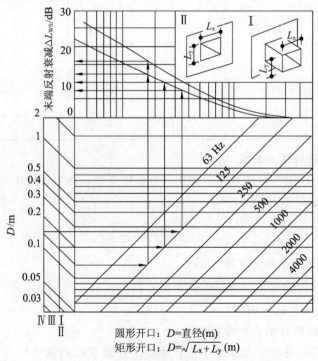

圆形开口：$D = $ 直径(m)

矩形开口：$D = \sqrt{L_x + L_y}$ (m)

图 5-15　风口末端反射噪声自然衰减

5.2.2.6 房间的噪声自然衰减

由于房间内的内壁、家具和设备等的吸声作用，由风口传至房间内某点的噪声将产生衰减。衰减量与房间的构造、几何尺寸、吸声特性、测点与风口的距离以及噪声的辐射方向有关，可由式（5-24）计算：

$$\Delta L = 10\lg\left(\frac{Q}{4\pi r^2} + \frac{4}{R}\right) \tag{5-24}$$

式中：r——测点（人耳）离出风口的距离，m；

R——房间常数，m^2。

$$R = \frac{F\,\bar{\alpha}}{1 - \bar{\alpha}} \tag{5-25}$$

式中：F——房间内总表面积，m^2；

$\bar{\alpha}$——房间内的平均吸声系数（见表5-14），一般情况下$\bar{\alpha}=0.1\sim0.15$；

Q——风口指向因数主要取决于风口A与测点B间的夹角θ（见图5-16），并与频率及风口长边尺寸的乘积有关，可由图5-17或表5-15查得。

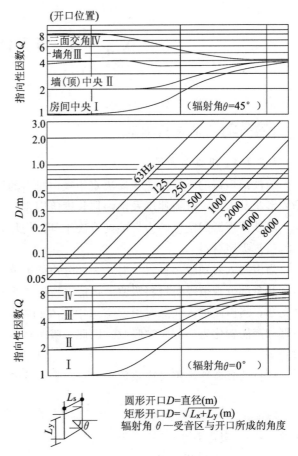

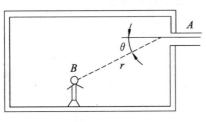

图 5-16 声源与测点

图 5-17 风口指向因数求算图

表 5-14　室内平均吸声系数 $\bar{\alpha}$

房间名称	$\bar{\alpha}$
广播台、音乐厅	0.40
宴会厅等	0.30
办公室、会议室	0.15～0.20
剧场、展览馆等	0.10
体育馆等	0.05

表 5-15　风口指向因数 Q 值

频率×长边/ （Hz×m）	10	20	30	50	75	100	200	300	500	1000	2000	4000
角度 $\theta=0°$	2	2.2	2.5	3.1	3.6	4.1	6	6.5	7	8	8.5	8.5
角度 $\theta=45°$	2	2	2	2.1	2.3	2.5	3	3.3	3.5	3.8	4.0	4.0

 5.3 消声设计

消声的设备
类型和设计

5.3.1 消声器类型

5.3.1.1 阻性消声器

阻性消声器的声学性能主要决定于吸声材料的种类、吸声层厚度及密度、气流通道断面形状及大小、气流速度及消声器长度等因素。

阻性消声器的空气动力性能则取决于其结构形式及气流速度。

（1）吸声材料

当声能入射到吸声材料上时，一部分声能被反射，一部分声能透过吸声材料继续传播，其余部分则被吸声材料吸收。声能之所以被吸收，主要是由于吸声材料的松散性和多孔性。当声波进入孔隙时引起空隙中空气和材料细微的振动，由于摩擦力和黏滞力，一部分声能转化为热能而被吸收。因此，吸声材料大都是松散而多孔的（空隙应贯穿材料）。

材料的吸声性常用吸声系数来表示，吸声系数可按式（5-26）计算：

$$\alpha = \frac{E_2}{E_1} \tag{5-26}$$

式中：α——吸声系数；

　　　E_1——入射到材料上的声能；

　　　E_2——材料吸收的声能。

应用于消声器的吸声材料，应具有良好的吸声性能（对低频噪声也应有一定的吸声作用），并且防火、防腐、防蛀、防潮以及表面摩擦力小、施工方便、价格低廉。常用的吸声材料有超细玻璃棉、开孔型聚氨酯泡沫塑料、微孔吸声砖以及木丝板等。玻璃棉当厚度在 4 cm 以上时，高频声的吸声系数大于 0.85～0.90；微孔吸声砖当厚度在 4 cm 以上时，对高频声的吸声系数大于 0.6；一般的木丝板吸声系数小于 0.5。

（2）常用的阻性消声器种类

把吸声材料固定在管道内壁，按一定方式排列在管道和壳体内，就构成了阻性消声器。显然它是依靠吸声材料的吸声作用来达到消声目的的。阻性消声器对中、高频吸声效果显著，但对低频噪声消声效果较差。为了提高消声量，可以改变吸声材料的厚度、容重和结构型式。常用的阻性消声器种类有以下几种：

① 管式消声器

管式消声器是一种最简单的阻性消声器，它仅在管壁内周贴上一层吸声材料，故又称"管衬"，如图 5-18 所示。管式消声器的消声量，可按直管道的噪声自然衰减量计算公式（5-20）进行估算。

管式消声器制作方便，阻力小，但只适用于断面较小的风管，直径一般不大于 400 mm。当管道断面面积较大时，将会影响对高频噪声的消声效果。这是由于高频声波（波长短）在管内以窄束传播，当管道断面积大时，声波与管壁吸声材料的接触减少，从而使高频声的消声量骤减，该界限频率称上限失效频率，其值为

$$f = 1.85 \frac{C}{D} \tag{5-27}$$

式中：f——上限失效频率，Hz；

D——管道断面边长的平均值或园管直径，m；

C——空气中的声速 m/s。

图 5-19 所示是边长为 200 mm×280 mm 的几种不同材料的管式消声器的消声量。

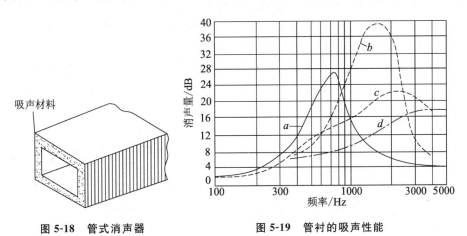

图 5-18 管式消声器　　　　图 5-19　管衬的吸声性能

② 片式、蜂窝式（格式）消声器

为了提高上限失效频率和改善对高频声的消声效果，可把大断面风管的断面划分成几个格子，成为片式或蜂窝式（格式）消声器，如图 5-20 所示。其消声量亦可按式（5-20）计算。

片式消声器应用比较广泛，且构造简单，对中、高频吸声性能较好，阻力也不大。格式消声器具有同样的特点，但因要保证有效断面不小于风管断面，故体积较大，这类消声器的空气流速不宜过高，以防气流产生湍流噪声而使消声无效，同时增加了空气阻力。

片式消声器的片距一般为 $100\sim200$ mm，蜂窝式（格式）消声器的每个通道约为 200 mm$\times200$ mm，吸声材料厚度一般为 100 mm 左右。图 5-21 所示是片式消声器的消声性能，其中隔片厚 100 mm，内部填充 64 kg/m^3 的玻璃棉或 96 kg/m^3 的矿棉。图中 S 为片距，可以看出 S 加大，消声效果就相应下降。

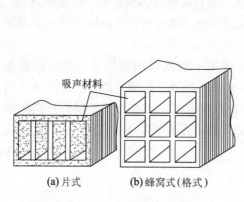

图 5-20　片式和格式消声器

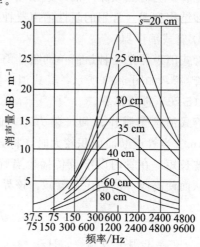

图 5-21　片式消声器性能

③ 折板式、声流式消声器

将片式消声器的吸声板改制成曲折式，就成为折板式消声器，如图 5-22 所示。声波在消声器内往复多次反射，增加了与吸声材料接触的机会，从而提高了中、高频声的消声量。但折板式消声器的阻力比片式消声器的阻力大。

为了使消声器既具有良好的吸声效果，又具有尽量小的空气阻力，可将消声器的吸声片横截面制成正弦波状或近似正弦波状，这种消声器称为声流式消声器，如图 5-23所示。

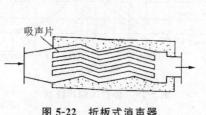

图 5-22　折板式消声器

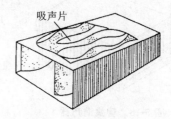

图 5-23　声流式消声器

④ 室式消声器（迷宫式消声器）

在大容积的箱（室）内表明粘贴吸声材料，并错开气流的进、出口位置，就构成室式消声器，多室式又称迷宫式消声器，如图 5-24 所示。它们的消声原理除了主要的阻性消声作用外，还因气流断面变化而具有一定的抗性消声作用。室式消声器的特点是吸声频程较宽，安装维修方便，但阻力大，占空间大。

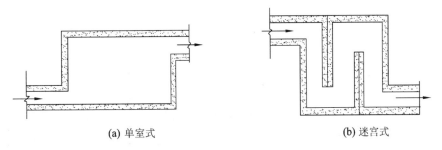

(a) 单室式   (b) 迷宫式

图 5-24　室式消声器

5.3.1.2　抗性消声器

抗性消声器由管和小室相连而成，如图 5-25 所示。由于通道截面的突变，沿通道传播的声波反射回声源方向，从而起到吸声作用。抗性消声器的消声性能主要取决于扩张比 m 和扩张室长度 L。为保证一定的消声效果，消声器的扩张比（大断面与小断面面积之比）应大于 5。

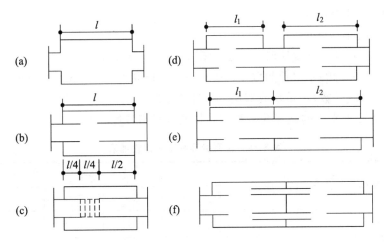

图 5-25　抗性消声器的几种基本形式

抗性消声器对低频或低中频噪声有较好的消声效果，且结构简单；又由于不使用吸声材料，因此不受高温和腐蚀性气体的影响。但这种消声器消声频程较窄，空气阻力大且占用空间多，一般宜在小尺寸的风管上使用。

5.3.1.3　共振性消声器

共振性消声器也可属抗性的范畴，主要用于消除低频或中频窄带噪声，且具有阻力小，不用吸声材料等特点，如图 5-26 所示。图 5-26a 为共振性消声器的构造，在管道上开孔，并与共振腔相连；图 5-26b 是在声波作用下，小孔孔颈中的空气像活塞似地往复运动，使共振腔内的空气也发生振动，这样穿孔板小孔孔径处的空气柱和共振腔内的空气构成了一个共振吸声结构。共振吸声结构具有由孔颈直径（d）、孔颈厚（t）和腔深（D）所决定的固有频率。当外界噪声的频率和共振吸声结构的固有频率相同时，会引起小孔孔颈处空气柱强烈共振，空气柱与颈壁剧烈摩擦，从而消耗了声能，起到消声的作用。这种消声器具有较强的频率选择性，消声效果显著的频率范围很窄，如图 5-26c 所示，一般用以消除低频噪声。

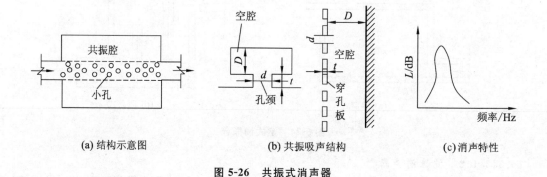

(a) 结构示意图　　　　　(b) 共振吸声结构　　　　　(c) 消声特性

图 5-26　共振式消声器

当共振消声器的穿孔板孔径缩小到≤1 mm 时，就成为微穿孔板消声器，它结构简单，不需用吸声材料，特别适用于有高温、潮湿及洁净要求的管路系统消声。常用微穿孔板消声器的设计参数：

板厚：0.5～1.0 mm；

孔径：0.5～1.0 mm；

穿孔率：1%～3%（双层时，面层穿孔率应大于内层）；

空腔深度：5～20 cm（低频取 15～20 cm，中频取 10～15 cm，高频取 5～10 cm）；

孔板层数（或腔数）：单层或双层（单腔或双腔）。

表 5-16 为几种常用的微穿孔板消声结构及其吸声特性。

表 5-16　常用微穿孔板吸声性能表

微穿孔板吸声结构	穿孔率/%	腔深/cm	频率/Hz				
			125	250	500	1000	2000
单层 ϕ 0.8/0.8 厚	1	7	—	0.40	0.86	0.37	0.14
单层 ϕ 0.8/0.8 厚	2	7	0.12	0.24	0.57	0.70	0.17
单层 ϕ 0.8/0.8 厚	3	7	0.12	0.22	0.82	0.69	0.21
双层 ϕ 0.8/0.9 厚	内 1 外 2	内 12 外 8	0.48	0.97	0.93	0.64	0.15
双层 ϕ 0.8/0.9 厚	内 1 外 3	内 12 外 8	0.40	0.92	0.95	0.66	0.17
双层 ϕ 0.8/0.9 厚	内 1 外 2.5	内 3 外 7	0.26	0.71	0.92	0.65	0.35
双层 ϕ 0.8/0.9 厚	内 1.5 外 2.5	内 5 外 5	0.18	0.69	0.97	0.99	0.24
双层 ϕ 0.8/0.9 厚	内 1 外 2.5	内 4 外 6	0.21	0.72	0.94	0.84	0.30

5.3.1.4　复合型消声器

为了在较宽的频程范围内获得良好的消声效果，可把阻性消声器对中、高频噪声消除显著的特点，与抗性或共振性消声器对消除低频、低中频、中频噪声效果显著的特点进行组合，设计成一种复合型消声器。

阻抗复合式消声器一般由用吸声材料制成的阻性吸声片和若干个抗性膨胀室组成，如图 5-27a 所示。试验证明，它对低频消声性能有很大的改善。例如，1.2 m 长的阻抗复合式消声器，对低频声的消声量可达 10~20 dB，如图 5-27b 所示。

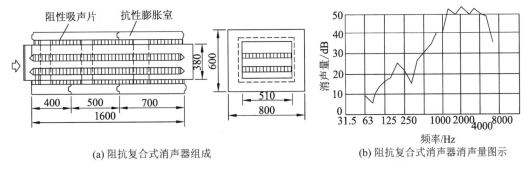

(a) 阻抗复合式消声器组成   (b) 阻抗复合式消声器消声量图示

图 5-27 阻抗复合消声器

5.3.1.5 消声弯头

当因机房面积窄小而难以设置消声器，或需对原有建筑物改善消声效果时，可采用消声弯头。图 5-28a 为弯头内贴吸声材料的作法，要求内缘作成圆弧，外缘粘贴吸声材料的长度，不应小于弯头的 4 倍；图 5-28b 为内贴 25 mm 厚玻璃纤维的消声弯头的消声效果。图 5-29 所示为改良的消声弯头，图 5-29a 为消声弯头外缘，由穿孔板、吸声材料和空腔组成；图 5-29b 为其消声量示意图。

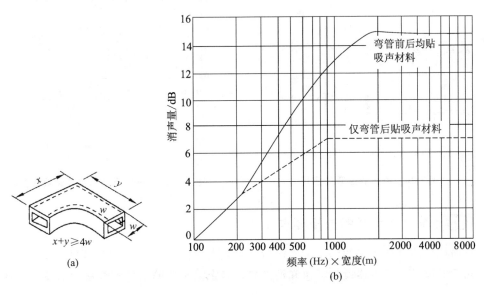

图 5-28 普通消声弯头

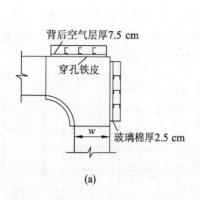

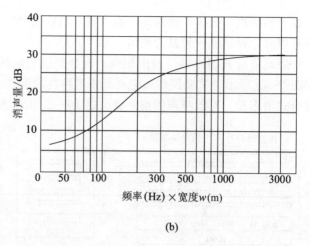

图 5-29　共振型消声弯头

5.3.1.6　消声静压箱

在风机出口处或在空气分布器前设置静压箱并贴以吸声材料,既可起到稳定气流的作用,又可以起到消声器的作用,如图 5-30 所示。它的消声量与材料的吸声能力、箱内断面积和出口侧风管的断面积等因素有关。图 5-31 为计算消声量的线算图。此外,还有一些其他型式的消声器,如装在室内、回风口处的风口消声器和消声百叶窗等。

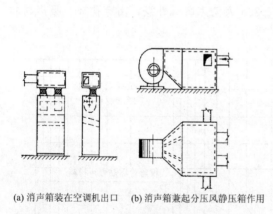

(a) 消声箱装在空调机出口　(b) 消声箱兼起分压风静压箱作用

图 5-30　消声静压箱的应用

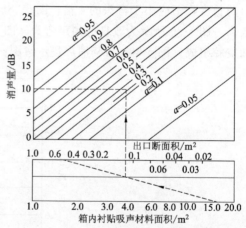

图 5-31　消声静压箱的消声量线算图

5.3.2　消声器的选择要点

当通风空调系统所需的消声量确定后,可根据具体情况选择消声器的型式,然后根据已知的通风量、消声器设计流速和消声量,确定消声器的型号和数量。消声器选择时应注意:

(1) 选用消声器时,除考虑消声量之外,要从其他诸方面进行比较和评价,如系统允许的阻力损失、安装位置和空间大小、造价的高低以及消声器的防火、防尘、防霉、防蛀性能等。

（2）消声器应设于风管系统中气流平稳的管段上。当风管内气流速度小于 8 m/s 时，消声器应设于接近通风机处的主风管上；当速度大于 8 m/s 时，宜分别装在各分支管上。

（3）消声器不宜设置在空调机房内，也不宜设在室外，以免外面的噪声穿透进入消声后的管段中，当可能有外部噪声穿透的场合，应对风管的隔声能力进行验证。

（4）当一根风管输送空气到多个房间时，为防止房间之间的"穿声"，可采用如图 5-32b～e 所示的方案予以防止。

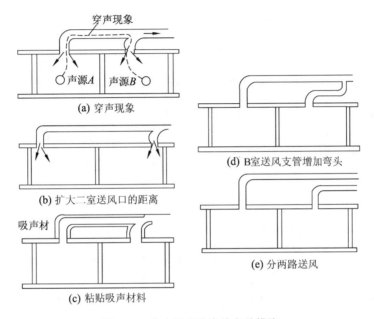

图 5-32 防止两室穿声的多种措施

（5）空气通过消声器时的流速不宜超过下列数值：阻性消声器 5～10 m/s（要求高时为 4～6 m/s）；共振型消声器 5 m/s；消声弯头 6～8 m/s。

（6）消声器主要用于降低空气动力噪声，对于通风机产生的振动而引起的噪声，则应采用防振措施来解决。

5.3.3 通风空调系统消声计算实例

通风空调系统消声计算的主要内容包括以下四个方面：

（1）风机噪声声功率级的计算；

（2）系统管理各部件气流噪声声功率级的计算；

（3）系统管道各部件噪声自然衰减的计算；

（4）系统所需消声器消声量的计算。

例如：会议室的体积 75 m³，房间常数 $R = 20$ m²，空调风机为 4－72－11No4A 型，总风量为 2740 m³/h，全压为 470 Pa，转速 1450 r/min，送风由主风道经支管及散流器送风口送入房间，送风量为 365 m³/h，要求会议室内的空调噪声满足 $NR35$ 曲线的安静要求。系统布置见图 5-33。系统声学设计计算按顺气流方向进行，计算项目、计算方法及步骤见表5-17。

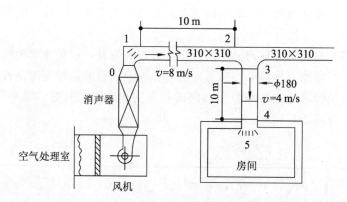

图 5-33　通风空调系统消声计算实例系统布置图

表 5-17　通风空调系统消声设计计算实例

项目序号	项目内容	计算方法	倍频程中心频率/Hz							
			63	125	250	500	1000	2000	4000	8000
1	0 至 1 弯头气流噪声功率级	式（5-14）	51	44	41	39	35	31	20	23
2	0 至 1 弯头自然衰减	无内衬方弯头，查表 5-13	—	—	3	6	6	4	3	3
3	传至 2 点处的气流噪声	不计直管段（1 至 2）（$v=8$ m/s）自然衰减，即等于第 1 项	51	44	41	39	35	31	20	23
4	1 至 2 直管段气流噪声	式（5-13）	40	39	38	37	36	35	32	35
5	2 点处气流噪声总和	3、4 两项噪声叠加式（5-6）	51	45	43	41	39	37	32	27
6	三通（2 至 3）自然衰减	式（5-22）	9	9	9	9	9	9	9	9
7	传至 3 点处的气流噪声	5 项减 6 项	42	36	34	32	30	28	23	18
8	三通（2 至 3）气流噪声	式（5-15）	40	39	35	31	26	23	23	26
9	3 点处气流噪声总和	7、8 两项噪声叠加式（5-6）	44	41	38	35	32	29	26	27
10	（3 至 4）直管段自然衰减（$v=4$ m/s）	查表 5-12，再乘 10 m	1	1	2	2	3	3	3	3

项目序号	项目内容	计算方法	倍频程中心频率/Hz							
			63	125	250	500	1000	2000	4000	8000
11	传至 4 点处的气流噪声	9 项减 10 项	43	40	36	33	29	26	23	24
12	4 点处气流噪声总和	不计（3 至 4）段（$v = 4$ m/s）气流噪声，则等于第 11 项	43	40	36	33	29	26	23	24
13	送风口散流器自然衰减	由图 5-13 查得（风口在平顶中部）	16	11	5	2	—	—	—	—
14	传至 5 点处的气流噪声	12 项减 13 项	27	29	31	31	29	26	23	24
15	送风口的气流噪声	式（5-18）	48	48	46	41	34	28	18	14
16	5 点处气流噪声总和	14、15 两项噪声叠加	48	48	46	41	35	30	24	24
17	房间自然衰减	式（5-18）（$r = 2$ m，$R = 20$ m²）	6	6	6	6	5	5	5	5
18	传至房间内气流噪声声压级	16 项减 17 项	42	42	40	35	30	25	19	19
19	房间允许噪声级	要求达到 $NR35$ 曲线	63	52	44	39	35	32	30	28
20	房间计算允许噪声级	19 项与 18 项能量之差	63	52	42	37	34	31	30	28
21	风机噪声	式（5-9）（$L_{wC} = 19$）	82	81	80	75	70	65	61	54
22	传至送风口风机剩余噪声声功率级	21 项减（2＋6＋10＋13）项	56	60	61	56	52	49	46	49
23	房间内风机剩余噪声声压级	22 项减 17 项	50	54	55	50	47	44	41	34
24	系统需设消声器的消声量	$\Delta L_P = 23$ 项减 20 项	—	2	13	13	13	13	11	6

注：① 表中 1～18 项为系统管路各部件的气流噪声和自然衰减的计算，如果 18 项（即传至房间内的气流噪声）大于 19 项（即房间内允许噪声级），则应停止计算，必须降低管道内流速，以减小气流噪声，否则消声器将起不到实际作用。

② 如果房间允许噪声级较大（如 $NR \geqslant 60$），管道内流速较低（如 $v \leqslant 10$ m/s），而声源风机噪声又较高，（如 $L_w \geqslant 90$ dB），则一般可以不考虑气流噪声影响，计算表可以大为简化，即仅保留 2、6、10、13、17、19、21、22、23 和 24 这 10 项即可。

5.4 隔 振 设 计

5.4.1 振动传递率

空调系统中的风机、水泵、制冷压缩机等设备运转时，会由于转动部件的质量中心偏离轴中心而产生振动。该振动传给支撑结构（基础或楼板），并以弹性波的形式沿房屋结构传到其他房间，又以噪声的形式出现，这种噪声称为固体声。当振动影响某些工作的正常进行，或危及建筑物的安全时，需采取隔振措施。

为减弱振源（设备）传给支撑结构的振动，需消除它们之间的刚性连接，即在振源与支撑结构之间安装弹性构件，如弹簧、橡皮、软木等，这种方法称为积极隔振法，如图 5-34 所示；如果是对不宜振动的精密设备、仪表等采取隔振措施，以防止外界对它们的影响，这种方法称为消极隔振法。

通常用振动传递率（亦称隔振系数）T 来衡量隔振效果。它表示通过隔振系统传递给支撑结构的传递力 F 与振源振动总干扰力 F_0 之比，即

$$T=\frac{F}{F_0} \tag{5-28}$$

振动传递率 T 可用式（5-29）计算：

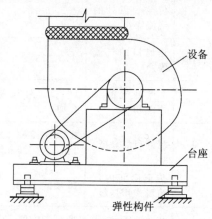

图 5-34　积极隔振示意图

设备

台座

弹性构件

$$T=\sqrt{\frac{1+\left(2\times\frac{C}{C_0}\times\frac{f}{f_0}\right)^2}{\left[\left(\frac{f}{f_0}\right)^2-1\right]^2+\left(2\times\frac{C}{C_0}\times\frac{f}{f_0}\right)^2}} \tag{5-29}$$

式中：C——阻尼系数；

　　　C_0——临界阻尼系数；

　　　f——机器设备的驱动频率，Hz；

　　　f_0——弹性隔振体系（振源与隔振器的组合体）的固有频率。

$\zeta=C/C_0$ 称阻尼比，当阻尼比 ζ 为 0 时，即对于无阻尼的系统，上式即为

$$T=\left|\frac{1}{1-\left(\frac{f}{f_0}\right)^2}\right| \tag{5-30}$$

式中：f_0——弹性隔振体系（振源与隔振器的组合体）的固有频率，Hz；

　　　f——振源干扰力的频率，Hz。

实际情况下所有的隔振装置都有一定的阻尼比 ζ，如钢为 0.0002，橡胶为 0.025～1，软木为 0.05～1。在工程设计粗略估算隔振效果时，可略去 ζ 的影响而采用式（5-30）。

由式（5-30）可以看出：

（1）当 $f < f_0$，即 $f/f_0 < 1$ 时，则 $T > 1$，这时干扰力全部通过隔振器传给支撑结构，隔振系统不能起隔振作用。

（2）当 $f = f_0$，即 $f/f_0 = 1$ 时，则 T 趋于无穷大，表示系统发生共振，这时隔振系统不仅起不到隔振作用，而且还会加剧系统的振动，这是隔振设计必须避免的。

（3）当 $f/f_0 > \sqrt{2}$ 时，则 $T < 1$，这时隔振器才起作用。

理论上，f/f_0 值越大，则隔振效果越好，但实际上，f/f_0 越大，不仅造价高，而且隔振效果增强的速率减低。一般认为，只有 f/f_0 至少应大于 2.5，当达到 4～5 时更为理想。由于 f 为设备（振源）所固有的，故弹性支座的 f_0 应满足不同场合的隔振传递率 T 值。

不同建筑物所允许的传递率 T、f/f_0、η 值列于表 5-18 中，表中隔振效率即为 $\eta = (1-T) \times 100\%$。

表 5-18 不同建筑物所允许的 T、f/f_0、η 值

场所	用途	T	f/f_0	η
只需隔声的场所 一般场所 应加以注意的场所	工厂、地下室、仓库、车库 办公室、商店、食堂 旅馆、医院、学校、会议室	0.8～1.5 0.2～0.4 0.05～0.2	1.4～1.5 2～2.8 2.8～5.5	20～50 60～80 80～95
应特别注意的场所	播音室、录音室、音乐厅、高层建筑	0.01～0.05	5.5～15	95～99

注：f/f_0 值根据 $\zeta = 0.05～0.1$ 考虑，不应小于表中所列值。

不同机械设备建议的隔振传递率 T、频率 f/f_0 和效率 η，见表 5-19。

表 5-19 不同设备电机功率所需的传递率 T、频率 f/f_0 和效率 η

电机功率/kW	底层			两层以上轻型结构的楼层			两层以上重型结构的楼层		
	T	f/f_0	η	T	f/f_0	η	T	f/f_0	η
<4	只考虑隔声			0.5	1.8	50%	0.1	3.5	90%
4～10	0.5	1.8	50%	80%	2.5	75%	0.07	4.5	93%
10～30	0.2	2.8	80%	90%	3.5	90%	0.05	5.5	95%
30～75	0.1	3.5	90%	95%	5.5	95%	0.025	9.5	97.5%
75～225	0.05	5.5	95%	0.03	7.5	97%	0.015	12.0	98.5%

注：f/f_0 值根据 $\zeta = 0.05～0.1$ 考虑，不应小于表中所列值。

5.4.2 隔振装置的选择

5.4.2.1 常用的隔振材料及隔振器

（1）常用隔振材料

隔振材料的品种很多，有软木、橡胶、玻璃纤维板、毛毡板、金属弹簧和空气弹簧等。

软木刚度较大，固有振动频率高，适用于高转速设备的隔振；软木

隔振设备的
选型和设计

种类复杂，性能很不稳定，其固有频率与软木厚度有关，厚度薄频率高，一般厚度为 50 mm、100 mm 和 150 mm。

橡胶弹性好、阻尼比大、造型和压制方便、可多层叠合使用、固有频率低且价格低廉，是一种常用的较理想的隔振材料；但橡胶易受温度、油质、臭氧、日光、化学溶剂的浸蚀，易老化。

（2）常用隔振器

橡胶类隔振装置主要是采用经硫化处理的耐油丁腈橡胶制成。橡胶材料的隔振装置种类很多，主要有橡胶隔振垫和橡胶隔振器两大类型，如图 5-35 所示。橡胶隔振垫是用橡胶材料切成所需要的面积和厚度的块状隔振垫，直接垫在设备的下面，可根据需要切割成任意大小，还可多层串联使用。

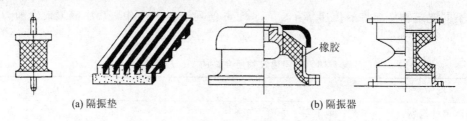

(a) 隔振垫   (b) 隔振器

图 5-35　几种不同型式的隔振器结构示意图

① 橡胶剪切隔振器。它是由丁腈橡胶制成的圆锥形状的弹性体，并黏结在内外金属环上受剪切力的作用。它有较低的固有频率和足够的阻尼，隔振效果良好，安装和更换方便。图 5-35b 所示左侧为国产 JG 型橡胶剪切隔振器构造示意图。

② 弹簧隔振器。它由单个或数个相同尺寸的弹簧和铸铁（或塑料）护罩所组成。图 5-36 所示为国产 TJ_1 型隔振器的构造图。由于弹簧隔振器的固有频率低、静态压缩量大、承载能力大、隔振效果好且性能稳定，因此应用广泛，但价格较贵。

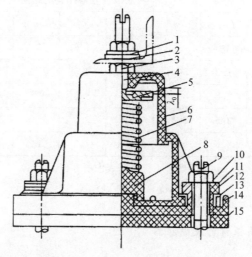

1—弹簧垫圈；2—斜垫圈；3—螺母；4—螺栓；5—定位板；6—上外罩；
7—弹簧；8—垫块；9—地脚螺栓；10—垫圈；11—橡胶垫板；
12—胶木螺栓；13—下外罩；14—底盘；15—橡胶垫板

图 5-36　TJ_1 型隔振器的构造示意图

③ 空气弹簧隔振器。它是一种内部充气的柔性密闭容器，利用空气内能变化达到隔振目的。它的性能取决于绝对温度，并随工作气压和胶囊形状的改变而变化。空气弹簧刚度低，阻尼可调，具有较低的固有频率和较好的阻尼性能，隔振效果良好。空气弹簧隔振器对保养和环境有一定的要求，且价格较高。图 5-37 所示为空气弹簧隔振器示意图。

④ 金属弹簧与橡胶组合隔振器。当采用橡胶剪切隔振器满足不了隔振要求，而采用金属弹簧又阻尼不足时，可采用钢弹簧与橡胶组合隔振器。该类隔振器有并联和串联两种形式，如图 5-38 所示。

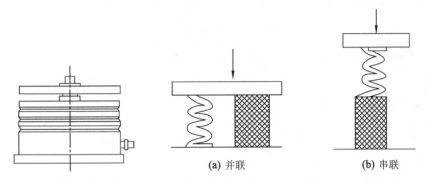

图 5-37　空气弹簧隔振器示意图　　图 5-38　金属弹簧与橡胶组合隔振器

5.4.2.2　隔振装置设计计算

（1）隔振材料的静态变形值 δ

振源不振动时，隔振材料被压缩的高度称静态变形值 δ。它与弹性支座的固有频率 f_0 有如下关系：

$$f_0 = \frac{5}{\sqrt{\delta}} \tag{5-31}$$

即

$$\delta = \frac{25}{f_0^2}$$

式中：δ——隔振弹性材料的静态变形值，cm。

又由于振源的振动频率为

$$f = \frac{n}{60} \tag{5-32}$$

式中：n——振源的转速，r/min。

于是将式（5-31）和式（5-32）代入式（5-30）可得

$$\delta = \frac{9 \times 10^4}{T \cdot n^2} \tag{5-33}$$

当 T 用百分数表示时，则可写为

$$\delta = \frac{9 \times 10^6}{T\% \times n^2} \tag{5-34}$$

由式（5-34）可知，在要求振动传递率相同时，n 越低，则所需的 δ 越大。在常用的隔振材料中，弹簧的值较大，橡皮和软木次之。当 $n > 1500$ r/min 时，宜采用橡皮或软木等隔振材料或隔振器；当 $n \leqslant 1200$ r/min 时，宜采用弹簧隔振器。

（2）隔振材料厚度的计算

隔振材料的厚度按下式计算：

$$h = \delta \frac{E}{\sigma} \qquad (5\text{-}35)$$

式中：h——隔振材料的厚度，cm；

δ——隔振材料的静态压缩量，cm；

σ——隔振材料的允许荷载，kPa；

E——隔振材料的动态弹性系数（一般为静态的 $5 \sim 20$ 倍，可按表 5-20 选用），kPa。

表 5-20　若干隔振材料的 σ 和 E 值

材料名称	允许荷载 σ/kPa	动态弹性系数 E/kPa	E/σ
软橡皮	80	5000	63
中等硬度橡皮	$300 \sim 400$	$20000 \sim 25000$	75
天然软木	$150 \sim 200$	$3000 \sim 4000$	20
软木屑板	$60 \sim 100$	6000	$60 \sim 100$
海绵橡胶	30	3000	100
孔板状橡胶	$80 \sim 100$	$4000 \sim 5000$	50
压制的硬毛毡	140	9000	64

隔振材料的面积按下式计算：

$$F = \frac{\sum G}{\sigma Z} \times 10^4 \qquad (5\text{-}36)$$

式中：F——隔振材料的面积，cm²；

$\sum G$——设备和基础板的总荷载，kN；

Z——隔振垫个数。

（3）隔振器的选择

当已知设备的总荷载和要求的振动传递率或静态压缩量后，便可根据有隔振器生产厂家或设计手册提供的隔振器规格和技术性能参数来选定隔振器。

5.4.3　隔振设计要点

（1）隔振设计应遵循《民用建筑供暖通风与空气调节设计规范》（GB 50736—2012）的相关规定：

1）当通风、空调、制冷装置以及水泵等设备的振动靠自然衰减不能达标时，应设置隔振器或采取其他隔振措施。

2）对不带有隔振装置的设备，当其转速小于或等于 1500 r/min 时，宜选用弹簧隔振器；转速大于 1500 r/min 时，根据环境需求和设备振动的大小，亦可选用橡胶等弹性材料的隔振垫块或橡胶隔振器。

3）选择弹簧隔振器时，应符合下列规定：

① 设备的运转频率与弹簧隔振器垂直方向的固有频率之比，应大于或等于 2.5，宜为 $4 \sim 5$；

② 弹簧隔振器承受的载荷，不应超过允许工作载荷；

③ 当共振振幅较大时，宜与阻尼大的材料联合使用；

④ 弹簧隔振器与基础之间宜设置一定厚度的弹性隔振垫。

4）选择橡胶隔振器时，应符合下列要求：

① 应计入环境温度对隔振器压缩变形量的影响；

② 计算压缩变形量，宜按生产厂家提供的极限压缩量的 1/3～1/2 采用；

③ 设备的运转频率与橡胶隔振器垂直方向的固有频率之比，应大于或等于 2.5，宜为 4～5；

④ 橡胶隔振器承受的荷载，不应超过允许工作荷载；

⑤ 橡胶隔振器与基础之间宜设置一定厚度的弹性隔振垫。

注：橡胶隔振器应避免太阳直接辐射或与油类接触。

5）符合下列要求之一时，宜加大隔振台座质量及尺寸：

① 设备重心偏高；

② 设备重心偏离中心较大，且不易调整；

③ 不符合严格隔振要求的。

6）冷（热）水机组、空调机组、通风机以及水泵等设备的进口、出口宜采用软管连接。水泵出口设止回阀时，宜选用消锤式止回阀。

7）受设备振动影响的管道应采用弹性支吊架。

8）在有噪声要求严格的房间的楼层设置集中的空调机组设备时，应采用浮筑双隔振台座。

（2）通风机、水泵和制冷机，宜固定在隔振基座上，以增加其稳定性。隔振基座可用钢筋混凝土板或型钢加工而成，其重量可按以下经验数据确定：水泵（卧式）取其自重的 1～2 倍；通风机取其自重的 1～3 倍（一般用型钢结构）；往复式压缩机取其自重的 3～6 倍。对离心式和螺杆式冷水机组，因其自重大，一般可在机座下直接设置橡胶垫板或弹簧减振基座。目前制冷机厂均在大型机组供货时随机提供防振机座，根据产品结构情况以及安装地点的隔振要求采用不同结构。

（3）隔振装置形式可按以下原则选用：

① 螺旋型钢弹簧减振器的静态压缩量大、阻尼比小、固有频率低，宜用于驱动频率为 5～10 Hz 机器设备的减振。

② 橡胶减振垫的静态压缩量小、阻尼较大、可抑制共振，宜用于驱动频率 10～30 Hz 的设备减振；采用橡胶垫减振时应采取防晒、防油、防老化等措施。

③ 软木板的静态压缩量也较小，固有频率高，宜用于驱动频率为 20～40 Hz 的机器的减振。

（4）空调系统防振措施是多方面的，转动的机器设备和基础之间的隔振虽是首要措施，然而这种振动还可能通过连接的水管、风管等传到建筑物中去，所以配管或风管与振动设备的连接应采取软接头的防振措施。同时，为减轻水管或风管的振动向建筑物的传递，可采用减振支、吊架。

5-1 为什么评价设备噪声用声功率级，评价房间某点噪声用声压级？

5-2 什么是阻性消声器？什么是抗性消声器？

5-3 常用设备隔振材料和隔振器有哪几种？

5-4 制冷机房中有一台冷水机组，其声功率级为 85 dB。两台相同的循环水泵，单台的声功率级为 77 dB；一台补水泵，其声功率级为 80 dB。这些设备设置在同一房间中。求：制冷机房最大的声功率级。

5-5 空调机房内设置两台相同的后倾叶片离心风机。在设计工况下每台风量为 5000 m³/h，全压为 500 Pa。中心频率为 1000 Hz 时该风机的声功率级修正值为 −17 dB。求：在该状态下，这两台风机中心频率为 1000 Hz 的总声功率级。

技 能 训 练

训练项目：空调房间消声量计算与消声器选择

（1）实训目的：使学生了解消声设计步骤，会正确计算空调房间消声量，并合理选用消声器。

（2）实训准备：图纸、作业本、计算器、绘图工具及相关工具书。

（3）实训内容：根据单元 4 技能训练过程已绘制完成的空调风平面布置图进行该层各空调房间消声量的计算，为新风系统和一次回风空调系统分别选择消声器，完善该层空调风平面图。

（4）提交成果：

① 空调房间消声量计算过程；

② 按 1∶100 比例手绘一层空调风平面图。

单元 6

风机的选择与安装

学习目标

（1）掌握风机类型及特点。

（2）掌握风机的主要性能参数、风机特性曲线、风机的选择及风机工作状态点的确定。

（3）熟悉风管系统的管道特征方程和风机的运行工况调节。

（4）熟悉风机安装方式。

（5）掌握风机安装施工工序和风机安装质量验收要求。

能力目标

（1）会对风系统平衡问题采取合理的调节方法。

（2）会合理选用风机。

（3）能合理正确风机的安装方式，能合理评价风机安装质量。

工作任务

（1）某通风系统风机选择。

（2）某空调系统校核空气处理设备的送风能力。

6.1　风机的分类及性能参数

风机是机械通风和空调机组送风的主要设备，风机的类型是多种多样的。

6.1.1　风机的分类

6.1.1.1　按风机作用原理分类

（1）轴流式风机

轴流式风机的叶片安装于旋转轴的轮毂上，叶片旋转时，将气流吸入并向前方送出，如图 6-1 所示。根据风机提供的全压不同分为高、

风机类型及选用

低压两类：高压 $p \geqslant 500\,Pa$；低压 $p < 500\,Pa$。

轴流式风机的叶片有板型、机翼型多种，叶片根部到梢常是扭曲的，有些叶片的安装角是可以调整的，调整安装角度能改变风机的性能。

轴流式风机由于安装简单，直接与风管相连，占用空间较小，因此其应用极为广泛。在侧墙上安装的排风扇属于轴流式风机的一种类型。

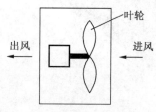

图 6-1　轴流式风机构造形式

（2）离心式风机

离心式风机由旋转的叶轮和蜗壳式外壳所组成，叶轮上装有一定数量的叶片。气流由轴向吸入，经 90°转弯，由于叶片的作用而获得能量，并由蜗壳出口甩出，如图 6-2 所示。根据风机提供的全压不同分为高、中、低压三类：高压 $p > 3000\,Pa$；中压 $3000\,Pa \geqslant p > 1000\,Pa$；低压 $p \leqslant 1000\,Pa$。

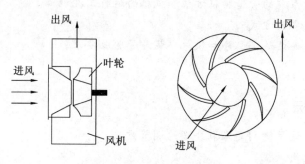

图 6-2　离心式风机示意图

离心式风机的叶片结构形式有前向式、后向式、径向式几种，见图 6-3。

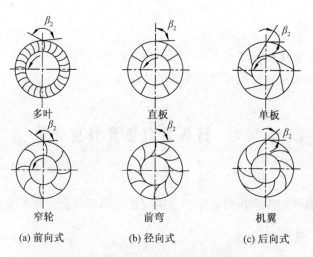

（a）前向式　　　　（b）径向式　　　　（c）后向式

图 6-3　离心式风机叶片的结构形式

前向式叶片朝叶轮旋转方向弯曲，叶片的出口安装角 $\beta_2 > 90°$，见图 6-3a。在同样风量下，它的风压最高。对于窄多叶前向式叶片，低转速时用于空调系统风机；对于窄轮前向式叶片，主要用于要求体积小型化的小型机组及高压风机。

径向式叶片是朝径向伸出的，$\beta_2 = 90°$，见图 6-3b。径向式叶片的离心式风机其性能介于前向式和后向式叶片的风机之间。这种叶片强度高、结构简单、粉尘不易粘附在叶片上，叶片的更换和修理都较容易，常用于输送含尘气体。

后向式叶片的弯曲方向与叶轮的旋转方向相反，$\beta_2 < 90°$，见图 6-3c。与前两种叶片的风机相比，在同样流量下它的风压最低，尺寸较大，这一叶片形式的风机效率高、噪声小。采用中空机翼型叶片时，效率可达 90% 左右。但这种叶片的风机不能输送含尘气体，因叶片磨损后，尘粒进入叶片内部，会使叶轮失去平衡而产生振动。

叶片形式不同的离心式风机，其性能比较见表 6-1。

表 6-1　叶片形式不同的离心式风机其性能比较

形式	前向		径向		后向	
出口安装角 β_2	>90°		=90°		<90	
理论压力	大		中		小	
动压	>静压		=静压		<静压	
特性曲线						
	多叶	窄轮	直板	前弯	单板	机翼
效率	0.6~0.78	0.7~0.88	0.7~0.88	0.7~0.88	0.75~0.9	0.75~0.92
比转数	50~100	10~50	30~60	25~50	40~80	50~80
特性及适用范围	体积小，转速低，噪声低，适用于空调	转速高，压力高，噪声高，适用于阻力大的系统	叶片简单，转速低，适于农机和排尘系统	转速高，用于冶金、排尘和烧结	效率较高，噪声较小，适用锅炉、空调、矿井、建筑通风等	

（3）斜流及混流式风机

这两种风机在外形上与轴流式风机类似（见图 6-4 和图 6-5），都属于管道式风机的范围，但它们工作原理却与轴流式风机不相同。它们通过对叶片形状的改变，使气流在进入风机后，既有部分轴流作用，又产生部分离心作用。在安装方面，它们的特点与轴流式风机相似，具有接管方便、占用空间较小等优点。

（4）贯流式风机

贯流式风机是将机壳部分地敞开使气流直接径向进入风机，气流横穿叶片两次后排出，如图 6-6 所示。它的叶轮一般是多叶式前向叶型，两个端面封闭。它的流量随叶轮宽度增大而增加。贯流式风机的全压系数较大，效率较低，其进、出口均是矩形的，易与建筑配合。目前大量应用于大门空气幕等设备产品中。

  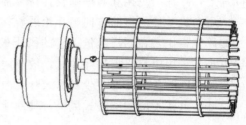

图 6-4　混流式风机　　图 6-5　斜流及混流式风机　　　　图 6-6　贯流式风机

6.1.1.2　按风机的用途分类

（1）一般用途风机

这种风机只适宜输送温度低于 80 ℃、含尘浓度小于 150 mg/m³ 的清洁空气。

（2）排尘风机

它适用于输送含尘气体。为了防止磨损，可在叶片表面渗碳、喷镀三氧化二铝、硬质合金钢等，或焊上一层耐磨焊层如碳化钨等。

（3）防爆风机

该类型风机选用与砂粒、铁屑等物料碰撞时不发生火花的材料制作。对于防爆等级低的风机，叶轮用铝板制作，机壳用钢板制作；对于防爆等级高的风机，叶轮、机壳则均用铝板制作，并在机壳和轴之间增设密封装置。

（4）防腐风机

防腐风机输送的气体介质较为复杂，所用材质因气体介质而异。有些工厂在风机叶轮、机壳或其他与腐蚀性气体接触的零部件表面喷镀一层塑料，或涂一层橡胶，或刷多遍防腐漆，以达到防腐目的，效果很好，应用广泛。

另外，用过氯乙烯、酚醛树脂、聚氯乙烯和聚乙烯等有机材料制作的风机（即塑料风机、玻璃钢风机），质量轻，强度大，防腐性能好，已有广泛应用；但这类风机刚度差，易开裂，在室外安装时容易老化。

（5）消防用排烟风机

该类型风机供建筑物消防排烟使用，具有耐高温的显著特点，一般在温度为280 ℃时可连续运行 30 min。目前在高层建筑的防排烟通风系统中广泛应用。HTF、GYF、GXF 系列风机均属这一类型。

（6）屋顶风机

这类风机直接安装于建筑物的屋顶上进行排风换气。其材料可用钢制或玻璃钢制，有离心式和轴流式两种。这类风机常用于各类建筑物的室内换气，施工安装极为方便。

（7）高温风机

常用的高温风机如锅炉引风机输送的烟气温度一般在 200～250 ℃，在该温度下碳素钢材的物理性能与常温下相差不大，所以一般锅炉引风机的材料与一般用途风机相同。若输送气体温度在 300 ℃以下时，则应用耐热材料制作，滚动轴承采用空心轴水冷结构。

（8）射流风机

这类风机与普通轴流风机相比，在相同风机重量或相同功率下，能提供较大的通风量和较高的风压。一般通风量可增加 30％～35％，风压增高约 2 倍。它还具有可逆转的特性，反转后风机特性只降低 5％，可用于铁路、公路隧道的通风换气。

6.1.1.3 按风机的转速分类

（1）单速风机。

（2）双速风机。变换风机的转速可改变风机的性能。双速风机是利用双速电动机，通过接触器转换变极得到两档转速的。

6.1.2 风机的性能参数

6.1.2.1 性能参数

在风机样本和产品铭牌上通常标出的性能参数通常是标准状态下的实验测试数值，即：大气压力 $B=101.3\ \text{kPa}$，空气温度 $t=20\ ℃$，此时空气密度为 $\rho=1.20\ \text{kg/m}^3$。对于锅炉引风机的实验测试条件为：大气压力 $B=101.3\ \text{kPa}$，温度为 $200\ ℃$。当使用条件与实验测试条件不同时，应对各性能参数进行修正。

（1）风量

风机在单位时间内所输送的气体体积流量称之为风量或流量 L，单位为 m^3/s 或 m^3/h。它通常指的是在工作状态下输送的气体量。

（2）风压

通风机的风压系指全压 p，它为动压和静压两部分之和。通风机全压等于出口气流全压与进口气流全压之差。

（3）电机功率

$$P=\frac{Lp}{\eta \cdot 3600 \cdot \eta_{\text{m}}} \cdot K \tag{6-1}$$

$$P_y=\frac{Lp}{3600} \tag{6-2}$$

$$\eta=\frac{P_y}{P} \tag{6-3}$$

式中：P——电机的功率，W；

P_y——通风机的有效功率，W；

L——通风机的风量，m^3/h；

p——通风机的风压，Pa；

η——全压效率，由于通风机在运行过程中有能量损失，故消耗在通风机轴上的
轴功率（通风机的输入功率）P 要大于有效功率 P_y；

η_{m}——通风机机械效率（见表 6-2）；

K——电机容量安全系数（见表 6-3）。

表 6-2　通风机机械效率

传动方式	机械效率 η_m / %
电动机直联	100
联轴器直联	98
三角皮带传动（滚动轴承）	95

表 6-3　电机容量安全系数

电机功率/kW	安全系数 K
<0.5	1.5
<0.5	1.4
$1\sim2$	1.3
$2\sim5$	1.2
>5	1.15

6.1.2.2　性能参数的变化关系

通风机性能参数表（或特性曲线）是按国家标准规定的实验条件得出的，当使用条件（空气密度、风机转速、叶轮直径等）发生变化后，通风机的性能发生变化的关系式见表 6-4。

表 6-4　通风机的性能发生变化的关系式

	计算公式		计算公式
空气密度 ρ 发生变化	$L_2=L_1$ $p_2=p_1\dfrac{\rho_2}{\rho_1}$ $P_2=P_1\dfrac{\rho_2}{\rho_1}$ $\eta_2=\eta_1$	风机转速 n 发生变化	$L_2=L_1\dfrac{n_2}{n_1}$ $p_2=p_1\left(\dfrac{n_2}{n_1}\right)^2$ $P_2=P_1\left(\dfrac{n_2}{n_1}\right)^3$ $\eta_2=\eta_1$
叶轮直径 D 发生变化	$L_2=L_1\left(\dfrac{D_2}{D_1}\right)^3$ $p_2=p_1\left(\dfrac{D_2}{D_1}\right)^2$ $P_2=P_1\left(\dfrac{D_2}{D_1}\right)^5$ $\eta_2=\eta_1$	ρ，n，D 同时发生变化	$L_2=L_1\left(\dfrac{n_2}{n_1}\right)\left(\dfrac{D_2}{D_1}\right)^3$ $p_2=p_1\dfrac{\rho_2}{\rho_1}\left(\dfrac{n_2}{n_1}\right)^2\left(\dfrac{D_2}{D_1}\right)^2$ $P_2=P_1\dfrac{\rho_2}{\rho_1}\left(\dfrac{n_2}{n_1}\right)^3\left(\dfrac{D_2}{D_1}\right)^5$ $\eta_2=\eta_1$

注：角注"1""2"表示变化前、后的相应参数。

6.2 风机的选择

6.2.1 风机特性曲线

在通风系统中工作的通风机，即使转速相同，它所输送的风量也可能不同。系统中的压力损失小时，要求的通风机的风压小，输送的气体量就大；反之，系统的压力损失大时，要求的风压大，输送的气体量就小。因此，提供各种工况下通风机的全压与风量，以及功率、转速、效率与风量的关系就形成了通风机的性能曲线。

每种通风机的性能曲线都不相同，通常用试验测出在不同转速下不同风量的静压和功率，然后计算全压、效率等，并作出有关曲线。

风机的特性曲线是用图解法表示的风机基本工作参数间的关系。风机的主要性能参数是指风机的风量 L、风压 p、轴功率 P、效率 η 和转速 n。

当转速一定时，风机的特性曲线常用一组曲线来表示，包括风量风压曲线（L-p）、风量功率曲线（L-P）和风量效率（L-η），并且按适当的比例表示在同一张图上，如图 6-7 所示。图中横坐标表示风量，纵坐标分别为风压、功率和效率。从图上容易看出，在 L-η 曲线最高点时的风量以及此风量所对应的风压和轴功率是风机的最佳运行工况。

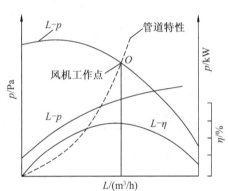

图 6-7 风机性能曲线及其工作点

6.2.2 风机工作点的确定

根据风机的特性曲线可以看出，风机可以在各种不同的风量下工作。由通风系统的管道特征方程（4-15）可绘制出管道特性曲线。现把管道特性曲线按 $L-\Delta p$ 坐标画到风机的特性曲线图上，用虚线表示，如图 6-7 所示，则管道特性曲线必定会与风机的 L-p 曲线相交于 O 点，该点即为风机的工作点。也就是把该台风机连接到具有该管道特性的通风管路系统上运行时，风机将在工作点工作，风机所产生的风量正好是管路的流量，风机所产生的风压与管路系统该流量下所产生的阻力平衡。

风机的这种自动平衡的性能使实际使用中的风机的风量和风压有时满足不了设计要求。例如低压风机在压力损失大的管网中，由于不能克服系统中的压力损失，流量将急剧降低，这时如果改用高压风机，当风压足以克服系统的压力损失时，就可以供给必需的风量。

在任何给定的风量下，风机的全压由以下三部分组成：① 系统管网中各种压力损失的总和。② 吸压入气体所受压力和压出气体所受压力的压力差。当由大气中吸入气体又压出至大气时，这一压力差为零。但在某些情况下由受压容器吸入气体，或压出至某受压容器时，这一压力差一般为常数；有时也可以随风量而变化。③ 由管网排出时的动压。

当风机供给的风量不能符合要求时，可以采取以下三种方法进行调整：① 减少或增加管网系统的压力损失，见图 6-8a。压力的改变使管网特性改变，例如曲线 1-1，由于压力降低而改变为 2-2，风量因而由 Q_1 增加到 Q_2。② 更换风机，见图 6-8b。这时管网特性没有变化，用适合于所需风量的另一风机（2-2）来代替原有风机（1-1）以满足风量 Q_2。③ 改变风机叶轮转速，见图 6-8c。改变转速的方法很多，例如改变皮带轮的转速比、采用液力耦合器、改换变速电机等。

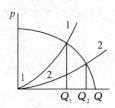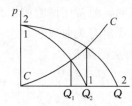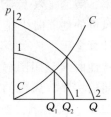

图 6-8　风机工作的调整

6.2.3　通风机的联合工作

6.2.3.1　风机并联工作

当系统中要求的风量很大，一台风机的风量又不够时，可以在系统中并联设置两台或多台风机。并联风机的总特性曲线是由各种压力下的风量叠加而得。然而，在实际管网系统中，两台风机并联工作时的总风量往往不等于单台风机工作时风量的两倍；风量增加的数量一般与管网的特性以及风机型号是否相同等因素有关。

（1）两台型号相同风机的并联工作（图 6-9）

A、B 两台相同风机并联的总特性曲线为 $A+B$。若系统的压力损失不大，则并联后的工作点位于管网特性曲线 1与曲线 $A+B$ 的交点处。由图可以看出，这时风机的风量由单台时的 Q_1 增加到 Q_2，增加量虽然不等于两倍 Q_1，但增加的还是较多。如果管网系统的压力损失很大，管网特性曲线为 2，则与 $A+B$ 的交点所得到的风量为 Q_2'，比单台风工作时的风量 Q_1' 增加并不多。

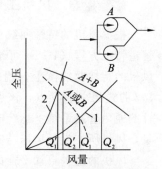

图 6-9　两台型号相同风机的并联

（2）两台型号不同风机的并联（见图 6-10、图 6-11）

两台型号不同风机并联的总特性曲线为 $A+B$，此时有两种情况：

① 管网特性曲线 1 与曲线 $A+B$ 相交（6-10），并联风机的风量 Q_2 大于单台风机的风量 Q_1。

② 管网特性曲线 1 不与曲线 $A+B$ 相交（见图 6-11）或者是与单台风机 B 相交，

然后才与并联风机 $A+B$ 相交。这时并联后的风量可能并不增加，甚至还有所减少。

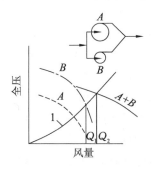

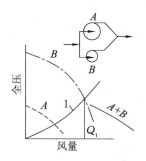

图 6-10 两台型号不同风机的并联（一）　　图 6-11 两台型号不同风机的并联（二）

由此可以看出，风机并联所得的效果只有在压力损失低的系统中才明显，所以在一般情况下应尽量避免采用两台风机并联；确实需要并联时，应采用相同的型号。

6.2.3.2 风机串联工作

在同一管网系统中，风机也可以串联工作，风机与自然抽力也可以同时工作。工作的原则是在给定流量下全压进行叠加。

自然抽力通常是指热压，在给定条件下，风量越大，空气加热的程度越低，抽力也越小。

下面分析在不同管网特性曲线的条件下，串联风机的工作情况。

（1）两台型号相同风机的串联（见图 6-12）

全压由 P_1（管路曲线 1 与虚线 A 或 B 交点）增加到 P_2（管路曲线 1 与实线 $A+B$ 交点），风量越小，增加的压力越多。

（2）两台型号不同风机的串联

当管网特性曲线 1 可能与 $A+B$ 相交（见图 6-13）时，风压有所提高，但增加得并不多。当管网特性曲线 1 不与 $A+B$ 相交时（见图 6-14），串联后的全压，或者与单台相同，或者还小于单台风机；同时风量也有所减少，功率消耗却增加。

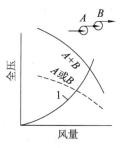

图 6-12 两台型号相同风机的串联

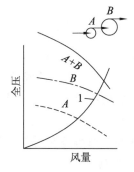

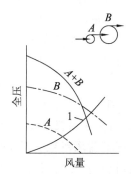

图 6-13 两台型号不同风机的串联（一）　　图 6-14 两台型号不同风机的串联（二）

由此可见，只有在系统中风量小，而阻力大的情况下，多台风机串联才是合理的；同时，要尽可能采用型号相同的风机进行串联。

6.2.4　风机的选择

（1）根据管道内输送气体的性质、系统的风量和压力损失（即阻力）确定风机的类型。再根据下列各类风机的性能曲线和管道特性曲线，结合实际情况确定风机类型。

输送清洁空气可以选用一般的风机；输送有爆炸危险的气体或粉尘，应选用防爆风机；气体具有腐蚀性时，应选防腐风机；用于厨房灶具排风时，由于空气中有较多油污，不宜采用电机内置的轴流、斜流或混流风机，而应采用电机外置的普通离心风机；用于消防排烟时，此时由于空气温度较高，可以采用电机内置但是完全与气流隔绝的专用消防排烟轴流风机，而电机外置的离心风机仍是最好选择，另外，排烟用风机必须用不燃材料制作，应在烟气温度 280 ℃时能连续工作 30 min。

（2）确定所需风机的风量和风压

在通风和空调系统运行过程中，由于风管和设备的漏风会导致送风口和排风口处的风量达不到设计值，甚至会导致室内参数（其中包括温度、相对湿度、风速和有害物浓度等）达不到设计和卫生标准的要求。为了弥补系统漏风可能产生的不利影响，选择通风机时，应根据系统的类别（低压、中压或高压系统）、风管内的工作压力、设备布置情况以及系统特点等因素，附加系统的漏风量。另外，考虑到风管系统阻力损失计算存在不精确的问题，在选择风机时还需要附加风压。所需风机的风量可按式（6-4）进行附加，风压可按式（6-5）进行附加。

$$p_f = K_P \Delta P \qquad\qquad (6\text{-}4)$$

$$L_f = K_L L \qquad\qquad (6\text{-}5)$$

式中：p_f——风机的风压，Pa；

　　　L_f——风机的风量，m³/h；

　　　ΔP——风道系统总阻力，Pa；

　　　L——系统的总风量，m³/h；

　　　K_P——风压附加系数（当风机采用定速时，风机的压力在计算系统压力损失上宜附加 10%～15%；当风机采用变速时，风机的压力应以计算系统总压力损失作为额定压力）；

　　　K_L——风量附加系数。

为了便于计算，根据我国常用的金属和非金属材料风管的实际加工水平及运行条件，《民用建筑供暖通风与空气调节设计规范》（GB 50736—2012）中规定送、排风系统可附加 5%～10%，排烟兼排风系统宜附加 10%～20%；《建筑防烟排烟系统技术标准》（GB 51251—2017）中规定，排烟系统、机械加压送风系统附加 20%。需要指出，这样的附加百分率适用于最长正压管段总长度不大于 50 m 的送风系统和最长负压管段总长度不大于 50 m 的排风系统。对于比这更大的系统，其漏风百分率可适当增加。有的全面排风系统直接布置在使用房间内，则不必考虑漏风的影响。

（3）当风机使用工况与风机样本工况不一致时，应对风机性能进行修正，修正方法参见表 6-4，以便根据样本参数（由风机组合特性曲线或性能参数表查得）选择风机。修正时风量不变，风压随使用工况的空气密度与标定工况气体密度不同而变化，即

$$p = p_N(\rho/1.2) \tag{6-4}$$

式中：p——使用工况的风压，Pa；

p_N——标定工况的风压，Pa；

ρ——使用工况的空气密度，kg/m^3。

当环境大气压力与标准大气压力相差不大时，可用式（1-19）估算空气密度的近似值。

风机工况变化时（空气状态变化或处理风量变化），实际所需的电动机功率会有所变化，应注意进行验算，检查样本上配用的电动机功率是否满足要求。

（4）在满足给定的风量和风压要求的条件下，通风机在最高效率点工作时，其轴功率最小。在具体选用中由于通风机的规格所限，不可能在任何情况下都能保证通风机在最高效率点工作，但通风机的设计工况效率不应低于最高效率的90%。一般认为在最高效率的90%以上范围内均属于通风机的高效率区，这个范围称为风机的经济使用范围。

（5）结合实际情况，考虑是否需要采用串联或并联工作方式，是否需要一定的备用容量。

（6）确定风机型号时，一方面确定其转速、配用电机的型号和功率、传动方式等；另一方面还要确定风机的旋转方向及出口位置，以便更好地与管路系统相配合。

（7）倘若有两种以上的风机型号均可选择，则应从安装条件、效率、耗电量、噪声及价格等方面进行综合的经济技术比较，确定最佳型号。

6.2.5　风机的运行调节

风机运行工况调节

6.2.5.1　改变管路特性曲线的调节方法

由式（4-16）可知，通过改变管路阻抗可以改变管路的特性。改变管网特性曲线的调节方法是在通风机转速不变的情况下，通过改变系统中的阀门等节流装置的开度大小来增减管网压力损失而使流量发生改变的。在风机转速一定时，总风管上的阀门全开时，工作点为 O，如图 6-15 所示。现为了改变风量而关小阀门时，相当于增加了局部阻力，因而使管路特性值 S 增加，管路特性线变陡，工作点亦随之前移到 O'。此时风机的风量减小，风压增加，轴功率和效率也随之改变。从图中的情形看，轴功率有所减小，但效率也降低了。同时从图上可以看出，在风量 L' 下原来管道所产生的阻力为 p_2，现在的阻力为 p_1，那么 $\Delta p = p_1 - p_2$，这部分阻力损失是由于关小阀门引起的，这种人为地增加阻力来减小风量要消耗功率是不经济的，在大容量的系统中这种情况尤其应该避免。

如果在空调系统中装有过滤器，那么随着过滤器逐步积尘后，系统的阻力增加，风量下降，也要消耗功率，这是不可避免的。

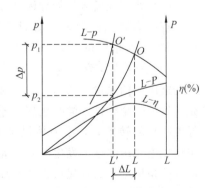

图 6-15　调节系统阀门时的特性曲线

6.2.5.2 改变风机特性曲线的调节

（1）改变风机的转速

风机的转速发生变化时，风机的性能参数随之改变，有如下关系存在：

$$\frac{n_2}{n_1} = \frac{L_2}{L_1} = \sqrt{\frac{p_2}{p_1}} = \sqrt[3]{\frac{P_2}{P_1}} \qquad (6-5)$$

$$\eta_2 = \eta_1$$

可见，用调节风机转速的方法减小风量既可满足要求又可节能。同时调节风机转速后其效率却并不改变。从图 6-16 中可以看出：管路特性不变，当把转速从 n_1 调节到 n_2 时，风机工作点从 O_1 变到 O_2，风量也从 L_1 增加到 L_2（减小到 L_3），同时阻力从 p_1 增加到 p_2（减小到 p_3）。图 6-17 所示是调节风机转速和调节管路特性的对比，从风机的原工作点 O 要把风量减小到 L_1，通过调节转速把风机工作点调到 O_2，此时风机消耗轴功率为 P_1，若通过风门调节增加局部阻力使 O 点沿 n_1 转速的 $L-p$ 特性线左移到 O_1 点，此时的风量也为 L_1，但风机消耗的功率是 P'_1，可见调节转速是节能的。

当为了增加风量而提高转速时，应注意随叶片圆周速度的提高噪声也可能会增加，以及叶轮的机械强度能否承受，一般应对风机的最大转速做出限制。此外，由于功率与转速的立方成正比，还应注意提高转速后原有电动机是否可用。随着变频技术在通风空调中广泛应用，提高转速是一种较好的调节措施。

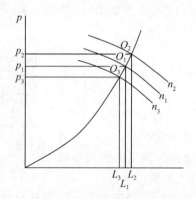

图 6-16　风机转速调节

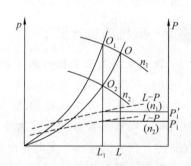

图 6-17　调速和调阀的对比

（2）改变风机入口处导流叶片角度

有些大型风机的入口处设有供调节用的导流叶片（导流叶片的角度从 $0°$ 增大到 $90°$，意味着从全开到全关），调节时使气流进入叶轮前旋速度发生改变，从而改变通风机的风量、风压、功率和效率。该导流叶片既是风机的一个构件，同时也属于整个管路系统。当改变导流叶片的转角时，不但使风机本身的性能发生变化，也使风道系统的性能发生变化。如图 6-18 所示，当导流

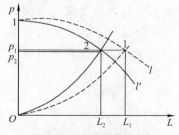

图 6-18　改变风机入口
导流叶片的调节

叶片的角度增加时，风机性能曲线变得越来越陡，风道阻力变得越来越大，风道和风机特性曲线分别由图中的虚线变为实线，工作点则由 1 变为 2。该调节方法结构简单，使

用可靠、维护方便，其调节效率比改变风机转速差，但比单纯改变风道特性曲线法优越，因而在空调系统中得到广泛应用。

6.3 风机的安装

风机安装前应进行开箱检查验收，这是工程施工的一个重要环节，并应形成书面验收记录。风机应附带装箱清单、设备说明书、产品质量合格证书和性能检测报告等随机文件，进口设备还应具有商检合格的证明文件。

风机安装的工序见图 6-19。

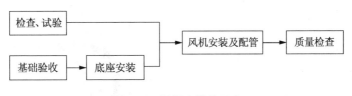

图 6-19　风机安装的工序

6.3.1　检查、试验

风机安装前应检查电机接线正确无误；通电试验，叶片转动灵活、方向正确，机械部分无摩擦、松脱，无漏电及异常声响。

工程现场对风机叶轮安装的质量和平衡性的检查，最有效、粗略的方法就是盘动叶轮，观察它的转动情况，如不停留在同一个位置，则说明相对平衡。

6.3.2　基础验收

大型风机需要安装在混凝土基础上，风机就位前应对其基础进行验收，基础标高、位置及主要尺寸、预留洞的位置和深度应符合设计要求；基础表面应无蜂窝、裂纹、麻面、露筋；基础表面应水平。安装前的验收可以保证设备安装的质量，合格后再安装。

6.3.3　底座、吊架安装

落地安装时，应固定在隔振底座上，底座尺寸应与基础大小匹配，中心线一致；隔振底座与基础之间应按设计要求设置减振装置，但当风机设有减振台座时，由于运行振动会造成位移，应采取防止设备水平位移的措施。

悬挂安装的风机在运行的时候会产生持续的振动，处理不当会因金属疲劳而断裂而造成事故，因此，吊架及减振装置应符合设计及产品技术文件的要求。

6.3.4　风机安装方式

不同类型风机安装方式不同。

6.3.4.1 轴流式通风机安装

轴流式通风机通常可安装在墙上，如图 6-20 和图 6-21 所示。

使用图 6-20 安装时，应将风机总重量（含电机、附件等）提交结构专业，并在土建施工图中表示。墙上洞口也可按虚线预留，D 的取值可参照表 6-5。图中墙体应为承重墙，若墙体厚度大于风机风筒长度，可在气流出口端接短管；若墙体厚度小于风筒长度，多出部分应在室内侧。对于能承重的填充墙体，应根据墙厚设置钢筋混凝土框，框与墙体连接构造由结构专业设计。安装时应先将风机壳体上的电气接线盒拆下，移至墙面适当位置，电源线经套管引到接线盒。接线盒位置、埋管方式应在电气施工图中表示。安装水平后用细石混凝土将墙洞的空隙填实粉光。

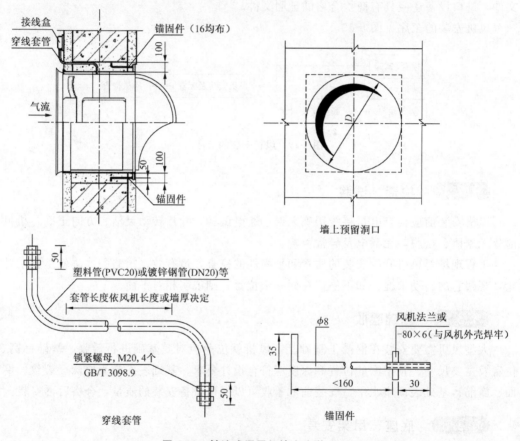

图 6-20　轴流式通风机墙上安装（一）

表 6-5　轴流式通风机墙上安装（一）的 D 取值

mm

机号	2.8	3.15	3.55	4	4.5	5	5.6	6.3	7.1
D	390	435	485	535	595	675	745	835	935

图 6-21 适用于电气接线盒不可拆卸的、但风机整体能从套筒内取出的轴流式通风机安装。筒体各部件均为焊接，焊缝高度不应小于被焊件最小厚度。所有金属构件外露

部分均应清除浮锈后刷防锈底漆两道、调和漆两道。D 及安装尺寸见表 6-6。其余要求与图 6-20 的相同，套筒、盖板等材料要求详见表 6-7。

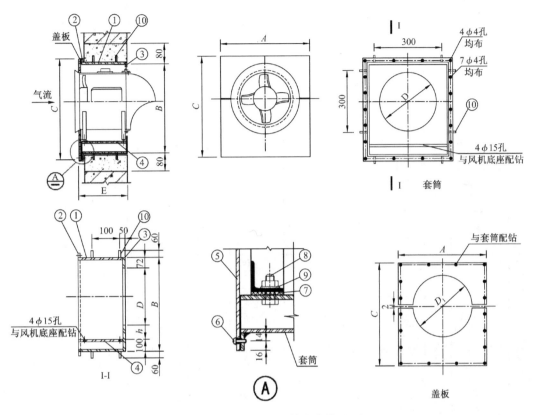

图 6-21 轴流式通风机墙上安装（二）

表 6-6 轴流式通风机墙上安装（二）的 D 取值安装尺寸

mm

机号	2.8	3.15	3.55	4	4.5	5	5.6	6.3	7.1
D	346	381	422	478	528	588	649	719	800
H	40	53	52	54	69	49	69	84	93
D_1	320	355	395	450	500	560	620	690	770
A	460	520	560	620	670	720	890	975	1065
B	558	606	646	704	769	809	890	975	1065
C	618	666	706	764	829	869	950	1035	1125
E	217	237	277	297	257	296	325	385	395

表6-7 轴流式通风机墙上安装（二）的材料明细

序号	名称	材料规格	材料	数量	单位	2.8 计量	2.8 重量/kg	3.15 计量	3.15 重量/kg	3.55 计量	3.55 重量/kg	4 计量	4 重量/kg	4.5 计量	4.5 重量/kg	5 计量	5 质量/kg
1	筒体	钢板δ=4		1	m²	0.44	13.87	0.53	16.76	0.67	20.98	0.79	24.69	0.74	23.22	0.91	28.42
2	法兰	一30×5		1	m	0.96	1.13	1.07	1.26	1.15	1.35	1.26	1.49	1.38	1.63	1.47	1.73
3	前板	钢板δ=2	Q235-B	1	m²	0.22	3.41	0.25	3.98	0.28	4.36	0.32	4.97	0.37	5.85	0.38	6.01
4	基座板	钢板δ=4		1	m²	0.10	3.13	0.12	3.87	0.16	4.87	0.18	5.78	0.17	5.41	0.21	6.69
5	盖板	钢板δ=2		2	m²	0.20	3.20	0.25	3.88	0.27	4.28	0.31	4.94	0.36	5.64	0.38	5.96
6	自攻螺钉	GB/T 3098.2—2000															
7	橡胶垫	δ=5	橡胶	4	个	4		4		4		4		4		4	
8	带帽螺栓	M14×50	Q235	4	个	4	0.28	4	0.28	4	0.28	4	0.28	4	0.28	4	0.28
9	弹簧垫片	Φ14	Q235	4	个	4	0.028	4	0.03	4	0.03	4	0.03	4	0.03	4	0.03
10	预埋件	Φ10圆筋	HPB235（Q235）	16	个	16	0.62	16	0.62	16	0.62	16	0.62	16	0.62	16	0.62
	总重/kg						25.7		30.7		36.8		42.8		42.7		49.7

注：本表重量不包括风机与电机重量。

6.3.4.2 轴流式通风机安装

屋顶风机的基础，表面要求平整，四周设构造筋，混凝土标号不低于 C20。屋面做法由工程设计确定，防水层上翻高度 H 按土建设计要求或不小于 300 mm，以防渗水漏水，并须预埋好地脚螺栓，如图 6-22 所示。

地脚螺栓根据机号大小为 M12～M20，最小埋入深度按作用力确定，一般可取 20 倍的螺栓直径。地脚螺栓位置应按所选风机样本，如图 6-23 所示。

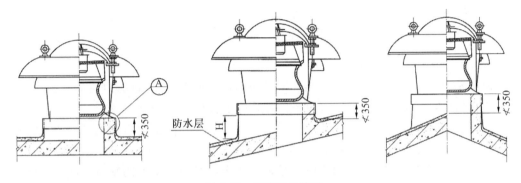

图 6-22　屋顶风机基础

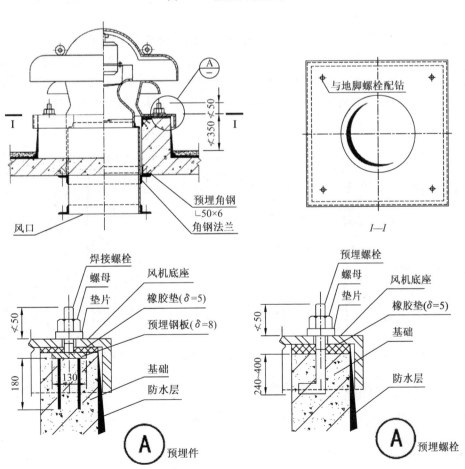

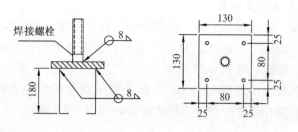

预埋件

图 6-23　屋顶风机安装图

6.3.4.3　管道风机安装

有些轴流、混流（斜流）风机出厂时就带吊架（或支座），这时风机的进出口通常可以连接风管，又称管道风机。管道风机可悬吊于楼板安装（见图 6-24、图 6-25），也可在混凝土墙（柱）上水平安装（见图 6-26），也可安装在室内混凝土支座上（见图 6-27），还可安装于屋面混凝土支座上（见图 6-28）。

图 6-24 的安装方式仅适用于 No.5 号以下，出厂时即有吊架的轴流（混流）风机，安装尺寸应根据所选风机样本确定。无防火要求时，柔性软连接管可选用帆布软接头；用于排烟系统时，材料应由工程设计确定。

图 6-25a 的安装方式适用于 No.5 号以下，出厂时即有吊架的轴流（混流）风机，安装尺寸、材料表应根据所选风机样本确定。无防火要求时，柔性软连接管可选用帆布软接头；用于排烟系统时，材料应由工程设计确定。图 6-25b 的安装方式不适用于防/排烟风机。柔性软连接管可选用机布软接头。安装尺寸应根据所选风机确定。

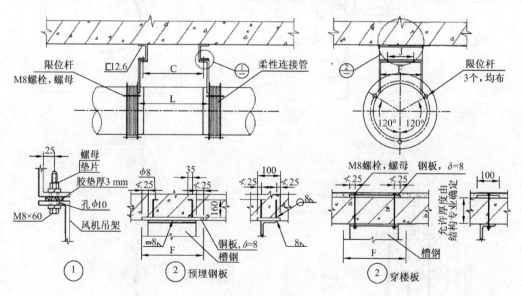

图 6-24　管道风机吊装

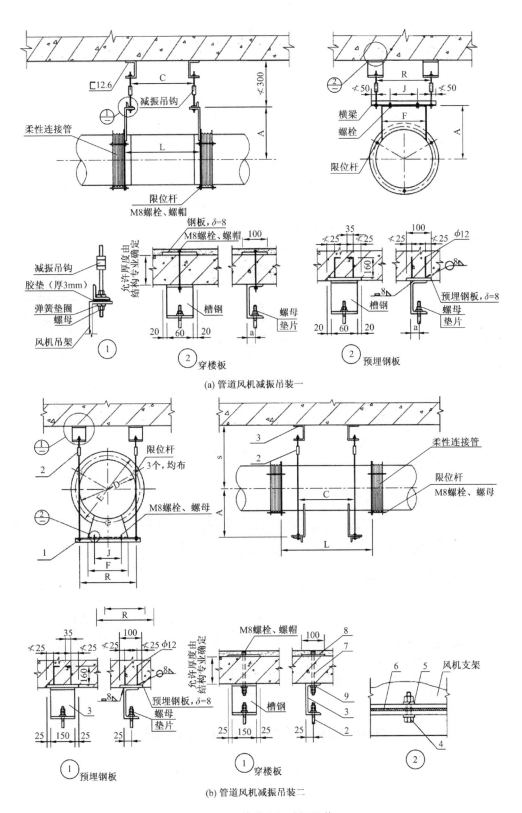

(a) 管道风机减振吊装一

(b) 管道风机减振吊装二

图 6-25 管道风机减振吊装

　　图 6-26 的安装方式仅适用于 No.6 以下风机,尺寸应根据所选风机样本确定。杆件1、杆件 2 规格均为 ∟ 50×5。无防火要求时,柔性软连接管可选用帆布软接头;用于排烟系统时,材料应由工程设计确定。

　　图 6-27 的安装方式,对 No.4～6.5 风机基础可做成一个整体。基础施工前应校核实际到货的风机地脚螺栓位置尺寸。基础安装平面要求平整、光洁。风机在屋面上安装时混凝土支座与防水构造,由土建专业设计。

　　图 6-28 的安装方式适用于 No.14 以下风机在刚性屋面水平安装。支墩长度每边比风机支架至少增加 200 mm。螺栓规格应按所选风机样本确定。该图中也有无保温风管穿屋面做法和保温风管穿屋面做法。风机安装于屋面时,与大气相通一端应作弯曲角度≥30°的弯管空段用以防风雨;风机传动装置的外露部位以及直通大气的进、出口,必须装设防护罩(网)或采取其他安全设施,如图 6-29 所示。

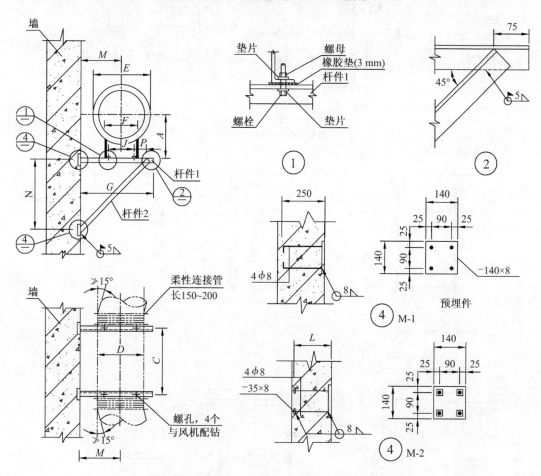

图 6-26　管道风机在混凝土墙(柱)上水平安装

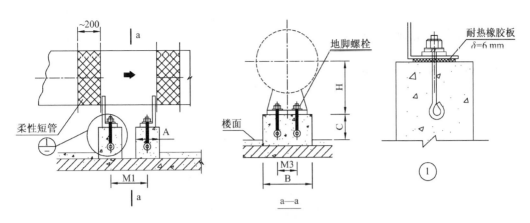

图 6-27 管道风机在室内混凝土支座上安装

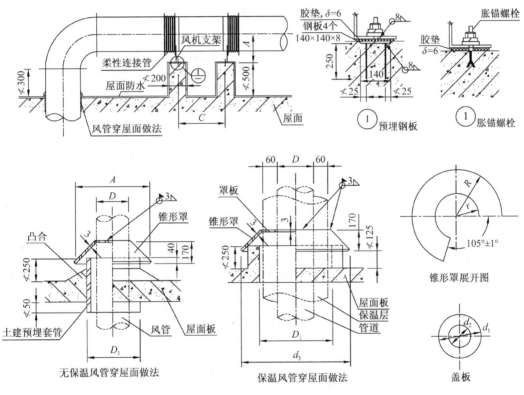

图 6-28 管道风机在屋面上安装

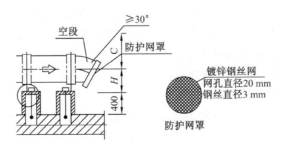

图 6-29 屋顶风机安装防雨、防护罩(网)做法

6.3.5 安装要求

6.3.5.1 风机安装要求

风机及风机箱的安装应符合下列规定：

(1) 产品的性能、技术参数应符合设计要求，出口方向应正确。

(2) 风机与风管连接时，应采用柔性短管连接。

(3) 风机安装位置应正确，底座应水平。

(4) 固定设备的地脚螺栓应紧固，并应采取防松动措施。

(5) 为防止风机对人的意外伤害，风机传动装置的外露部位以及直通大气的进、出风口，必须装设防护罩、防护网或采取其他安全防护措施。

(6) 风机安装允许偏差应符合表 6-8 的规定，叶轮转子与机壳的组装位置应正确。叶轮进风口插入风机机壳进风口或密封圈的深度，应符合设备技术文件要求或应为叶轮直径的 1/100。

表 6-8 通风机安装允许偏差

项次	项目		允许偏差	检验方法
1	中心线的平面位移		10 mm	经纬仪或拉线和尺量检查
2	标高		±10 mm	水准仪或水平仪、直尺、拉线和尺量检查
3	皮带轮轮宽中心平面偏移		1 mm	在主、从动皮带轮端面拉线和尺量检查
4	传动轴水平度		纵向 0.2% 横向 0.3%	在轴或皮带轮 0°和 180°的两个位置上，用水平仪检查
5	联轴器	两轴芯径向位移	0.05 mm	采用百分表圆周法或塞尺四点法检查验证
		两轴线倾斜	0.2%	

轴流风机的叶轮与筒体之间的间隙应均匀，安装水平偏差和垂直度偏差均不应大于 1‰。

减振器的安装位置应正确，各组或各个减振器承受荷载的压缩量应均匀一致，偏差应小于 2 mm。

风机吊装时，风机的减振钢支、吊架和减振器，结构形式和外形尺寸应按其荷载重量、转速和使用场合进行选用，并应符合设计和设备技术文件的规定，以防止两者不匹配而造成减振失效。

(7) 风机机壳承受额外的负担，易产生变形而危及其正常的运行，因此风机的进、出口不得承受外加的重量，相连接的风管、阀件应设置独立的支、吊架。

6.3.5.2 空气风幕机的安装要求

空气风幕机的安装应符合下列规定：

(1) 安装位置及方向应正确，固定应牢固可靠。

(2) 风幕机常为明露安装，故机组的纵向垂直度和横向水平度的允许偏差均应为 2‰。

(3) 成排安装的机组应整齐，出风口平面允许偏差应为 5 mm。

（4）为充分发挥空气风幕机的功效，对机组安装后喷射气流的角度，需要依据室内外气流的流向、室外风的风向和强弱进行调整。

6.3.6 风机试运转

经过全面检查手动盘车，确认供应电源相序正确后方可送电试运转，运转前必须加上适度的润滑油，并检查各项安全保障措施，叶轮旋转方向必须正确，在额定转速下试运转时间不得少于 2 h。运转后，再检查风机减振基础有无移位和损坏现象，做好记录。

思 考 题 与 习 题

6-1 按用途不同，通风机分哪几类？

6-2 通风机铭牌上的性能参数，是在什么条件下的数据？

6-3 试述通风机性能发生变化的关系式。

6-4 当使用工况和标定工况不同时，通风机的风量、风压如何进行修正？

6-5 选择通风机时，其风量、风压应作哪些附加？

6-6 通风机特性曲线和管网特性曲线，在风机工作时的工作点如何确定？

7-7 通风机的风量、风压功率和效率的调节方法有哪几种？

技 能 训 练

训练项目：空调系统空气处理设备通风能力校核

（1）实训目的：使学生了解风机选择步骤，会正确计算所需风机的风量和风压，并会校核空调系统空气处理设备的通风能力。

（2）实训准备：图纸、作业本、计算器、绘图工具及相关工具书。

（3）实训内容：根据单元 4 技能训练过程已绘制完成的空调风平面图和风系统水力计算结果，进行所需风机风量和风压的计算；校核图中空调系统空气处理设备的通风能力。

（4）提交成果：

① 所需风机风量和风压的计算结果；② 图中空调系统空气处理设备通风能力校核结果。

空调水管路系统设计与安装

学习目标

(1) 掌握空调冷热水系统的组成、系统类型和管路的水力计算。

(2) 熟悉空调冷却水分类和冷却水系统形式。

(3) 了解空调冷凝水管道设计原则。

(4) 掌握水系统管路的防腐和保温方法。

(5) 熟悉空调水系统管道安装的工序、施工工艺及质量验收要点。

(6) 掌握空调水系统的水压试验、通球试验及冲洗试验方法。

能力目标

(1) 会合理布置空调水系统，并正确进行水力计算。

(2) 会对空调水系统安装质量做出合理评价。

工作任务

(1) 某空调工程施工图的识读。

(2) 某建筑空调水系统布置与水力计算。

　　一般来说，一个完整的集中空调系统由三大部分组成，即冷热源、供热与供冷管网和空调用户系统。所谓冷热源就是通过水管路系统将各种设备组成制备热媒或冷媒的热力系统；供热与供冷管网是输送热媒与冷媒的大动脉，将冷热源制备的冷、热媒输送到用户；空调用户系统是由水管路系统与末端空气处理设备组成冷量或热量的分配系统，按各建筑物冷热负荷的大小，合理地将冷量或热量分配到各个房间或区域，以创造出舒适而健康的室内环境。由此可见，集中空调系统中各部分都离不开水管路系统，水管路系统庞大而复杂，是集中空调系统中的重要组成部分。它主要包括冷冻水系统、冷却水系统、热媒系统（如热水系统）和冷凝水系统。这些系统不仅需要较大的管道和设备投资，而且需要消耗较大的水泵输送能量。所以，水管路系统设计的合理与否将会直接影响到集中空调系统是否能正常运行与经济运行。

7.1 空调冷（热）水系统设计原则

空调工程常采用冷（热）水作介质，通过水系统将冷（热）源产生的冷（热）量输送给空气处理设备等末端设备，并最终将这些冷（热）量供应至用户。空调冷（热）水系统由三部分组成：

空调水系统分类

（1）冷（热）源装置：主要有冷（热）水机组、热水锅炉和热交换器等。

（2）输配系统：水泵、供回水管道及附件。

（3）末端设备：风机盘管机组、吊顶式空调机、组合式空调机、新风机组等热湿交换设备。

空调冷（热）水管路系统设计中将遇到如何合理而正确地划分空调冷（热）水管路系统中的环路和选用合适的冷（热）水管路系统形式等问题。

7.1.1 空调冷（热）水管路系统的划分原则

空调冷（热）水管路系统的环路划分应该遵循满足空调系统的要求、节能、运行管理方便、节省管材等原则，按照建筑物的不同的使用功能、不同的使用时间、不同的负荷特性、不同的平面布置和不同的建筑层数，正确划分空调冷（热）水管路系统的环路。

（1）依据负荷特性。划分原则：根据建筑的不同朝向划分不同环路；根据内区与外区负荷的不同特点划分不同环路；根据室内热湿比大小，将相同或相近热湿比的房间划分为一个系统。

（2）依据使用功能。划分原则：按房间的功能、用途、性质，将基本相同者划为一个区域或组成一个系统；按使用时间的不同进行划分，将使用时间相同或相近的房间划分为一个系统或环路。

（3）依据空调房间的平面布置。应根据平面位置的不同进行分区设置。

（4）依据建筑层数。划分原则：在高层建筑中，根据设备、管路、附件等的承压能力，水系统按竖向分区（如低区、中区、高区）以减少系统内的设备承压；为了使用灵活，也可按竖向将若干层组合成一个系统，分别设置管路系统；高层建筑中，通常在公共部分与标准层之间设置转换层。因此，设计中空调冷（热）水管路系统也常以转换层进行竖向分区。

还有一点需要注意，冷（热）水管路系统的分区应和空调风系统的划分相结合；在设计中同时考虑空调风系统与冷（热）水管路系统才能获得合理的方案。

7.1.2 空调冷（热）水管路系统的形式

空调冷（热）水管路系统形式繁多。

7.1.2.1 按介质（如水）是否与空气接触划分

（1）开式系统

开式水系统在管路之间设有贮水箱（或水池），管路中的水介质与空气相接触，回水靠重力自流到回水池，如图 7-1 所示。开式系统有较大的水容量，因此水温较稳定，蓄冷能力大；开式系统水中含氧量高，管路和设备易腐蚀；开式系统循环水泵的扬程大，要克服系统的流动阻力，还要消耗较多的提升介质高度所需的能量，水泵耗电量大。

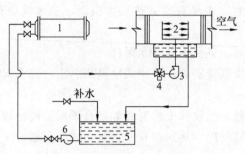

1—壳管式蒸发器；2—喷水室；3—喷淋泵；4—三通阀；5—回水池；6—冷冻水泵

图 7-1 重力回水开式水系统

（2）闭式系统

闭式水系统管路中的水介质基本上不与空气接触，仅在系统最高点设置膨胀水箱，并且有排气和泄水装置，如图 7-2 所示。闭式系统不论是设备运行或停止期间，管内都应充满水，管路和设备不易产生腐蚀和污垢；水容量比开式系统小；系统中水泵只需克服系统的流动阻力，而不用考虑克服提升水的静水压力，设备耗电较小；系统简单；系统的蓄冷能力差。

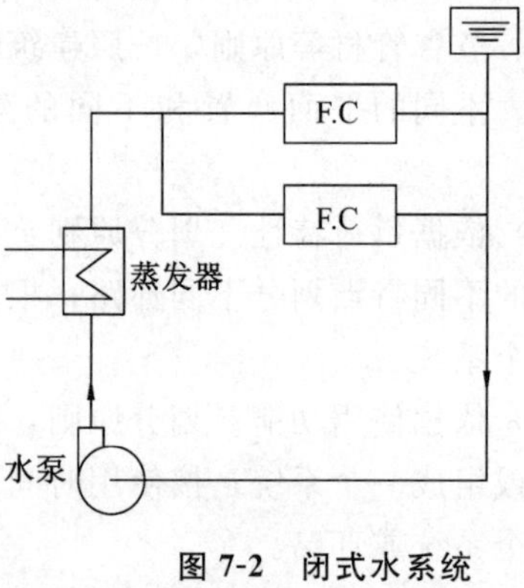

图 7-2 闭式水系统

7.1.2.2 按系统中并联环路水的流程划分

（1）异程系统

异程系统的各并联环路中水的流程各不相同，即各环路的管路总长也不一样，如图 7-3a 所示。异程系统的特点：管路布置简单，节约管路及其占用空间；初投资比同程系统低；由于流动阻力不易平衡，常导致水流量分配不均，阻力小的近端环路流量会加大，远端环路的阻力大，其流量相应会减小，从而造成在供冷水（或热水）时近端用户比远端用户所得到的冷量（或热量）多，形成水平失调。

（2）同程系统

同程系统的各并联环路中水的流程基本相同，即各环路的管路总长基本相等，如图 7-3 所示。同程系统的特点：系统各环路间的流动阻力容易平衡，因此系统的水力稳定性好，流量分配均匀；管路布置复杂，管路长；比异程系统初投资大。空调冷、热水系统，尽可能采用同程式系统，包括立管同程和干管同程，都有利于克服系统失调。在大型建筑物中，为了保持水力工况的稳定性和减少初次调整的工作量，水系统应设计成同程式，但当管路阻力和盘管阻力之比在 1：3 左右时可用异程式水系统。

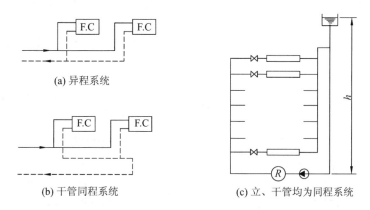

(a) 异程系统

(b) 干管同程系统

(c) 立、干管均为同程系统

图 7-3　异程系统与同程系统

7.1.2.3　按系统循环水量的特性划分

（1）定流量系统

定流量系统中的循环水量保持定值；常采用三通阀定流调节，即当负荷降低时，一部分水流量与负荷成比例地流经风机盘管或空调器，另一部分从三通阀旁通，保持环路中水流量不变。定流量系统的特点：系统简单，操作方便；低负荷时，水泵仍按设计流量运行，输送能耗始终为设计最大值；配管设计时，不能考虑同时使用系数。对于多台冷水机组，且一机一泵的定流量系统，当负荷减少相当于一台冷水机组的冷量时，可以停开一台机组和一台水泵，实行分阶段的定流量运行，这样可节省运输冷量的能耗。

（2）变流量系统

变流量系统中供回水温度保持不变，负荷变化时，可通过改变供水量来调节。变流量系统的特点：输送能耗随着负荷的减少而降低，水泵容量、电耗也相应减少；系统相对复杂，要配备一定自动控制；配管设计时，可以考虑同时使用系数。变流量系统只是指冷源供给用户的水流量随负荷的变化而变化，通过冷水机组的流量是恒定的。这是因为冷水机组中水流量变小会影响机组的性能，而且有结冰的危险存在。

7.1.2.4　按系统中的循环水泵设置情况划分

（1）一次泵系统

一次泵系统中只用一组循环泵，即冷热源侧和负荷侧合用一组循环泵，如图 7-4 所示。其特点是：系统简单，初投资省；不能调节水泵流量，不能节省水泵输送能量。

（2）二次泵系统

二次泵系统中把冷冻水系统分成冷冻水制备（即冷、热源侧）和冷冻水输送（即负荷侧）两部分，冷、热源侧与负荷侧分别设置循环水泵，如图 7-5 所示。与冷水机组对应的泵称为初级泵（一次泵），并与供、回水干管的旁通管组成冷冻水制备系统，为了保证通过冷水机组水量恒定，一般采用一泵对一机的配置方式。连接所有负荷点的泵称为次级泵（也称二次泵），末端装置管路与旁通管构成冷冻水输送系统，输送系统完全根据负荷的需要，通过改变水泵的台数或水泵的转数来调节系统的循环水量。其特点是：可以降低冷冻水的输送电耗；系统比单级泵系统复杂；初投资稍高。

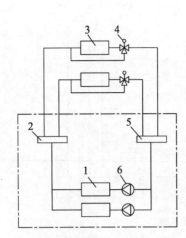

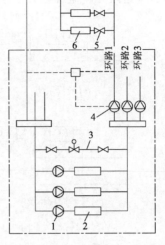

1—冷水机组；2—分水器；
3—风机盘管或空调机；4—三通阀；
5—集水器；6—循环水泵

图 7-4　一次泵定流量水系统

1——次泵；2—冷水机组；3—旁通管；
4—二次泵；5—二次调节阀；
6—风机盘管或空调机

图 7-5　二次泵变流量水系统

7.1.2.5　按冷热水管道的设置方式划分

（1）双管制系统

双管制系统中只有一根供水管、一根回水管，夏季供应冷水、冬季供应热水都是用相同的管路。其特点是：系统简单，布置方便；系统投资较省；系统不能同时既供冷又供热，只能按不同时间分别运行。

（2）三管制系统

三管制系统中有冷、热两条供水管，但共用一根回水管。其特点是：能同时满足供热、供冷的要求；有冷、热混合损失；调节控制也较复杂；投资高于双管制系统。

（3）四管制系统

四管制系统的供冷、供热分别由供、回水管承担，构成供冷与供热彼此独立的水系统。适应于一些负荷差别比较大，供冷和供热工况交替频繁或同时使用的场合。图 7-6 所示为四管制系统风机盘管的连接方式。其特点是：能同时满足供冷、供热的要求，对室温的调节具有较好的效果；没有冷、热混合损失，运行很经济；管道占用空间大；系统初投资较高。

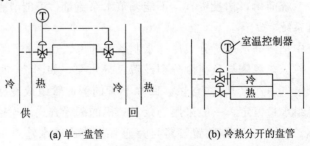

(a) 单一盘管　　　　　　　(b) 冷热分开的盘管

图 7-6　四水管系统与风机盘管的连接方式

7.1.3 空调冷（热）水管路系统的设计原则

空调冷（热）水管路系统的设计原则主要有：

（1）空调管路系统应具备足够的输送能力。例如，在集中空调系统中通过水系统来确保流过每台空调机组或风机盘管空调器的循环水量达到设计流量，以确保机组的正常运行；又如，在蒸汽型吸收式冷水机组中通过蒸汽系统来确保吸收式冷水机组所需要的热能动力。

（2）合理布置管道。管道的布置要尽可能选用同程式系统，虽然初投资略有增加，但易于保持环路的水力稳定性；若采用异程系统，设计中应注意各支管间的压力平衡问题。

（3）确定系统的管径时，应保证能输送设计流量并使阻力损失和水流噪声小，以获得经济合理的效果。众所周知，管径大则投资多，但流动阻力小，循环泵的耗电量就小，使运行费用降低。因此，应当确定一种能使投资和运行费用之和为最低的管径。同时，设计中要杜绝大流量小温差问题，这是管路系统设计的经济原则。

（4）设计中，应进行严格的水力计算，以确保各个环路之间符合水力平衡要求，使空调水系统在实际运行中有良好的水力工况和热力工况。

（5）空调管路系统应能满足集中空调部分负荷运行时的调节要求。

（6）空调管路系统设计中要尽可能多地采用节能技术措施。

（7）管路系统选用的管材、配件要符合有关规范要求。

（8）管路系统设计中要注意便于维修管理，操作、调节方便。

7.2 空调冷冻水系统设计

空调冷冻水系统设计重点需要解决的是如何合理进行冷热源设备的位置和合理选用空调冷冻水系统的形式。

7.2.1 冷、热源设备布置

在多层建筑中，习惯上把冷、热源设备都布置在地下层的设备用房内；若没有地下层，则布置在一层或室外专用的机房（动力中心）内。

在高层建筑中，为了降低设备的承压，通常可采用下列布置方式：

（1）冷、热源设备布置在塔楼外裙房的顶层（冷却塔设于裙房屋顶上），如图7-7所示。

（2）冷、热源设备布置在塔楼中间的技术设备层内，如图7-8所示。

（3）冷、热源设备布置在塔楼的顶层，如图7-9所示。

（4）热源设备都布置在地下层的设备用房内，但在中间技术设备层内，布置水—水换热器，使静水压力分段承受，如图7-10所示。

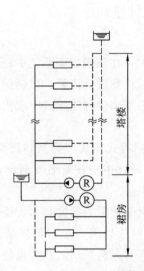

图 7-7　冷、热源设备布置在裙房顶层

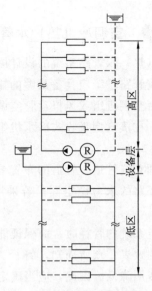

图 7-8　冷、热源设备布置在中间设备层

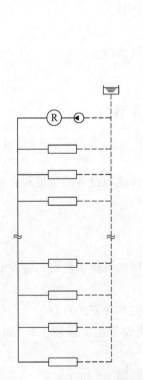

图 7-9　冷、热源设备布置在塔楼顶层

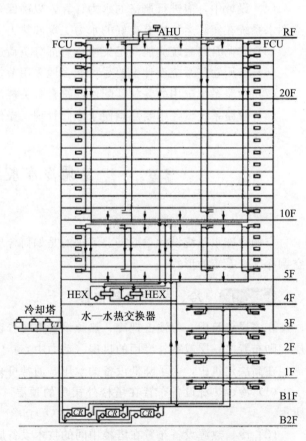

图 7-10　水—水换热器布置在中间技术设备层内

7.2.2 空调冷冻水系统的典型形式

冷冻水系统的功能是输配冷量，以满足末端装置或空调机组的负荷要求。为达此目的，设计中正确选择空调冷冻水系统的形式是十分重要的。空调冷冻水系统的形式虽然繁多，但在实际空调工程中，常见的典型形式主要如下。

7.2.2.1 一次泵冷冻水系统

（1）一次泵定流量（负荷侧定水量、蒸发器侧定水量）双管闭式水系统。图 7-11 给出末端装置水管上设置三通阀的定流量系统。当部分负荷运行时，一部分水流量与负荷成比例地流经末端装置；另一部分从三通阀旁通，以保证供冷量与负荷相适应。但水泵仍按设计流量运行，而空调系统又长期处于低负荷状态下运行，因此，这种水系统形式要消耗大量水泵功率。正因为如此，目前在大型空调系统中已很少采用这种系统。

（2）一次泵变流量（负荷侧变水量，蒸发器侧定水量）双管闭式水系统。图 7-12 给出末端装置水管上设置二通阀的变流量系统。当负荷降低时，二通阀关小，使末端装置中冷冻水的流量按比例减小，从而使被调参数保持在设计值范围内。

在二通阀的调节过程中，管路的特性曲线将发生变化，因而系统负荷侧水流量也将发生变化。但是，如果通过冷水机组的冷冻水量减少，将会导致冷水机组的运行稳定性变差，甚至会出现不安全运行问题。因此，在系统的供、回水管之间安装一条旁通管，管上安装压差控制的旁通调节阀。当用户流量减少时，供、回水总管之间压差增大，通过压差控制器使旁通阀开大，让部分水旁通，以保证流经冷水机组的水流量基本不变。

一次泵变水流量双管闭式水系统是目前我国民用建筑空调工程中应用最广泛的空调水系统。

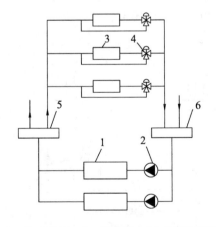

1—冷水机组；2—循环泵；3—空调机组或
风机盘管；4—三通阀；5—分水器；6—集水器

图 7-11 一次泵定流量双管闭式水系统

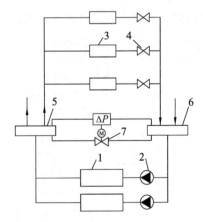

1—冷水机组；2—循环泵；3—空调机组或风机盘；
4—二通阀；5—分水器；6—集水器；7—旁通调节阀

图 7-12 一次泵变流量双管闭式水系统

（3）一次泵变水量系统（负荷侧变水量、蒸发器侧变水量）。目前由于变流量冷水机组的问世、变频器价格下降、冷水机组群控制技术的提高，使得一次泵变水量（负荷侧变水量、蒸发器侧变水量）系统应用越来越广，技术日趋成熟。图 7-13 给出一次泵变水量系统原理图，与图 7-12 相比，区别如下：

① 图 7-13 选择可变流量冷水机组（其流量变化范围是机组额定流量的 30%～130%，最小流量不宜小于额定流量的 45%），使蒸发器侧流量随负荷侧流量的变化而改变，从而最大限度降低水泵能耗。

② 把定频水泵改为变频水泵。能根据末端负荷的变化，调节负荷侧和冷水机组蒸发器侧的水流量，从而最大限度地降低变频水泵的能耗。

③ 冷水机组和水泵台数不必一一对应，水泵负责向末端装置供水，保证每个末端装置冷冻水的供应；而冷水机组只负责冷量的供应，将水泵送来的水处理到需要温度，保证系统的冷量供应。它们台数的变化和启停可分别独立控制。

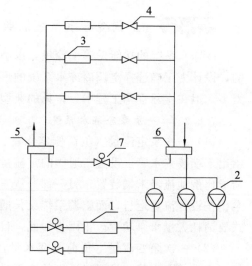

1—冷水机组；2—循环泵；
3—空调机组或风机盘；
4—二通阀；5—分水器；
6—集水器；7—旁通调节阀

图 7-13　一次泵变流量系统

7.2.2.2　二次泵冷冻水系统

（1）次级泵分区供水，如图 7-14 所示。冷冻水输送环路可以根据各区不同的压力损失设计成独立环路，进行分区供水。因此，这种系统形式适用于大型建筑物（或建筑群）、各空调分区供水管作用半径相差悬殊的场合。

（2）次级泵并联运行，向各区集中供冷冻水，如图 7-15 所示。这种系统适用于大型建筑物中各空调分区负荷变化规律不一，但阻力损失相近的场合。

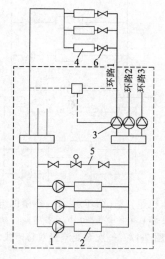

1—一次泵；2—冷水机组；3—二次泵；
4—风机盘管；5—旁通管；6—二通调节阀

图 7-14　二次泵冷冻水系统之一
（次级泵分区供水）

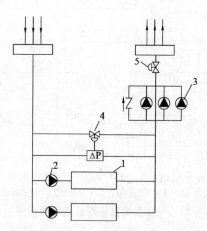

1—冷水机组；2—初级泵；3—次级泵；
4—压差调节阀；5—总调节阀

图 7-15　二次泵冷冻水系统之二
（次级泵集中供水）

（3）冷却吊顶加新风空调，如图 7-16 所示。这也是一种二次泵水系统形式。新风机组水系统和冷却吊顶水系统分别为两个回路，每个回路上设置各自的次级泵以满足新风机组和冷却吊顶对供、回水温度的不同要求。由冷水机组统一提供 $6\sim7\ ℃$ 的冷冻水，向新风机组直接供 $6\sim7\ ℃$ 的冷冻水，供、回水温差 $\Delta t=5\ ℃$。冷却吊顶的供水温度通过三通阀调节回水混合比控制在 $14\sim18\ ℃$，供、回水温差 $\Delta t=2\ ℃$。此系统中设置贮水罐，将一次泵环路与二次泵环路分离，同时增大了系统中的水容量，使系统运行更加稳定。

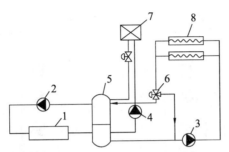

1—冷水机组；2—初级泵；3—冷却吊顶环路的次级泵；4—新风机组环路的次级泵；5—贮水罐；6—三通阀；7—新风机组表冷器；8—冷却吊顶

图 7-16 二次泵冷冻水系统之三（冷却吊顶加新风机组）

7.2.2.3 混合式水系统

混合式水系统是由一次泵水系统与二次泵水系统组合而成的一种水系统形式。图 7-17 为混合式水系统的原理图。

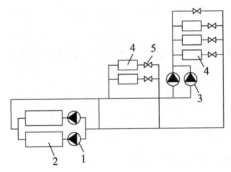

1—次泵；2—冷水机组；3—二次泵；4—风机盘管；5—二通调节阀

图 7-17 混合式水系统

7.2.3 冷水机组与循环水泵的连接方式

选择冷冻水循环泵与冷水机组的连接方式时，应充分考虑冷水机组的承压能力大小、控制方式、管路连接的繁简、设备的安全运行及它们之间的互为备用等因素。具体来说，可以将水泵与机组一对一设置，也可以水泵互相备用设置；可以将机组连接在水泵吸入侧，也可以将机组连接在水泵压出侧，如图 7-18、图 7-19、图 7-20、图 7-21 所示。

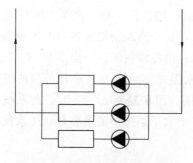

图7-18　水泵、机组一对一设置
（机组在水泵吸入侧）

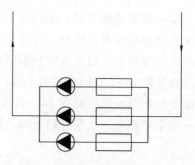

图7-19　水泵、机组一对一设置
（机组在水泵压出侧）

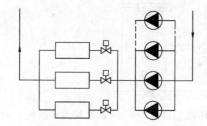

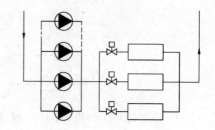

图7-20　水泵互相备用（机组在水泵吸入侧）　图7-21　水泵互相备用（机组在水泵压出侧）

7.2.4　供回水总管上的旁通管与压差旁通阀的选择

在变水量水系统（除图7-13外）中，为了保证流经冷水机组中蒸发器的冷冻水流量恒定，在多台冷水机组的供回水总管上设一条旁通管。旁通管上安有压差控制的旁通调节阀。旁通管的最大设计流量按一台冷水机组的冷冻水水量确定，旁通管管径直接按冷冻水管最大允许流速选择，不应未经计算就选择与旁通阀相同规格的管径。

实际工程中，可按式（7-1）计算压差控制电动旁通调节阀的流通能力：

$$C_{\max} = \frac{9992.8\,\dot{m}_{\mathrm{w}}}{\sqrt{\dfrac{\Delta p}{\rho}}} \tag{7-1}$$

式中：$C_{\max}$——阀门的流通能力，$\mathrm{m^3/h}$。

　　$\dot{m}_{\mathrm{w}}$——满负荷时水的最大体积流量，$\mathrm{m^3/h}$。

　　Δp——阀前后压差，Pa；工程上通常可用末端设备管段的压力损失作为旁通阀的压差。

　　ρ——水的密度，$\mathrm{kg/m^3}$。

根据计算出的$C_{\max}$值，在产品样本中选用大于并且接近于$C_{\max}$值的阀门。

当空调水系统采用国产 ZAPB、ZAPC 型电动调节阀作为旁通阀，末端设备管段的阻力为 0.2 MPa 时，对应不同冷量冷水机组旁通阀的通径，可按表 7-1 选用。

表 7-1　旁通阀的通径选择

一台冷水机组的制冷量/kW	140	180	352	530	700	880	1100	1230	1400	1580	1760
旁通阀的通径/mm	40	50	65	80	100	100	100	125	125	125	150
旁通管公称直径/mm	70	80	100	125	150	200	200	200	250	250	250

在图 7-13 变水量系统中，当负荷侧水流量小于冷水机组最低允许流量时，需要旁通部分水流量，保证蒸发器内的水流量不小于机组的最低允许流量。因此，旁通管的最大设计流量按机组最低允许流量确定，可通过水系统干管上安装的流量传感器（或蒸发器两端的压差传感器）控制旁调节阀。

7.2.5　空调冷（热）水管路系统水力计算

空调水系统的管路计算是在已知水流量和推荐流速下，确定水管管径及水流动阻力。

空调水系统
水力计算

7.2.5.1　空调冷（热）水温度及温差

空调冷（热）水温度及温差应考虑对冷（热）源装置、末端设备的影响等因素。同时，空调冷（热）水温差也决定了空调冷（热）水系统的水流量，影响水管管径的选择；还决定了循环水泵流量，影响循环水泵功率。因此，应按下列原则确定：

（1）采用冷水机组直接供冷时，空调冷水供水温度低于 5 ℃时，会导致冷水机组运行工况相对较差且稳定性不够，因此，这时空调冷水供水温度不宜低于 5 ℃。对于空调系统来说，大温差设计可减小水泵耗电量和管网管径，因此空调冷水和热水系统温差不得小于一般末端设备名义工况要求的 5 ℃。但当采用大温差时，如果要求末端设备空调冷水的平均水温基本不变，冷水机组的出水温度则需降低，使冷水机组性能系数有所下降；当空调冷水或热水采用大温差时，还应校核流量减少对采用定型盘管的末端设备（如风机盘管等）传热系数和传热量的影响，必要时需增大末端设备规格。就目前的风机盘管产品来看，其冷水供回水在 5 ℃/13 ℃时的供冷能力，与 7 ℃/12 ℃冷水的供冷能力基本相同，所以应综合考虑节能和投资因素确定温差数值。

（2）采用蓄冰空调系统时，由于能够提供比较低的供水温度，应加大冷水供、回水温差，节省冷水输送能耗。从空调系统的末端情况来看，在末端一定的条件下，供、回水温差的大小主要取决于供水温度的高低。在蓄冰空调系统中，由于系统形式、蓄冰装置等的不同，供水温度也会存在一定的区别，因此设计中要根据不同情况来确定，并应符合下列规定：

① 当空调冷水直接进入建筑内各空调末端时，若采用冰盘管内融冰方式，空调系统的冷水供、回水温差不应小于 6 ℃，供水温度不宜高于 6 ℃；若采用冰盘管外融冰方式，空调系统的冷水供、回水温差不应小于 8 ℃，供水温度不宜高于 5 ℃；

② 当建筑空调水系统由于分区而存在二次冷水的需求时，若采用冰盘管内融冰方式，空调系统的一次冷水供、回水温差不应小于 5 ℃，供水温度不宜高于 6 ℃；若采用冰盘管外融冰方式，空调系统的一次冷水供、回水温差不应小于 6 ℃，供水温度不宜高于 5 ℃；

③ 当空调系统采用低温送风方式时，其冷水供、回水温度应经经济技术比较后确定，供水温度不宜高于 5 ℃；

④ 采用区域供冷系统时，宜采用冰蓄冷系统。空调冷水供、回水温差应符合：采用电动压缩式冷水机组供冷时，不宜小于 7 ℃；采用冰蓄冷系统时，不应小于 9 ℃。

设计中要根据不同蓄冷或取冷的方式来确定空调冷水供水温度。除冰盘管内融冰方式外，目前还有其他一些蓄冷或取冷的方式，如动态冰片滑落式、封装式以及共晶盐等。各种方式常用冷水温度范围可参考表 7-2。

表 7-2　不同蓄冷介质和蓄冷取冷方式的空调冷水供水温度范围

蓄冷介质和蓄冷取冷方式	水	冰				
		动态冰片滑落式	冰盘管式		封装式（冰球或冰板）	共晶盐
			内融冰式	外融冰		
空调供水温度/℃	4～9	2～4	3～6	2～5	3～6	7～10

（3）水蓄冷（热）系统设计应符合下列规定：

① 为防止蒸发器内水的冻结，一般制冷机出水温度不宜低于 4 ℃，而且 4 ℃水相对密度最大，便于利用温度分层蓄存。适当加大供、回水温差还可以减少蓄冷水池容量，通常可利用温差为 6～7 ℃，特殊情况利用温差可达 8～10 ℃。考虑到水力分层时需要一定的水池深度，因此一般蓄冷水池的蓄水深度不宜低于 2 m。在确定深度时，还应考虑水池中冷热掺混热损失，条件允许应尽可能深。开式蓄热的水池，蓄热温度应低于 95 ℃，以免汽化。

② 当空调水系统最高点高于蓄冷（或蓄热）水池设计水面时，宜采用板式换热器间接供冷（热），因为采用板式换热器间接供冷，无论系统运行与否，整个管道系统都处于充水状态，管道使用寿命长，且无倒灌危险。当系统高度超过水池设计水面 10 m 时，采用水池直接向末端设备供冷、热水会导致水泵扬程增加过多使输送能耗加大，因此这时应采用设置板式换热器间接供冷（热）的闭式系统。如果采用直接供冷（热）方式，水管路设计一定要配合自动控制，防止水倒灌和管内出现真空（尤其对蓄热水系统）。

（4）温湿度独立控制系统是近年来出现的系统形式。为了防止房间结露，采用温湿度独立控制空调系统时，负担显热的冷水机组的空调供水温度不宜低于 16 ℃。当采用强制对流末端设备时，空调冷水供、回水温差不宜小于 5 ℃。

（5）采用蒸发冷却或天然冷源制取空调冷水时，空调冷水的供水温度，应根据当地气象条件和末端设备的工作能力合理确定；采用强制对流末端设备时，供、回水温差不宜小于 4 ℃。

（6）采用辐射供冷末端设备时，供水温度应以末端设备表面不结露为原则确定；供、回水温差不应小于 2 ℃。

（7）采用市政热力或锅炉供应的一次热源通过换热器加热的二次空调热水时，其供水温度宜根据系统需求和末端能力确定。对于非预热盘管，供水温度宜采用 50～60 ℃，用于严寒地区预热时，供水温度不宜低于 70 ℃。空调热水的供、回水温差，严寒和寒冷地区不宜小于 15 ℃，夏热冬冷地区不宜小于 10 ℃。

（8）采用直燃式冷（温）水机组、空气源热泵、地源热泵等作为热源时，空调热水供、回水温度和温差应按设备要求和具体情况确定，并应使设备具有较高的供热性能系数。

7.2.5.2 空调冷（热）水系统的水流量

空调冷（热）水系统计算管段的水流量应按式（7-2）计算：

$$G = \frac{Q}{1.163\Delta t} \tag{7-2}$$

式中：G——计算管段的水量，m^3/h；

$\quad\quad Q$——计算管段的空调负荷，kW；

$\quad\quad \Delta t$——供回水温差，℃。

计算管段的水流量可按所接空气处理机组和风机盘管的额定流量的叠加值进行简化计算，当其总水量达到与水泵流量相等时，干管水流量值不再增加。

7.2.5.3 管径的确定

空调冷（热）水系统水管道的管径可由式（7-3）确定：

$$d = \sqrt{\frac{4G}{3600\pi v}} \tag{7-3}$$

式中：G——水流量，m^3/h；

$\quad\quad v$——水流速，m/s。

可按表 7-3 中的推荐值经试算来确定其管径或按表 7-4 根据流量确定管径。

表 7-3　管内水流速推荐值

m/s

管径/mm	15	20	25	32	40	50	65	80
闭式系统	0.4～0.5	0.5～0.6	0.6～0.7	0.7～0.9	0.8～1.0	0.9～1.2	1.1～1.4	1.2～1.6
开式系统	0.3～0.4	0.4～0.5	0.5～0.6	0.6～0.8	0.7～0.9	0.8～1.0	0.9～1.2	1.1～1.4
管径/mm	100	125	150	200	250	300	350	400
闭式系统	1.3～1.8	1.5～2.0	1.6～2.2	1.8～2.5	1.8～2.6	1.9～2.9	1.6～2.5	1.8～2.6
开式系统	1.2～1.6	1.4～1.8	1.5～2.0	1.6～2.3	1.7～2.4	1.7～2.4	1.6～2.1	1.8～2.3

表 7-4　水系统的管径和单位长度阻力损失

钢管管径/mm	闭式水系统		开式水系统	
	流量/（m³/h）	kPa/100 m	流量/（m³/h）	kPa/100 m
15	0～0.5	0～60	—	—
20	0.5～1.0	10～60	—	—
25	1～2	10～60	0～1.3	0～43

钢管管径/mm	闭式水系统		开式水系统	
	流量/（m³/h）	kPa/100 m	流量/（m³/h）	kPa/100 m
32	2～42	10～60	1.3～2.0	10～40
40	4～6	10～60	2～4	10～40
50	6～11	10～60	4～8	10～40
65	11～18	10～60	8～14	10～40
80	18～32	10～60	14～22	10～40
100	32～65	10～60	22～45	10～40
125	65～115	10～60	45～82	10～40
150	115～185	10～47	82～130	10～43
200	185～380	10～37	130～200	10～24
250	380～560	9～26	200～340	10～18
300	560～820	8～23	340～470	8～15
350	820～950	8～18	470～610	8～13
400	190～1250	8～17	610～750	7～12
450	1250～1590	8～15	750～1000	7～12
500	1590～2000	8～13	1000～1230	7～11

7.2.5.4 水流动阻力的确定

水在管道内流动时产生的阻力为沿程阻力与局部阻力之和。

（1）沿程阻力

水在直管道内流动时所产生的阻力为沿程阻力，可按式（7-4）计算：

$$\Delta P_m = \sum Rl \qquad (7\text{-}4)$$

式中：ΔP_m——水在管道内流动时所产生的沿程阻力，Pa；

$\quad l$——管道长度，m；

$\quad R$——单位沿程阻力（比摩阻），Pa/m。

比摩阻宜控制在 $100～300$ Pa/m，不应大于 400 Pa/m，最常用的为 250 Pa/m，可查表 7-5。表 7-5 是按以下条件制作的：水温 $t = 20$ ℃和管内表面的当量绝对粗糙度（闭式循环水系统：$K = 0.2$ mm；开式循环水系统：$K = 0.5$ mm）。

表 7-5 冷水管道的比摩阻

Pa/m

流速/(m/s)	DN15			DN20			DN25			DN32		
	G	R_c	R_o	G	R_c	R_o	G	R_c	R_o	G	R_c	R_o
0.20	0.04	68	85	0.07	45	56	0.11	33	40	0.20	23	27
0.30	0.06	143	183	0.11	95	120	0.17	69	86	0.30	48	59
0.40	0.08	244	319	0.14	163	209	0.23	111	150	0.40	82	102
0.50	0.10	371	492	0.18	248	323	0.29	180	231	0.50	125	158
0.60	0.12	525	702	0.21	351	460	0.34	255	330	0.60	176	225
0.70	0.14	705	948	0.25	471	622	0.40	343	446	0.70	237	304
0.80	0.16	911	1232	0.28	609	808	0.45	443	580	0.80	306	395
0.90							0.51	555	731	0.90	384	498
1.00							0.57	681	900	1.00	471	613
1.10							0.63	819	1086	1.10	566	739
1.20							0.69	970	1289	1.20	671	878

流速/(m/s)	DN40			DN50			DN65			DN80		
	G	R_c	R_o	G	R_c	R_o	G	R_c	R_o	G	R_c	R_o
0.30	0.40	40	49	0.66	29	35	1.09	21	25	1.54	17	20
0.40	0.53	63	85	0.88	49	60	1.45	36	43	2.06	28	34
0.50	0.66	101	131	1.10	75	93	1.81	54	67	2.57	43	53
0.60	0.79	147	187	1.32	106	132	2.18	77	95	3.09	61	76
0.70	0.92	193	253	1.54	142	179	2.54	103	129	3.60	82	102
0.80	1.05	256	328	1.76	183	233	2.90	133	167	4.12	106	133
0.90	1.19	321	414	1.93	230	293	3.26	167	210	4.63	134	167
1.00	1.32	394	509	2.20	282	361	3.63	205	259	5.14	164	206
1.10	1.45	473	614	2.42	339	435	3.99	246	313	5.66	197	248
1.20	1.53	561	729	2.64	402	517	4.35	292	371	6.17	233	295
1.30	1.71	655	854	2.86	470	605	4.71	341	435	6.69	273	345
1.40	1.85	757	989	3.08	543	701	5.08	394	503	7.20	315	400
1.50	1.98	867	1134	3.30	621	803	5.44	451	577	7.72	361	458
1.60				3.52	705	913	5.80	512	656	8.23	409	521
1.70							6.16	576	739	8.74	461	587
1.80							6.53	644	828	9.26	515	658
1.90										9.77	573	732
2.00										10.3	634	811

续表

流速/ (m/s)	DN100			DN125			DN150			DN200		
	G	R_c	R_o	G	R_c	R_o	G	R_c	R_o	G	R_c	R_o
0.50	3.92	33	40	6.13	25	30	8.82	20	24	16.8	13	16
0.60	4.70	47	57	7.35	35	43	10.6	28	34	20.2	19	22
0.70	5.49	63	73	8.50	48	58	12.4	38	40	23.5	25	30
0.80	6.27	81	101	9.80	61	75	14.1	49	60	23.9	33	40
0.90	7.06	102	127	11.0	77	95	15.9	61	75	30.2	41	50
1.00	7.84	125	153	12.3	95	117	17.6	75	92	33.6	50	61
1.10	8.62	151	188	13.5	114	141	19.4	90	112	37.0	61	74
1.20	9.41	179	224	14.7	135	163	21.2	107	132	40.3	72	88
1.30	10.2	209	262	15.9	157	196	22.9	125	155	43.7	84	103
1.40	11.0	241	304	17.2	182	227	24.7	145	180	47.0	97	119
1.50	11.8	276	348	18.4	208	260	26.5	166	206	50.4	111	136
1.60	12.5	313	395	19.6	236	296	28.2	188	234	53.8	126	155
1.70	13.3	353	446	20.8	266	334	30.0	212	264	57.1	142	175
1.80	14.1	394	499	22.1	298	374	31.8	237	295	60.5	158	196
1.90	14.9	439	556	23.3	331	416	33.5	263	329	63.8	176	218
2.00	15.7	485	615	24.5	366	461	35.3	291	364	67.2	195	241
2.10	16.5	534	678	25.7	403	508	37.0	320	401	70.6	214	266
2.20	17.3	585	744	27.0	441	557	38.8	351	440	73.9	235	292
2.30	18.0	639	812	28.2	482	608	40.6	383	481	77.3	256	318
2.40	18.8	694	884	29.4	524	662	42.3	417	523	80.6	279	347
2.50	19.6	753	959	30.6	568	718	44.1	452	567	84.0	302	376
2.60				31.9	614	776	45.9	488	613	87.3	327	406
2.70				33.1	661		47.6	526	661	90.7	352	438
2.80							49.4	565	711	94.1	378	471
2.90							51.2	605	762	97.4	405	505
3.00							52.9	647	815	101	433	540

流速/ (m/s)	DN250			DN300			DN350			DN400		
	G	R_c	R_o	G	R_c	R_o	G	R_c	R_o	G	R_c	R_o
0.80	42.1	25	30	59.9	20	24	84.9	16	19	104.4	14	17
0.90	47.3	31	37	67.4	25	30	95.6	20	24	117	18	21
1.00	52.6	38	46	74.9	31	37	106	25	30	131	22	26

流速/(m/s)	DN250			DN300			DN350			DN400		
	G	R_c	R_o	G	R_c	R_o	G	R_c	R_o	G	R_c	R_o
1.10	57.9	46	56	82.3	37	44	117	30	36	144	26	31
1.20	63.1	54	66	89.8	44	53	127	35	42	157	31	37
1.30	68.4	63	77	97.3	51	62	138	41	50	170	36	44
1.40	73.6	73	90	105	59	72	149	48	58	183	42	51
1.50	78.9	84	103	112	67	82	159	54	66	196	48	58
1.60	84.2	95	117	120	77	93	170	62	75	209	54	66
1.70	89.4	107	132	127	86	105	180	70	85	222	61	74
1.80	94.7	120	147	135	96	118	191	78	95	235	69	83
1.90	99.9	133	164	142	107	131	201	87	105	248	76	93
2.00	105	148	182	150	119	145	212	96	117	261	84	103
2.10	110	162	200	157	131	160	223	105	129	274	93	113
2.20	116	178	219	165	143	176	234	115	144	287	102	124
2.30	121	194	240	172	156	192	244	126	154	300	111	135
2.40	126	211	261	180	170	209	255	137	168	313	121	147
2.50	131	229	283	187	184	226	265	149	182	326	131	160
2.60	137	247	306	195	199	245	276	161	196	339	141	173
2.70	142	266	330	202	214	264	287	173	212	352	152	186
2.80	147	286	354	210	230	284	297	186	228	365	164	200
2.90	153	307	380	217	247	304	308	199	244	378	175	215
3.00	158	328	406	225	264	325	319	213	261	392	188	230

注：G—冷水流量，L/s；

　　R_c—闭式水系统（当量绝对粗糙度 $K=0.2$ mm）的比摩阻，Pa/m；

　　R_o—开式水系统（当量绝对粗糙度 $K=0.5$ mm）的比摩阻，Pa/m。

（2）局部阻力

水流动时遇到弯头、三通及其他异形配件时，因摩擦及涡流耗能产生的阻力为局部阻力，可按式（7-5）计算：

$$\Delta P_j = \zeta \frac{\rho v^2}{2} \tag{7-5}$$

式中：ζ——局部阻力系数。一些阀门、管道配件的局部阻力系数，可参见表7-6；一些设备的阻力，可参见表7-7。

　　　v——水流速，m/s。建议：水系统中管内水流速按表7-3中的推荐值选用。

表 7-6　常用阀门、管道配件的局部阻力系数

序号	名称		局部阻力系数 ζ						
1	截止阀：	DN	15	20	25	32	40	50	
	直杆式	ζ	16.0	10.0	9.0	9.0	8.0	7.0	
	斜杆式	ζ	1.5	0.5	0.5	0.5	0.5	0.5	
2	止回阀：	DN	15	20	25	32	40	50	
	升降式	ζ	16.0	10.0	9.0	9.0	8.0	7.0	
	旋启式	ζ	5.1	4.5	4.1	4.1	3.9	3.4	
3	旋塞阀（全开时）	DN	15	20	25	32	40	50	
		ζ	4.0	2.0	2.0	2.0	—	—	
4	蝶阀（全开时）		0.1～0.3						
5	闸阀（全开时）	DN	15	20～50	80	100	150	200～250	300～450
		ζ	1.5	0.5	0.4	0.2	0.1	0.08	0.07
6	变径管：渐缩		0.10（对应小断面的流速）						
	渐扩		0.30（对应小断面的流速）						
7	焊接弯头：	DN	80	100	150	200	250	300	350
	90°	ζ	0.51	0.63	0.72	0.72	0.78	0.87	0.89
	45°	ζ	0.26	0.32	0.36	0.36	0.39	0.44	0.45
8	普通弯头：	DN	15	20	25	32	40	50	65
	90°	ζ	2.0	2.0	1.5	1.5	1.0	1.0	1.0
	45°	ζ	1.0	1.0	0.8	0.8	0.5	0.5	0.5
9	弯管（喂弯）（R—弯曲半径；D—直径）	D/R	0.5	1.0	1.5	2.0	3.0	4.0	5.0
		ζ	1.2	0.8	0.6	0.48	0.36	0.30	0.29
10	括弯	DN	15	20	25	32	40	50	
		ζ	3.0	2.0	2.0	2.0	2.0	2.0	
11	水箱接管：进水口		1.0						
	出水口		0.50（箱体上的出水管在箱内与壁面保持平直，无凸出部分）						
	出水口		0.75（箱体上的出水管在箱体内凸出一定长度）						
12	水泵入口		1.0						
13	过滤器		2.0～3.0						
14	除污器		4.0～6.0						
15	吸水底阀：	DN	40	50	80	100	150	200	250	300	500
	有底阀	ζ	12	10	8.5	7	6	5.2	4.4	3.7	2.5
	无底阀		2.0～3.0						

续表

序号	名称		局部阻力系数 ζ	
16	三通	2→3	1.5	
		1→3	0.1	
		1→2	1.5	
		1→3	0.1	
		$\frac{1}{3}$→2	3.0	
		2→$\frac{1}{3}$	1.5	

表 7-7　设备阻力

设备名称	阻力/kPa	备　注	设备名称	阻力/kPa	备　注
离心式冷水机组： 　蒸发器 　冷凝器	 30～80 50～80		吸收式冷水机组： 　蒸发器 　冷凝器	 40～100 50～140	
			热交换器	20～50	
螺杆式冷水机组： 　蒸发器 　冷凝器	 30～80 50～80		风机盘管机组	10～20	随机组容量的增大而增大，最大30 Pa 左右
冷热水盘管	20～50	水流速度：0.8～1.5 m/s	自动控制调节阀	30～50	
			冷却塔	20～80	

空调水系统设计时，首先应通过系统布置和选定管径减少并联环路之间压力损失的相对差额。当设计工况时并联环路之间压力损失的相对差额超过 15％，应采取水力平衡措施。

7.2.6　空调冷（热）水系统循环水泵及附件的选择

7.2.6.1　冷（热）水泵的选择

冷（热）水泵型号的确定需要先计算出循环水泵的流量及扬程。

（1）冷（热）水泵配置原则

① 除空调热水和空调冷水的流量和管网阻力相吻合的情况外，两

水泵选型安装

管制空调水系统应分别设置冷水和热水循环泵。

②除采用模块式等小型机组和采用一次泵（变频）变流量系统的情况外，一次泵系统循环水泵及二次泵系统中一级冷水泵，其设置台数和流量应与冷水机组的台数和流量相对应，并宜与冷水机组的管道一对一连接。

③变流量运行的每个分区的各级水泵不宜少于2台。当所有的同级水泵均采用变速调节方式时，台数不宜过多。

④二次泵系统中的次级冷水泵，应按系统的分区和每个分区的流量及运行调节方式确定，每个分区不宜少于2台，且应采用变频调速泵。

⑤热水循环泵的台数应根据空调热水系统的规模和运行调节方式确定，不应少于2台；寒冷和严寒地区，当台数少于3台时宜设备用泵。当负荷侧为变流量运行时应采用变频调速泵。

（2）冷（热）水泵的流量

冷（热）水泵的流量可用式（7-6）来计算。

$$G = K_G \frac{Q}{1.163 \Delta t} \tag{7-6}$$

式中：G——水泵的流量，m^3/h；

$\quad$ Q——水泵所负担的冷（热）负荷，kW；

$\quad$ Δt——空调冷（热）水温差，℃；

$\quad$ K_G——水泵流量附加系数，取 1.05～1.1。

（3）冷（热）水泵的扬程

冷（热）水泵的扬程，应按下列方法计算确定。相关符合的含义如下：

H_{ld}——水泵的扬程，m；

H_1——管路和管件阻力，m；

H_2——冷水机组的蒸发器（或换热器）阻力，m；

H_3——末端设备的换热器阻力，m；

H_4——自控阀及过滤器阻力，m；

H_5——从蓄水池或蓄冷水池最低水位到末端设备之间的高差，m；

H_6——从蓄水池或蓄冷水池最低水位到冷水机组的蒸发器之间的高差，m；

K_H——水泵扬程附加系数，取 1.05～1.1。

1）一次泵系统

①闭式系统扬程

闭式循环系统扬程应按管路和管件阻力、冷水机组的蒸发器（或换热器）阻力、末端设备的换热器阻力、自控阀及过滤器阻力之和计算，即

$$H_{ld} = K_H(H_1 + H_2 + H_3 + H_4) \tag{7-7}$$

②开式系统扬程

开式系统除式（7-7）中的阻力之外，还应包括从蓄水池或蓄冷水池最低水位到末端设备之间的高差，如设喷淋室，末端设备的换热器阻力应以喷嘴前的必要压头代替，即

$$H_{ld} = K_H(H_1 + H_2 + H_3 + H_4) + H_5 \tag{7-8}$$

2）二次泵系统

① 闭式循环系统初级泵扬程

闭式循环系统初级泵扬程应按冷源侧的管路和管件阻力、自控阀及过滤器阻力、冷水机组的蒸发器阻力之和计算，即

$$H_{ld} = K_H(H_1 + H_2 + H_4) \tag{7-9}$$

② 开式系统初级泵扬程

开式系统初级泵扬程除式（7-9）中的阻力之外，还应包括从蓄水池或蓄冷水池最低水位到冷水机组的蒸发器之间的高差，即

$$H_{ld} = K_H(H_1 + H_2 + H_4) + H_6 \tag{7-10}$$

③ 闭式循环系统次级泵扬程

闭式循环系统次级泵扬程应按负荷侧的管路和管件阻力、末端设备的换热器阻力、自控阀与过滤器阻力之和计算，即

$$H_{ld} = K_H(H_1 + H_3 + H_4) \tag{7-11}$$

④ 开式系统次级泵扬程

开式系统次级泵扬程除式（7-11）中的阻力之外，还应包括从蓄水池或蓄冷水池最低水位到末端设备之间的高差，如设喷淋室，末端设备的换热器阻力应以喷嘴前的必要压头代替，即

$$H_{ld} = K_H(H_1 + H_3 + H_4) + H_5 \tag{7-12}$$

7.2.6.2 空调冷（热）水系统的补水、定压

（1）补水

空调冷热水系统的补水需要确定补水量、补水点、补水泵及补水箱等问题。

1）补水量

系统补水量是确定补水管管径、补水泵流量的依据，系统补水量除与系统本身的设计情况有关外（如热膨胀等），还与系统的运行管理相关，在无法确定运行管理可能带来的补水量时，可按照系统水容量大小来计算确定。工程中系统水容量可参照表 7-8 估算。

表 7-8　空调水系统的单位建筑面积水容量

L/m²

空调方式	全空气系统	水—空气系统
供冷和换热器供热	0.40~0.55	0.70~1.30

空调冷热水系统的设计补水量（小时流量）可按系统水容量的 1% 计算。

2）补水点

空调水系统的补水点，宜设置在循环水泵的吸入口处。当采用高位膨胀水箱定压时，应通过膨胀水箱直接向系统补水；采用其他定压方式时，如果补水压力低于补水点压力，应设置补水泵。

3）补水泵

空调冷（热）水系统补水泵的选择及设置应符合下列规定：

① 补水泵的扬程，应保证补水压力比补水点的工作压力高 30～50 kPa，但补水点的工作压力还应注意计算水泵至补水点的管道阻力和补水泵的启停压力差。

② 考虑到事故补水量较大、初期上水时补水时间不要太长（小于 20 小时）、膨胀水箱等调节容积可使较大流量的补水泵间歇运行等因素，补水泵流量不宜小于系统水容量的 5%（即空调系统的 5 倍计算小时补水量）。为了防止水泵流量过大而导致膨胀水箱等的调节容积过大等问题，补水泵流量不宜大于系统水容量的 10%（即空调系统的 10 倍计算小时补水量）。考虑到在初期上水或事故补水时同时使用、平时使用 1 台，可减小膨胀水箱的调节容积，又可互为备用，建议补水泵宜设置 2 台。

③ 补水泵间歇运行有检修时间，即使仅设置 1 台，也可不设置备用泵；但考虑到严寒及寒冷地区冬季运行应有更高的可靠性，当因水泵过小等原因只能选择 1 台泵时宜再设 1 台备用泵。

4）补水箱

空调冷水直接从城市管网补水时，不允许补水泵直接抽取，因此需设置补水箱；当空调热水需补充软化水时，离子交换软化设备供水与补水泵补水不同步，且软化设备常间断运行，因此也需设置补水箱来储存一部分调节水量。补水箱的容积应按下列原则确定：

① 水源或软水能够连续供给系统补水量时，水箱补水贮水容积 V_b 可取 30～60 min 的补水泵流量，系统较小时取较大值；

② 当膨胀水量回收至补水箱时，补水箱的上部应留有相当于系统最大膨胀量 V_p 的泄压排水容积。

（2）定压

空调水系统通常可采取高位膨胀水箱定压和气压罐定压两种方式。

1）高位膨胀水箱定压

高位膨胀水箱具有定压简单、可靠、稳定、省电等优点，是目前空调水系统最常用的定压方式，因此应优先采用；为减少系统含氧量，高位膨胀水箱宜采用能容纳膨胀水量的密闭式定压方式，常压密闭水箱示意见图 7-22。设置高位膨胀水箱的定压补水系统如图 7-23 所示，高位膨胀水箱的设置要求主要有：

① 为了使系统运行时各点压力均高于静止时压力，定压点压力或膨胀水箱高度可以低一些，定压点宜设在循环水泵的吸入口处；空调水系统定压点最低压力宜使管道系统任何一点的表压均高于 0.5 m（5 kPa）以上。当定压点远离循环水泵吸入口时，应按水压图校核，最高点不应出现负压。

② 随着技术发展，建筑物内空调、供暖等水系统类型逐渐增多，如均分别设置定压设施则投资较大，但合用时膨胀管上不设置阀门则各系统不能完全关闭泄水检修。因此，当水系统设置独立的定压设施时，膨胀管上不应设置阀门；当各系统合用定压设施且需要分别检修时，膨胀管上的检修阀应采用电信号阀进行误操作警示，并在各空调系统设置安全阀，一旦阀门未开启且警示失灵，可防止事故发生。

③ 从节能节水的目的出发，膨胀水量应回收。例如膨胀水箱应预留出膨胀容积，或采用其他定压方式时，将系统的膨胀水量引至补水箱回收等。

④ 膨胀管上不得设阀门，膨胀管的公称直径可参照表7-9确定。

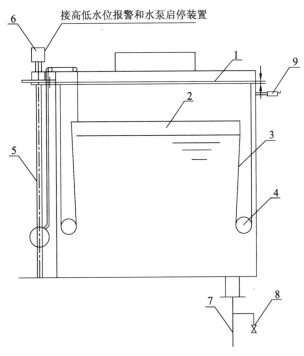

1—箱盖；2—浮盖；3—橡胶筒；4—玻璃球；5—液位显示控制器；

6—接线盒；7—膨胀管；8—泄水管；9—手动放气阀

图 7-22　常压密闭膨胀水箱接管示意图

表 7-9　膨胀管管径

系统膨胀水量 V_p/L	空调冷水	<150	150~290	291~580	>580
	空调热水或采暖水	<600	600~3000	3001~5000	>5000
膨胀管的公称直径/mm		25	40	50	70

⑤ 膨胀水箱容积应按下式计算：

$$V \geqslant V_{min} = V_t + V_p \tag{7-13}$$

式中：V——水箱的实际有效容积，L。

V_{min}——水箱的最小有效容积，L。

V_t——水箱的调节容积，L；不应小于 3 min 平时运行的补水泵流量，且应保证水箱调节水位高差不小于 200 mm。

V_p——系统最大膨胀水量，L。

⑥ 循环水系统的膨胀水量 V_p 应按公式（7-14）确定；常用系统单位水容量的最大膨胀量可参考表 7-10 估算；两管制空调系统热水和冷水合用膨胀水箱时，应取其较大值。

$$V_p = 1.1 \times \frac{\rho_1 - \rho_2}{\rho_2} \times 1000 \times V_c \tag{7-14}$$

式中：ρ_1、ρ_2——水受热膨胀前、后的密度，kg/m³（可按表7-10确定）；

V_c—系统水容量，m^3。

表 7-10　常用系统单位水容量的最大膨胀量

系统类型	空调冷水	空调热水	采暖水
供/回水温度/℃	7/12	60/50	85/60
膨胀量/（L/m^3）	4.46	15.96	26.64

表 7-11　1 个大气压下水的密度

水温/℃	5	10	15	20	25	30	35	40	45
密度 ρ/（kg/m^3）	1000	999.7	999.1	998.2	997.1	995.7	994.1	992.2	990.2
水温/℃	50	55	60	65	70	75	80	85	
密度 ρ/（kg/m^3）	988.1	985.7	983.2	980.6	977.8	974.9	971.8	968.7	

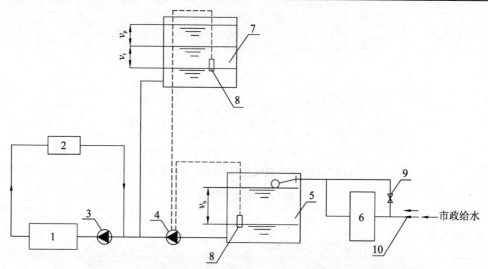

1—冷（热）源；2—空调末端设备；3—循环泵；4—补水泵；

5—补水箱；6—软化设备；7—膨胀水箱；8—液位传感器；

9—旁通阀；10—倒流防止器；V_p—系统膨胀水量；

V_t—补水泵调节水量；V_b—补水贮水量

图 7-23　设置高位膨胀水箱的定压补水系统示意图

2）气压罐定压

设置气压罐定压但不容纳膨胀水量的补水系统，可参照图 7-24 设置，且应符合下列要求：

① 气压罐容积应按式（7-15）确定：

$$V \geqslant V_{\min} = \frac{\beta \cdot V_t}{1 - \alpha_t} \qquad (7\text{-}15)$$

式中：V——气压罐实际总容积，L。

　　　$V_{\min}$——气压罐最小容积，L。

　　　V_t——调节容积，L；应不小于 3 min 平时运行的补水泵流量（当采用变频泵时，上述补水泵流量可按额定转速时补水泵流量的 $1/3\sim1/4$ 确定)。

β——容积附加系数,隔膜式气压罐取 1.05。

α_t——压力比。$\alpha_t = \dfrac{P_1+100}{P_2+100}$,$P_1$ 和 P_2 为补水泵启动压力和停泵压力(表压 kPa),应综合考虑气压罐容积和系统的最高运行工作压力的因素取值,宜取 $0.65\sim0.85$。

② 气压罐工作压力值(表压 kPa)应按如下原则确定:

a. 安全阀开启压力 P_4,不得使系统内管网和设备承受压力超过其允许工作压力;

b. 膨胀水量开始流回补水箱时电磁阀的开启压力 P_3,宜取 $P_3 = 0.9P_4$;

c. 补水泵启动压力 P_1(表压 kPa),应满足定压点的最低压力要求,并增加 10 kPa 的裕量;

d. 补水泵停泵压力 P_2,也为膨胀水量停止流回补水箱时电磁阀的关闭压力,宜取 $P_2 = 0.9 P_3$。

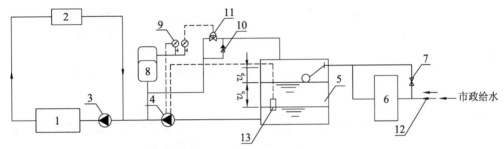

1—冷(热)源;2—采暖空调末端设备;3—循环泵;4—补水泵;5—补水箱;

6—软化设备;7—旁通阀;8—气压罐;9—压力传感器;10—安全阀;

11—泄水电磁阀;12—倒流防止器;13—液位传感器;

V_p—系统膨胀水量;V_b—补水贮水量

图 7-24 设置气压罐的定压补水系统示意图

注:① 当气压罐容纳膨胀水量时,水箱可不留容纳膨胀水量的容积 V_p;

② 单独供冷时,不设置软化设备。

 冷 却 水 系 统 设 计

空调冷却水用于电动冷水机组中水冷冷凝器、吸收式冷水机组中冷凝器和吸收器等设备中。通过冷却水系统将空调系统从被调房间吸取的热量和消耗的功释放到环境中去。常用的冷却水系统的水源有地表水(河水、湖水等)、地下水(深井水或浅井水)、海水、自来水等。

7.3.1 空调冷却水系统的形式

冷却水系统按供水方式可分为三类:

（1）直流式冷却水系统

冷却水经冷凝器等用水设备使用后，直接排入河道或下水道，不再重复使用，是最简单的冷却水系统，如图 7-25 所示。直流供水系统一般适用于水源水量充足的地方，如江、河、湖泊等地面水源附近或附近有丰富的地下水源，且大型空调冷源用水量大的场合。在当前全国水资源紧张的状况下，一般不宜采用自来水作为水源，应尽可能综合利用，达到节水目的。

（2）混合式冷却水系统

经冷凝器使用后的冷却水部分排掉，部分与供水混合后循环使用，如图 7-26 所示；这种方式增大了冷却水温升，从而减少冷却水的耗量，可用于冷却水温较低且系统较小的场合。

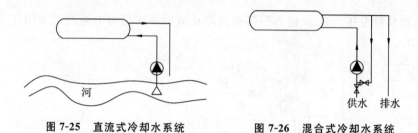

图 7-25　直流式冷却水系统　　图 7-26　混合式冷却水系统

（3）循环式冷却水系统

循环式冷却水系统因冷却水循环使用，只需要补充少量补给水。循环式冷却水系统按通风方式可分为自然通风冷却系统和机械通风冷却塔循环系统。

① 自然通风冷却系统。利用喷水池的冷却水系统就是典型的自然通风冷却系统，如图 7-27 所示。在水池上部将水喷入大气中，增加水与空气的接触面积，利用水蒸发吸热的原理，使少量的水蒸发而把自身冷却下来。其特点是：结构简单，但占地面积大；一般 1 m² 水池面积可冷却水量为 0.3～1.2 m³/h，宜用在气候比较干燥地区的小型空调系统中。

② 机械通风冷却塔循环系统，如图 7-28 所示。冷却塔出来的冷却水经水泵压送到冷水机组中的冷凝器，再送到冷却塔中蒸发冷却；冷却塔的极限出水温度比当地空气的湿球温度高 3.5～5 ℃，是目前空调系统中应用最广泛的冷却水系统。

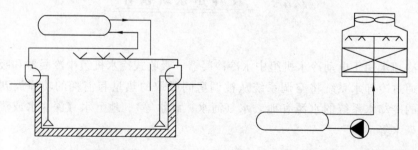

图 7-27　用喷水池的冷却水系统　　图 7-28　机械通风冷却塔循环系统

由于冷却水流量、温度、压力等参数直接影响到制冷机的运行工况，因此在空调工程中大量采用的是机械通风冷却水循环系统。

7.3.2 空调冷却水系统的典型形式

冷却水系统的功能就是为了带走冷水机组冷凝器的热量。为达此目的，设计中正确选择空调冷却水系统的形式也是十分重要的。空调冷却水系统常见的典型形式主要如下。

7.3.2.1 单机配套互相独立的冷却水循环系统

冷却塔和冷却水机组一对一配套，彼此构成独立的冷却水系统，如图 7-29 所示。该流程运行方便，便于管理，但管路复杂，难以布置。目前在空调工程中很少采用。

7.3.2.2 共用供、回水管的冷却水循环系统

冷却塔和冷水机组通常设置相同的台数，共用供、回水干管的冷却水循环系统，如图 7-30 所示。

为了使冷却水循环泵能稳定地运行，启动时水泵吸入口不出现空蚀现象，传统的做法是在冷却水系统中设置水箱，增加系统的水容量（见图 7-30a，b）。冷却水箱可根据情况设置在机房内（见图 7-30a），也可设在屋面冷却塔旁边（见图 7-30b）。

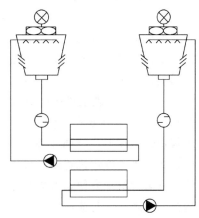

图 7-29　单机配套冷却水循环系统

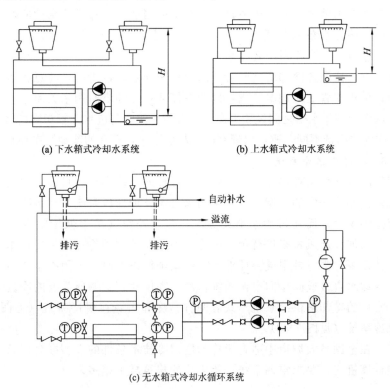

(a) 下水箱式冷却水系统　　　　(b) 上水箱式冷却水系统

(c) 无水箱式冷却水循环系统

图 7-30　共用供、回水干管的冷却水循环系统

系统中冷却水泵的扬程应为冷却塔与水箱水位的高度差、管路的阻力、冷凝器水侧流动阻力和冷却塔进水口预留压力（可从设备样本上查得，一般为 $3\sim6$ mH$_2$O）之和。显然图 7-30b 的水泵扬程比图 7-30a 的要小，图 7-30b 系统的水泵功率比图 7-30a 系统小，运行费用变低；同时，图 7-30b 系统有利于水泵的迅速启动，不必向水泵注水开泵或真空引水后开泵，启动时不会出现断水问题。因此，目前空调设计中采用传统的图 7-30a 系统图示已在逐渐减少。

水箱容积根据冷却水循环量和管道长度而定，一般按水箱能贮存 $1\sim1.5$ min 的循环水量来确定其容积，即为冷却水循环量的 $1.6\%\sim2.5\%$；据介绍，逆流式冷却塔由于干燥到正常运行所需附着水量约为标准小时循环水量的 1.2%。但是，据有关资料对实际工程的多次观察结果发现：循环水开始启动后，水从冷却塔布水器流到集水槽约需 10 s，不同的塔型、型号有差别，考虑安全因素，按 20 s 计，贮水量仅为小时循环水量的 0.56%，取 0.6%。因此，目前空调工程中通常选用图 7-30c 系统图示。冷却塔设在建筑物的屋顶上，空调冷冻站设在建筑物的底层或地下室。水从冷却塔的集水槽出来后，直接进入冷水机组而不设水箱。当空调冷却水系统仅在夏季使用时，该系统是合理的，它运行管理方便，可以减小循环水泵的扬程，节省运行费用。为了使系统安全可靠运行，实际设计时应注意：

（1）冷却塔上的自动补水管应稍大一点，有的按补水能力大于 2 倍的正常补水量设计。

（2）在冷却水循环泵的吸入口段再设一个补水管，这样可缩短补水时间，有利于系统中空气排出。

（3）冷却塔选用蓄水型冷却塔或订货时要求适当加大冷却塔集水槽的贮水能力。

（4）应设置循环水泵的旁通逆止阀，以避免停泵时出现从冷却塔内大量溢水的问题，并在突然停电时，防止系统发生水击现象。

（5）设计时要注意各冷却塔之间管道阻力平衡问题；接管时，注意各塔至总干管上的水力平衡；供水支管上应加电动阀，以便在停某台冷却塔时来关闭。

（6）并联冷却塔集水槽之间设置平衡管。管径一般取与进水干管相同的管径，以防冷却塔集水槽内水位高低不同，避免出现有的冷却塔溢水，而有的冷却塔在补水的现象。

7.3.2.3 冷却塔供冷系统

冷却塔供冷（又称免费供冷）是一种节能降耗的系统形式。目前，国内新建和已建成的开敞式现代办公楼中的空调方式多采用风机盘管加新风系统。建筑物的内区往往要求空调系统全年供冷，而在过渡季节或冬季，当室外空气焓值低于室内空气设计焓值时，又无法利用加大新风量来进行免费供冷，为此应该利用冷却塔供冷技术，通过水系统来利用自然冷源。当室外空气湿球温度低到某个值以下时，关闭冷水机组，以流经冷却塔的循环冷却水直接或间接向空调系统供冷，提供建筑空调所需要的冷负荷。

目前，常见的冷却塔供冷系统形式有两种：冷却塔直接供冷系统（见图 7-31）、冷却塔间接供冷系统（见图 7-32）。

近年来，在全国各大城市中适合于冷却塔供冷技术条件的大型办公建筑、具有高显热的大中型计算机房、要求空调系统全年供冷的建筑越来越多。

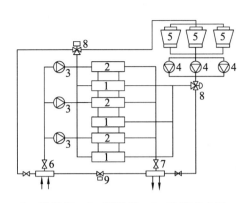

1—冷凝器；2—蒸发器；3—冷冻水水泵；
4—冷却水泵；5—冷却塔；6—集水器；
7—分水器；8—电动三通阀；
9—压差调节阀

图 7-31 冷却塔直接供冷系统

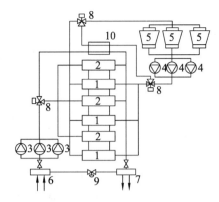

1—冷凝器；2—蒸发器；3—冷冻水水泵；
4—冷却水泵；5—冷却塔；6—集水器；
7—分水器；8—电动三通阀；
9—压差调节阀；10—板式换热器

图 7-32 冷却塔间接供冷系统

7.3.3 冷却水系统的补水量

现有资料给出的冷却水系统补水量数据差别较大，详见表 7-12。

表 7-12 冷却水系统的补水量

补水量	电动制冷时补水量为循环量的 1.53%，吸收式制冷时为循环水量的 2.08%；粗略估算取 2%～3%
	取循环水量的 1%～1.5%
	取循环水量的 1%～3%
	吸收制冷时取循环水量的 2%～3%
	取循环水量的 0.3%～1%
	平均补水量为循环水量的 2.5%，当机组运行时间长且运行时需换水 1～2 次时，补水量可达 3%～5%
	电动冷水机组，补水量为循环量的 1.4%～1.6%；吸收式冷水机组补水量为循环水量的 2%～3%
	电动制冷取循环水量的 1.2%～1.6%；吸收式制冷为 1.4%～1.8%
	压缩式：5 L/（Rt. h）；吸收式：13 L/（Rt. h）

经对表 7-12 中资料的分析，从理论上说，如把水冷却 5 ℃，蒸发的水量不到被冷却水量的 1%。但是，实际上还应考虑排污量和由于空气夹带水滴的飘溢损失；同时，还应综合考虑各种因素（如冷却塔的结构、冷却水水泵的扬程、空调系统在大部时间里是在部分负荷下运行等）的影响。建议：电动制冷时，冷却塔的补水量取为冷却水流量的 1%～2%；溴化锂吸收式冷水机组的补水量取为冷却水流量的 1.5%～2.5%。

7.3.4 冷却塔选择

选择冷却塔时，要根据当地的气象条件、进出口水温度差、冷幅高（或进水温度）及处理水量，按冷却塔选用曲线（见图 7-33）或冷却塔选用水量表来选用。一定注意不可直接按冷却塔给出的额定冷却水量选用。

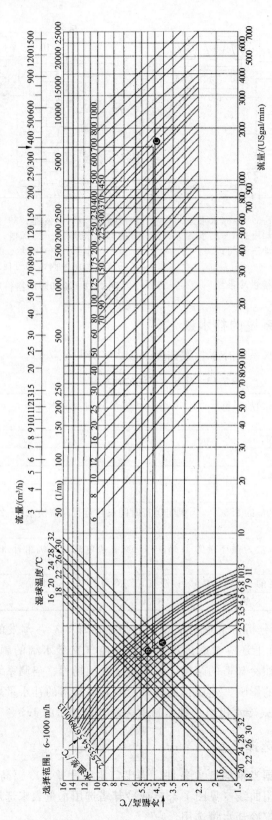

图7-33　冷却塔选择特性曲线

（冷幅高＝出水温度－湿球温度；水温差＝进水温度－出水温度；1 US gal ＝ 3.78541 dm³）

选用步骤详见下列例题。

【**例 7-1**】 试选用一台冷却塔，其条件：需处理水量 350 m³/h，进水温度 37 ℃，出水温度 32 ℃，室外空气湿球温度 28 ℃，冷幅高 4 ℃。

【**解**】 选择方法：从 4 ℃冷幅高点（$t_2 - t_湿 = 32 - 28 = 4$ ℃）上划一条平行线，找出与 5 ℃温差斜线之交点 A；过点 A 划一条垂直线，找出与 28 ℃湿球温度斜线之交点 B；过点 B 划一条平行线，同时在 350 m³/h 水量点上划一条垂直线，找出其交点 C；点 C 在 370 与 330 斜线之间。

故所选用之型号应该是 370。

冷却塔选择及布置时还应注意以下几个问题：

（1）选用冷却塔时应遵循《工业企业厂界环境噪声排放标准》（GB 12348—2008）的规定，其噪声不得超过表 7-13 所列的噪声限制值。

表 7-13 厂界噪声限制值

dB（A）

厂界毗邻区域的环境类别	昼间	夜间	备注
特殊住宅区	45	35	高级宾馆和疗养区
居民、文教区	50	40	学校与居民区
一类混合区	50	45	工商业与居民混合区
商业中心、二类混合区	60	50	商业繁华区与居民混合区
工业集中区	65	55	工厂林立区域
交通干线道路两侧	70	55	每小时车流 100 辆以上

（2）空调冷却水系统中宜选用逆流式冷却塔。当处理水量在 300 m³/h 以上时，宜选用多风机方形冷却塔，以便实现多风机控制。

（3）由于冷却水进水温度过低将会引起溴化锂吸收式冷水机组结晶等故障，因此，设计溴化锂吸收式冷水机组的冷却水系统时，应在冷却塔供、回水管间设置一旁通管，可以使部分冷却水不经冷却塔，以保证冷却水进水温度不会过低。

（4）寒冷地区冬季使用的冷却塔，应有防冻技术措施，主要防冻措施如下：

① 室内设置辅助水箱，如图 7-34 所示；停机时，室外冷却塔及管路中的水完全流回室内辅助水箱中。

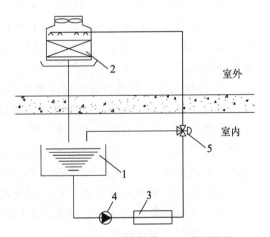

1—室内水箱；2—冷却塔；3—冷水机组；
4—水泵；5—自动三通阀

图 7-34 设置室内辅助水箱的原理图

② 将电加热器或蒸汽加热器置入冷却塔水槽中。

③ 冷却水侧用乙二醇水溶液。

7.3.5　冷却水泵选择

冷却水泵型号的确定需要先计算出冷却水泵的流量及扬程。

(1) 冷却水泵的流量

循环水泵的流量可用式（7-16）来计算：

$$G = K_G \frac{kQ}{1.163\Delta t} \tag{7-16}$$

式中：G——冷却水泵的流量，m³/h。

$\quad\quad Q$——水泵所负担的冷（热）负荷，kW。

$\quad\quad \Delta t$——空调冷却水温差，℃。

$\quad\quad k$——系数。与冷水机组的制冷系数 COP 有关，$k = (1+1/COP)$。

$\quad\quad K_G$——冷却水泵流量附加系数，取 1.05～1.1。

(2) 冷却水温度及温差

空调系统的冷却水温度及温差应符合下列规定：

① 冷水机组的冷却水进口温度会影响机组的运行效率，宜按照机组额定工况下的要求确定，且不宜高于 33 ℃。

② 冷却水水温不稳定或过低，会造成压缩式制冷系统高低压差不够、运行不稳定、润滑系统不良运行等问题，造成吸收式冷（温）水机组出现结晶事故等，所以对一般冷水机组（不包括水源热泵等特殊系统的冷却水）应按制冷机组的要求确定冷却水进口最低温度，电动压缩式冷水机组不宜小于 15.5 ℃，溴化锂吸收式冷水机组不宜小于 24 ℃。水温调节可采用控制冷却塔风机的方法。

冬季或过渡季使用的系统在气温较低的地区，如采用上述方法仍不能满足制冷机最低水温要求时，应在系统供回水管之间设置旁通管和电动旁通调节阀等对冷却水的供水温度进行调节。

③ 冷却水进出口温差应根据冷水机组设定参数和冷却塔性能确定。

综合考虑设备投资和运行费用、大部分地区的室外气候条件等因素，电动压缩式冷水机组的冷却水进出口温差不宜小于 5 ℃。吸收式冷（温）水机组的冷却水因经过吸收器和冷凝器两次温升，进出口温差比压缩式冷水机组大，如果仍然采用 5 ℃，可能导致冷却水泵流量过大，因此，溴化锂吸收式冷水机组宜为 5～7 ℃。但需要注意的是，目前我国的冷却塔水温差标准为 5 ℃，因此当设计的冷却水温差大于 5 ℃时，必须对冷却塔的能力进行核算或选择满足要求的非标产品来实现相应的水冷却温差。

(3) 冷却水泵的扬程

冷却水泵的扬程应为以下各项的总和：

$$H_{lq} = K_H(H_1 + H_3 + H_4) \tag{7-17}$$

冷（热）水泵的扬程，应按下列方法计算确定。相关符合的含义如下：

H_{lq}——冷却水泵的扬程，m；

H_1——吸入管道和压出管道阻力（包括控制阀、除污器等局部阻力），m；

H_2——冷凝器等换热设备阻力，由生产厂技术资料提供，m；

H_3——冷却塔集水盘水位至布水器的高差（设置冷却水箱时为水箱水位至冷却塔

布水器的高差），m；

H_4——冷却塔布水管处所需自由水头，由生产厂技术资料提供，缺乏资料时可参考表 7-14，m；

K_H——水泵扬程附加系数，取 $1.05\sim1.1$。

表 7-14　冷却塔布水管处所需自由水头

冷却塔类型	配置旋转布水器的逆流式冷却塔	喷射式冷却塔	横流式冷却塔
布水管处所需自由水头/MPa	0.1	$0.1\sim0.2$	$\leqslant0.05$

7.4　冷凝水管的设计

在空气冷却除湿处理过程中，当空气冷却器的表面温度等于或低于处理空气的露点温度时，空气中的水气便将在冷却器表面冷凝。因此，诸如风机盘管机组、吊顶式空调机、组合式空调机、新风机组、柜式空调机等设备，都设置有冷凝水收集装置和排水口。为了能及时、顺利地将设备内的冷凝水排走，必须配置相应的冷凝水排水系统。

设计冷凝水排水系统时，应注意下列事项：

（1）空调设备的凝水盘泄水支管沿水流方向坡度不宜小于 0.010；冷凝水水平干管坡度不宜小于 0.005，不应小于 0.003，且不允许有积水部位。

（2）当空调设备冷凝水积水盘位于机组的正压段时，凝水盘的出水口宜设置水封；位于负压段时，凝水盘的出水口处必须设置水封，以防止冷凝水回流；水封的高度应大于凝水盘处正压或负压值，一般比凝水盘处的负压（相当于水柱高度）大 50% 左右。水封的出口，应设置跑风与大气相通，跑风的通气口长约 50 mm，存水弯前应有 50 mm 高度的短管，如图 7-35 所示。

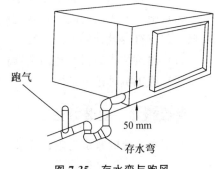

图 7-35　存水弯与跑风

（3）冷凝水可与排水系统连接，但应有空气隔断措施；冷凝水管不得与室内雨水系统直接连接。

（4）冷凝水立管的直径，应与水平干管的直径保持相同；冷凝水立管的顶部，应设置通向大气的透气管。

（5）由于冷凝水在管道内是依靠位差自流的，因此极易腐蚀。管材宜优先采用聚氯乙烯塑料管和镀锌钢管，不宜采用焊接钢管。

（6）设计冷凝水系统时，当冷凝水管表面可能产生二次冷凝水且对使用房间有可能造成影响时，冷凝水管道应采取防结露措施。

（7）设计冷凝水系统时，应充分考虑对系统定期进行冲洗的可能性，因此冷凝水水平干管始端应设置扫除口。

（8）冷凝水管管径应按冷凝水的流量和管道坡度确定。一般情况下，每 1 kW 冷负荷，每 1 h 约产生 0.4 kg 冷凝水；在潜热负荷较高的场合，每 1 kW 冷负荷，每 1 h 可能要产生 0.8 kg 冷凝水。通常，可根据冷负荷接表 7-15 选择确定冷凝水管的公称直径。

表 7-15　冷凝水管的管径选择

冷负荷/kW	公称直径/mm	冷负荷/kW	公称直径/mm	冷负荷/kW	公称直径/mm
7	20	101~176	40	1056~1512	100
7.1~17.6	25	177~598	50	1513~12462	125
17.7~100	32	599~1055	80	>12462	150

7.5　空调水系统管道与附件安装

7.5.1　施工条件

空调水系统的管道与附件安装前应具备下列施工条件：

（1）材料进场检验已合格。

（2）施工部位环境满足作业条件。

（3）施工方法已明确，技术交底已落实；管道的安装位置、坡向及坡度已经过技术复核，并应符合设计要求。

（4）建筑结构的预留孔洞及预留套管位置、尺寸满足管道安装要求。

（5）施工机具已齐备。

7.5.2　安装方法

空调水系统的管道与附件安装应按图 7-36 所示工序进行。

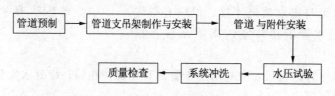

图 7-36　空调水系统管道与附件安装工序

7.5.2.1　管道预制

空调水系统的管道预制应符合下列规定：

（1）管道除锈防腐应按《通风与空调工程施工验收规范》（GB 51243—2016）第 13 章有关规定执行。

（2）下料前应进行管材调直，可按管道材质、管道弯曲程度及管径大小选择冷调或热调。

（3）预制前应先按施工图确定预制管段长度。螺纹连接时，应考虑管件所占的长度及拧进管件的内螺纹尺寸。

（4）切割管道时，管道切割面应平整，毛刺、铁屑等应清理干净。

（5）管道坡口加工宜采用机械方法，也可采用等离子弧、氧乙炔焰等热加工方法。采用热加工方法加工坡口后，应除去坡口表面的氧化皮、熔渣及影响接头质量的表面层，并应将凹凸不平处打磨平整。管道坡口加工按表 7-16 和表 7-17 的规定。

表 7-16　手工电弧焊对口形式及组对要求

接头名称	坡口形式	坡口尺寸			
		厚度 T/mm	间隙 C/mm	钝边 P/mm	坡口角度 $\alpha/°$
对接不开坡口		1～3	0～1.5	—	—
		3～6 双面焊	1～2.5		
对接 V 型坡口		6～9	0～2	0～2	65～75
		9～26	0～3	0～3	55～65
T 型坡口		2～30	0～2	—	—

表 7-17　氧—乙炔焊对口形式及组对要求

接头名称	坡口形式	坡口尺寸			
		厚度 T/mm	间隙 C/mm	钝边 P/mm	坡口角度 $\alpha/°$
对接不开坡口		<3	1～2	—	—
对接 V 型坡口		3～6	2～3	0.5～1.5	70～90

（6）螺纹连接的管道因管螺纹加工偏差使组装管段出现弯曲时，应进行调直。调直前，应先将有关的管件上好，再进行调直，加力点不应离螺纹太近。

（7）管道上直接开孔时，切口部位应采用校核过的样板画定，用氧炔焰切割，打磨掉氧化皮与熔渣，切断面应平整。

（8）管道预制长度宜便于运输和吊装。

（9）预制的半成品应标注编号，分批分类存放。

7.5.2.2 支吊架制作与安装

保温管道与支、吊架之间应垫以绝热衬垫或经防腐处理的木衬垫，其厚度应与绝热层厚度相同，表面平整。衬垫接合面的空隙应填实。

（1）金属管道支、吊架

金属管道的支、吊架的形式、位置、间距、标高应符合设计要求。当设计无要求时，应符合下列规定：

① 支、吊架的安装应平整牢固，与管道接触应紧密，管道与设备连接处应设置独立支、吊架。当设备安装在减振基座上时，独立支架的固定点应为减振基座。

② 冷（热）媒水、冷却水系统管道机房内总、干管的支、吊架，应采用承重防晃管架，与设备连接的管道管架宜采取减振措施。当水平支管的管架采用单杆吊架时，应在系统管道的起始点、阀门、三通、弯头处及长度每隔 15 m 处设置承重防晃支、吊架。

③ 无热位移的管道吊架的吊杆应垂直安装，有热位移的管道吊架的吊杆应向热膨胀（或冷收缩）的反方向偏移安装。偏移量应按计算位移量确定。

④ 滑动支架的滑动面应清洁平整，安装位置应满足管道要求，支承面中心应向反方向偏移 1/2 位移量或符合设计文件要求。

⑤ 竖井内的立管应每两层或三层设置滑动支架。建筑结构负重允许时，水平安装管道支、吊架的最大间距应符合表 7-18 的规定，弯管或近处应设置支、吊架。

⑥ 固定支架与管道焊接时，管道侧的咬边量应小于 10% 的管壁厚度，且小于 1 mm。

表 7-18 水平安装管道支、吊架的最大间距

公称外径/mm		15	20	25	32	40	50	70	80	100	125	150	200	250	300
支架的最大间距/m	L_1	1.5	2.0	2.5	2.5	3.0	3.5	4.0	5.0	5.0	5.5	6.5	7.5	8.5	9.5
	L_2	2.5	3.0	3.5	4.0	4.5	5.0	3.0	6.5	6.5	7.5	7.5	9.0	9.5	10.5

（2）聚丙烯（PP-R）冷水管支、吊架

采用聚丙烯（PP-R）管道时，管道与金属支、吊架之间应采取隔绝措施，不宜直接接触，支、吊架的间距应符合设计要求。当设计无要求时，聚丙烯（PP-R）冷水管支、吊架的间距应符合表 7-19 的规定，使用温度大于或等于 60 ℃热水管道应加宽支承面积。

表 7-19 聚丙烯（PP-R）冷水管支、吊架的间距

mm

公称外径 D_e	20	25	32	40	50	63	75	90	110
水平安装	600	700	800	900	1000	1100	1200	1350	1550
垂直安装	900	1000	1100	1300	1600	1800	2000	2200	2400

7.5.2.3 管道安装

管道安装应符合下列规定：

（1）管道安装位置、敷设方式、坡度及坡向应符合设计要求。

（2）管道与设备连接应在设备安装完毕，外观检查合格，且冲洗干净后进行；与水泵、空调机组、制冷机组的接管应采用可挠曲软接头连接，软接头宜为橡胶软接头，且公称压力应符合系统工作压力的要求。

（3）管道和管件在安装前，应对其内、外壁进行清洁。管道安装间断时，应及时封闭敞开的管口。

（4）管道变径应满足气体排放及泄水要求。

（5）管道开三通时，应保证支路管道伸缩不影响主干管。

7.5.2.4 水压试验、通水试验及冲洗试验

（1）水压试验

管道安装完毕外观检查合格后，应进行水压试验。

1）试验压力

水系统管道水压试验可分为强度试验和严密性试验，包括分区域、分段的水压试验和整个管道系统水压试验。试验压力应满足设计要求，当设计无要求时，应符合下列规定：

① 设计工作压力小于或等于 1.0 MPa 时，金属管道及金属复合管道的强度试验压力应为设计工作压力的 1.5 倍，但不应小于 0.6 MPa；设计工作压力大于 1.0 MPa 时，强度试验压力应为设计工作压力加上 0.5 MPa。严密性试验压力应为设计工作压力。

② 塑料管道的强度试验压力应为设计工作压力的 1.5 倍；严密性试验压力应为设计工作压力的 1.15 倍。

2）分区域分段水压试验

分区域分段水压试验应符合下列规定：

① 检查各类阀门的开、关状态。试压管路的阀门应全部打开，试验段与非试验段连接处的阀门应隔断。

② 打开试验管道的给水阀门向区域系统中注水，同时开启区域系统上各高点处的排气阀，排尽试压区域管道内的空气。待水注满后，关闭排气阀和进水阀。

③ 打开连接加压泵的阀门，用电动或手压泵向系统加压，宜分 2～3 次升至试验压力。在此过程中，每加至一定压力数值时，应对系统进行全面检查，无异常现象时再继续加压。先缓慢升压至设计工作压力，停泵检查，观察各部位无渗漏，压力不降后，再升压至试验压力，停泵稳压，进行全面检查。10 min 内管道压力不应下降且无渗漏、变形等异常现象，则强度试验合格。

④ 应将试验压力降至严密性试验压力进行试验，在试验压力下对管道进行全面检查，60 min 内区域管道系统无渗漏，严密性试验为合格。

3）系统管路水压试验

系统管路水压试验应符合下列规定：

① 在各分区、分段管道与系统主、干管全部连通后，应对整个系统的管道进行水

压试验。最低点的压力不应超过管道与管件的承受压力。

② 试验过程同分区域、分段水压试验。管道压力升至试验压力后，稳压 10 min，压力下降不应大于 0.02 MPa，管道系统无渗漏，强度试验合格。

③ 试验压力降至严密性试验压力，外观检查无渗漏，严密性试验为合格。

（2）通水试验

冷凝水管道应进行通水试验；提前隐蔽的管道应单独进行水压试验。

冷凝水管道通水试验应符合下列规定：

① 分层、分段进行。

② 封堵冷凝水管道最低处，由该系统风机盘管接水盘向该管段内注水，水位应高于风机盘管接水盘最低点。

③ 充满水后观察 15 min，检查管道及接口；确认无渗漏后，从管道最低处泄水，排水畅通，同时应检查各盘管接水盘无存水为合格。

（3）冲洗试验

管道与设备连接前应进行冲洗试验。管道冲洗前，对不允许参加冲洗的系统、设备、仪表及管道附件应采取安全可靠的隔离措施。冲洗试验应以水为介质，温度应在 5～40 ℃。冲洗时应保证有一定流速及压力。流速过大，不容易观察水质情况；流速过小，冲洗无力。冲洗应先冲洗大管，后冲洗小管；先冲洗横干管，然后冲洗立管，再冲洗支管。严禁以水压试验过程中的放水代替管道冲洗。

冲洗试验可按下列要求进行：

① 检查管道系统各环路阀门，启闭应灵活、可靠，临时供水装置运转应正常，冲洗流速不低于管道介质工作流速；冲洗水排出时有排放条件。

② 首先冲洗系统最低处干管，后冲洗水平干管、立管、支管。在系统入口设置的控制阀前接上临时水源，向系统供水；关闭其他立、支管控制阀门，只开启干管末端最低处冲洗阀门，至排水管道；向系统加压，由专人观察出水口水质、水量情况。以排出口的水色和透明度与入口水目测一致为合格。

③ 冲洗出水口处管径宜比被冲洗管道的管径小 1 号。

④ 冲洗出水口流速，如设计无要求，不应小于 1.5 m/s，不宜大于 2 m/s。

⑤ 最低处主干管冲洗合格后，应按顺序冲洗其他各干、立、支管，直至全系统管道冲洗完毕为止。

⑥ 冲洗合格后，应如实填写记录，然后将拆下的仪表等复位。

7.5.2.5 空调设备与管道保冷设计

空调水系统中的空气处理设备、冷（热）水管道（包括阀门、管附件等）及冷凝水管等均应进行保冷。

设备与管道的保冷层厚度应按下列原则计算确定：

（1）供冷或冷热共用时，应按单元 4 中的经济厚度和防止表面结露的保冷层厚度方法计算，并取厚值，或按表 7-20～表 7-21 选用；

（2）冷凝水管应按单元 4 中的中防止表面结露保冷厚度方法计算确定，或按表 7-22 选用。

表 7-20 室内机房冷水管道最小绝热层厚度

（介质温度≥5 ℃）

mm

地区	柔性泡沫橡塑		玻璃棉管壳	
	管径	厚度	管径	厚度
I	≤DN40	19	≤DN32	25
	DN50～DN150	22	DN40～DN100	30
	≥DN200	25	DN125～DN900	35
II	≤DN25	25	≤DN25	25
	DN32～DN50	28	DN32～DN80	30
	DN70～DN150	32	DN100～DN400	35
	≥DN200	36	≥DN400	40

表 7-21 室内机房冷水管道最小绝热层厚度

（介质温度≥-10 ℃）

mm

地区	柔性泡沫橡塑		玻璃棉管壳	
	管径	厚度	管径	厚度
I	≤DN32	28	≤DN32	25
	DN40～DN80	32	DN40～DN150	30
	DN100～DN200	36	≥DN200	35
	≥DN250	40	—	—
II	≤DN50	40	≤DN50	35
	DN70～DN100	45	DN70～DN125	40
	DN125～DN250	50	DN150～DN500	45
	DN300～DN2000	55	≥DN600	50
	≥DN2000	60	—	—

表 7-22 空调冷凝水管防结露最小绝热层厚度

位置	柔性泡沫橡塑		玻璃棉管壳	
	I 地区	II 地区	管径	厚度
在空调房吊顶内	9		10	
在非空调房间内	9	13	10	15

7-1 什么是空调冷冻水系统？主要由哪些部分组成？

7-2 空调冷（热）水系统有哪几种划分形式？

7-3 开式和闭式、同程和异程式冷热水系统各有何特点？

7-4 什么是两管制、三管制和四管制系统？各有何优缺点？

7-5 何谓变流量水系统？主要适用于何种场所？有哪些形式？

7-6 压差旁通阀的作用是什么？

7-8 空调冷却水系统的作用是什么？主要由哪些部分组成？

技 能 训 练

训练项目：空调水系统布置与水力计算

（1）实训目的：使学生能够合理确定空调冷（热）水系统形式，合理布置空调冷（热）水系统及冷凝水系统管路，正确进行水力计算。

（2）实训准备：图纸、作业本、计算器、绘图工具及相关工具书。

（3）实训内容：根据单元3技能训练过程已绘制完成的空气处理设备平面布置图，进行该层空调水系统布置与水力计算，然后将布置与水力计算结果绘在空气处理设备平面布置图上，完成该层空调水系统平面图。

（4）提交成果：

① 空调水系统水力计算过程；

② 按1：100比例手绘一层空调水系统平面图。

参 考 文 献

[1] 中华人民共和国住房和城乡建设部.GB 5736—2012 民用建筑供暖通风与空气调节设计规范［S］.北京：中国建筑工业出版社，2012.

[2] 中华人民共和国卫生部.GB Z2.1—2019 工作场所有害因素职业接触限值——化学有害因素［S］.北京：人民卫生出版社，2019.

[3] 中华人民共和国住房和城乡建设部.GB 50325—2010 民用建筑工程室内环境污染控制规范［S］.北京：中国计划出版社，2013.

[4] 中华人民共和国国家质量监督检验检疫总局.GB/T 18883—2002 室内空气质量标准［S］.北京：中国标准出版社，2002.

[5] 中华人民共和国公安部.GB 50067—2014 汽车库、修车库、停车场设计防火规范［S］.北京：中国计划出版社，2014.

[6] 中华人民共和国住房和城乡建设部.GB 50016—2014（2018 年版）建筑设计防火规范［S］.北京：中国计划出版社，2014.

[7] 中华人民共和国公安部.GB 51251—2017 建筑防烟排烟系统技术标准［S］.北京：中国计划出版社，2014.

[8] 中华人民共和国住房和城乡建设部.GB 50738—2011 通风与空调工程施工规范［S］.北京：中国建筑工业出版社，2012.

[9] 中华人民共和国住房和城乡建设部.GB 50243—2016 通风与空调工程施工质量验收规范［S］.北京：中国计划出版社，2016.

[10] 住房和城乡建设部工程质量安全监管司.全国民用建筑工程设计技术措施—暖通空调·动力［M］.北京：中国计划出版社，2009.

[11] 陆耀庆.实用供热通风空调设计手册［M］.2 版.北京：中国建筑工业出版社，2014.

[12] 全国勘察设计注册工程师公用设备专业管理委员会秘书处.全国勘察设计注册公用设备工程师暖通空调专业考试复习教材［M］.3 版.北京：中国建筑工业出版社，2013.

[13] 马最良，姚杨.民用建筑空调设计［M］.2 版.北京：化学工业出版社，2010.

[14] 杨婉.通风与空调工程［M］.北京：中国建筑工业出版社，2018.

[15] 陈益武.通风空调管道工程［M］.北京：中国矿业出版社，2010.

附录1 钢板圆形风管单位长度沿程压力损失计算表

风速/ (m/s)	动压/ Pa	风管直径/mm								
		100	120	140	160	180	200	220	250	280
		上行：风量/（m³/h） 下行：单位摩擦阻力/（Pa/m）								
2.0	2.40	55 0.76	80 0.60	109 0.49	143 0.42	181 0.36	224 0.31	271 0.28	351 0.24	440 0.21
2.5	3.75	69 1.13	100 0.90	137 0.74	179 0.62	226 0.54	280 0.47	339 0.42	438 0.36	550 0.31
3.0	5.40	83 1.58	120 1.25	164 1.03	214 0.87	272 0.75	336 0.66	407 0.58	526 0.50	660 0.43
3.5	7.35	97 2.10	140 1.66	191 1.37	250 1.15	317 0.99	392 0.87	475 0.77	614 0.66	770 0.57
4.0	9.60	111 2.68	160 2.12	219 1.75	286 1.48	362 1.27	448 1.12	542 0.99	701 0.84	880 0.73
4.5	12.15	125 3.33	180 2.64	246 2.17	322 1.84	408 1.58	504 1.39	610 1.23	789 1.05	990 0.91
5.0	15.00	139 4.05	200 3.21	273 2.64	357 2.23	453 1.93	560 1.69	678 1.50	877 1.28	1100 1.11
5.5	18.15	152 4.84	220 3.84	300 3.16	393 2.67	498 2.30	616 2.02	746 1.79	964 1.53	1210 1.33
6.0	21.60	166 5.69	240 4.51	328 3.72	429 3.14	544 2.71	672 2.38	814 2.11	1052 1.80	1321 1.56
6.5	25.35	180 6.61	260 5.25	355 4.32	465 3.65	589 3.15	728 2.76	881 2.45	1139 2.09	1431 1.82
7.0	29.40	194 7.60	280 6.03	382 4.96	500 4.20	634 3.62	784 3.17	949 2.82	1227 2.41	1541 2.09
7.5	33.75	208 8.66	300 6.87	410 5.65	536 4.78	679 4.12	840 3.62	1017 3.21	1315 2.74	1651 2.38
8.0	38.40	222 9.78	320 7.76	437 6.39	572 5.40	725 4.66	896 4.09	1085 3.63	1402 3.10	1761 2.69
8.5	43.35	236 10.96	340 8.70	464 7.16	608 6.06	770 5.23	952 4.58	1153 4.07	1490 3.47	1871 3.02
9.0	48.60	249 12.22	360 9.70	492 7.98	643 6.75	815 5.83	1008 5.11	1220 4.54	1578 3.87	1981 3.37
9.5	54.15	263 13.54	380 10.74	519 8.85	679 7.48	861 6.46	1064 5.66	1288 5.03	1665 4.29	2091 3.73
10.0	60.00	277 14.93	400 11.85	546 9.75	715 8.25	906 7.12	1120 6.24	1356 5.55	1753 4.73	2201 4.11

续表

风速/ (m/s)	动压/ Pa	风管直径/mm								
		320	360	400	450	500	560	630	700	800
		上行：风量/（m³/h）				下行：单位摩擦阻力/（Pa/m）				
2.0	2.40	575 0.17	728 0.15	899 0.13	1139 0.11	1405 0.10	1764 0.09	2234 0.08	2759 0.07	3606 0.06
2.5	3.75	719 0.26	910 0.23	1124 0.20	1424 0.17	1757 0.15	2205 0.13	2792 0.11	3449 0.10	4507 0.08
3.0	5.40	863 0.37	1092 0.32	1349 0.28	1709 0.24	2108 0.21	2646 0.18	3351 0.16	4139 0.14	5408 0.12
3.5	7.35	1007 0.49	1274 0.42	1574 0.37	1993 0.32	2459 0.28	3087 0.24	3909 0.21	4828 0.19	6310 0.16
4.0	9.60	1151 0.62	1456 0.54	1799 0.47	2278 0.41	2810 0.36	3528 0.31	4467 0.27	5518 0.24	7211 0.20
4.5	12.15	1295 0.77	1638 0.67	2024 0.59	2563 0.51	3162 0.45	3969 0.39	5026 0.34	6208 0.30	8113 0.25
5.0	15.00	1439 0.94	1820 0.82	2248 0.72	2848 0.62	3513 0.55	4410 0.48	5584 0.41	6898 0.36	9014 0.31
5.5	18.15	1582 1.13	2002 0.98	2473 0.86	3132 0.74	3864 0.65	4851 0.57	6143 0.49	7587 0.43	9915 0.37
6.0	21.60	1726 1.33	2184 1.15	2698 1.01	3417 0.87	4216 0.77	5292 0.67	6701 0.58	8277 0.51	10817 0.43
6.5	25.35	1870 1.54	2366 1.34	2923 1.17	3702 1.02	4567 0.89	5733 0.78	7260 0.67	8967 0.59	11718 0.50
7.0	29.40	2014 1.77	2548 1.54	3148 1.35	3987 1.17	4918 1.03	6174 0.90	7818 0.78	9657 0.68	12619 0.58
7.5	33.75	2158 2.02	2730 1.75	3373 1.54	4271 1.33	5270 1.17	6615 1.02	8377 0.88	10346 0.78	13521 0.66
8.0	38.40	2302 2.28	2912 1.98	3597 1.74	4556 1.50	5621 1.32	7056 1.15	8935 1.00	11036 0.88	14422 0.75
8.5	43.35	2446 2.56	3094 2.22	3822 1.95	4841 1.69	5972 1.49	7496 1.29	9493 1.12	11726 0.99	15324 0.84
9.0	48.60	2590 2.86	3276 2.47	4047 2.17	5126 1.88	6324 1.66	7937 1.44	10052 1.25	12416 1.10	16225 0.94
9.5	54.15	2733 3.17	3458 2.74	4272 2.41	5410 2.09	6675 1.84	8378 1.60	10610 1.39	13105 1.22	17126 1.04
10.0	60.00	2877 3.49	3640 3.02	4497 2.66	5695 2.30	7026 2.02	8819 1.76	11169 1.53	13795 1.35	18028 1.14

附录2 钢板矩形风管单位长度沿程压力损失计算表

风速/ (m/s)	动压/ Pa	风管断面尺寸——上行：宽/mm 下行：高/mm									
		120 120	160 120	200 120	250 120	320 120	400 120	500 120	630 120	800 120	1000 120
		上行：风量/（m³/h） 下行：单位摩擦阻力/（Pa/m）									
2.0	2.40	100 0.61	134 0.51	168 0.46	211 0.41	270 0.38	337 0.35	422 0.33	532 0.31	675 0.30	844 0.29
2.5	3.75	125 0.91	168 0.77	210 0.68	263 0.62	338 0.56	422 0.53	528 0.50	666 0.47	843 0.45	1055 0.44
3.0	5.40	150 1.27	201 1.07	252 0.95	316 0.86	405 0.79	506 0.74	633 0.69	799 0.66	1012 0.63	1266 0.61
3.5	7.35	175 1.68	235 1.42	294 1.26	369 1.15	473 1.04	590 0.98	739 0.92	932 0.88	1181 0.84	1477 0.81
4.0	9.60	201 2.15	268 1.81	336 1.62	421 1.47	540 1.34	675 1.25	844 1.18	1065 1.12	1349 1.08	1688 1.04
4.5	12.15	226 2.67	302 2.25	378 2.01	474 1.82	608 1.66	759 1.55	950 1.47	1198 1.39	1518 1.34	1899 1.30
5.0	15.00	251 3.25	336 2.74	421 2.45	527 2.22	675 2.02	843 1.89	1056 1.78	1331 1.70	1687 1.63	2110 1.58
5.5	18.15	276 3.88	369 3.27	463 2.92	579 2.65	743 2.42	928 2.26	1161 2.13	1464 2.03	1855 1.95	2321 1.89
6.0	21.60	301 4.56	403 3.85	505 3.44	632 3.12	811 2.85	1012 2.66	1267 2.51	1597 2.38	2024 2.29	2532 2.22
6.5	25.35	326 5.30	436 4.47	547 4.00	685 3.62	878 3.31	1097 3.09	1372 2.91	1731 2.77	2193 2.66	2743 2.58
7.0	29.40	351 6.09	470 5.14	589 4.59	737 4.17	946 3.80	1181 3.55	1478 3.35	1864 3.19	2361 3.06	2954 2.97
7.5	33.75	376 6.94	503 5.86	631 5.23	790 4.75	1013 4.33	1265 4.05	1583 3.82	1997 3.63	2530 3.49	3165 3.38
8.0	38.40	401 7.84	537 6.62	673 5.91	843 5.36	1081 4.89	1350 4.57	1689 4.31	2130 4.10	2699 3.94	3376 3.82
8.5	43.35	426 8.79	571 7.42	715 6.63	895 6.01	1148 5.49	1434 5.13	1794 4.84	2263 4.60	2867 4.42	3587 4.28
9.0	48.60	451 9.80	604 8.27	757 7.39	948 6.70	1216 6.12	1518 5.72	1900 5.39	2396 5.13	3036 4.93	3797 4.77
9.5	54.15	476 10.86	638 9.17	799 8.19	1001 7.43	1283 6.78	1603 6.33	2006 5.98	2529 5.68	3205 5.46	4008 5.29
10.0	60.00	501 11.97	671 10.11	841 9.03	1054 8.19	1351 7.47	1687 6.98	2111 6.59	2662 6.27	3373 6.02	4219 5.83

续表

风速/ (m/s)	动压/ Pa	风管断面尺寸——上行：宽/mm　　下行：高/mm									
		160 160	200 160	250 160	320 160	400 160	500 160	630 160	800 160	1000 160	1250 160
		上行：风量/（m³/h）　　下行：单位摩擦阻力/（Pa/m）									
2.0	2.40	180 0.42	225 0.37	282 0.33	362 0.29	452 0.27	566 0.25	713 0.23	904 0.22	1131 0.21	1410 0.21
2.5	3.75	225 0.63	282 0.55	353 0.49	452 0.44	565 0.40	707 0.37	892 0.35	1130 0.33	1414 0.32	1762 0.31
3.0	5.40	270 0.88	338 0.77	423 0.68	543 0.61	678 0.56	848 0.52	1070 0.49	1357 0.46	1697 0.45	2114 0.43
3.5	7.35	315 1.16	394 1.02	494 0.91	633 0.81	791 0.74	990 0.69	1248 0.65	1583 0.62	1980 0.59	2467 0.57
4.0	9.60	359 1.49	450 1.30	564 1.16	724 1.04	904 0.95	1131 0.89	1427 0.83	1809 0.79	2262 0.76	2819 0.73
4.5	12.15	404 1.85	507 1.62	635 1.44	814 1.29	1017 1.19	1273 1.10	1605 1.03	2035 0.98	2545 0.94	3172 0.91
5.0	15.00	449 2.25	563 1.97	705 1.75	904 1.57	1130 1.44	1414 1.34	1783 1.26	2261 1.20	2828 1.15	3524 1.11
5.5	18.15	494 2.69	619 2.36	776 2.10	995 1.88	1243 1.72	1555 1.60	1962 1.51	2487 1.43	3111 1.37	3876 1.33
6.0	21.60	539 3.17	676 2.77	846 2.47	1085 2.21	1356 2.03	1697 1.89	2140 1.77	2713 1.68	3393 1.61	4229 1.57
6.5	25.35	584 3.68	732 3.22	917 2.87	1176 2.57	1469 2.36	1838 2.19	2318 2.06	2939 1.96	3676 1.88	4581 1.82
7.0	29.40	629 4.23	788 3.70	987 3.30	1266 2.95	1582 2.71	1980 2.52	2496 2.37	3165 2.25	3959 2.16	4934 2.09
7.5	33.75	674 4.82	845 4.22	1058 3.76	1357 3.36	1695 3.09	2121 2.87	2675 2.70	3391 2.56	4242 2.46	5286 2.38
8.0	38.40	719 5.44	901 4.77	1128 4.24	1447 3.80	1808 3.49	2262 3.25	2853 3.05	3617 2.89	4525 2.78	5638 2.69
8.5	43.35	764 6.10	957 5.35	1199 4.76	1537 4.26	1921 3.92	2404 3.64	3031 3.42	3844 3.25	4807 3.12	5991 3.02
9.0	48.60	809 6.80	1014 5.96	1270 5.31	1628 4.75	2034 4.37	2545 4.06	3210 3.81	4070 3.62	5090 3.47	6343 3.37
9.5	54.15	854 7.54	1070 6.61	1340 5.88	1718 5.26	2147 4.84	2687 4.50	3388 4.23	4296 4.01	5373 3.85	6696 3.73
10.0	60.00	899 8.31	1126 7.28	1411 6.48	1809 5.80	2260 5.34	2828 4.96	3566 4.66	4522 4.42	5656 4.24	7048 4.12

风速/ (m/s)	动压/ Pa	风管断面尺寸——上行：宽/mm　　下行：高/mm									
		200 200	250 200	320 200	400 200	500 200	630 200	800 200	1000 200	1250 200	1600 200
		上行：风量/（m³/h）　　下行：单位摩擦阻力/（Pa/m）									
2.0	2.40	282 0.32	354 0.28	453 0.24	567 0.22	709 0.20	894 0.19	1134 0.18	1418 0.17	1769 0.16	2265 0.15
2.5	3.75	353 0.47	442 0.41	567 0.36	708 0.33	886 0.30	1118 0.28	1418 0.26	1773 0.25	2211 0.24	2831 0.23
3.0	5.40	423 0.66	530 0.58	680 0.51	850 0.46	1063 0.42	1341 0.39	1701 0.37	2128 0.35	2653 0.34	3398 0.33
3.5	7.35	494 0.88	619 0.77	793 0.68	991 0.61	1241 0.56	1565 0.52	1985 0.49	2482 0.47	3095 0.45	3964 0.43
4.0	9.60	565 1.12	707 0.98	907 0.87	1133 0.78	1418 0.72	1788 0.67	2268 0.63	2837 0.60	3537 0.57	4530 0.55
4.5	12.15	635 1.40	795 1.22	1020 1.08	1275 0.98	1595 0.90	2012 0.83	2552 0.78	3192 0.74	3980 0.72	5097 0.69
5.0	15.00	706 1.70	884 1.49	1133 1.31	1416 1.19	1772 1.09	2235 1.01	2835 0.95	3546 0.91	4422 0.87	5663 0.84
5.5	18.15	776 2.03	972 1.78	1247 1.57	1558 1.42	1950 1.31	2459 1.21	3119 1.14	3901 1.08	4864 1.04	6229 1.00
6.0	21.60	847 2.39	1061 2.10	1360 1.85	1700 1.67	2127 1.54	2682 1.43	3402 1.34	4255 1.27	5306 1.23	6796 1.18
6.5	25.35	917 2.78	1149 2.44	1473 2.14	1841 1.94	2304 1.79	2906 1.66	3686 1.56	4610 1.48	5748 1.42	7362 1.37
7.0	29.40	988 3.19	1237 2.80	1587 2.47	1983 2.24	2481 2.05	3129 1.91	3969 1.79	4965 1.70	6191 1.64	7928 1.58
7.5	33.75	1059 3.64	1326 3.19	1700 2.81	2124 2.55	2659 2.34	3353 2.17	4253 2.04	5319 1.94	6633 1.87	8494 1.80
8.0	38.40	1129 4.11	1414 3.60	1813 3.17	2266 2.88	2836 2.64	3576 2.45	4536 2.30	5674 2.19	7075 2.11	9061 2.03
8.5	43.35	1200 4.61	1503 4.04	1927 3.56	2408 3.23	3013 2.97	3800 2.75	4820 2.59	6028 2.46	7517 2.37	9627 2.28
9.0	48.60	1270 5.14	1591 4.51	2040 3.97	2549 3.60	3190 3.31	4023 3.07	5103 2.88	6383 2.74	7959 2.64	10193 2.54
9.5	54.15	1341 5.70	1679 5.00	2153 4.40	2691 3.99	3367 3.67	4247 3.40	5387 3.20	6738 3.04	8402 2.93	10760 2.82
10.0	60.00	1411 6.28	1768 5.51	2267 4.85	2833 4.40	3545 4.04	4470 3.75	5670 3.52	7092 3.35	8844 3.23	11326 3.11

续表

风速/(m/s)	动压/Pa	风管断面尺寸——上行：宽/mm　　下行：高/mm									
		250 250	320 250	400 250	500 250	630 250	800 250	1000 250	1250 250	1600 250	2000 250
		上行：风量/（m³/h）　　下行：单位摩擦阻力/（Pa/m）									
2.0	2.40	443 0.24	568 0.21	710 0.18	888 0.17	1120 0.15	1421 0.14	1778 0.13	2218 0.13	2840 0.12	3551 0.12
2.5	3.75	554 0.36	710 0.31	887 0.28	1110 0.25	1400 0.23	1776 0.21	2222 0.20	2772 0.19	3550 0.18	4439 0.18
3.0	5.40	664 0.50	852 0.43	1055 0.39	1332 0.35	1680 0.32	2132 0.30	2666 0.28	3326 0.27	4260 0.25	5327 0.25
3.5	7.35	775 0.66	994 0.57	1242 0.51	1554 0.46	1960 0.43	2487 0.39	3111 0.37	3881 0.35	4970 0.34	6215 0.33
4.0	9.60	886 0.85	1136 0.73	1419 0.66	1776 0.59	2240 0.54	2842 0.51	3555 0.48	4435 0.45	5680 0.43	7103 0.42
4.5	12.15	996 1.06	1278 0.91	1597 0.82	1998 0.74	2520 0.68	3198 0.63	3999 0.59	4990 0.57	6390 0.54	7991 0.52
5.0	15.00	1107 1.29	1420 1.11	1774 0.99	2220 0.90	2800 0.83	3553 0.77	4444 0.72	5544 0.69	7100 0.66	8879 0.64
5.5	18.15	1218 1.54	1562 1.33	1952 1.19	2442 1.08	3080 0.99	3908 0.92	4888 0.86	6099 0.82	7810 0.79	9767 0.76
6.0	21.60	1328 1.81	1703 1.57	2129 1.40	2664 1.27	3360 1.16	4263 1.08	5333 1.02	6653 0.97	8520 0.93	10654 0.90
6.5	25.35	1439 2.10	1845 1.82	2307 1.63	2887 1.47	3640 1.35	4619 1.25	5777 1.18	7207 1.13	9230 1.08	11542 1.04
7.0	29.40	1550 2.42	1987 2.09	2484 1.87	3109 1.70	3920 1.55	4974 1.44	6221 1.36	7762 1.30	9940 1.24	12430 1.20
7.5	33.75	1661 2.75	2129 2.39	2662 2.13	3331 1.93	4200 1.77	5329 1.64	6666 1.55	8316 1.48	10650 1.41	13318 1.37
8.0	38.40	1771 3.11	2271 2.70	2839 2.41	3553 2.18	4480 2.00	5685 1.86	7110 1.75	8871 1.67	11360 1.59	14206 1.54
8.5	43.35	1882 3.49	2413 3.02	3016 2.70	3775 2.45	4760 2.24	6040 2.08	7555 1.96	9425 1.87	12070 1.79	15094 1.73
9.0	48.60	1993 3.89	2555 3.37	3194 3.01	3997 2.73	5040 2.50	6395 2.32	7999 2.19	9979 2.09	12780 1.99	15982 1.93
9.5	54.15	2103 4.31	2697 3.74	3371 3.34	4219 3.03	5320 2.77	6750 2.57	8443 2.43	10534 2.31	13490 2.21	16869 2.14
10.0	60.00	2214 4.76	2839 4.12	3549 3.68	4441 3.34	5600 3.06	7106 2.84	8888 2.67	11088 2.55	14201 2.44	17757 2.36

风速/ (m/s)	动压/ Pa	风管断面尺寸——上行：宽/mm　　　下行：高/mm								
		320 320	400 320	500 320	630 320	800 320	1000 320	1250 320	1600 320	2000 320
		上行：风量/（m³/h）　　　下行：单位摩擦阻力/（Pa/m）								
2.0	2.40	728 0.17	910 0.15	1139 0.14	1437 0.12	1823 0.11	2280 0.10	2846 0.10	3645 0.09	4558 0.05
2.5	3.75	910 0.26	1138 0.23	1424 0.21	1796 0.19	2279 0.17	2850 0.16	3558 0.15	4556 0.14	5697 0.13
3.0	5.40	1092 0.37	1365 0.32	1709 0.29	2155 0.26	2735 0.24	3420 0.22	4269 0.21	5467 0.20	6837 0.19
3.5	7.35	1274 0.49	1593 0.43	1993 0.38	2514 0.34	3190 0.31	3990 0.29	4981 0.28	6379 0.26	7976 0.25
4.0	9.60	1456 0.62	1820 0.55	2278 0.49	2873 0.44	3646 0.40	4561 0.38	5692 0.35	7290 0.33	9116 0.32
4.5	12.15	1638 0.78	2048 0.68	2563 0.61	3232 0.55	4102 0.50	5131 0.47	6404 0.44	8201 0.42	10255 0.40
5.0	15.00	1820 0.95	2276 0.83	2848 0.74	3591 0.67	4558 0.61	5701 0.57	7115 0.54	9112 0.51	11395 0.49
5.5	18.15	2002 1.13	2503 0.99	3132 0.89	3950 0.80	5013 0.73	6271 0.68	7827 0.64	10024 0.61	12534 0.58
6.0	21.60	2184 1.33	2731 1.17	3417 1.04	4310 0.94	5469 0.86	6841 0.80	8538 0.76	10935 0.71	13674 0.69
6.5	25.35	2366 1.55	2958 1.36	3702 1.21	4669 1.09	5925 1.00	7411 0.93	9250 0.88	11846 0.83	14813 0.80
7.0	29.40	2548 1.78	3186 1.56	3987 1.40	5028 1.26	6381 1.15	7981 1.07	9962 1.01	12757 0.96	15953 0.92
7.5	33.75	2730 2.03	3413 1.78	4271 1.59	5387 1.43	6837 1.31	8551 1.22	10673 1.15	13669 1.09	17092 1.05
8.0	38.40	2912 2.29	3641 2.01	4556 1.80	5746 1.62	7292 1.48	9121 1.38	11385 1.30	14580 1.23	18232 1.18
8.5	43.35	3094 2.57	3868 2.26	4841 2.02	6105 1.82	7748 1.66	9691 1.55	12096 1.46	15491 1.38	19371 1.33
9.0	48.60	3276 2.87	4096 2.52	5126 2.25	6464 2.03	8204 1.85	10261 1.73	12808 1.63	16402 1.54	20511 1.48
9.5	54.15	3458 3.18	4324 2.79	5410 2.49	6823 2.25	8660 2.06	10831 1.91	13519 1.80	17314 1.71	21650 1.64
10.0	60.00	3640 3.50	4551 3.08	5695 2.75	7183 2.48	9115 2.27	11401 2.11	14231 1.99	18225 1.88	22790 1.81

续表

风速/ (m/s)	动压/ Pa	风管断面尺寸——上行：宽/mm　　下行：高/mm								
		400 400	500 400	630 400	800 400	1000 400	1250 400	1600 400	2000 400	2500 400
		上行：风量/（m³/h）　　　下行：单位摩擦阻力/（Pa/m）								
2.0	2.40	1139 0.13	1426 0.12	1798 0.10	2282 0.09	2855 0.09	3564 0.08	4565 0.07	5708 0.07	7129 0.07
2.5	3.75	1424 0.20	1782 0.17	2248 0.16	2853 0.14	3569 0.13	4456 0.12	5706 0.11	7135 0.11	8911 0.10
3.0	5.40	1709 0.28	2139 0.24	2697 0.22	3424 0.20	4282 0.18	5347 0.17	6847 0.16	8562 0.15	10694 0.14
3.5	7.35	1994 0.37	2495 0.33	3147 0.29	3994 0.26	4996 0.24	6238 0.22	7989 0.21	9989 0.20	12476 0.19
4.0	9.60	2279 0.47	2852 0.42	3596 0.37	4565 0.33	5710 0.31	7129 0.29	9130 0.27	11416 0.25	14258 0.24
4.5	12.15	2564 0.59	3208 0.52	4046 0.46	5136 0.42	6423 0.38	8020 0.36	10271 0.33	12844 0.32	16040 0.30
5.0	15.00	2848 0.72	3564 0.63	4495 0.56	5706 0.51	7137 0.47	8911 0.43	11412 0.41	14271 0.39	17823 0.37
5.5	18.15	3133 0.86	3921 0.76	4945 0.67	6277 0.60	7851 0.56	9802 0.52	12553 0.49	15698 0.46	19605 0.44
6.0	21.60	3418 1.01	4277 0.89	5394 0.79	6847 0.71	8565 0.66	10693 0.61	13695 0.57	17125 0.54	21387 0.52
6.5	25.35	3703 1.18	4634 1.03	5844 0.92	7418 0.83	9278 0.76	11584 0.71	14836 0.66	18552 0.63	23170 0.61
7.0	29.40	3988 1.35	4990 1.19	6293 1.06	7989 0.95	9992 1.01	12475 0.82	15977 0.76	19979 0.73	24952 0.70
7.5	33.75	4273 1.54	5347 1.36	6743 1.20	8559 1.09	10706 1.00	13367 0.93	17118 0.87	21406 0.83	26734 0.80
8.0	38.40	4557 1.74	5703 1.53	7192 1.36	9130 1.23	11419 1.13	14258 1.05	18259 0.99	22833 0.94	28516 0.90
8.5	43.35	4842 1.96	6060 1.72	7642 1.53	9700 1.38	12133 1.27	15149 1.18	19401 1.11	24260 1.05	32099 1.01
9.0	48.60	5127 2.18	6416 1.92	8092 1.70	10271 1.54	12847 1.41	16040 1.32	20542 1.23	25687 1.17	32081 1.13
9.5	54.15	5412 2.42	6772 2.12	8541 1.89	10842 1.70	13561 1.57	16931 1.46	21683 1.37	27114 1.30	33863 1.25
10.0	60.00	5697 2.66	7129 2.34	8991 2.08	11412 1.88	14274 1.73	17822 1.61	22824 1.51	28541 1.43	35645 1.38

风速/(m/s)	动压/Pa	风管断面尺寸——上行：宽/mm 下行：高/mm							
		500 / 500	630 / 500	800 / 500	1000 / 500	1250 / 500	1600 / 500	2000 / 500	2500 / 500
		上行：风量/（m³/h） 下行：单位摩擦阻力/（Pa/m）							
2.0	2.40	1784 0.10	2250 0.09	2857 0.08	3573 0.07	4462 0.06	5715 0.06	7146 0.06	8927 0.05
2.5	3.75	2230 0.15	2813 0.13	3571 0.12	4466 0.11	5578 0.10	7143 0.09	8933 0.09	11158 0.08
3.0	5.40	2676 0.21	3375 0.19	4285 0.16	5360 0.15	6693 0.14	8572 0.13	10719 0.12	13390 0.11
3.5	7.35	3122 0.28	3938 0.25	4999 0.22	6253 0.20	7809 0.18	10001 0.17	12506 0.16	15622 0.15
4.0	9.60	3568 0.36	4500 0.32	5713 0.28	7146 0.25	8925 0.23	11429 0.22	14292 0.20	17853 0.19
4.5	12.15	4014 0.45	5063 0.39	6427 0.35	8039 0.32	10040 0.29	12858 0.27	16079 0.25	20085 0.24
5.0	15.00	4460 0.55	5625 0.48	7142 0.42	8933 0.39	11156 0.35	14287 0.33	17865 0.31	22317 0.29
5.5	18.15	4907 0.65	6188 0.57	7856 0.51	9826 0.46	12271 0.42	15715 0.39	19652 0.37	24548 0.35
6.0	21.60	5353 0.77	6750 0.67	8570 0.60	10719 0.54	13387 0.50	17144 0.46	21438 0.44	26780 0.42
6.5	25.35	5799 0.90	7313 0.78	9284 0.70	11612 0.63	14502 0.58	18573 0.54	23225 0.51	29012 0.48
7.0	29.40	6245 1.03	7875 0.90	9998 0.80	12506 0.73	15618 0.67	20001 0.62	25011 0.58	31243 0.56
7.5	33.75	6691 1.17	8438 1.03	10712 0.91	13399 0.83	16733 0.76	21430 0.70	26798 0.66	33475 0.63
8.0	38.40	7137 1.33	9001 1.16	11427 1.03	14292 0.94	17849 0.86	22859 0.80	28584 0.75	35707 0.72
8.5	43.35	7583 1.49	9563 1.30	12141 1.16	15185 1.05	18965 0.97	24287 0.89	30371 0.84	37938 0.80
9.0	48.60	8029 1.66	10126 1.45	12855 1.29	16079 1.17	20080 1.08	25716 1.00	32157 0.94	40170 0.90
9.5	54.15	8475 1.84	10688 1.61	13569 1.43	16972 1.30	21196 1.19	27145 1.11	33944 1.04	42402 0.99
10.0	60.00	8921 2.03	11251 1.78	14283 1.58	17865 1.43	22311 1.32	28574 1.22	35730 1.15	44633 1.10

续表

风速/ (m/s)	动压/ Pa	风管断面尺寸——上行：宽/mm　　下行：高/mm						
		630 630	800 630	1000 630	1250 630	1600 630	2000 630	2500 630
		上行：风量/（m³/h）　　下行：单位摩擦阻力/（Pa/m）						
2.0	2.40	2838 0.08	3603 0.07	4507 0.06	5629 0.05	7209 0.05	9015 0.05	11263 0.04
2.5	3.75	3547 0.11	4504 0.10	5633 0.09	7037 0.08	9012 0.07	11269 0.07	14079 0.06
3.0	5.40	4257 0.16	5405 0.14	6760 0.12	8444 0.11	10814 0.10	13523 0.10	16895 0.09
3.5	7.35	4966 0.21	6305 0.18	7887 0.17	9852 0.15	12617 0.14	15777 0.13	19711 0.12
4.0	9.60	5676 0.27	7206 0.24	9013 0.21	11259 0.19	14419 0.18	18031 0.16	22527 0.15
4.5	12.15	6385 0.34	8107 0.30	10140 0.26	12666 0.24	16221 0.22	20284 0.20	25343 0.19
5.0	15.00	7094 0.41	9008 0.36	11267 0.32	14074 0.29	18024 0.27	22538 0.25	28159 0.23
5.5	18.15	7804 0.49	9909 0.43	12393 0.38	15481 0.35	19826 0.32	24792 0.30	30975 0.28
6.0	21.60	8513 0.58	10809 0.51	13520 0.45	16888 0.41	21628 0.38	27046 0.35	33790 0.33
6.5	25.35	9223 0.68	11710 0.59	14647 0.53	18296 0.48	23431 0.44	29300 0.41	36606 0.38
7.0	29.40	9932 0.78	12611 0.68	15773 0.61	19703 0.55	25233 0.50	31553 0.47	39422 0.44
7.5	33.75	10642 0.89	13512 0.77	16900 0.69	21110 0.63	27036 0.57	33807 0.53	42238 0.50
8.0	38.40	11351 1.00	14412 0.87	18027 0.78	22518 0.71	28838 0.65	36061 0.60	45054 0.57
8.5	43.35	12060 1.12	15313 0.98	19153 0.88	23925 0.80	30640 0.73	38315 0.68	47870 0.64
9.0	48.60	12770 1.25	16214 1.09	20280 0.98	25333 0.89	32443 0.81	40569 0.76	50686 0.71
9.5	54.15	13479 1.39	17115 1.21	21407 1.08	26740 0.98	34245 0.90	42822 0.84	53501 0.79
10.0	60.00	14189 1.53	18016 1.34	22534 1.20	28147 1.09	36047 0.99	45076 0.92	56317 0.87

风速/ (m/s)	动压/ Pa	风管断面尺寸——上行：宽/mm　　下行：高/mm						
		800 800	1000 800	1250 800	1600 800	2000 800	2500 800	3000 800
		上行：风量/（m³/h）　　下行：单位摩擦阻力/（Pa/m）						
2.0	2.40	4579 0.06	5728 0.05	7156 0.04	9164 0.04	11460 0.04	14319 0.03	17187 0.03
2.5	3.75	5724 0.09	7160 0.07	8945 0.07	11455 0.06	14324 0.06	17899 0.05	21484 0.05
3.0	5.40	6869 0.12	8591 0.10	10734 0.09	13746 0.08	17189 0.08	21479 0.07	25781 0.07
3.5	7.35	8014 0.16	10023 0.14	12523 0.12	16037 0.11	20054 0.10	25059 0.10	30077 0.09
4.0	9.60	9158 0.20	11455 0.18	14312 0.16	18328 0.14	22919 0.13	28639 0.12	34374 0.12
4.5	12.15	10303 0.25	12887 0.22	16101 0.20	20620 0.18	25784 0.16	32218 0.15	38671 0.15
5.0	15.00	11448 0.31	14319 0.27	17889 0.24	22911 0.22	28649 0.20	35798 0.19	42968 0.18
5.5	18.15	12593 0.37	15751 0.32	19678 0.29	25202 0.26	31514 0.24	39378 0.22	47264 0.21
6.0	21.60	13738 0.43	17183 0.38	21467 0.34	27493 0.31	34379 0.28	42958 0.26	51561 0.25
6.5	25.35	14883 0.51	18615 0.45	23256 0.40	29784 0.36	37244 0.33	46538 0.31	55858 0.29
7.0	29.40	16027 0.58	20047 0.51	25045 0.46	32075 0.41	40109 0.38	50118 0.35	60155 0.34
7.5	33.75	17172 0.66	21479 0.58	26834 0.52	34366 0.47	42973 0.43	53697 0.40	64451 0.38
8.0	38.40	18317 0.75	22911 0.66	28623 0.59	36657 0.53	45838 0.49	57277 0.46	68748 0.43
8.5	43.35	19462 0.84	24342 0.74	30412 0.66	38948 0.59	48703 0.55	60857 0.51	73045 0.49
9.0	48.60	20607 0.94	25774 0.83	32201 0.74	41239 0.66	51568 0.61	64437 0.57	77342 0.54
9.5	54.15	21751 1.04	27206 0.92	33990 0.82	43530 0.74	54433 0.68	68017 0.63	81639 0.60
10.0	60.00	22896 1.15	28638 1.01	35779 0.90	45821 0.81	57298 0.75	71597 0.70	85935 0.66

附录3　通风空调风管系统常用配件的局部阻力系数

管件1：弯管（头）的局部阻力系数

1-1　冲压成型 90°圆形弯管，$r/D=1.5$

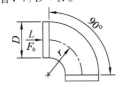

D/mm	75	100	125	150	180	200	230	250
ζ_0	0.30	0.21	0.16	0.14	0.12	0.11	0.11	0.11

1-2　冲压成型 45°圆形弯管，$r/D=1.5$

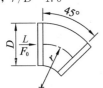

D/mm	75	100	125	150	180	200	230	250
ζ_0	0.18	0.13	0.10	0.08	0.07	0.07	0.07	0.07

1-3　5 节 90°圆形弯管，$r/D=1.5$

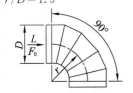

D/mm	75	150	230	300	380	450	530	600	690	750	1500
ζ_0	0.51	0.28	0.21	0.18	0.16	0.15	0.14	0.13	0.12	0.12	0.12

1-4　7 节 90°圆形弯管，$r/D=2.5$

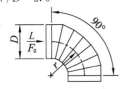

D/mm	75	150	230	300	380	450	690	1500
ζ_0	0.16	0.12	0.10	0.08	0.07	0.06	0.05	0.03

1-5　3 节 90°圆形弯管，$r/D=0.75\sim2.0$

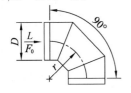

r/D	0.75	1.00	1.50	2.00
ζ_0	0.54	0.42	0.34	0.33

1-6　3节60°圆形弯管，$r/D=1.5$	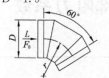

D/mm	75	150	230	300	380	450	530	600	690	750	1500
ζ_0	0.40	0.21	0.16	0.14	0.12	0.12	0.11	0.10	0.09	0.09	0.09

1-7　3节45°圆形弯管，$r/D=1.5$	

D/mm	75	150	230	300	380	450	530	600	690	750	1500
ζ_0	0.31	0.17	0.13	0.11	0.11	0.09	0.08	0.08	0.07	0.07	0.07

1-8　斜接式45°圆形弯管，$r/D=1.5$	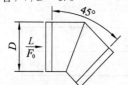

D/mm	75	150	230	300	380	450	530	600	690	1500
ζ_0	0.34	0.34	0.34	0.34	0.34	0.34	0.34	0.34	0.34	0.34

1-9　内外弧型矩形弯管，不带导流片

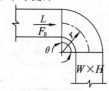

$\zeta_0=K\zeta_\mathrm{P}$

式中：K—角度修正系数

ζ_P r/W	H/W										
	0.25	0.50	0.75	1.00	1.50	2.00	3.00	4.00	5.00	6.00	8.00
0.50	1.53	1.38	1.29	1.18	1.06	1.00	1.00	1.06	1.12	1.16	1.18
0.75	0.57	0.52	0.48	0.44	0.40	0.39	0.39	0.40	0.42	0.43	0.44
1.00	0.27	0.25	0.23	0.21	0.19	0.18	0.18	0.19	0.20	0.21	0.21
1.50	0.22	0.20	0.19	0.17	0.15	0.14	0.14	0.15	0.16	0.17	0.17
2.00	0.20	0.18	0.16	0.15	0.14	0.13	0.13	0.14	0.14	0.15	0.15

1-10　内外弧型矩形弯管，带1个导流片

$\zeta_0=K\zeta_\mathrm{P}$
$R_1=R/CR$

式中：R—弯管的内半径
　　　R_1—导流片的半径
　　　CR—弯曲比值
　　　K—角度修正系数

ζ_P r/W	H/W										
	0.25	0.50	1.00	1.50	2.00	3.00	4.00	5.00	6.00	7.00	8.00
0.55	0.52	0.40	0.43	0.49	0.55	0.66	0.75	0.84	0.93	1.01	1.09
0.60	0.36	0.27	0.25	0.28	0.30	0.35	0.39	0.42	0.46	0.49	0.52
0.65	0.28	0.21	0.18	0.19	0.20	0.22	0.25	0.26	0.28	0.30	0.32
0.70	0.22	0.16	0.14	0.14	0.15	0.16	0.17	0.18	0.19	0.20	0.21
0.75	0.18	0.13	0.11	0.11	0.11	0.12	0.13	0.14	0.14	0.15	0.15
0.80	0.15	0.11	0.09	0.09	0.09	0.09	0.10	0.10	0.11	0.11	0.12
0.85	0.13	0.09	0.08	0.08	0.07	0.08	0.08	0.08	0.08	0.08	0.09
0.90	0.11	0.08	0.07	0.07	0.06	0.06	0.06	0.07	0.07	0.07	0.07
0.95	0.10	0.07	0.06	0.06	0.05	0.05	0.05	0.05	0.06	0.06	0.06
1.00	0.09	0.06	0.05	0.05	0.04	0.04	0.04	0.05	0.05	0.05	0.05

1-11 斜接式 90° 矩形弯管，单弧形导流片 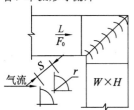	导流片间距 38 mm	导流片间距 83 mm
	$r = 50$ mm，$S = 40$ mm	$r = 110$ mm，$S = 80$ mm
	$\zeta_0 = 0.11$	$\zeta_0 = 0.33$

注：对于矩形内外直角弯管，边长大于 500 mm 的内弧外直角型、内斜线外直角型弯管可参照采用

1-12 斜接式 90° 矩形弯管，双弧形导流片 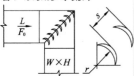	导流片间距 54 mm	导流片间距 83 mm
	$r = 50$ mm，$S = 60$ mm	$r = 110$ mm，$S = 80$ mm
	$\zeta_0 = 0.25$	$\zeta_0 = 0.41$

注：对于矩形内外直角弯管，边长大于 500 mm 的内弧外直角型、内斜线外直角型弯管可参照采用

管件 2：变径管的局部阻力系数

2-1 圆形断面的变径管（排风/回风系统）

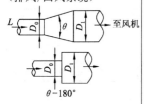

F_0/F_1 ＼ ζ_0	θ									
	10	15	20	30	45	60	90	120	150	180
0.06	0.21	0.29	0.38	0.60	0.84	0.88	0.88	0.88	0.88	0.88
0.10	0.21	0.28	0.38	0.59	0.76	0.80	0.83	0.84	0.83	0.83
0.25	0.16	0.22	0.30	0.46	0.61	0.68	0.64	0.63	0.62	0.62
0.50	0.11	0.13	0.19	0.32	0.33	0.33	0.32	0.31	0.30	0.30
1.00	0.00	0.00	0.00	0.00	0.00	0.00	0.00	0.00	0.00	0.00
2.00	0.20	0.20	0.20	0.20	0.22	0.24	0.48	0.72	0.96	1.04
4.00	0.80	0.64	0.64	0.64	0.88	1.12	2.72	4.32	5.60	6.56
6.00	1.80	1.44	1.44	1.44	1.98	2.52	6.48	10.10	13.00	15.10
10.00	5.00	5.00	500	5.00	6.50	8.00	19.00	29.00	37.00	43.00

2-2 圆形断面的变径管（送风系统）

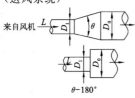

F_0/F_1 ＼ ζ_0	θ									
	10	15	20	30	45	60	90	120	150	180
0.10	0.05	0.05	0.05	0.05	0.07	0.08	0.19	0.29	0.37	0.43
0.17	0.05	0.04	0.04	0.04	0.06	0.07	0.18	0.28	0.36	0.42
0.25	0.05	0.04	0.04	0.04	0.06	0.07	0.17	0.27	0.35	0.41
0.50	0.05	0.04	0.04	0.05	0.05	0.06	0.12	0.18	0.24	0.26
1.00	0.00	0.00	0.00	0.00	0.00	0.00	0.00	0.00	0.00	0.00
2.00	0.44	0.52	0.76	1.28	1.32	1.32	1.28	1.24	1.20	1.20
4.00	2.56	3.52	4.80	7.36	9.76	10.88	10.24	10.08	9.92	9.92
10.00	21.00	28.00	38.00	59.00	76.00	80.00	83.00	84.00	83.00	83.00
16.00	53.76	74.24	97.28	153.60	215.04	225.28	225.28	225.28	225.28	225.28

续表

2-3　圆形变至矩形的变径管,"天圆地方"(排风/回风系统)

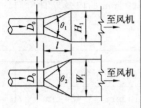

F_0/F_1 \ ζ_0	θ									
	10	15	20	30	45	60	90	120	150	180
0.06	0.30	0.54	0.53	0.65	0.77	0.88	0.95	0.98	0.98	0.93
0.10	0.30	0.50	0.53	0.64	0.75	0.84	0.89	0.91	0.91	0.88
0.25	0.25	0.36	0.45	0.52	0.58	0.62	0.64	0.64	0.64	0.64
0.50	0.15	0.21	0.25	0.30	0.33	0.33	0.32	0.32	0.31	0.30
1.00	0.00	0.00	0.00	0.00	0.00	0.00	0.00	0.00	0.00	0.00
2.00	0.24	0.28	0.26	0.20	0.22	0.24	0.49	0.73	0.97	1.04
4.00	0.89	0.78	0.79	0.70	0.88	1.12	2.72	4.33	5.62	6.58
6.00	1.89	1.67	1.59	1.49	1.98	2.52	6.51	10.14	13.05	15.14
10.00	5.09	5.32	5.15	5.05	6.50	8.05	19.06	29.07	37.08	43.05

2-4　圆形变至矩形的变径管,"天圆地方"(送风系统)

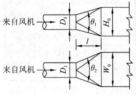

F_0/F_1 \ ζ_0	θ									
	10	15	20	30	45	60	90	120	150	180
0.10	0.05	0.05	0.05	0.05	0.07	0.08	0.19	0.29	0.37	0.43
0.17	0.05	0.05	0.05	0.04	0.06	0.07	0.18	0.28	0.36	0.42
0.25	0.06	0.05	0.05	0.04	0.06	0.07	0.17	0.27	0.35	0.41
0.50	0.06	0.07	0.07	0.05	0.06	0.06	0.12	0.18	0.24	0.26
1.00	0.00	0.00	0.00	0.00	0.00	0.00	0.00	0.00	0.00	0.00
2.00	0.60	0.84	1.00	1.20	1.32	1.32	1.32	1.28	1.24	1.20
4.00	4.00	5.76	7.20	8.32	9.28	9.92	10.24	10.24	10.24	10.24
10.00	30.00	50.00	53.00	64.00	75.00	84.00	89.00	91.00	91.00	88.00
16.00	76.80	138.24	135.68	166.40	197.12	225.28	243.20	250.88	250.88	238.08

2-5　矩形变至圆形的变径管,"天圆地方"(排风/回风系统)

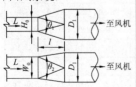

F_0/F_1 \ ζ_0	θ									
	10	15	20	30	45	60	90	120	150	180
0.06	0.30	0.54	0.53	0.65	0.77	0.88	0.95	0.98	0.98	0.93
0.10	0.30	0.50	0.53	0.64	0.75	0.84	0.89	0.91	0.91	0.88
0.25	0.25	0.36	0.45	0.52	0.58	0.62	0.64	0.64	0.64	0.64
0.50	0.15	0.21	0.25	0.30	0.33	0.33	0.33	0.32	0.31	0.30
1.00	0.00	0.00	0.00	0.00	0.00	0.00	0.00	0.00	0.00	0.00
2.00	0.24	0.28	0.26	0.20	0.22	0.24	0.49	0.73	0.97	1.04
4.00	0.89	0.78	0.79	0.70	0.88	1.12	2.72	4.33	5.62	6.58
6.00	1.89	1.67	1.59	1.49	1.98	2.52	6.51	10.14	13.05	15.14
10.00	5.09	5.32	5.15	5.05	6.50	8.05	19.06	29.07	37.08	43.05

续表

2-6 矩形变至圆形的变径管，"天圆地方"（送风系统）

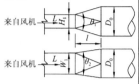

F_0/F_1	ζ_0					θ				
	10	15	20	30	45	60	90	120	150	180
0.10	0.05	0.05	0.05	0.05	0.07	0.08	0.19	0.29	0.37	0.43
0.17	0.05	0.05	0.04	0.04	0.06	0.07	0.18	0.28	0.36	0.42
0.25	0.06	0.05	0.05	0.04	0.06	0.07	0.17	0.27	0.35	0.41
0.50	0.06	0.07	0.07	0.05	0.06	0.06	0.12	0.18	0.24	0.26
1.00	0.00	0.00	0.00	0.00	0.00	0.00	0.00	0.00	0.00	0.00
2.00	0.60	0.84	1.00	1.20	1.32	1.32	1.32	1.28	1.24	1.20
4.00	4.00	5.76	7.20	8.32	9.28	9.92	10.24	10.24	10.24	10.24
10.00	30.00	50.00	53.00	64.00	75.00	84.00	89.00	91.00	91.00	88.00
16.00	76.80	138.24	135.68	166.40	197.12	225.28	243.20	250.88	250.88	238.08

2-7 矩形变径管，两侧平行对称（排风/回风系统）

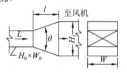

F_0/F_1	ζ_0					θ				
	10	15	20	30	45	60	90	120	150	180
0.06	0.26	0.27	0.40	0.56	0.71	0.86	1.00	0.99	0.98	0.98
0.10	0.24	0.26	0.36	0.53	0.69	0.82	0.93	0.93	0.92	0.91
0.25	0.17	0.19	0.22	0.42	0.60	0.68	0.70	0.69	0.67	0.66
0.50	0.14	0.13	0.15	0.24	0.35	0.37	0.38	0.37	0.36	0.35
1.00	0.00	0.00	0.00	0.00	0.00	0.00	0.00	0.00	0.00	0.00
2.00	0.23	0.20	0.20	0.20	0.24	0.28	0.54	0.78	1.02	1.09
4.00	0.81	0.64	0.64	0.64	0.88	1.12	2.78	4.38	5.65	6.60
6.00	1.82	1.44	1.44	1.44	1.98	2.53	6.56	10.20	13.00	15.20
10.00	5.03	5.00	5.00	5.00	6.50	8.02	19.10	29.10	37.10	43.10

2-8 矩形变径管，两侧平行对称（送风系统）

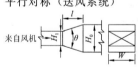

F_0/F_1	ζ_0					θ				
	10	15	20	30	45	60	90	120	150	180
0.10	0.05	0.05	0.05	0.05	0.07	0.08	0.19	0.29	0.37	0.43
0.17	0.05	0.05	0.04	0.04	0.06	0.07	0.18	0.28	0.36	0.42
0.25	0.05	0.05	0.04	0.04	0.06	0.07	0.17	0.27	0.35	0.41
0.50	0.06	0.05	0.05	0.05	0.06	0.07	0.14	0.20	0.26	0.27
1.00	0.00	0.00	0.00	0.00	0.00	0.00	0.00	0.00	0.00	1.00
2.00	0.56	0.52	0.60	0.96	1.40	1.48	1.52	1.48	1.44	1.40
4.00	2.72	3.04	3.52	6.72	9.60	10.88	11.20	11.04	10.72	10.56
10.00	24.00	26.00	36.00	53.00	69.00	82.00	93.00	93.00	92.00	91.00
16.00	66.56	69.12	102.40	143.36	181.76	220.16	256.00	253.44	250.88	250.88

2-9 矩形变径管（渐扩型）

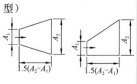

型式	双面偏			单面偏		
A_2/A_1	2.08～2.00	1.67～1.56	1.33～1.25	2.08～2.00	1.67～1.56	1.33～1.25
ζ	0.16	0.09	0.02	0.28	0.17	0.05

2-10 短形变径管（渐缩型）	型式	双面偏			单面偏		
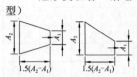	A_2/A_1	2.08～2.00	1.67～1.56	1.33～1.25	2.08～2.00	1.67～1.56	1.33～1.25
	ζ	0.09	0.08	0.04	0.11	0.10	0.05

管件 3：圆形三通的局部阻力系数

3-1 圆风管 Y 形45°合流三通	ζ_{3-2} ＼ F_1/F_3	V_3/V_2				
		0.4	0.6	0.8	1.0	1.2
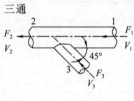	1.0	0	0.22	0.37	0.37	0.20
	3.0	−0.36	−0.10	0.15	0.40	0.75
	8.2	−0.56	−0.32	−0.05	0.24	0.55

	ζ_{1-2} ＼ F_2/F_3	V_1/V_2				
		0.2	0.4	0.6	0.8	1.0
	1.0	−0.17	0.06	0.19	0.17	0.04
	3.0	−1.50	−0.70	−0.20	0.10	0
	8.2	−5.70	−2.90	−1.10	−0.10	0

3-2 圆风管 T 形分流三通，直管接出	直通管					
	V_3/V_1	0.4	0.6	0.8	1.0	1.2	1.4
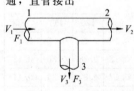	ζ_{1-3}	1.1	1.2	1.3	1.3	1.4	1.5

	旁通管					
	V_2/V_1	0.3	0.4	0.5	0.6	0.8	1.0
	ζ_{1-2}	0.20	0.15	0.10	0.06	0.02	0

3-3 圆风管 Y 形45°分流三通	旁通管 ζ_{1-3}					
	V_3/V_1 ＼ F_1/F_3	0.4	0.6	0.8	1.0	1.2
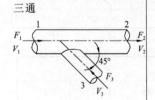	1.0	3.2	1.02	0.52	0.47	—
	3.0	3.7	1.4	0.75	0.51	0.42
	8.2	—	—	0.79	0.57	0.47

直通管 $\zeta_{1-2}=0.05\sim0.06$

续表

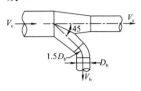

3-4 圆风管 T 形 45°分流三通，分支管与主管成 90°

旁通管									
V_b/V_c	0.2	0.4	0.6	0.7	0.8	0.9	1.0	1.1	1.2
$\zeta_{c,b}$	0.76	0.60	0.52	0.50	0.51	0.52	0.56	0.61	0.61
V_b/V_c	1.4	1.6	1.8	2.0	2.2	2.4	2.6	2.8	3.0
$\zeta_{c,b}$	0.86	1.1	1.4	1.8	2.2	2.6	3.1	3.7	4.2

直通管										
V_s/V_c	0.2	0.4	0.6	0.8	1.0	1.2	1.4	1.6	1.8	2.0
$\zeta_{c,s}$	0.14	0.06	0.05	0.09	0.18	0.30	0.46	0.64	0.84	1.0

3-5 圆风管 45°锥形合流三通

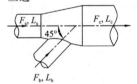

L_b/L_s		0.2	0.4	0.6	0.8	1.0	1.2	1.4	1.6	1.8	2.0
F_s/F_c	F_b/F_c	旁通管 $\zeta_{c,b}$									
0.3	0.2	−2.4	−0.1	2.0	3.8	5.3	6.6	7.8	8.9	9.8	11
	0.3	−2.8	−1.2	0.12	1.1	1.9	2.6	3.2	3.7	4.2	4.6
0.4	0.2	−1.2	0.93	2.8	4.5	5.9	7.2	8.4	9.5	10	11
	0.3	−1.6	−0.27	0.81	1.7	2.4	3.0	3.6	4.1	4.5	4.9
	0.4	−1.8	−0.72	0.07	0.66	1.1	1.5	1.8	2.1	2.3	2.5
0.5	0.2	−0.46	1.5	3.3	4.9	6.4	7.7	8.8	9.9	11	12
	0.3	−0.94	0.25	1.2	2.0	2.7	3.3	3.8	4.3	4.7	5.0
	0.4	−1.1	−0.24	0.42	0.92	1.3	1.6	1.9	2.1	2.3	2.5
	0.5	−1.2	−0.38	0.18	0.58	0.88	1.1	1.3	1.5	1.6	1.7
0.6	0.2	−0.55	1.3	3.1	4.7	6.1	7.4	8.6	9.6	11	12
	0.3	−1.1	0	0.88	1.6	2.3	2.8	3.3	3.7	4.1	4.5
	0.4	−1.2	−0.48	0.10	0.54	0.89	1.2	1.4	1.6	1.8	2.0
	0.5	−1.3	−0.62	−0.14	0.21	0.47	0.68	0.85	0.99	1.1	1.2
	0.6	−1.3	−0.69	−0.26	0.04	0.26	0.42	0.57	0.66	0.75	0.82
0.8	0.2	0.06	1.8	3.5	5.1	6.5	7.8	8.9	10	11	12
	0.3	−0.52	0.35	1.1	1.7	2.3	2.8	3.2	3.6	3.9	4.2
	0.4	−0.67	−0.05	0.43	0.80	1.1	1.4	1.6	1.8	1.9	2.1
	0.6	−0.75	−0.27	0.05	0.28	0.45	0.58	0.68	0.76	0.83	0.88
	0.7	−0.77	−0.31	−0.02	0.18	0.32	0.43	0.50	0.56	0.61	0.65
	0.8	−0.78	−0.34	−0.07	0.12	024	0.33	0.39	0.44	0.47	0.50

续表

F_s/F_c	F_b/F_c	旁通管 $\zeta_{c,b}$									
1.0	0.2	0.40	2.1	3.7	5.2	6.6	7.8	9.0	11	11	12
	0.3	−0.21	0.54	1.2	1.8	2.3	2.7	3.1	3.7	3.7	4.0
	0.4	−0.33	0.21	0.62	0.96	1.2	1.5	1.7	2.0	2.0	2.1
	0.5	−0.38	0.05	0.37	0.60	0.79	0.93	1.1	1.2	1.2	1.3
	0.6	−0.41	−0.02	0.23	0.42	0.55	0.66	0.73	0.80	0.85	0.89
	0.8	−0.44	−0.10	0.11	0.24	0.33	0.39	0.43	0.46	0.47	0.48
	1.0	−0.46	−0.14	0.05	0.16	0.23	0.27	0.29	0.30	0.30	0.29

L_b/L_s		0.2	0.4	0.6	0.8	1.0	1.2	1.4	1.6	1.8	2.0
F_s/F_c	F_b/F_c	直通管 $\zeta_{c,s}$									
0.3	0.2	5.3	−0.01	2.0	1.1	0.34	−0.20	−0.61	−0.93	−1.2	−1.4
	0.3	5.4	3.7	2.5	1.6	1.0	0.53	0.16	−0.14	−0.38	−0.58
0.4	0.2	1.9	1.1	0.46	−0.07	−0.49	−0.83	−1.1	−1.3	−1.5	−1.7
	0.3	2.0	1.4	0.81	0.42	0.08	−0.20	−0.43	−0.62	−0.78	−0.92
	0.4	2.0	1.5	1.0	0.68	0.39	0.16	−0.04	−0.21	−0.35	−0.47
0.5	0.2	0.77	0.34	−0.09	−0.48	−0.81	−1.1	1.3	−1.5	−1.7	−1.8
	0.3	0.85	0.56	0.25	−0.03	−0.27	−0.48	−0.67	−0.82	−0.96	−1.1
	0.4	0.88	0.66	0.43	0.21	0.02	−0.15	−0.30	−0.42	−0.54	−0.64
	0.5	0.91	0.73	0.54	0.36	0.21	0.06	−0.06	−0.17	−0.26	−0.35
0.6	0.2	0.30	0	−0.34	−0.67	−0.96	−1.2	−1.4	−1.6	−1.8	−1.9
	0.3	0.37	0.21	−0.02	−0.24	−0.44	−0.63	−0.79	−0.93	−1.1	−1.2
	0.4	0.40	0.31	0.16	−0.1	−0.16	−0.30	−0.43	−0.54	−0.64	−0.73
	0.5	0.43	0.37	0.26	0.14	0.02	−0.09	−0.20	−0.29	−0.37	−0.45
	0.6	0.44	0.41	0.33	0.24	0.14	0.05	−0.03	−0.11	−0.18	−0.25
0.8	0.2	−0.06	−0.27	−0.57	−0.86	−1.1	−1.4	−1.6	−1.7	−1.9	−2.0
	0.3	0	−0.08	−0.25	−0.43	−0.62	−0.78	−0.93	−1.1	−1.2	−1.3
	0.4	0.04	0.02	−0.08	−0.21	−0.34	−0.46	−0.57	−0.67	−0.77	−0.85
	0.5	0.06	0.08	0.02	−0.06	−0.16	−0.25	−0.34	−0.42	−0.50	−0.57
	0.6	0.07	0.12	0.09	0.03	−0.04	−0.01	−0.18	−0.25	−0.31	−0.37
	0.7	0.08	0.15	0.14	0.10	0.05	−0.01	−0.07	−0.12	−0.17	−0.22
	0.8	0.09	0.17	0.18	0.16	0.11	0.07	0.02	−0.02	−0.07	−0.11

续表

管件4：矩形三通的局部阻力系数

4-1 矩形风管T形合流三通，45°矩形支管接至矩形主管

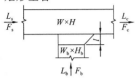

$l=0.25\,W$，最小 75 mm
$F_s=F_c$，$F_b/F_c=0.5$

L_b/L_c	0.1	0.2	0.3	0.4	0.5	0.6	0.7	0.8	0.9	1.0
ζ_b	−18.00	−3.25	−0.64	0.53	0.76	0.79	0.93	0.79	0.90	0.91

L_b/L_c	0.1	0.2	0.3	0.4	0.5	0.6	0.7	0.8	0.9
ζ_s	2.15	11.91	6.54	3.74	2.23	1.33	0.76	0.38	0.10

4-2 矩形风管Y形对称燕尾合流三通，$L_b/L_c=0.5$

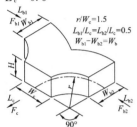

F_b/F_c	0.5	1.0
ζ_b	0.23	0.28

分支管相等，$L_{b1}=L_{b2}=L_b$，$\zeta_{b1}=\zeta_{b2}=\zeta_b$

4-3 矩形风管Y形合流三通，支管与主管成90°

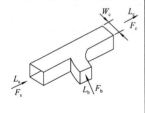

L_b/L_c		0.1	0.2	0.3	0.4	0.5	0.6	0.7	0.8	0.9
F_b/F_s	F_b/F_c	旁通管 $\zeta_{c,b}$								
0.25	0.25	−0.50	0	0.50	1.2	2.2	3.7	5.8	8.4	11
0.33	0.25	−1.2	−0.40	0.40	1.6	3.0	4.8	6.8	8.9	11
0.5	0.5	−0.50	−0.20	0	0.25	0.45	0.70	1.0	1.5	2.0
0.67	0.5	−1.0	−0.60	−0.20	0.10	0.30	0.60	1.0	1.5	2.0
1.0	0.5	−2.2	−1.5	−0.95	−0.50	0	0.40	0.80	1.3	1.9
1.0	1.0	−0.60	−0.30	−0.10	−0.04	0.13	0.21	0.29	0.36	0.42
1.33	1.0	−1.2	−0.80	−0.40	−0.20	0	0.16	0.24	0.32	0.38
2.0	1.0	−2.1	−1.4	−0.90	−0.50	−0.20	0	0.20	0.25	0.30

L_b/L_c		0.1	0.2	0.3	0.4	0.5	0.6	0.7	0.8	0.9
F_s/F_c	F_b/F_c	直通管 $\zeta_{c,s}$								
0.75	0.25	0.30	0.30	0.20	−0.1	−0.45	−0.92	−1.5	−2.0	−2.6
1.0	0.5	0.17	0.16	0.10	0	−0.08	−0.18	−0.27	−0.37	−0.46
0.75	0.5	0.27	0.35	0.32	0.25	0.12	−0.03	−0.23	−0.42	−0.58
0.5	0.5	1.2	1.1	0.90	0.65	0.35	0	−0.40	−0.80	−1.3
1.0	1.0	0.18	0.24	0.27	0.26	0.23	0.18	0.10	0	−0.12
0.75	1.0	0.75	0.36	0.38	0.35	0.27	0.18	0.05	−0.08	−0.22
0.5	1.0	0.80	0.87	0.80	0.68	0.55	0.40	0.25	0.08	−0.10

续表

L_b/L_c		0.1	0.2	0.3	0.4	0.5	0.6	0.7	0.8	0.9
F_s/F_c	F_b/F_c	旁通管 ζ_b								
0.5	0.25	3.44	0.70	0.30	0.20	0.17	0.16	0.16	0.17	0.18
	0.50	11.00	2.37	1.06	0.64	0.52	0.47	0.47	0.47	0.48
	1.00	60.00	13.00	4.78	2.06	0.96	0.47	0.31	0.27	0.26
0.75	0.25	2.19	0.55	0.35	0.31	0.33	0.35	0.36	0.37	0.39
	0.50	13.00	2.50	0.89	0.47	0.34	0.31	0.32	0.36	0.43
	1.00	70.00	15.00	5.67	2.62	1.36	0.78	0.53	0.41	0.36
1.00	0.25	3.44	0.78	0.42	0.33	0.30	0.31	0.40	0.42	0.46
	0.50	15.50	3.00	1.11	0.62	0.48	0.42	0.40	0.42	0.46
	1.00	67.00	13.75	5.11	2.31	1.28	0.81	0.59	0.47	0.46

L_sL_c		0.1	0.2	0.3	0.4	0.5	0.6	0.7	0.8	0.9
F_s/F_c	F_b/F_c	直通管 ζ_s								
0.5	0.25	8.75	1.62	0.50	0.17	0.05	0.00	−0.02	−0.02	0.00
	0.50	7.50	1.12	0.25	0.06	0.05	0.09	0.14	0.19	0.22
	1.00	5.00	0.62	0.17	0.08	0.08	0.09	0.12	0.15	0.19
0.75	0.25	19.13	3.38	1.00	0.28	0.05	−0.02	−0.02	0.00	0.06
	0.50	20.81	3.23	0.75	0.14	−0.02	−0.05	−0.05	−0.02	0.03
	1.00	16.88	2.81	0.63	0.11	−0.02	−0.05	0.01	0.00	0.07
1.00	0.25	46.00	9.50	3.22	1.31	0.52	0.14	−0.02	−0.05	−0.01
	0.50	35.00	6.75	2.11	0.75	0.24	0.00	−0.10	−0.09	−0.04
	1.00	38.00	7.50	2.44	0.81	0.24	−0.03	−0.08	−0.06	−0.02

4-4 矩形风管 Y 形分流三通，支管与主管成90°，$F_s+F_b{\geqslant}F_c$

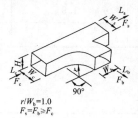

$r/W_b=1.0$
$F_s=F_b{\geqslant}F_c$

4-5 矩形风管 Y 形对称燕尾分流三通，$L_b/L_c=0.5$

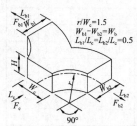

$r/W_c=1.5$
$W_{b1}=W_{b2}=W_b$
$L_{b1}/L_c=L_{b2}/L_c=0.5$

F_b/F_c	0.5	1.0
ζ_b	0.30	1.00

分支管相等，$L_{b1}=L_{b2}=L_b$，$\zeta_{b1}=\zeta_{b2}=\zeta_b$

续表

旁通管 ζ_b

F_b/F_c	L_b/L_c								
	0.1	0.2	0.3	0.4	0.5	0.6	0.7	0.8	0.9
0.1	0.60	0.52	0.57	0.58	0.64	0.67	0.70	0.71	0.73
0.2	2.24	0.56	0.44	0.45	0.51	0.54	0.58	0.60	0.62
0.3	5.94	1.08	0.52	0.41	0.44	0.46	0.49	0.52	0.54
0.4	10.56	1.88	0.71	0.43	0.35	0.31	0.31	0.32	0.34
0.5	17.75	3.25	1.14	0.59	0.40	0.31	0.30	0.30	0.31
0.6	26.64	5.04	1.76	0.83	0.50	0.36	0.32	0.30	0.30
0.7	37.37	7.23	2.56	1.16	0.67	0.44	0.35	0.31	0.30
0.8	49.92	9.92	3.48	1.60	0.87	0.55	0.42	0.35	0.32

4-6 矩形风管 Y 形 45°分流三通，$F_s + F_b \geqslant F_c$，$F_s = F_c$

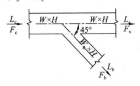

直通管 ζ_s

L_s/L_c	0.1	0.2	0.3	0.4	0.5	0.6	0.8	1.0
ζ_s	32.00	6.50	2.22	0.87	0.40	0.17	0.03	0.00

旁通管 ζ_b

F_b/F_c	L_b/L_c								
	0.1	0.2	0.3	0.4	0.5	0.6	0.7	0.8	0.9
0.1	2.06	1.20	0.99	0.87	0.88	0.87	0.87	0.86	0.86
0.2	5.16	1.92	1.28	1.03	0.99	0.94	0.92	0.90	0.89
0.3	10.26	3.13	1.78	1.28	1.16	1.06	1.01	0.97	0.94
0.4	15.84	4.36	2.24	1.48	1.11	0.88	0.80	0.75	0.72
0.5	24.25	6.31	3.03	1.89	1.35	1.03	0.91	0.84	0.78
0.6	34.56	8.73	4.04	2.41	1.64	1.22	1.04	0.94	0.87
0.7	46.55	11.51	5.17	3.00	2.00	1.44	1.20	1.06	0.96
0.8	60.80	14.72	6.54	3.72	2.41	1.69	1.38	1.20	1.07

4-7 矩形风管 T 形分流三通，$F_s + F_b \geqslant F_c$，$F_s = F_c$

直通管 ζ_s

L_s/L_c	0.1	0.2	0.3	0.4	0.5	0.6	0.8	1.0
ζ_s	32.00	6.50	2.22	0.87	0.40	0.17	0.03	0.00

<table>
<tr><td colspan="10" align="center">旁通管 ζ_b</td></tr>
</table>

F_b/F_c	L_b/L_c								
	0.1	0.2	0.3	0.4	0.5	0.6	0.7	0.8	0.9
0.1	0.73	0.34	0.32	0.34	0.35	0.37	0.38	0.39	0.40
0.2	3.10	0.73	0.41	0.34	0.32	0.32	0.33	0.34	0.35
0.3	7.59	1.65	0.73	0.47	0.37	0.34	0.32	0.32	0.32
0.4	14.20	3.10	1.28	0.73	0.51	0.41	0.36	0.34	0.32
0.5	22.92	5.08	2.07	1.12	0.73	0.54	0.44	0.38	0.35
0.6	33.76	7.59	3.10	1.65	1.03	0.73	0.56	0.47	0.41
0.7	46.71	10.63	4.36	2.31	1.42	0.98	0.73	0.58	0.49
0.8	61.79	14.20	5.86	3.10	1.92	1.28	0.94	0.73	0.60
0.9	78.98	18.29	7.59	4.02	2.46	1.65	1.19	0.91	0.73

4-8 矩形风管 T 形分流三通，45°矩形支管接至矩形主管

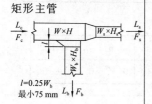

$l=0.25W_b$
最小 75 mm

<table>
<tr><td colspan="10" align="center">直通管 ζ_s</td></tr>
</table>

F_s/F_c	L_s/L_c								
	0.1	0.2	0.3	0.4	0.5	0.6	0.7	0.8	0.9
0.1	0.04								
0.2	0.98	0.04							
0.3	3.48	0.31	0.04						
0.4	7.55	0.98	0.18	0.04					
0.5	13.18	2.03	0.49	0.13	0.04				
0.6	20.38	3.48	0.98	0.31	0.10	0.04			
0.7	29.15	5.32	1.64	0.60	0.23	0.09	0.04		
0.8	39.48	7.55	2.47	0.98	0.42	0.18	0.08	0.04	
0.9	51.37	10.17	3.48	1.46	0.67	0.31	0.15	0.07	0.04

管件 5：百叶窗的局部阻力系数

5-1 固定直叶片百叶窗 V

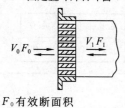

F_0 有效断面积

	ζ								
F_0/F_1	0.2	0.3	0.4	0.5	0.6	0.7	0.8	0.9	1.0
进风	33	13	6.0	3.8	3.2	1.3	0.79	0.52	0.5
出风	33	14	7.0	4.0	3.5	2.6	2.0	1.75	1.05

续表

| 5-2 固定45°斜叶片百叶窗 | | | | | | | | | | |

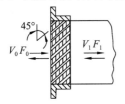

ζ									
F_0/F_1	0.2	0.3	0.4	0.5	0.6	0.7	0.8	0.9	1.0
进风	45	17	6.8	4.0	2.3	1.4	0.9	0.6	0.5
出风	58	24	13	8.0	5.3	3.7	2.7	2.0	1.5

5-3 四面有百叶窗的进风竖风道

ζ	L/h		
$\alpha/(°)$	1.5	1.0	0.5
进风	2.5	3.6	6.0
出风	3.8	13.7	21.5

管件6：出风口的局部阻力系数

6-1 直管出风口

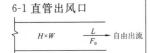

$\zeta_0 = 1.0$（适用于紊流）

6-2 矩形平面扩散出风口，两侧平行

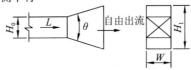

ζ_0

F_1/F_0	$Re/1000$	$\theta/(°)$								
		8	10	14	20	30	45	60	90	120
1	50	0.00	0.00	0.00	0.00	0.00	0.00	0.00	0.00	0.00
	100	0.00	0.00	0.00	0.00	0.00	0.00	0.00	0.00	0.00
	200	0.00	0.00	0.00	0.00	0.00	0.00	0.00	0.00	0.00
	400	0.00	0.00	0.00	0.00	0.00	0.00	0.00	0.00	0.00
	2000	0.00	0.00	0.00	0.00	0.00	0.00	0.00	0.00	0.00
2	50	0.50	0.51	0.56	0.63	0.80	0.96	1.04	1.09	1.09
	100	0.48	0.50	0.56	0.63	0.80	0.96	1.04	1.09	1.09
	200	0.44	0.47	0.53	0.63	0.74	0.93	1.02	1.08	1.08
	400	0.40	0.42	0.50	0.62	0.74	0.93	1.02	1.08	1.08
	2000	0.40	0.42	0.50	0.62	0.74	0.93	1.02	1.08	1.08
4	50	0.34	0.38	0.48	0.63	0.76	0.91	1.03	1.07	1.07
	100	0.31	0.36	0.45	0.59	0.72	0.88	1.02	1.07	1.07
	200	0.26	0.31	0.41	0.53	0.67	0.83	0.96	1.06	1.06
	400	0.22	0.27	0.39	0.53	0.67	0.83	0.96	1.06	1.06
	2000	0.22	0.27	0.39	0.53	0.67	0.83	0.96	1.06	1.06
6	50	0.32	0.34	0.41	0.56	0.70	0.84	0.96	1.08	1.08
	100	0.27	0.30	0.41	0.56	0.70	0.84	0.96	1.08	1.08
	200	0.24	0.27	0.36	0.52	0.67	0.81	0.94	1.06	1.06
	400	0.20	0.24	0.36	0.52	0.67	0.81	0.94	1.06	1.06
	2000	0.18	0.24	0.34	0.50	0.67	0.81	0.94	1.06	1.06

6-3　通过90°弯管排至大气的出风口排至大气	矩形弯管 ζ_0										
	r/W	l/W									
		0	0.5	1.0	1.5	2.0	3.0	4.0	6.0	8.0	12.0
	0	3.0	3.1	3.2	3.0	2.7	2.4	2.2	2.1	2.1	2.0
	0.75	2.2	2.2	2.1	1.8	1.7	1.6	1.6	1.5	1.5	1.5
	1.0	1.8	1.5	1.4	1.4	1.3	1.3	1.2	1.2	1.2	1.2
	1.5	1.5	1.2	1.1	1.1	1.1	1.1	1.1	1.1	1.1	1.1
	2.5	1.2	1.1	1.1	1.0	1.0	1.0	1.0	1.0	1.0	1.0

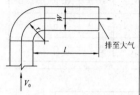

注：弯管的阻力包括在内

6-4　孔板出风口	ζ					
	$V/$ (m/s)	开孔率				
		0.2	0.3	0.4	0.5	0.6
	0.5	30	12	60	36	23
	1.0	33	13	68	41	27
	1.5	36	145	74	46	30
	2.0	39	155	78	49	32
	2.5	40	165	83	52	34
	3.0	41	175	86	55	37

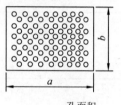

$$开孔率 = \frac{孔面积}{ab}$$

管件7：风量调节阀的局部阻力系数

7-1　圆形蝶阀

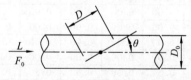

ζ_0

D/D_0	$\theta/$ (°)											
	0	10	20	30	40	50	60	70	75	80	85	90
0.5	0.19	0.27	0.37	0.49	0.61	0.74	0.86	0.96	0.99	1.02	1.04	1.04
0.6	0.19	0.32	0.48	0.69	0.94	1.21	1.48	1.72	1.82	1.89	1.93	2.00
0.7	0.19	0.37	0.64	1.01	1.51	2.12	2.81	3.46	3.73	3.94	4.08	6.00
0.8	0.19	0.45	0.87	1.55	2.60	4.13	6.14	8.38	9.40	10.30	10.80	15.00
0.9	0.19	0.54	1.22	2.51	4.97	9.57	17.80	30.50	38.00	45.00	50.10	100.00
1.0	0.19	0.67	1.76	4.38	11.20	32.00	113.00	619.00	2010.00	1035.00	9999.00	9999.00

续表

7-2 矩形蝶阀

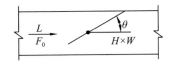

ζ_0

D/D_0	$\theta/(°)$									
	0	10	20	30	40	50	60	65	70	90
0.12	0.04	0.30	1.10	3.00	8.00	23.00	60.00	100.00	190.00	99999
0.25	0.08	0.33	1.18	3.30	9.00	26.00	70.00	128.00	210.00	99999
1.00	0.08	0.33	1.18	3.30	9.00	26.00	70.00	128.00	210.00	99999
2.00	0.13	0.35	1.25	3.60	10.00	29.00	80.00	155.00	230.00	99999

7-3 矩形风管平行式多叶阀

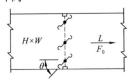

$$l/R=\frac{NW}{2(H+W)}$$

式中：N—风阀叶片数

W—平行于叶片轴线的风管尺寸，mm

H—风管高度，mm

l—风阀叶片长度之和，mm

R—风管的周长，mm

ζ_0

r/R	$\theta/(°)$								
	0	10	20	30	40	50	60	70	80
0.3	0.52	0.79	1.49	2.20	4.95	8.73	14.15	32.11	122.06
0.4	0.52	0.84	1.56	2.25	5.03	9.00	16.00	37.73	156.58
0.5	0.52	0.88	1.62	2.35	5.11	9.52	18.88	44.79	187.85
0.6	0.52	0.92	1.66	2.45	5.20	9.77	21.75	53.78	288.89
0.8	0.52	0.96	1.69	2.55	5.30	10.03	22.80	65.46	295.22
1.0	0.52	1.00	1.76	2.66	5.40	10.53	23.84	73.23	361.00
1.5	0.52	1.08	1.83	2.78	5.44	11.21	27.56	97.41	495.31

7-4 矩形风管对开式多叶阀

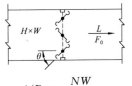

$$l/R=\frac{NW}{2(H+W)}$$

式中：N—风阀叶片数

W—平行于叶片轴线的风管尺寸，mm

H—风管高度，mm

l—风阀叶片长度之和，mm

R—风管的周长，mm

ζ_0

r/R	$\theta/(°)$								
	0	10	20	30	40	50	60	70	80
0.3	0.52	0.79	1.91	3.77	8.55	19.46	70.12	295.21	807.23
0.4	0.52	0.85	2.07	4.61	10.42	26.73	92.90	346.25	926.34
0.5	0.52	0.93	2.25	5.44	12.29	33.99	118.91	393.36	1045.44
0.6	0.52	1.00	2.46	5.99	14.15	41.26	143.69	440.25	1163.09
0.8	0.52	1.08	2.66	6.96	18.18	56.47	193.92	520.27	1324.85
1.0	0.52	1.17	2.91	7.31	20.25	71.68	245.45	576.00	1521.00
1.5	0.52	1.38	3.16	9.51	27.56	107.41	361.00	717.05	1804.40

7-5 矩形风管防火阀	
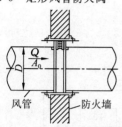风管　　防火墙	B 型　$\zeta_0 = 0.19$ C 型　$\zeta_0 = 0.12$